Lecture Notes in Mathematics

Edited by A. Dold and B. Eckmann

608

Alain Bigard
Klaus Keimel
Samuel Wolfenstein

Groupes et Anneaux Réticulés

Springer-Verlag
Berlin Heidelberg New York 1977

Authors
Alain Bigard
Samuel Wolfenstein

Université du Maine
Faculté des Sciences
Département de Mathématiques
Route de Laval
72017 Le Mans/Frankreich

Klaus Keimel

Fachbereich Mathematik
Technische Hochschule Darmstadt
Schloßgartenstr. 7
6100 Darmstadt/BRD

AMS Subject Classifications (1970): 06 A 55, 06 A 60, 06 A 70, 46 A 40

ISBN 3-540-08436-3 Springer-Verlag Berlin Heidelberg New York
ISBN 0-387-08436-3 Springer-Verlag New York Heidelberg Berlin

Printed in Germany

Printing and binding: Beltz Offsetdruck, Hemsbach/Bergstr.
2141/3140-543210

à la memoire de

Marie-Louise Dubreil-Jacotin

PREFACE

Depuis la publication en 1942 du mémoire de BIRKHOFF, "Lattice-ordered groups", plusieurs centaines d'articles ont été consacrés aux groupes et aux anneaux réticulés.

Cependant, les ouvrages de référence sur les structures algébriques ordonnées, qu'il s'agisse des ouvrages en anglais: BIRKHOFF [4], FUCHS [6] ou en français: RIBENBOIM [4], DUBREIL-JACOTIN, LESIEUR et CROISOT [1], ne leur consacrent qu'un ou deux chapitres. Il n'était pas évident, au moment où ils ont été écrits, que dans la théorie des groupes ordonnés, ce serait la partie la plus féconde. Exposer ces recherches sous une forme synthétique exigeait la mise à jour des concepts organisateurs. Ici les Lecture Notes de P. CONRAD (Paris, Tulane) jouèrent un rôle décisif (1). Le lecteur averti reconnaîtra aisément l'importance de ce que nous leur devons. Plus récemment est apparu le livre de GLASS [8] qui traite des groupes de permutations d'un ensemble totalement ordonné. Il accorde autant d'importance à l'ensemble opéré qu'au groupe opérant. Bien que tout groupe réticulé puisse être représenté de cette manière, il s'agit d'un développement particulier de la théorie, sur lequel s'est concentré avec succès une équipe américaine. Nous pensons que le livre de Glass et le nôtre se complètent mutuellement. Nous ne pouvons manquer de signaler, notamment pour les lecteurs analystes, la parenté qui existe entre la théorie que nous développons et celle des espaces vectoriels réticulés. C'est en fait une filiation, si l'on veut bien remonter aux travaux de NAKANO, FREUDENTHAL et KANTOROVITCH. Bien évidemment, on ne retrouve plus, avec les groupes, les propriétés liées à la convexité et à la dualité. Mais si nous prenons par exemple l'ouvrage récent de LUXEMBURG et ZAANEN sur les espaces de Riesz [1], la théorie algébrique qui est présentée dans le premier tome se généralise presque intégralement aux

---

(1) Nous avons suivi dans l'ensemble la terminologie de ces Lecture Notes. Deux exceptions cependant: "sous-groupe solide" nous a paru plus simple que "ℓ-sous-groupe convexe" et "groupe ortho-fini" plus évocateur que "propriété F".

groupes réticulés commutatifs et aux anneaux réticulés. En particulier la représentation par des fonctions continues trouve avec les anneaux réticulés son cadre le plus général, et à notre avis le plus adéquat.

Les connaissances exigées du lecteur ne dépassent guère celles des trois premières années universitaires. Les rares résultats plus avancés qu'on utilise sont expressément signalés, soit dans le chapitre préliminaire, soit à l'endroit où l'on en a besoin.

Après le chapitre préliminaire qui résume les connaissances présupposées (et que certains lecteurs pourront préférer consulter plutôt que de lire), l'ouvrage se divise naturellement en quatre parties. Les trois premiers chapitres établissent les fondements de la théorie des groupes réticulés. Les quatre chapitres suivants développent en détail divers aspects de la théorie, soulignant les problèmes ou les classes de groupes réticulés pour lesquels il existe une théorie plus riche. Les chapitres 8 à 10 constituent une introduction à la théorie des anneaux réticulés. Finalement, les quatre derniers chapitres sont consacrés aux groupes et aux anneaux archimédiens, si importants en analyse. Une appendice esquisse la théorie des groupes réticulés libres. Nous avons pensé qu'un index terminologique et un index des notations pourraient être utiles au lecteur.

Nous espérons avoir établi une bibliographie assez complète en ce qui concerne les groupes et les anneaux réticulés proprement dits. Pour les groupes totalement ordonnés nous signalons le livre de KOKORIN et KOPYTOV [1] et pour les espaces vectoriels réticulés (topologiques ou non) les livres de NAKANO [6,7], VULIKH [2], LUXEMBURG et ZAANEN [1], FREMLIN [1], PERESSINI [1], CRISTESCU [1], SCHAEFER [2], WONG et NG [1]. Les travaux originaux sur les groupes totalement ordonnés et sur les espaces vectoriels réticulés ne figurent dans notre bibliographie que dans le cas où ils présentent un intérêt particulier pour notre sujet.

Les notes suivant les chapitres retracent l'historique de la théorie qui y a été développée, avec les références bibliographiques essentielles. Ici nous avons cherché moins à déterminer la paternité des diverses parties de la théorie, qu'à souligner les préoccupations qui ont présidé à leur élaboration. Par la même occasion, nous signalons des résultats apparentés pour lesquels la place manque dans le texte et nous donnons des références pour des théories, ayant un rapport avec celle développée dans cet ouvrage, mais qui sortent de son cadre.

A.B., K.K., S.W.
Paris, 1977

TABLE DES MATIERES

PRELIMINAIRES

La théorie qui sera développée dans cet ouvrage concerne des ensembles munis de deux structures distinctes; d'une part, une structure algébrique; d'autre part, une structure d'ensemble ordonné. Dans cette introduction, nous résumons, pour la commodité du lecteur, les connaissances présupposées sur les ensembles ordonnés, puis sur les structures algèbriques en général; pour ce qui est des classes particulières de structure algèbrique dont il sera question, on ne rappellera ici que les définitions et les propriétés les plus élémentaires. Pour plus de détails, notamment en ce qui concerne les demi-groupes, les groupes, les anneaux et les treillis, le lecteur pourra au besoin se rapporter au manuel de DUBREIL et DUBREIL-JACOTIN [1].

1. Ensembles ordonnés.

Sur le plan logique, nous adoptons le système de von Neumann, c'est à dire que nous employons le mot classe pour désigner, intuitivement, une collection d'objets quelconque, tandis que le mot ensemble est réservé pour certaines classes, à savoir, celles qui peuvent appartenir à une classe. E étant un ensemble, on appelle relation sur E, toute partie du produit cartésien $E\times E$ (ou E^2). Si on emploie un signe tel que R pour désigner une relation sur E, on écrit le plus souvent: aRb, pour affirmer que le couple (a,b) appartient à la relation en question.

Si E est un ensemble, on appelle relation d'ordre sur E, toute relation R sur E qui vérifie les axiomes:

(i) Quel que soit $x\in E$, xRx (réflexivité).

(ii) Quels que soient $x,y,z\in E$, (xRy et yRz) entraîne (xRz) (transitivité).

(iii) Quels que soient $x,y\in E$, (xRy et yRx) entraîne ($x=y$) (antisymétrie).

Un exemple fondamental de relation d'ordre est la relation d'inclusion entre parties A et B du même ensemble E , qu'on note: $A \subset B$.

Pour les relations d'ordre en général, on emploie la notation: $a \leq b$, et on dit indifféremment: a est plus petit que b , b est plus grand que a , a minore b , b majore a . Au lieu de: $a \leq b$ et $a \neq b$, on écrit: $a < b$, qui se lit: a est strictement plus petit que b , etc.

On appelle ensemble ordonné, un ensemble E , muni d'une relation d'ordre sur E .

Si A est une partie de l'ensemble E et R une relation sur E , $R \cap A^2$ est une relation sur A , dite la restriction de R à A . Il est clair que, si R est une relation d'ordre sur E , sa restriction à A est une relation d'ordre sur A , dite ordre induit par R . Muni de cette relation d'ordre, A est appelé un sous-ensemble ordonné de l'ensemble ordonné E .

Soient E un ensemble ordonné, $a,b \in E$, tels que $a \leq b$. Alors l'ensemble des éléments $x \in E$ tels que $a \leq x$ et $x \leq b$ (on écrit le plus souvent: $a \leq x \leq b$) est un intervalle fermé de E , noté: $[a,b]$, et a et b sont appelés les extrémités de l'intervalle. De même, si $a < b$, l'ensemble $\{x \in E | a < x < b\}$ est un intervalle ouvert ayant les mêmes extrémités et noté $]a,b[$. Si $]a,b[$ est vide, on dit que a couvre b . Une partie A de E est dense dans E , si chaque intervalle ouvert de E contient un élément de A . (Pourtant, par dérogation à cette définition, nous proposerons, au Chapitre 7, une autre notion de densité, applicable uniquement aux groupes ordonnés.)

Une partie A de l'ensemble ordonné E est convexe, si, quels que soient $a,b \in A$, $a \leq b$ entraine $[a,b] \subset A$. On dit que A est héréditaire (resp. anti-héréditaire), si, quels que soient $a \in A$ et $x \in E$, $x \leq a$ (resp. $a \leq x$) entraine $x \in A$.

Si E et F sont des ensembles ordonnés, avec la relation d'ordre notée $\leq$ dans les deux cas, une application $u : E \to F$ est dite croissante (resp. décroissante), si, quels que soient $x,y \in E$, $x \leq y$ entraîne $u(x) \leq u(y)$ (resp. $u(y) \leq u(x)$) . Si $u : E \to F$ est bijectif et si u et u^{-1} sont tous les deux croissants, u est un isomorphisme des ensembles ordonnés E et F . On dit alors que E et F sont isomorphes. Si $u : E \to F$ est injectif et si E est isomorphe à $u(E)$, muni de l'ordre induit, on dira que u est un plongement de E dans F .

E étant toujours un ensemble ordonné, un isomorphisme de E sur lui-même est appelé un automorphisme de E . On voit facilement que les automorphismes de E forment un groupe pour la loi de composition des applications, qu'on notera: Aut(E) (ou, si aucune confusion n'est à craindre, Aut E) .

Un élément d'un ensemble ordonné E est dit maximal (resp. minimal), s'il n'est strictement majoré (resp. minoré) par aucun élément de E . Un élément, forcément unique, de E qui en majore (resp. minore) tous les autres est appelé le maximum (resp. minimum) de E . On remarquera qu'un ensemble ordonné fini admet toujours au moins un élément maximal et un élément minimal, mais non, en général, des éléments maximum ou minimum.

Soient E un ensemble ordonné, $A \subset E$, $x \in E$. Alors on dit que x majore (resp. minore) A , ou que c'est un majorant (resp. minorant) de A , et on peut écrire $A \leq x$ (resp. $x \leq A$), si x majore (resp. minore) chaque élément de A . Une partie de E qui admet un majorant (resp. minorant) est majorée (resp. minorée); si elle est les deux à la fois, on dit que c'est une partie bornée de E .

Soient E un ensemble ordonné, $A \subset E$. Alors, si l'ensemble des majorants (resp. minorants) de A admet un élément minimum (resp. maximum), cet élément est appelé la borne supérieure (resp. inférieure) de A . La borne supérieure de A , quand elle existe, peut être notée: sup A , ou encore $\sup_{x \in A} x$ ou $\bigvee A$ ou $\bigvee_{x \in A} x$, avec, pour la borne inférieure, les notations correspondantes: inf A, $\bigwedge A$, etc. Si E est lui-même sous-ensemble ordonné d'un ensemble ordonné F , il sera quelquefois nécessaire d'utiliser une notation telle que $\bigvee_E A$ pour désigner la borne supérieure de A dans E . On remarquera des bornes supérieures de A dans E et dans F que l'existence de l'une n'implique point celle de l'autre et que, quand elles existent toutes les deux, elles ne sont pas en général égales, avec la même observation pour les bornes inférieures.

Les relations d'ordre d'un ensemble donné peuvent elles-mêmes être ordonnés par inclusion. Si une relation d'ordre R est incluse dans une relation d'ordre S , on dit plutôt que R est moins forte que S , ou S plus forte que R . Ainsi l'égalité, que est une relation d'ordre, est la relation d'ordre la moins forte sur un ensemble donné. Un ensemble, muni de cette relation d'ordre, est dit trivialement ordonné. A l'opposé, les relations d'ordre les plus fortes sur un ensemble E donné sont celles d'ordre total, c'est à dire, les ordres tels que, quels que soient $x,y \in E$, on a soit $x \leq y$, soit $y \leq x$ (on dit aussi: x et y sont comparables). Un ensemble totalement ordonné est appelé une chaîne; et, si E est un ensemble ordonné, un sous-ensemble de E totalement ordonné par l'ordre induit est appelé une chaîne de E .

Entre ces deux extrêmes, on peut définir divers espèces d'ensemble ordonné. Si, dans un ensemble ordonné E, chaque paire d'éléments (donc, par récurrence, chaque partie finie) est majorée (resp. minorée), on dit que E est *filtrant supérieurement* (resp. *inférieurement*); s'il est les deux à la fois, qu'il est *filtrant* tout court. Si chaque paire d'éléments de E (donc chaque partie finie) admet une borne supérieure (resp. inférieure), on dit que E est un *sup-demi-treillis* (resp. *inf-demi-treillis*); s'il est les deux à la fois, qu'il est un *treillis* tout court. Si chaque partie, finie ou non, d'un treillis T admet une borne supérieure et une borne inférieure, on dit que T est *complet*; si cela est vrai pour toutes les parties non-vides *bornées* de T, que T est *conditionnellement complet*. On remarquera que, pour qu'un treillis conditionnellement complet soit complet, il faut et il suffit qu'il possède un élément maximum et un élément minimum.

Un exemple fondamental de treillis complet est fourni par l'ensemble ordonné (par inclusion) des parties de E, $\mathcal{P}(E)$, où E est un ensemble quelconque. Plus, généralement, soit $\mathcal{F}$ une partie de $\mathcal{P}(E)$ qui contient E, ayant la propriété suivante: toute intersection de membres de $\mathcal{F}$ appartient également à $\mathcal{F}$. On dit dans ce cas que $\mathcal{F}$ est une *famille de Moore*. Il est facile de voir que, s'il en est ainsi, $\mathcal{F}$ est un treillis complet pour l'ordre d'inclusion.

On montre (voir, par exemple, BIRKHOFF [4], p. 126-127) que tout ensemble ordonné E peut être plongé dans un treillis complet $\bar{E}$, dit *complété* de E et caractérisé par la propriété suivante: si on identifie E avec son image dans $\bar{E}$, alors chaque élément de $\bar{E}$ est la borne supérieure des éléments de E qu'il majore et la borne inférieure des éléments de E qu'il minore. Cette propriété est caractéristique dans ce sens: si $\bar{E}_1$ et $\bar{E}_2$ sont deux complétés de E, u_1 et u_2 les plongements correspondants, alors il existe un isomorphisme $v : \bar{E}_1 \to \bar{E}_2$, tel que le diagramme

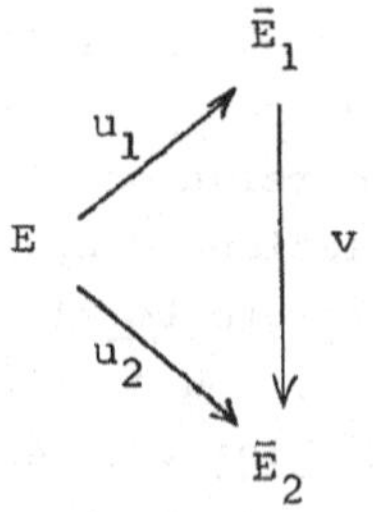

soit commutatif.

Si E manque d'élément maximum, d'élément minimum ou des deux, en retranchant du complété de E l'élément ou les éléments correspondants, on obtient un ensemble ordonné dit complété conditionnel de E (qu'on notera également $\bar{E}$, quand le contexte exclut la confusion). Ce complété conditionnel peut ne pas être un treillis; mais, si E est filtrant, c'est toujours le cas, et on a la propriété "universelle" indiqué par le diagramme.

Rappelons qu'une suite (a_n) est dite stationnaire, si a_n est constant à partir d'un certain rang. On dit qu'un ensemble ordonné E vérifie la condition maximale (resp. minimale), si chaque suite croissante (resp. décroissante) dans E est stationnaire. Une chaîne qui vérifie la condition minimale est dite bien ordonnée, et la relation d'ordre correspondante, une relation de bon ordre.

Nous utiliserons sans précaution particulière l'axiome de choix, qui affirme, dans sa version primitive, que le produit cartésien d'une famille non-vide d'ensembles non-vides n'est pas vide. Des innombrables affirmations équivalentes, certaines, qu'on utilisera de préférence, concernent directement les ensembles ordonnés. La plus simple et la plus ancienne est l'axiome de ZERMELO: Sur tout ensemble il existe une relation de bon ordre.

Nous supposons connues les propriétés les plus élémentaires des nombres cardinaux et ordinaux. A chaque ensemble E est associé un object qu'on appelle son cardinal et qu'on note: $\mathrm{Card}\, E$, de façon que deux ensembles ont le même cardinal, si, et seulement si, ils sont en bijection; et on montre que tout ensemble de nombres cardinaux est bien ordonné par la relation: $\mathrm{Card}\, E \leq \mathrm{Card}\, F$, s'il existe une injection de E dans F. De même, à chaque ensemble bien ordonné E est associé son ordinal, noté: $\mathrm{Ord}\, E$; deux ensembles bien ordonnés ont le même ordinal, si, et seulement si, ils sont isomorphes; et tout ensemble de nombres ordinaux est bien ordonné par la relation: $\mathrm{Ord}\, E \leq \mathrm{Ord}\, F$, si E est isomorphe à une partie héréditaire de F.

On utilisera très souvent une dernière forme de l'axiome de choix due à ZORN. Un ensemble ordonné E est inductif, si toute chaîne de E est majorée. L'axiome de ZORN affirme que tout ensemble inductif non-vide admet un élément maximal. Comme cas particulier, considérons une partie $\mathcal{F}$ de $\mathcal{P}(E)$ ayant la propriété suivante: toute réunion d'une chaîne de $\mathcal{F}$ appartient à $\mathcal{F}$. On dit dans ces conditions que $\mathcal{F}$ est $\cup$-inductif. Il est clair qu'une partie $\cup$-inductive de $\mathcal{P}(E)$ est inductive, donc, moyennant l'axiome de ZORN, que, si elle n'est pas vide, elle admet un élément maximal, pour l'ordre d'inclusion.

2. Structures algébriques.

Si E est un ensemble, n un entier, on appelle opération sur E, et, plus précisément, opération n-aire, toute application de E^n dans E. Pour que cette définition ait un sens quand $n=0$, on convient que E^o est un singleton, ainsi une opération 0-aire consiste à distinguer un élément remarquable dans E. Une algèbre universelle est un ensemble E, muni d'une famille d'opérations sur E. On dit aussi que les opérations définissent une structure algèbrique sur E. Un groupe, par exemple, est un ensemble muni de trois opérations: une opération 2-aire (on écrit le plus souvent: binaire) appelée la loi du groupe; une opération 0-aire, qui distingue l'élément neutre du groupe; et une opération 1-aire, qui à chaque élément du groupe associe son symétrique.

Pour comparer les algèbres universelles, il est commode de supposer donnés d'avance et une fois pour toutes un ensemble Ω et une application $n : \Omega \to N$. Soit Δ le couple (Ω,n). Une algèbre universelle du type Δ sera un couple (E,F), où E est un ensemble et $F = (f_\omega)_{\omega\in\Omega}$ une famille d'opérations sur E, telle que, pour chaque $\omega\in\Omega$, f_ω est une opération $n(\omega)$-aire. On dit que deux algèbres universelles du même type sont munis de structures algèbriques homologues.

On appelle opération dérivée d'une algèbre universelle (E,F), toute opération sur E qui peut être obtenue à partir des opérations f_ω et des projections canoniques $pr_i : E^n \to E$ $(i=1,\ldots,n)$ par composition et par substitution de variables. Si g et h sont deux opérations n-aires dérivées, l'affirmation (vraie ou fausse)

$$\text{quels que soient } x_1,\ldots,x_n \in E,\ g(x_1,\ldots,x_n) = h(x_1,\ldots,x_n)$$

est appelée une identité concernant (E,F). Une classe d'algèbres universelles du même type qui peut être définie uniquement par des identités est appelée une classe primitive ou variété d'algèbres universelles. Comme exemple de classe primitive, on peut citer les groupes et les anneaux, mais non les anneaux intègres ni les corps. On verra que les groupes et les anneaux réticulés, qui font l'objet de cette étude, sont eux aussi des classes primitives d'algèbres universelles.

Soient E un ensemble, f une opération n-aire sur E. Une partie X de E est dite stable par f, si $f(X^n)\subset X$. Si (E,F) est une algèbre universelle et si $X\subset E$ est stable par chaque f_ω, on dit que X est une sous-algèbre de E. (On remarquera que l'ensemble vide est une sous-algèbre, si, et seulement si, aucune des f_ω n'est 0-aire.) Il est clair que, si on désigne par $F_X(\omega)$ la restriction de f_ω à $X^{n(\omega)}$, (X,F_X) est une algèbre universelle du même type que E . Quand on parle d'une sous-algèbre d'une algèbre universelle E , on la suppose toujours munie de cette structure, qu'on dit induite par celle de E .

Les sous-algèbres d'une algèbre universelle E forment une famille de Moore; en particulier, pour tout $X \subset E$, l'intersection des sous-algèbres de E qui contiennent X est une sous-algèbre, qu'on dit engendrée par X . On remarquera que tout élément de cette sous-algèbre appartient à la sous-algèbre engendrée par une partie finie de X .

Soient (E,F) et (E',F') des algèbres universelles du même type. Une application $u : E \to F$ est un homomorphisme, si, pour chaque opération n-aire f_ω ,

quels que soient $x_1,\ldots,x_n \in E$,

$$u[f_\omega(x_1,\ldots,x_n)] = f'_\omega[u(x_1),\ldots,u(x_n)] .$$

Il est clair que le composé de deux homomorphismes est un homomorphisme.

Un homomorphisme bijectif est appelé un isomorphisme. Si $u : E \to E'$ est un isomorphisme, il en est de même de $u^{-1} : E' \to E$. Ainsi, dans un ensemble d'algèbres universelles, l'isomorphisme est une équivalence, qu'on notera: $E \simeq E'$.

Un homomorphisme (resp. isomorphisme) d'une algèbre universelle dans elle même est appelé un endomorphisme (resp. automorphisme).

Soient E un ensemble, f une opération n-aire sur E . On dit qu'une relation d'équivalence R sur E est compatible avec f , si

quels que soient $x_1,\ldots,x_n,y_1,\ldots,y_n \in E$,

$(x_iRy_i,\ i=1,\ldots,n)$ entraîne $[f(x_1,\ldots,x_n)Rf(y_1,\ldots,y_n)]$.

(Cette définition n'a guère de sens, si n=0 ; on convient que toute équivalence est compatible avec une opération 0-aire.) Une relation d'équivalence compatible avec toutes les opérations f_ω d'une algèbre universelle (E,F) est appelée une congruence de E .

Rappelons que, pour $u : E \to F$, on appelle équivalence d'application de u , la relation sur E : $u(x) = u(y)$. Si $u : E \to F$ est un homomorphisme d'algèbres universelles, cette équivalence est une congruence. Réciproquement, si R est une congruence de l'algèbre universelle E , on peut munir l'ensemble quotient E/R d'une structure algèbrique (et d'une seule) homologue à celle de E et telle que la surjection canonique de E sur E/R soit un homomorphisme (dit homomorphisme canonique). Toute image homomorphe de E est isomorphe à une algèbre quotient E/R, pour une congruence R convenable. En effet, si $u : E \to F$ est un homomorphisme surjectif et R l'équivalence d'application de u, on a le diagramme commutatif

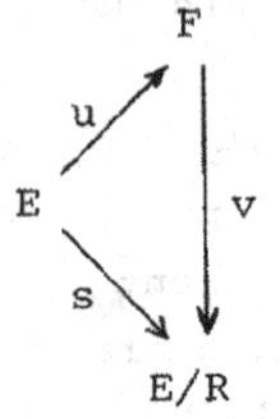

où s est la surjection canonique et v un isomorphisme.

Soit $(E_\iota, F^{(\iota)})$ une famille d'algèbres universelles du même type Δ et soit $E = \Pi E_\iota$, le produit cartésien des ensembles E_ι. On notera $pr_\iota : E \to E_\iota$, l'application qui associe à chaque élément de E sa composante dans E_ι. Alors on peut définir sur E une structure algèbrique de type Δ, en posant, pour chaque $\omega \in \Omega$, avec $n(\omega) = n$,

$$pr_\iota [f_\omega(x_1,\ldots,x_n)] = f_\omega^{(\iota)} [pr_\iota(x_1,\ldots,pr_\iota(x_n)] \quad .$$

Muni de cette structure, E est appelé le produit direct des algèbres universelles E_ι. Il est clair que chaque pr_ι est un homomorphisme de E dans le E_ι correspondant.

Si E est le produit direct des algèbres universelles E_ι, alors une sous-algèbre A de E est appelée produit sous-direct des E_ι, si la restriction de chaque pr_ι à A est surjective. Les produits sous-directs se rencontrent le plus souvent dans le contexte suivant: Soient E une algèbre universelle, (R_ι) une famille de congruences de E et s_ι la surjection canonique de E sur E/R_ι. Alors on définit un homomorphisme de E dans $\Pi E/R_\iota$, en posant, pour chaque $x \in E$ et pour chaque ι,

$$pr_\iota [u(x)] = s_\iota(x) \quad .$$

$u(E)$ est un produit sous-direct des E/R_ι, et l'équivalence d'application de u est l'intersection des R_ι.

Soit Σ une classe primitive d'algèbres universelles. On voit immédiatement que:

(i) Toute sous-algèbre d'un membre de Σ appartient à Σ,

(ii) Toutè image homomorphe d'un membre de Σ appartient à Σ,

(iii) Tout produit direct de membres de Σ appartient à Σ.

Réciproquement, un curieux théorème de BIRKHOFF[1] affirme qu'une classe d'algèbres universelles qui jouit de ces trois propriétés de stabilité est une classe primitive.

3. Groupes, anneaux, treillis.

Soit E un ensemble, muni d'une opération binaire, qu'on notera pour le moment: $(x,y) \to x\top y$. On dira que cette opération est:

associative, si, quels que soient $x,y,z\in E$, $(x\top y)\top z = x\top(y\top z)$;
commutative, si, quels que soient $x,y\in E$, $x\top y = y\top x$;
idempotente, si, quel que soit $x\in E$, $x\top x = x$.

On appelle élément neutre pour cette opération, un élément $e\in E$, tel que

$$\text{quel que soit } x\in E,\ e\top x = x\top e = x \quad .$$

On remarquera qu'un élément neutre, s'il existe, est unique. S'il existe un élément neutre e et si $x\in E$, on appelle symétrique de x (pour la même opération) un élément $x'\in E$, tel que

$$x'\top x = x\top x' = e \quad .$$

Le symétrique de x , pour une opération associative, s'il existe, est unique.

On appelle demi-groupe, un ensemble muni d'une opération binaire associative.

On appelle groupe, un ensemble muni: d'une opération binaire associative (dite la loi du groupe); d'une opération 0-aire, dont le résultat est un élément neutre pour la loi du groupe; et d'une opération 1-aire qui, à chaque élément du groupe, associe son symétrique pour la loi du groupe. Si en plus la loi du groupe est commutative, on dit que le groupe est un groupe commutatif.

La loi d'un groupe est le plus souvent notée de l'une des deux façons suivantes: $(x,y) \mapsto x\cdot y$ (ou xy) (notation multiplicative); et $(x,y) \mapsto x+y$ (notation additive). Selon la notation employée, on a les conventions suivantes:

---

(1) Voir P.M. COHN, Universal Algebra, Harper & Row, New York, 1965, p. 169 et seq.

	Notation multiplicative	Notation additive
Elément neutre	Unité, noté: e (ou 1)	Zéro, noté: 0
Symétrique de x	Inverse, noté: x^{-1}	Opposé, noté: $-x$

En notation additive, on écrit: $x-y$, pour $x+(-y)$.

La notation additive n'est en règle générale employée que pour les groupes commutatifs[1].

Soient G une groupe, $H\subset G$. Si H est une sous-algèbre de G , dans le sens des algèbres universelles, on dit que H est un sous-groupe de G , et on écrit: $H\leq G$. Un sous-groupe de G , distinct de G lui-même, est appelé un sous-groupe propre de G .

Un exemple fondamental de groupe est fourni par l'ensemble des bijections d'un ensemble X , muni de la loi de composition des applications.On montre que tout groupe est isomorphe à un sous-groupe d'un tel groupe. Si G est un sous-groupe du groupe des bijection de X , on dit que G opère transitivement dans X , si, quels que soient x et y dans X , il existe $g\in G$, tel que $g(x) = y$. Soient G un groupe, $g\in G$. Tout élément de G de la forme xgx^{-1} $(x\in G)$ est appelé un conjugué de g . De même, si $A\subset G$, l'ensemble xAx^{-1} (c'est à dire: $\{xax^{-1} | a\in A\}$) est un conjugué de A . On voit facilement que tout conjugué d'un sous-groupe de G en est nécessairement un sous-groupe. Une partie de G qui n'admet pas de conjugué distinct d'elle-même est dite distinguée. Si H est un sous-groupe distingué de G , on écrit: $H\lhd G$.

Soit H un sous-groupe distingué du groupe G . Alors la relation

$$x^{-1}y \in H$$

entre deux éléments génériques de G est une congruence, qu'on appelle la congruence modulo H . Réciproquement, toute congruence de G est de cette forme, pour un $H\lhd G$ convenable.

En effet, soit $u : G \to K$ un homomorphisme de groupes, et soit e_K l'élément neutre de K . Alors $u^{-1}(e_K)$ est un sous-groupe distingué de G , qu'on appelle le noyau de u , et qu'on note: $\mathrm{Ker}\ u$. On voit facilement que l'équivalence d'application de u est précisément la congruence modulo $\mathrm{Ker}\ u$.

---

(1) C'est la convention qui sera suivie dans cet ouvrage. Mais il faut noter que les auteurs americains, traitant des groupes ordonnés, utilisent sans précaution particulière la notation additive pour désigner la loi des groupes commutatifs ou non.

Si G est un groupe et si $H \triangleleft G$, on note G/H , le quotient de G par la congruence modulo H . Si $H \leq G$, non nécessairement distingué, la relation: $x^{-1}y \in H$, est toujours une équivalence, qu'on appelle l'équivalence à gauche modulo H . Nous noterons: $G(H)$, l'ensemble des classes suivant cette équivalence.

Soit E un ensemble muni de deux opérations binaires. qu'on notera pour le moment: $(x,y) \mapsto x \top y$ et $(x,y) \mapsto x \bot y$. On dit que la première opération est distributive à gauche (resp. à droite) par rapport à la seconde, si

quels que soient $x,y,z \in E$, $x \top (y \bot z) = (x \top y) \bot (x \top z)$
(resp. $(x \bot y) \top z = (x \top z) \bot (y \top z)$) .

Distributif, sans qualificatif, veut dire: distributif à gauche et à droite.

On appelle anneau, un groupe commutatif, noté additivement, muni d'une deuxième opération binaire, notée multiplicativement, associative et distributive par rapport à la loi du groupe additif. Un anneau qui admet un élément neutre pour la multiplication est dit unitaire.

Soient A un anneau, $X \subset A$. On dit que X est un idéal à gauche (resp. à droite) de A , si X est un sous-groupe de A , pour la loi d'addition, et si, en plus, quels que soient $a \in A$ et $x \in X$, $ax \in X$ (resp. $xa \in X$) . Si X est à la fois un idéal à gauche et un idéal à droite de A , on dit que X est un idéal bilatère, ou plus simplement qu'il est un idéal, de A .

Si A est un anneau et I un idéal de A , la relation

$$x-y \in I$$

est une congruence de A , qu'on appelle la congruence modulo I . Réciproquement, toute congruence de A est de cette forme, pour un idéal I convenable.

En effet, soit $u : A \to B$ un homomorphisme d'anneaux et soit 0_B , le zéro de B . Alors $u^{-1}(0_B)$ est un idéal de A , qu'on appelle le noyau de u , et qu'on note: $\operatorname{Ker} u$. On voit facilement que l'équivalence d'application de u est précisément la congruence modulo I .

Si A est un anneau et I un idéal de A , on note: A/I , l'anneau quotient de A par la congruence modulo I .

Soit A un anneau. Un élément $a \in A$ est dit diviseur de zéro, s'il existe $x \in A \setminus \{0\}$, tel que $ax=0$ ou $xa=0$; il est dit nilpotent, s'il existe un entier n , tel que $a^n=0$. Un anneau sans diviseurs de zéro (resp. éléments nilpotents) distincts de 0 est dit intègre (resp. réduit).

La théorie des treillis peut être développée dans le cadre des algèbres universelles, sans référence initiale aux ensembles ordonnés. En effet, considérons un ensemble E, muni de deux opérations binaires, qu'on notera pour le moment: $(x,y) \mapsto x\top y$ et $(x,y) \mapsto x\bot y$, associatives, commutatives, idempotentes et vérifiant en plus les identités (dites d'absorption)

quels que soient $x,y\in E$, $x\top(x\bot y) = x\bot(x\top y) = x$.

On définit dans E une relation d'ordre, en posant: $x\leq y$, si $x\top y=x$. Muni de cette relation d'ordre, E est un treillis, et on a, pour tous $x,y\in E$,

$$x\wedge y = x\top y \quad \text{et} \quad x\vee y = x\bot y \quad .$$

Réciproquement, on vérifie sans peine que, dans un treillis, les opérations inf et sup sont associatives, commutatives et idempotentes et qu'elles vérifient les lois d'absorption. Il n'y a donc aucun inconvénient de nommer treillis la classe primitive d'algèbres universelles, munies de deux opérations binaires (qu'on désignera dorénavant par les habituels $\wedge$ et $\vee$) vérifiant ces huit identités.

Si T est un treillis, les sous-treillis de T sont ses sous-algèbres; de même les termes: homomorphisme de treillis, congruence d'un treillis, produit direct de treillis, sont utilisés dans le sens des algèbres universelles. Il est très important de noter qu'un sous-ensemble d'un treillis T qui est un treillis (dans le sens des ensembles ordonnés) pour l'ordre induit n'est pas en général un sous-treillis de T. De même, une application croissante d'un treillis dans un autre n'est pas en général un homomorphisme de treillis. Par contre, les deux notions d'isomorphisme de treillis, en tant qu'ensembles ordonnés et en tant qu'algèbres universelles, coincident.

Des divers sous-classes de treillis, notons deux qui nous intéresseront plus particulièrement. Un treillis est distributif, si chacune des opérations est distributive par rapport à l'autre (pour des définitions équivalentes on consultera l'ouvrage de DUBREIL et DUBREIL-JACOTIN [1] précité). Un treillis est complémenté, s'il admet un plus petit élément z, un plus grand élément u, et si, à chaque élément x correspond un élément x' (dit complément de x), tel que: $x\wedge x' = z$, $x\vee x' = u$. Un treillis complémenté et distributif est une algèbre de Boole. On montre que, dans une algèbre de Boole, les compléments sont uniques.

Un exemple fondamental d'algèbre de Boole est l'ensemble $\mathcal{P}(E)$, muni des opérations binaires $\cap$ et $\cup$. Le complément de chaque élément de cette algèbre est évidemment son complémentaire par rapport à E . On montre que toute algèbre de Boole est isomorphe à une sous-algèbre de $\mathcal{P}(E)$, pour un E convenable.

Chapitre 1.

NOTIONS FONDAMENTALES

1.1. Groupes ordonnés.

Considérons un groupe G muni d'une relation d'ordre.

1.1.1. On dit que G est un *groupe ordonné* si, pour tout $a,b,x\in G$, $a\leq b$ implique $xa\leq xb$ et $ax\leq bx$.

Cette définition signifie essentiellement que les translations de G sont des automorphismes de l'ensemble ordonné G. L'ensemble P des x tels que $x\geq e$ est appelé le *cône positif* de G et ses éléments sont dits *positifs*. On dira que x est strictement positif si $x>e$.

Notons que $a\leq b$ est équivalent à $a^{-1}b\in P$ (ou à $ba^{-1}\in P$). L'ordre de G est donc entièrement déterminé par P.

1.1.2. PROPOSITION. *Le cône positif P possède les propriétés suivantes:*

(i) $P^2\subset P$ (ii) *Pour tout* a, $aPa^{-1}\subset P$ (iii) $P\cap P^{-1} = \{e\}$.

Si $e\leq x$ et $e\leq y$, on a $e\leq y\leq xy$, ce qui démontre (i). Prenons $a\in G$. On a $axa^{-1} \geq aea^{-1} = e$, donc $axa^{-1}\in P$. Enfin, si $x\in P\cap P^{-1}$, on a $x^{-1}\geq e$, donc $e = xx^{-1} \geq x$. Comme $x\geq e$, il vient $x=e$.

Appelons *cône* toute partie de G qui vérifie (i), (ii) et (iii).

1.1.3. PROPOSITION. *Soit G un groupe quelconque et soit P un cône de G. Il existe sur G un ordre, et un seul, qui fait de G un groupe ordonné et tel que P soit le cône positif.*

Posons $a \leq b$ si et seulement si $a^{-1}b \in P$. On a $a \leq a$ car $a^{-1}a = e \in P$. Si $a \leq b$ et $b \leq c$, on a $a^{-1}c = a^{-1}bb^{-1}c \in P^2 \subset P$, donc $a \leq c$. Si $a \leq b$ et $b \leq a$, $a^{-1}b \in P \cap P^{-1} = \{e\}$, donc $a = b$. Prenons $a \leq b$ et $x \in G$. On a: $(xa)^{-1}(xb) = a^{-1}x^{-1}xb = a^{-1}b \in P$, donc $xa \leq xb$ et $(ax)^{-1}(bx) = x^{-1}a^{-1}bx \in x^{-1}Px \subset P$, donc $ax \leq bx$. De plus, $e \leq a$ est équivalent à $a \in P$.

En bref, il existe une correspondance bijective entre les cônes de G et les relations d'ordre compatibles avec la structure de groupe.

Lorsque on considère un seul ordre sur G, on écrira souvent $P = G_+$. Si, par contre, on envisage plusieurs ordres sur G, on notera (G,P) le groupe G muni de l'ordre P.

On voit facilement que P^{-1} est l'ensemble des x tels que $x \leq e$. Ces éléments sont dits <u>négatifs</u>. Il est clair que P^{-1} est un cône. Par conséquent, il définit un ordre, que l'on appelle <u>l'ordre dual</u>. On a $x \leq y$ dans (G,P) si et seulement si $y \leq x$ dans (G,P^{-1}).

Dans tout groupe ordonné, $x \leq y$ est équivalent à $y^{-1} \leq x^{-1}$. Par conséquent, l'application $x \mapsto x^{-1}$ est un isomorphisme de (G,P) sur (G,P^{-1}), en tant qu'ensembles ordonnés. Bien entendu, ce n'est pas un isomorphisme de groupes, sauf si G est commutatif.

Si H est un sous-groupe de G, $H_+ = G_+ \cap H$ est un cône de H. Il définit sur H <u>l'ordre induit</u>. On a $x \leq y$ dans H si et seulement si $x \leq y$ dans G.

Considérons deux groupes ordonnés G et K. Soit f un homomorphisme de G dans K. Rappelons que f est dit croissant si $x \leq y$ implique $f(x) \leq f(y)$. On utilise souvent la caractérisation suivante, dont la démonstration est laissée au lecteur:

1.1.4. <u>Pour que f soit croissante, il faut et il suffit que l'on ait $f(G_+) \subset K_+$.</u>

On dit que f est un isomorphisme de groupes ordonnés si f est bijective, croissante, et si f^{-1} est croissante. On notera qu'un homomorphisme peut être bijectif et croissant sans être un isomorphisme (on trouvera un exemple en 1.7.2).

1.1.5. <u>PROPOSITION. Un groupe G est totalement ordonné si et seulement si $G = G_+ \cup G_+^{-1}$.</u>

La démonstration est immédiate.

Rappelons qu'un ensemble ordonné est dit filtrant si tout couple d'éléments possède un majorant et un minorant.

1.1.6. PROPOSITION. Soit (G,P) un groupe ordonné. Pour que G soit filtrant, il faut et il suffit que $G = PP^{-1}$.

Supposons G filtrant. Soit $x \in G$. Il existe un y tel que $e \leq y$ et $x \leq y$. Alors, $y \in P$ et $x \in yP^{-1} \subset PP^{-1}$. Réciproquement, soient $a,b \in G$. On a $a = xy^{-1}$ et $b = uv^{-1}$ avec, $x,y,u,v \in P$. Il vient: $a \leq x \leq xu$ et $b \leq u \leq xu$ et aussi $a \geq y^{-1} \geq y^{-1}v^{-1}$ et $b \geq v^{-1} \geq y^{-1}v^{-1}$, donc G est filtrant. Notons qu'on a toujours $PP^{-1} = P^{-1}P$, d'après (1.1.2.ii).

1.1.7. Soient (G,P) un groupe filtrant, (H,Q) un groupe ordonné et f une application de P dans Q vérifiant $f(ab) = f(a)f(b)$. Il existe un unique homomorphisme croissant de G dans H , qui prolonge f .

Prenons $x \in G$ et supposons que $x = ab^{-1} = c^{-1}d$ avec $a,b,c,d \in P$. On a $ca = db$ donc $f(c)f(a) = f(d)f(b)$ et par suite, $f(a)f(b)^{-1} = f(c)^{-1}f(d)$. Si $x = gh^{-1}$ $(g,h \in P)$ on a donc $f(a)f(b)^{-1} = f(g)f(h)^{-1}$.

Nous posons $\bar{f}(x) = f(a)f(b)^{-1}$. Pour montrer que $\bar{f}$ est un homomorphisme, prenons $x = ab^{-1}$ et $y = uv^{-1}$ $(a,b,u,v \in P)$. Soit $t = b^{-1}ub \in P$. On a $xy = ab^{-1}uv^{-1} = atb^{-1}v^{-1} = at(vb)^{-1}$, donc:

$$f(xy) = f(at)f(vb)^{-1} = f(a)f(t)f(b)^{-1}f(v)^{-1} = f(a)f(b)^{-1}f(u)f(v)^{-1} ,$$

c'est-à-dire $f(xy) = f(x)f(y)$. L'unicité est évidente.

1.2. Groupes réticulés.

1.2.1. On appelle groupe réticulé un groupe ordonné en treillis. Nous allons commencer par quelques remarques sur l'existence de $\vee$ et $\wedge$ dans un groupe ordonné. Chacune de ces remarques nous donne une propriété élémentaire des groupes réticulés.

1.2.2. Si dans un groupe ordonné $a \vee b$ existe, alors $ca \vee cb$ et $ac \vee bc$ existent et $ca \vee cb = c(a \vee b)$, $ac \vee bc = (a \vee b)c$.

Ceci découle immédiatement du fait que $x \mapsto cx$ est un automorphisme de l'ensemble ordonné G , ainsi que $x \mapsto xc$.

1.2.3. Si $a \wedge b$ existe, alors $ca \wedge cb$ et $ac \wedge bc$ existent et on a $ca \wedge cb = c(a \wedge b)$ et $ac \wedge bc = (a \wedge b)c$.

La démonstration est identique.

1.2.4. Si $a \vee b$ existe, $a^{-1} \wedge b^{-1}$ existe et $a^{-1} \wedge b^{-1} = (a \vee b)^{-1}$.

En effet, l'application $x \to x^{-1}$ est un isomorphisme (d'ensembles ordonnés) de (G,P) sur (G,P^{-1}) . Elle conserve donc les $\vee$. Mais les $\vee$ dans (G,P^{-1}) sont évidemment des $\wedge$ dans (G,P) .

1.2.5. Si $a \wedge b$ existe, $a^{-1} \vee b^{-1}$ existe et $a^{-1} \vee b^{-1} = (a \wedge b)^{-1}$.

La démonstration est identique. Plus généralement, on voit que l'application $x \mapsto x^{-1}$ transforme toute relation dans (G,P) en une relation dans (G,P^{-1}) , que l'on retraduit immédiatement dans (G,P) . Nous utiliserons constamment ce phénomène de "dualité". La plupart des énoncés qui suivent impliquent un énoncé "dual", qui est laissé à l'imagination de lecteur.

1.2.6. Si $a \vee b$ existe, $a \wedge b$ existe et $a \wedge b = b(a \vee b)^{-1}a$.

En effet, $a^{-1} \wedge b^{-1}$ existe d'après (1.2.4). Donc, $a \wedge b = ba^{-1}a \wedge bb^{-1}a$ existe d'après (1.2.3) et c'est: $a \wedge b = b(a^{-1} \wedge b^{-1})a = b(a \vee b)^{-1}a$.

La proposition suivante, d'apparence très technique, va nous rendre de multiples services.

1.2.7. PROPOSITION. Soient y et z tels que $y \wedge z$ existe. Posons $y = a(y \wedge z)$, $z = b(y \wedge z)$, $x = yz^{-1}$. Alors:

(i) $a \wedge b = e$, $ab^{-1} = x$.

(ii) $a = x \vee e$ et $b = x \wedge e$.

On a $a = y(y \wedge z)^{-1}$ et $b = z(y \wedge z)^{-1}$. D'après (1.2.3) $a \wedge b$ existe et $a \wedge b = (y \wedge z)(y \wedge z)^{-1} = e$. Il est immédiat que $ab^{-1} = x$. D'après (1.2.5) $z^{-1} \vee y^{-1}$ existe. D'après (1.2.2) $yz^{-1} \vee yy^{-1}$ existe et on a: $yz^{-1} \vee yy^{-1} = y(z^{-1} \vee y^{-1}) = y(y \wedge z)^{-1} = a$. Or $yz^{-1} \vee yy^{-1}$ n'est autre que $x \vee e$. On voit de même que $x^{-1} \vee e$ existe et que $x^{-1} \vee e = b$.

1.2.8. PROPOSITION. Soit G un groupe muni d'une structure de demi-

treillis. Les propriétés suivantes sont équivalentes:

1) G *est un groupe réticulé.*
2) *Pour tout* $a,b,c \in G$, $c(a \vee b) = ca \vee cb$ *et* $(a \vee b)c = ac \vee bc$.

Si G est réticulé, on peut, bien sûr, lui appliquer (1.2.2). Inversement, la condition 2) implique que G est un groupe ordonné: Si $a \leq b$, $ca \vee cb = c(a \vee b) = cb$ donc $ca \leq cb$, et de même, $ac \leq bc$. En appliquant (1.2.6), on voit que G est un treillis.

La proposition (1.2.8) montre que les groupes réticulés constituent une classe primitive.

1.2.9. THEOREME. *Soit* G *un groupe ordonné. Les conditions suivantes sont équivalentes:*

1) G *est un groupe réticulé.*
2) *Pour tout* $x \in G$, *il existe* a,b *tels que* $x = ab^{-1}$ *et* $a \wedge b = e$.
3) *Pour tout* x , $x \vee e$ *existe.*

Supposons G réticulé et soit $x \in G$. Prenons $y,z \in G$ tels que $x = yz^{-1}$ et définissons a et b comme dans (1.2.7). Alors, on a $x = ab^{-1}$ et $a \wedge b = e$. Ceci démontre que 1) implique 2).

Si la condition 2) est vérifiée, (1.2.7) montre que $x \vee e$ existe et est égal à a .

Supposons 3) vérifiée. Prenons $x,y \in G$. On sait que $e \vee x^{-1}y$ existe. Par suite, $x \vee xx^{-1}y = x \vee y$ existe d'après (1.2.2). De plus, $x \wedge y$ existe d'après (1.2.6).

1.2.10. PROPOSITION. *Un groupe réticulé est totalement ordonné si et seulement si* $a \wedge b = e$ *implique* $a=e$ *ou* $b=e$.

La condition est évidemment nécessaire car alors, $a \wedge b = a$ ou $a \wedge b = b$. Inversement, si cette condition est vérifiée, prenons $x \in G$. D'après (1.2.9), $x = ab^{-1}$ avec $a \wedge b = e$. Si $a=e$, $x = b^{-1} \leq e$ et si $b=e$, alors $x = a \geq e$. On a donc $G = P \cup P^{-1}$ ce qui montre que G est totalement ordonné.

Nous allons maintenant cractériser les groupes réticulés au moyen du cône positif P .

1.2.11. PROPOSITION. *Soit* G *un groupe ordonné. Les conditions suivantes sont équivalentes:*

1) *G est réticulé.*

2) *G est filtrant et P est un sup-demi-treillis.*

3) *G est filtrant et P est un inf-demi-treillis.*

Il est clair que 1) implique 2) et 3).

Montrons que 2) implique 1). Si $x \in G$, il existe un a tel que $a \leq x,e$. Or, aP est un sup-demi treillis car il est isomorphe à P par la translation $t \mapsto at$. Il est clair que la borne supérieure de x et e dans aP est aussi une borne supérieure dans G. Donc $x \vee e$ existe. Il suffit maintenant d'appliquer (1.2.9).

Pour montrer que 3) implique 1), notons d'abord que pour tout c, cP est un inf-demi-treillis. Il en résulte que G possède la propriété suivante: Si $a,b \leq x,y$ il existe v tel que $a,b \leq v \leq x,y$. En effet, prenons $c \leq a,b$. La borne inférieure v de x et y dans cP convient. Montrons maintenant que G est un inf-demi-treillis. Soient $x,y \in G$. Prenons $a \leq x,y$. On sait que x et y admettent une borne inférieure g dans aP. Nous allons prouver que $g = x \wedge y$. Si $b \leq x,y$, il existe v tel que $a,b \leq v \leq x,y$. On a $v \leq g$, donc $b \leq g$.

1.2.12. PROPOSITION. *Soit G réticulé et $x \in G$. Si $x^n \geq e$, pour un $n \in \mathbb{N}$, on a $x \geq e$.*

En effet, $(x \wedge e)^n = x^n \wedge x^{n-1} \wedge x \ldots \wedge x \wedge e$, d'après (1.2.3),

$$= x^{n-1} \wedge \ldots \wedge x \wedge e$$
$$= (x \wedge e)^{n-1} .$$

Ceci donne $x \wedge e = e$, donc $x \geq e$.

Rappelons qu'un groupe est sans torsion si pour tout x et tout $n \in \mathbb{N}$, $x^n = e$ implique $x = e$.

1.2.13. COROLLAIRE. *Tout groupe réticulé est sans torsion.*

Si $x^n = e$, on a $x \geq e$ et $x \leq e$ donc $x = e$.

1.2.14. PROPOSITION. *Un groupe réticulé est un treillis distributif:* $x \vee (y \wedge t) = (x \vee y) \wedge (x \vee t)$ *et* $x \wedge (y \vee t) = (x \wedge y) \vee (x \wedge t)$.

Nous allons démontrer seulement que $x \vee (y \wedge t) = (x \vee y) \wedge (x \vee t)$ pour tout $x,y,t \in G$. La relation $x \wedge (y \vee t) = (x \wedge y) \vee (x \wedge t)$ en résultera par dualité. D'ailleurs, dans tout treillis, la seconde est conséquence de la première (cf. P. Dubreil et M.-L. Dubreil-Jacotin [1], p. 188).

On a $x\vee(y\wedge t) \le x\vee y$ et $x\vee(y\wedge t) \le x\vee t$, donc $x\vee(y\wedge t) \le$ $\le (x\vee y)\wedge(x\vee t)$. Posons $z = y\wedge t$. On a $e \le yz^{-1}$, donc $x \le yz^{-1}x \le$ $\le yz^{-1}(z\vee x)$. Comme $e \le z^{-1}(z\vee x)$, il vient $y \le yz^{-1}(z\vee x)$, donc $x\vee y \le yz^{-1}(z\vee x)$. On démontre de la même facon que $x\vee t \le tz^{-1}(z\vee x)$. Par suite, $(x\vee y)\wedge(x\vee t) \le yz^{-1}(z\vee x)\wedge tz^{-1}(z\vee x) = (y\wedge t)z^{-1}(z\vee x) = z\vee x$.

Soient I et J deux ensembles finis. On désigne par J^I l'ensemble des applications de I dans J.

1.2.15. <u>COROLLAIRE</u>. <u>Dans un groupe réticulé, pour deux ensembles finis, I et J, on a</u>: $\bigvee_{i\in I} \bigwedge_{j\in J} a_{ij} = \bigwedge_{\sigma\in J^I} \bigvee_{i\in I} a_{i\sigma(i)}$.

Ceci se démontre facilement par récurrence en utilisant uniquement la distributivité.

Le théorème suivant est connu sous le nom de théorème de Riesz.

1.2.16. <u>THEOREME</u>. <u>Soient</u> $a_1,\ldots,a_m$ <u>et</u> $b_1,\ldots,b_n$ <u>des éléments positifs tels que</u> $a_1\ldots a_m = b_1\ldots b_n$. <u>Il existe des éléments positifs</u> $(c_{ij})_{i\le m,\, j\le n}$ <u>tels que</u>:

$$a_i = \prod_{j=1}^{n} c_{ij} \qquad \underline{\text{et}} \qquad b_j = \prod_{i=1}^{m} c_{ij} \quad .$$

Démontrons d'abord la propriété pour $m=n=2$. On a $a_1a_2 = b_1b_2$, donc $a_1^{-1}b_1 = a_2b_2^{-1}$. Posons:

$c_{11} = a_1\wedge b_1$, $c_{12} = c_{11}^{-1}a_1$, $c_{21} = c_{11}^{-1}b_1$, $c_{22} = a_2\wedge b_2$.

On a $c_{11}c_{12} = a_1$ et $c_{11}c_{21} = b_1$, donc:

$c_{21}c_{22} = c_{11}^{-1}b_1(a_2\wedge b_2) = (a_1^{-1}\vee b_1^{-1})b_1(a_2\wedge b_2) = (a_1^{-1}b_1\vee e)(a_2\wedge b_2)$,

$c_{21}c_{22} = (a_1b_2^{-1}\vee e)(a_2\wedge b_2) = a_2(a_2^{-1}\wedge b_2^{-1})(a_2\wedge b_2) = a_2$ et

$c_{12}c_{22} = c_{11}^{-1}a_1(a_2\wedge b_2) = (a_1^{-1}\vee b_1^{-1})a_1(a_2\wedge b_2) = (e\vee b_1^{-1}a_1)(a_2\wedge b_2)$

$= (e\vee b_2a_2^{-1})(a_2\wedge b_2) = b_2(b_2^{-1}\vee a_2^{-1})(a_2\wedge b_2) = b_2$.

Prenons maintenant $m>2$ et $n\ge 2$. Supposons la propriété établie pour $p<m$ et $q=n$. Comme $(a_1\ldots a_{m-1})a_m = b_1\ldots b_n$, il existe des éléments positifs $(t'_j)_{j\le n}$ et $(t''_j)_{j\le n}$ tels que:

$$a_1\ldots a_{m-1} = \prod_{j=1}^{n} t'_j \ , \quad a_m = \prod_{j=1}^{n} t''_j \ , \quad b_j = t'_jt''_j \quad .$$

Considérons la première de ces égalités et appliquons une nouvelle fois l'hypothèse de récurrence. Il existe des éléments (u_{ij}) avec $1\le i\le m-1$ et $1\le j\le n$ tels que pour $i\le m-1$, on ait:

$$a_i = \prod_{j=1}^{n} u_{ij} \quad \text{et, pour } j\le n , \quad t'_j = \prod_{i=1}^{m-1} u_{ij} .$$

Si on pose $u_{mj} = t''_j$, il vient $a_m = \prod_{j=1}^{n} u_{mj}$ et

$$b_j = t'_j t''_j = (\prod_{i=1}^{m-1} u_{ij})u_{mj} = \prod_{i=1}^{m} u_{ij} .$$

On a ainsi montré que la propriété est vraie pour $p=m$ et $l=n$. Echangeons les rôles des a_i et b_j . Si le théorème est vrai pour $p=m$ et $q<n$, il est vrai pour $p=m$ et $q=n$. Maintenant, on voit qu'on peut effecteur une double récurrence à partir du cas $p=q=2$.

1.2.17. <u>COROLLAIRE</u>. <u>Si</u> $a,b_1,\dots,b_n$ <u>sont des éléments positifs tels que</u> $a \le b_1\dots b_n$, <u>il existe des</u> a_i <u>positifs tels que</u> $a = a_1\dots a_n$ <u>et</u> $a_i\le b_i$.

En effet, il existe un $a'\ge e$ tel que $aa' = b_1\dots b_n$ et il suffit d'appliquer le théorème à cette égalité.

1.2.18. <u>COROLLAIRE</u>. <u>Si</u> $x,y,z\in P$, <u>on a</u> $x\wedge yz \le (x\wedge y)(x\wedge z)$.

Comme $x\wedge yz \le yz$, il existe s,t tels que $x\wedge yz = st$ avec $e\le s\le y$ et $e\le t\le z$. On a $s\le st\le x$, donc $s\le x\wedge y$. De même, $t\le x\wedge z$ donc $x\wedge yz \le (x\wedge y)(x\wedge z)$.

La notion que nous allons introduire maintenant jouera un rôle important par la suite.

1.2.19. <u>DEFINITION</u>. $a,b\in P$ sont dits <u>orthogonaux</u> si $a\wedge b = e$. On écrira souvent $a\perp b$.

1.2.20. $a\perp b$ <u>si et seulement si</u> $ab = a\vee b$.

En effet, d'après (1.2.6), $b(a\vee b)^{-1}a = a\wedge b$.

1.2.21. <u>Si</u> $a\perp b$, <u>on a</u> $ab = ba$.

Ceci résulte immédiatement de (1.2.20).

1.2.22. _Si_ $a \perp b$ _et_ $c \geq e$, _alors_ $a \wedge c = a \wedge bc$.

D'après (1.2.18), on a $a \wedge c \leq a \wedge bc \leq (a \wedge b)(a \wedge c) = a \wedge c$.

1.2.23. _Si_ $a \perp b$, $c \geq e$ _et_ $a \leq bc$ _alors_ $a \leq c$.

C'est une conséquence triviale de (1.2.22).

1.2.24. _Si_ $a \perp b$, _et_ $a \perp c$ _alors_ $a \perp bc$.

En effet, d'après (1.2.22), $a \wedge bc = a \wedge c = e$.

1.3. Partie positive, partie négative et valeur absolue.

1.3.1. On appelle _partie positive_ et _partie négative_ de x les éléments $x_+ = x \vee e$ et $x_- = x^{-1} \vee e = (x \wedge e)^{-1}$.

Il est évident que $x \in P$ si et seulement si $x_- = e$, et $x \in P^{-1}$ si et seulement si $x_+ = e$.

1.3.2. $(x^{-1})_+ = x_-$ _et_ $(x^{-1})_- = x_+$.

1.3.3. $x = x_+(x_-)^{-1}$ _et_ $x_+ x_- = e$.

Ces deux propriétés sont des conséquence de (1.2.7). En fait, (1.2.7) prouve beaucoup mieux:

1.3.4. _PROPOSITION_. _On a_ $yz^{-1} = x$ _et_ $y \wedge z = e$ _si et seulement si_ $y = x_+$ _et_ $z = x_-$.

1.3.5. _On a_ $x \leq y$ _si et seulement si_ $x_+ \leq y_+$ _et_ $x_- \geq y_-$.

Il est facile de voir que la condition est nécessaire. Inversement, on note que $x = x_+(x_-)^{-1} \leq y_+(y_-)^{-1} = y$.

1.3.6. _On a_ $(xy)_+ \leq x_+y_+$ _et_ $(xy)_- \leq y_-x_-$.

En effet, $x \leq x_+$ et $y \leq y_+$ impliquent $xy \leq x_+y_+$. Comme x_+y_+ est positif, on a $(xy)_+ \leq x_+y_+$. L'autre inégalité se démontre de la même manière.

1.3.7. *Si* $n \geq 0$, *on a* $(a^n)_+ = (a_+)^n$ *et* $(a^n)_- = (a_-)^n$.

Posons $y=a_+$ et $z=a_-$. On a $a = yz^{-1}$. Comme $y \perp z$, y et z commutent (1.2.21). On a donc $a^n = y^n(z^n)^{-1}$. D'autre part, $y^n \perp z^n$ d'après (1.2.24). Par conséquent, $y^n = (a^n)_+$ et $z^n = (a^n)_-$ d'après (1.3.4).

1.3.8. DEFINITION. On pose $|a| = a \vee a^{-1}$. Cet élément est appelé *la valeur absolue* de a .

Il résulte immédiatement de la définition que $|a^{-1}| = |a|$.

1.3.9. *On a* $|a| \leq y$ *si et seulement si* $y^{-1} \leq a \leq y$.

La démonstration est immédiate.

1.3.10. *Pour tout* a , $|a| \geq e$.

En effet, on a $|a| \geq a$ et $|a| \geq a^{-1}$, donc $|a|^2 \geq e$. Il suffit maintenant d'appliquer (1.2.12).

1.3.11. *On a* $|a|=e$ *si et seulement si* $a=e$.

En effet, si $|a|=e$, on a $a \leq e$ et $a^{-1} \leq e$ donc $a=e$.

1.3.12. $|ab^{-1}| = (a \vee b)(a \wedge b)^{-1}$.

Il vient: $(a \vee b)(a \wedge b)^{-1} = (a \vee b)(a^{-1} \vee b^{-1}) = e \vee ba^{-1} \vee ab^{-1} \vee e$

$= |ab^{-1}| \vee e = |ab^{-1}|$ d'après (1.3.10).

1.3.13. $|a| = a_+a_-$

Il suffit de faire $b=e$ dans (1.3.12).

1.3.14. *Si* $n \geq 0$ $|a^n| = |a|^n$.

Compte tenu de (1.3.7), on a: $|a^n| = (a^n)_+(a^n)_- = (a_+)^n(a_-)^n$ $= (a_+a_-)^n = |a|^n$.

1.3.15. $|ab| \leq |a||b||a|$.

En effet, $ab \le |a||b| \le |a||b||a|$ et $(ab)^{-1} = b^{-1}a^{-1} \le$ $\le |b||a| \le |a||b||a|$.

1.3.16. $|a\vee b| \le |a|\vee|b| \le |a||b|$.

Il vient: $|a\vee b| = (a\vee b)\vee(a^{-1}\wedge b^{-1}) \le a\vee b\vee a^{-1}\vee b^{-1} = |a|\vee|b|$. La deuxième inégalité est évidente.

1.3.17. <u>Pour</u> $a\ge e$ <u>et</u> $b\ge e$, <u>on a</u> $a\wedge b=e$ <u>si et seulement si</u> $ab=|ab^{-1}|$

Supposons $a\wedge b=e$. D'après (1.3.12), on a $|ab^{-1}| = a\vee b$. D'après (1.2.20), $a\vee b = ab$. Inversement, supposons $|ab^{-1}| = ab$. Alors, on a $ab = (a\vee b)(a\wedge b)^{-1} \le a\vee b \le ab$, donc $ab=a\vee b$, ce qui implique $a\wedge b=e$.

1.3.18. $|(a\vee c)(b\vee c)^{-1}|\cdot|(a\wedge c)(b\wedge c)^{-1}| = |ab^{-1}|$.

Posons $a\wedge b=x$ et $|ab^{-1}| = t$. On a donc $a\vee b = |ab^{-1}|(a\wedge b) =$ $= tx$. Il vient:

$|(a\vee c)(b\vee c)^{-1}| = (a\vee b\vee c)((a\wedge b)\vee c)^{-1} = (tx\vee c)(x\vee c)$

$|(a\wedge c)(b\wedge c)^{-1}| = ((a\vee b)\wedge c)(a\wedge b\wedge c)^{-1} = (tx\wedge c)(x\wedge c)^{-1}$.

Nous devons démontrer par conséquent que:

$(tx\vee c)(x\vee c)^{-1}(tx\wedge c)(x\wedge c)^{-1} = t$, c'est-à-dire:

$(x\vee c)^{-1}(tx\wedge c) = (tx\vee c)^{-1}t(x\wedge c)$.

Or, $(x\vee c)^{-1}(tx\wedge c) = (x^{-1}\wedge c^{-1})(tx\wedge c) = x^{-1}tx\wedge x^{-1}c\wedge c^{-1}tx\wedge e$
$= x^{-1}c\wedge c^{-1}tx\wedge e$ car $t\ge e$.

Et $(tx\vee c)^{-1}t(x\wedge c) = (x^{-1}t^{-1}\wedge c^{-1})(tx\wedge tc) = e\wedge x^{-1}c\wedge c^{-1}tx\wedge c^{-1}tc$
$= e\wedge x^{-1}c\wedge c^{-1}tx$ car $t\ge e$.

1.3.19. $|a_+(b_+)^{-1}| \le |ab^{-1}|$ <u>et</u> $|a_-(b_-)^{-1}| \le |ab^{-1}|$.

Ceci résulte immédiatement de (1.3.18) en prenant $c=e$.

1.3.20. $a_+\wedge b_+ \le (ab)_+\wedge(ba)_+$

En effet, posons $x = (ab)_+$. On a $xa^{-1} \ge a^{-1}$ et $xb^{-1} \ge a$, donc: $x(a\wedge b)^{-1} = xa^{-1}\vee xb^{-1} \ge a^{-1}\vee a = |a| \ge e$. Par suite, $x \le (a\wedge b)\vee e = a_+\wedge b_+$. On démontre de même que $(ba)_+ \le a_+\wedge b_+$.

1.4. Homomorphismes de groupes réticulés.

1.4.1. DEFINITION. Soient G et H deux groupes réticulés et f une application de G dans H . On dira que f est un homomorphisme si:

(i) f est un homomorphisme de groupes.
(ii) f est un homomorphisme de treillis.

Une telle application est souvent appelée ℓ-homomorphisme ou homomorphisme réticulé. Nous n'utiliserons pas cette terminologie puisque nous nous situons presque toujours dans la catégorie des groupes réticulés. De même, nous appellerons isomorphisme de G sur H tout homomorphisme inversible. S'il y a lieu, nous préciserons "homomorphismes de groupes" ou "isomorphisme de groupes" si la condition (ii) n'est pas satisfaite.

1.4.2. PROPOSITION. *Soit f un homomorphisme de G dans H . Alors:*
(i) $f(G_+)\subset H_+$; (ii) *si* $f(G) = H$, $f(G_+) = H_+$.

(i) Si $x\in G_+$, on a $x=x\vee e$, donc $f(x) = f(x)\vee e\in H_+$.
(ii) Soit $y\in H_+$. Il existe un $x\in G$ tel que $f(x) = y$. On a $x\vee e\in G_+$ et $f(x\vee e) = y\vee e = y$.

1.4.3. COROLLAIRE. *Si f est un homomorphisme bijectif, f^{-1} est un homomorphisme, donc f est un isomorphisme.*

D'après (ii), $f^{-1}(H_+) = G_+$, donc f^{-1} est croissante. Il en résulte que f est un isomorphisme d'ensembles ordonnés.

On notera qu'un homomorphisme de groupes de G sur H qui est croissant n'est pas nécessairement un homomorphisme de groupes réticulés (voir exemple 1.6.2).

1.4.4. THEOREME. *Soient G et H des groupes réticulés et f un homomorphisme de groupes de G dans H . Les conditions suivantes sont équivalentes:*

a) *f est un homomorphisme.*

b) *Pour tout* x , $f(|x|) = |f(x)|$.

c) $x\perp y$ *implique* $f(x)\perp f(y)$.

d) *Pour tout* x , $f(x_+) = f(x)_+$.

Il est clair que a) implique b). Supposons b) vérifié. On voit que f est croissante: Si $x \geq e$, $f(x) = f(|x|) = |f(x)| \geq e$. En utilisant (1.3.17), on voit que b) implique c).

Si c) est vérifié, on a $f(x_+) \perp f(x_-)$. Comme $f(x) = f(x_+)f(x_-)^{-1}$ (1.3.4) donne $f(x_+) = f(x)_+$.

Enfin d) implique a): Si f "conserve" x_+ , il conserve $x \vee y = (x^{-1}y)_+$, et aussi $x \wedge y = y(x \vee y)^{-1}x$.

1.4.5. PROPOSITION. *Soient G et H réticulés et soit f un homomorphisme du demi-groupe G_+ dans le demi-groupe H_+ qui conserve $\vee$ (ou $\wedge$). Il existe un unique homomorphisme de G dans H qui prolonge f .*

En effet, nous savons déja, par (1.1.7), que f se prolonge en un homomorphisme de groupes $\bar{f}$ qui est croissant. Si $x,y \in G$ et si $t = x \wedge y$, on a $\bar{f}(x \vee y)\bar{f}(t)^{-1} = f(xt^{-1} \vee yt^{-1}) = f(xt^{-1}) \vee f(yt^{-1}) =$
$= [\bar{f}(x) \vee \bar{f}(y)]\bar{f}(t)^{-1}$, donc $f(x \vee y) = f(x) \vee f(y)$.

Nous n'étudierons pas ici les noyaux d'homomorphismes, que l'on appelle des ℓ-idéaux, car le Chapitre 2 leur sera en grande partie consacré.

1.5. Constructions usuelles.

1.5.1. Considérons une famille $(G_\lambda)_{\lambda \in I}$ de groupes ordonnés. Soit $G = \prod_{\lambda \in I} G_\lambda$ le produit cartésien des G_λ . Posons $G_+ = \prod_{\lambda \in I} (G_\lambda)_+$. On voit facilement que G_+ est un cône. Il définit donc un ordre sur G : Si $x = (x_\lambda)_{\lambda \in I}$ et $y = (y_\lambda)_{\lambda \in I}$, $x \leq y$ est équivalent à $x_\lambda \leq y_\lambda$ pour tout λ .

Si maintenant nous supposons que chacun des G_λ est réticulé, alors G est réticulé et $x \vee y = (x_\lambda \vee y_\lambda)_{\lambda \in I}$, $x \wedge y = (x_\lambda \wedge y_\lambda)_{\lambda \in I}$.

Nous dirons que G est le *produit direct* (ou produit cartésien) des groupes réticulés G_λ . Les projections sur chaque G_λ sont des homomorphismes. Si $x = (x_\lambda)_{\lambda \in I}$ est dans G , on appellera *support* de x l'ensemble $S(x) = \{\lambda \in I \mid x_\lambda \neq e\}$.

1.5.2. Soit $\prod^*_{\lambda \in I} G_\lambda$ le sous-groupe de G constitué par les éléments à support fini. Ce sous-groupe est stable par $\vee$ et $\wedge$. C'est donc lui-même un groupe réticulé. On l'appelle <u>produit direct restreint</u> des G . L'injection canonique de $\prod^*_{\lambda\in I} G_\lambda$ dans G est un homomorphisme.

Si les G sont commutatifs, le produit direct restreint est appelé <u>somme directe</u> et noté $\bigoplus_{\lambda\in I} G_\lambda$.

Si I est fini, le produit direct et le produit direct restreint coincident. On le notera $G_1\times\ldots\times G_n$ ou, s'il s'agit de groupes commutatifs, $G_1\oplus\ldots\oplus G_n$.

1.5.3. Supposons maintenant que les G_λ sont totalement ordonnés, et que I est un ensemble bien ordonné (toute partie non vide admet un élément minimum). Posons $x>e$ si $x_\lambda>e$ pour tout λ minimum dans $S(x)$. On obtient ainsi sur $G = \prod_{\lambda\in I} G_\lambda$ un ordre total qu'on appelle l'ordre lexicographique. En fait, nous allons voir que ce n'est qu'un cas particulier d'une construction beaucoup plus générale.

Nous dirons que I , ensemble ordonné, est un <u>système à racines</u>, si, pour tout $\alpha\in I$, l'ensemble des $\beta\leq\alpha$ est totalement ordonné. On suppose toujours les G_λ totalement ordonnés. Considérons l'ensemble $V(I,G_\lambda)$ des éléments $x\in \prod_{\lambda\in I} G_\lambda$ tels que $S(x)$ vérifie la condition minimale (toute partie non vide de $S(x)$ a un élément minimal).

Comme $S(xy^{-1})\subset S(x)\cup S(y)$, il est facile de voir que $V(I,G)$ est un sous-groupe de G .

Nous noterons $T(x)$ l'ensemble des éléments minimaux de $S(x)$. Si $\alpha\in S(x)$, il existe $\beta\in T(x)$ tel que $\beta\leq\alpha$. En fait, β est unique puisque les minorants de α sont comparables.

Nous poserons $\alpha\in S_+(x)$ si $x_\beta>e$ et $\alpha\in S_-(x)$ si $x_\beta<e$. Ainsi $S_+(x)$ et $S_-(x)$ constituent une partition de $S(x)$. Posons $x>e$ si et seulement si $S(x) = S_+(x)$, c'est-à-dire si $x_\beta>e$ pour tout $\beta\in T(x)$. Nous écrirons $a<y$ si $e<a^{-1}y$.

1.5.4. <u>LEMME</u>. <u>Si</u> $a\leq y$, <u>pour tout</u> $\lambda\in S_+(a)$ <u>il existe</u> $\mu\in S(y)$ <u>avec</u> $\mu\leq\lambda$.

Si $a=y$, c'est évident. Supposons donc $w=a^{-1}y>e$. Il existe $\pi\in T(a)$ avec $\pi\leq\lambda$. Si $\pi\in S(y)$, c'est acquis, sinon $y_\pi = a_\pi w_\pi = e$. Comme $a_\pi>e$, on a $w_\pi<e$. On voit que $\pi\in S(w)$ mais $\pi\notin T(w)$ car $w>e$. Prenons $\mu\in T(w)$ avec $\mu<\pi\leq\lambda$. On a $a_\mu = e$, donc $y_\mu = a_\mu w_\mu = w_\mu > e$, ce qui prouve que $\mu\in S(y)$.

1.5.5. $V(I,G_\lambda)$ <u>est un groupe ordonné</u>.

Si $a>e$, on a, pour tout x , $S(xax^{-1}) = S(a)$ et pour tout $\beta\epsilon T(xax^{-1}) = T(a)$, $x_\beta a_\beta x_\beta^{-1} > e$. Si $a>e$ et $b>e$, montrons que $ab>e$. Soit $\lambda\epsilon T(ab)$. Nous allons montrer que $a_\lambda \geq e$. C'est évident si $\lambda\notin S(a)$. Si $\lambda\epsilon S(a)$ prenons $\pi\epsilon T(a)$ avec $\pi\leq\lambda$. Comme $\pi\epsilon S_+(a)$, il existe d'après le lemme, un $\mu\epsilon S(ab)$ avec $\mu\leq\pi\leq\lambda$. On a donc $\mu=\pi=\lambda$ donc $a_\lambda>e$. On démontre de même que $b_\lambda>e$. Par suite, $a_\lambda b_\lambda>e$.

1.5.6. <u>Si</u> $x\geq e$, $y\geq e$ <u>et si</u> $\alpha\epsilon S(x)$ <u>et</u> $\beta\epsilon S(y)$ <u>impliquent</u> $\alpha\|\beta$, <u>alors</u>, $x\perp y$.

Prenons $a\leq x,y$. Si $S_+(a) \neq \emptyset$, soit $\lambda\epsilon S_+(a)$. D'après (1.5.4), il existe $\mu\epsilon S(x)$ avec $\mu\leq\lambda$ et $\sigma\epsilon S(y)$ avec $\sigma\leq\lambda$. Mais alors μ et σ sont comparables, contrairemant à l'hypothèse. On a donc $S(a) = S_-(a)$ et $a\leq e$.

1.5.7. $V(I,G_\lambda)$ <u>est un groupe réticulé</u>.

Soit $x\epsilon V(I,G_\lambda)$. On peut définir u,v de la facon suivante:

$$u_\lambda = x_\lambda \quad \text{si} \quad \lambda\epsilon S_+(x) \quad \text{et} \quad u_\lambda=e \quad \text{si} \quad \lambda\notin S_+(x) \ ;$$

$$v_\lambda = x_\lambda^{-1} \quad \text{si} \quad \lambda\epsilon S_-(x) \quad \text{et} \quad v_\lambda=e \quad \text{si} \quad \lambda\notin S_-(x) \ .$$

On a $x = uv^{-1}$ et $u\perp v$ car tout élément de $S_+(x)$ est incomparable avec tout élément de $S_-(x)$. Pour conclure, il suffit maintenant d'appliquer (1.3.9). Il vient $x_+=u$ et $x_-=v$ par (1.3.4).

1.5.8. $V(I,G_\lambda)$ <u>est totalement ordonné si et seulement si</u> I <u>est totalement ordonné</u>.

Si $\alpha\|\beta$, prenons x tel que $S(x) = \{\alpha,\beta\}$, $x_\alpha>e$ et $x_\beta<e$. On voit que x est incomparable à e . Réciproquement, si x est incomparable à e , $\alpha\epsilon S_+(x)$ et $\beta\epsilon S(x)$ sont incomparables.

1.5.9. Nous dirons que $V(I,G_\lambda)$ est le <u>produit lexicographique</u> des G_λ sur le système à racines I .

1.5.10. Soit $(G_\alpha)_{\alpha\epsilon I}$ une famille de groupes réticulés. On dit que c'est un <u>système inductif de groupes réticulés</u>, si:

1) I est un ensemble ordonné filtrant à droite.
2) Pour $\alpha\leq\beta$, il existe un homomorphisme $f_{\beta\alpha}$ de G_α dans G_β .
3) Si $\alpha\leq\beta\leq\gamma$, $f_{\gamma\alpha} = f_{\gamma\beta}\circ f_{\beta\alpha}$.

Rappelons brièvement comment on construit la limite inductive[1] du système $(G_\alpha)_\alpha$. Soit $F = \bigcup_{\alpha\in I}(G_\alpha\times\{\alpha\})$. Dans F, posons $(x,\alpha) \equiv (y,\beta)$ modulo R si il existe un $\gamma\geq\alpha,\beta$ tel que $f_{\gamma\alpha}(x) = f_{\gamma\beta}(y)$. Alors R est une relation d'équivalence et on peut considérer l'ensemble quotient $G = F/R$. Soit φ l'application canonique de F sur F/R.

Si $s,t\in G$, on a $s = \varphi((x,\alpha))$ et $t = \varphi((y,\beta))$. Soit $\gamma\geq\alpha,\beta$. Alors $f_{\gamma\alpha}(x)$ et $f_{\gamma\beta}(y)\in G_\gamma$. On pose $st = \varphi((f_{\gamma\alpha}(x)f_{\gamma\beta}(y),\gamma))$. Ceci définit une structure de groupe sur G.

D'une facon analogue, on peut poser $s\vee t = \varphi((f_{\gamma\alpha}(x)\vee f_{\gamma\beta}(y),\gamma))$. On vérifie sans peine que G est un groupe réticulé en appliquant (1.2.8).

On pourrait définir de la même facon la limite projective[1] d'un système projectif de groupes réticulés. Mais nous n'utiliserons pas cette notion dans cet ouvrage.

1.6. Groupes réticulés commutatifs.

Ces groupes seront toujours notés additivement.

Notons d'abord que sur un groupe commutatif les conditions qui définissent un cône se réduisent à $P+P\subset P$ et $P\cap(-P) = \{0\}$.

Soit G un groupe réticulé commutatif.

1.6.1. Pour tout $n\geq 0$, $n(a\vee b) = na\vee nb$ et $n(a\wedge b) = na\wedge nb$.

En effet, $x\mapsto nx$ est un homomorphisme de groupes. Il conserve x_+ d'après (1.3.7), donc c'est un homomorphisme d'après (1.4.4).

1.6.2. On a $a+b = (a\vee b) + (a\wedge b)$.

Ceci résulte immédiatement de (1.2.6). Ce résultat peut se généraliser de la facon suivante: Notons $F(k,n)$ l'ensemble des applications strictement croissantes de $[1,k]$ dans $[1,n]$. Alors:

---

[1] N. BOURBAKI, Eléments de Mathématique. (Hermann). Livre 1, Chapitre 3.

1.6.3. $$x_1 \vee \ldots \vee x_n = \sum_{k=1}^{n} (-1)^{k-1} \sum_{\sigma \in F(k,n)} x_{\sigma(1)} \wedge \ldots \wedge x_{\sigma(k)} \ .$$

Pour $n=2$, c'est exactement (1.6.2). Supposons la propriété vérifiée pour n . Prenons $x_1, \ldots, x_{n+1}$ et posons $z = x_1 \vee \ldots \vee x_n$. Nous avons $z \wedge x_{n+1} = (x_1 \wedge x_{n+1}) \vee \ldots \vee (x_n \wedge x_{n+1})$. Appliquons l'hypothèse de récurrence à cette expression et à z . Comme $x_1 \vee \ldots \vee x_{n+1} =$ $= z \vee x_{n+1} = z + x_{n+1} - (z \wedge x_{n+1})$, on obtient le résultat annoncé.

1.6.4. Si $x+y = z+w$ alors $x+y = (x \vee z) + (y \wedge w)$.

En effet, $$(x \vee z) + (y \wedge w) = [x \vee (x+y-w)] + (y \wedge w) = x + (w \vee y) - w + (y \wedge w)$$
$$= x + (w \vee y) + (y \wedge w) - w = x+y+w-w = x+y \ .$$

1.6.5. $|x+y| \vee |x-y| = |x| + |y|$.

En effet, on peut écrire:
$$|x+y| \vee |x-y| = (x+y) \vee (-x-y) \vee (x-y) \vee (-x+y) = (|x|-y) \vee (|x|+y) = |x| + |y| \ .$$

1.6.6. $|x+y| \wedge |x-y| = ||x| - |y||$.

En effet, $$(x+y) \wedge |x-y| = [(x+y) \wedge (x-y)] \vee [(x+y) \wedge (y-x)]$$
$$= (x-|y|) \vee (y-|x|) \ .$$

En échangeant x en $-x$ et y en $-y$, on obtient:
$$(-x-y) \wedge |x-y| = (-x-|y|) \ (-y-|x|) \ .$$

Le premier membre vaut par conséquent:
$$(x-|y|) \vee (y-|x|) \vee (-x-|y|) \vee (-y-|x|) = (|x|-|y|) \vee (|y|-|x|) = ||x|-|y|| \ .$$

Chacune des relations (1.6.5) et (1.6.6) implique:

1.6.7. $|x+y| \le |x| + |y|$ pour tout x et tout y .

C'est évident pour (1.6.5). Pour (1.6.6), écrivons $a = x+y$ et $b = -y$. On a $||a|-|b|| \le |a+b|$, c'est-à-dire $||x+y|-|y|| \le |x|$ donc $|x+y| \le |x| + |y|$.

Nous allons montrer maintenant que (1.6.7) implique la commutativité. Soient $x \ge 0$ et $y \ge 0$. On a: $x+y = |x+y| = |-y-x| \le$ $\le |-y| + |-x| = y+x$, et de même $y+x \le x+y$. Comme G est engendré par son cône positif, G est commutatif.

Nous aurons besoin du lemme suivant, qui est un résultat classique de théorie des groupes:

1.6.8. LEMME. Si G est un groupe commutatif sans torsion, G peut être plongé dans un $\mathbb{Q}$-espace vectoriel H tel que pour tout $x \in H$, il existe un $n \geq 0$ avec $nx \in G$.

Nous donnerons seulement le schéma de la démonstration. On considère $G \times (\mathbb{N} \setminus \{0\})$ qu'on munit de la relation d'équivalence $(a,n) \equiv (b,m)$ si $ma = nb$. Soit H le quotient par cette relation. On note $\frac{a}{n}$ l'image de (a,n) dans H. L'addition est définie par $\frac{a}{n} + \frac{b}{m} = \frac{ma+nb}{mn}$. Le groupe H a toutes les propriétés requises. On démontre que H est déterminé à un isomorphisme près. On l'appelle l'enveloppe divisible de G.

Supposons G réticulé et soit P son cône positif.

1.6.9. PROPOSITION. Il existe sur H un ordre Q unique tel que H soit réticulé pour Q et tel que $Q \cap G = P$.

Posons $Q = \{x \in H \mid \exists n \geq 0,\ nx \in P\}$. Pour montrer que Q est un ordre, le point crucial est de prouver: $Q \cap -Q = \{0\}$. Si $nx \in P$ et $mx \in -P$, alors $mnx \in P \cap -P = 0$ donc $x=0$ car H est sans torsion. Si $x \in Q \cap G$, il existe un $n \geq 0$ avec $nx \in P$ donc $x \in P$ (1.2.12). On a donc $Q \cap G = P$. Soit $\frac{a}{n} \in H$. Si $x = a_+$ et $y = a_-$, on a $0 \leq \frac{x}{n} \leq x$ et $0 \leq \frac{y}{n} \leq y$ donc $\frac{x}{n} \wedge \frac{y}{n} = 0$. Comme $a = \frac{x}{n} - \frac{y}{n}$, H est réticulé (1.2.9). Soit Q' un ordre réticulé tel que $Q' \cap G = P$. Si $x \in Q'$, il existe un $n \geq 0$ avec $nx \in G$. On a $nx \in Q' \cap G = P$, donc $x \in Q$. Inversement, si $x \in Q$, $nx \in P$ pour un $n \geq 0$. On a $nx \in Q'$ donc $x \in Q'$ (1.2.12).

1.6.10. PROPOSITION. Un groupe commutatif peut être totalement ordonné si et seulement si il est sans torsion.

Soit $(a_\lambda)_{\lambda \in \Lambda}$ une base de H. Il existe une injection de H dans $\prod_{\lambda \in \Lambda} R_\lambda$ où chaque R_λ est un groupe isomorphe à $\mathbb{Q}$. Prenons un bon ordre sur Λ. Alors $\prod_{\lambda \in \Lambda} R_\lambda$ est totalement ordonné par l'ordre lexicographique.

1.7. Exemples.

1.7.1. Si X est un espace topologique, l'espace $C(X)$ des fonctions continues à valeurs réelles est un groupe réticulé, dans lequel $(f\vee g)(x) = \sup(f(x),g(x))$ et $(f\wedge g)(x) = \inf(f(x),g(x))$.

1.7.2. L'espace s des suites de nombres réels est un cas particulier de (1.7.1). On a $(x_n)_n \vee (y_n)_n = (x_n \vee y_n)_n$.

Il existe un très grand nombre de sous-espaces de s interéssants qui sont des groupes réticulés:
- l'espace des suites bornées.
- l'espace des suites qui convergent.
- l'espace des suites qui convergent vers 0 .
- l'espace des suites α_n telles que $\sum|\alpha_n|$ converge.

Cette liste n'est pas limitative.

Soit P l'ordre naturel sur s . Soit $P' = \{(\alpha_n) \mid \forall m \; \sum_{i=1}^{m} \alpha_i \geq 0\}$. Nous allons montrer que P' définit un ordre réticulé. Si $\alpha = (\alpha_n)$ posons $f(\alpha) = (\mu_n)$ avec $\mu_n = \sum_i^n \alpha_i$. Il est clair que f est un automorphisme de s . On a $P' = f^{-1}(P)$, donc (s,P') est réticulé. Notons que $P \subset P'$ (strictement). L'application identique de (s,P) dans (s,P') est bijective et croissante mais l'application inverse n'est pas croissante. Ce n'est pas un homomorphisme.

1.7.3. Soit X un espace μ-mesurable. Les espaces de Lebesgue $L^p(X,\mu)$ sont des groupes réticulés.

1.7.4. Soit A un anneau commutatif intègre avec p.g.c.d. et p.p.c.m. Le groupe de divisibilité de A est un groupe réticulé. Si A n'a pas de p.g.c.d., ce groupe est seulement un groupe filtrant. Il existe une connexion étroite entre la théorie des groupes ordonnés et la théorie de la divisibilité. Nous laisserons de coté ces problèmes, qui sont traités dans l'ouvrage de P. Jaffard[1].

1.7.5. Soit T un ensemble totalement ordonné. Soit $\mathrm{Aut}(T)$ le groupe des automorphismes de T . Si $\alpha,\beta \in \mathrm{Aut}(T)$, posons $\alpha \leq \beta$ si $\alpha(t) \leq \beta(t)$ pour tout $t \in T$. On voit très facilement que $\mathrm{Aut}(t)$ est un groupe ordonné. Posons $(\alpha\vee\beta)(t) = \alpha(t)\vee\beta(t)$. Si $\alpha\vee\beta$ est un automorphisme,

---

[1] P. JAFFARD, Systèmes d'idéaux (Dunod).

ce sera la borne supérieure de α et β. Supposons $t_1<t_2$. On a $\alpha(t_1) < \alpha(t_2)$ et $\beta(t_1) < \beta(t_2)$. Si, par exemple, $\alpha(t_1) < \beta(t_1)$, $(\alpha\vee\beta)(t_1) = \beta(t_1) < \beta(t_2) \leq (\alpha\vee\beta)(t_2)$. Soit $u\in T$. Il existe t_1, t_2 tels que $u = \alpha(t_1)$ et $u = \beta(t_2)$. Si $t_1<t_2$, $\beta(t_1)<u$, donc $u = (\alpha\vee\beta)(t_1)$. Le groupe Aut(T) va jouer un rôle important dans les chapitres 4 et 5.

1.7.6. Soient K un groupe totalement ordonné et G un ℓ-groupe. Soit τ un homomorphisme de K dans le groupe des automorphismes de G. On munit $K\times G = \Gamma$ du produit: $(a,x)(b,y) = (ab,xy^a)$ où y^a désigne $\tau(a)(y)$. On vérifie sans difficulté que Γ est un groupe. On pose $(a,x)\geq e$ si $a>e$ ou $a=e$ et $x\geq e$. Alors Γ est un groupe réticulé dans lequel:

$$(a,x)\vee e = \begin{cases} (a,x) & \text{si } a>e \\ (e,x\vee e) & \text{si } a=e \\ e & \text{si } a<e \end{cases}$$

La démonstration est laissée au lecteur.

Note du Chapitre 1

La préhistoire des groupes réticulés remonte à DEDEKIND. Etudiant les anneaux d'entiers algébriques [1], il dégage le groupe réticulé des idéaux fractionnaires et démontre en particulier les identités (1.2.14), (1.2.24) et (1.6.2). Dans cette ligne, la théorie du groupe de divisibilité va progresser, à travers les travaux d'ARTIN, de PRÜFER, et surtout de LORENZEN [1]. Vers 1940, cette théorie est à peu près achevée et DIEUDONNE peut écrire que l'étude de la divisibilité est essentiellement l'étude d'un groupe ordonné [1].

Dans un tout autre domaine, RIESZ constate, vers 1928, que la plupart des espaces vectoriels dont s'occupe l'analyse fonctionelle sont non seulement des espaces de Banach, mais aussi des espaces réticulés.

La théorie des espaces réticulés va prendre un essor rapide dans les années trente, avec les travaux de KANTOROVITCH et de FREUDENTHAL, puis de NAKANO. Parmi les résultats obtenus par cette école, un très grand nombre sont, en fait, des résultats sur les groupes réticulés commutatifs.

C'est à BIRKHOFF [1] qu'il appartenait de faire la synthèse de ces deux courants, dans un article fondamental, en 1942, qui constitue le véritable point de départ de la théorie, et qui contient la plupart des matériaux que nous avons présenté dans ce Chapître 1. En outre, un pas décisif est réalisé, puisqu'il s'affranchit de la commutativité.

Birkhoff s'est demandé, bien entendu, quels sont les groupes "réticulables", c'est-à-dire qui admettent une structure de groupes réticulés. Cette question est restée jusqu'à présent sans réponse.

Dans le cas commutatif, les groupes réticulables sont les groupes sans torsion, comme le montre (1.5.10), qui a été démontré par LEVI dès 1913 [1]. Dans le cas général, le problème n'a pas été résolu. On sait caractériser les groupes qui admettent un ordre total, et qu'on appelle o-groupes (voir par exemple FUCHS [6]). Il s'agit d'une propriété de caractère fini dans le sens suivant: G est un o-groupe si et seulement si tout sous-groupe de type fini est un o-groupe. On appelle groupe ordonné à gauche un groupe G muni d'un ordre total pour lequel $x \leq y$ implique $zx \leq zy$. CONRAD [3] a donné différentes caractérisations des groupes qui admettent un ordre à gauche. Il s'agit également d'une propriété de caractère fini. Nous verrons qu'un groupe G est isomorphe à un sous-groupe d'un groupe réticulé si et seulement si il admet un ordre à gauche (Chap. 4, sec. 5). Or, il existe de tels groupes qui ne sont pas réticulables (un exemple est donné dans CONRAD [11]).

Récemment, ANAT. et AND. VINOGRADOV ont démontré que la propriété d'être réticulable n'est pas de caractère fini [1]. Ils construisent une chaîne de groupes réticulables dont la réunion n'admet que l'ordre trivial.

Les problèmes logiques posés par la classe des groupes réticulés ont été abordés par l'école soviétique. Le lecteur interessé par ces problèmes pourra consulter KHISAMIEV [1], KOKORIN [1], KOKORIN ET KHISAMIEV [1], KOKORIN ET KOZLOV [1], KONTOROVITCH ET KUTIEV [1], KUTIEV [1], [2], CHOE [1].

Une généralisation importante des groupes réticulés est constituée par les groupes filtrants qui vérifient la propriété d'interpolation suivante: Si $x,y \leq z,t$, il existe w tel que $x,y \leq w \leq z,t$. Cette propriété est en fait équivalente à (1.2.17) et, dans le cas commutatif à (1.2.16). L. FUCHS a appelé ces groupes, groupes de Riesz. Le lecteur pourra se reporter à L. FUCHS [1], [2], [3], TELLER [2], et GLASS [1], [2], [3], [5].

Dans [3], FUCHS avait indiqué un renforcement possible de cette condition: Si $x,y < z,t$, il existe un w tel que $x,y < w < z,t$. Un ordre filtrant ayant cette propriété est dit ordre de Riesz strict (tight). Si l'adhérence du cône positif pour la topologie des intervalles ouverts est le cône d'un ordre rêticulé, on dit qu'il est compatible. Ces groupes ont d'intérèssantes propriétés algébriques et topologiques, qui sont étudiées dans DAVIS [1], DAVIS et FOX [1], GLASS [10], KENNY [1], LOCI [1], LOY et MILLER [1], MILLER [2], REILLY [3], [4], SHERMAN [1], WIRTH [1], [2].

L'etude des groupes réticulés topologiques sort du cadre de cet ouvrage. Le lecteur interessé par cette question pourra se reporter à la thèse de MADELL [1] et aux articles d'ANTONOVSKII et MIRONOV [1], BANASCHEWSKI [2], CHOE [2], CONRAD [23], ELLIS [1], HOLLEY [1], ISLAMOV et MIRONOV [1], JAKUBIK [7], [9], MADELL [2], [3], MIRONOV [1], [2], [3], [4], REDFIELD [1], [2], [4], ŠMARDA [1], [2], [3].

Chapitre 2.

SOUS-GROUPES SOLIDES

2.1. Sous-groupes réticulés et sous-groupes convexes.

Soit G un groupe réticulé. Rappelons qu'un partie A de G est un sous-treillis si $a,b \in A$ implique $a \vee b \in A$ et $a \wedge b \in A$.

2.1.1. DEFINITION. On appelle *sous-groupe réticulé* de G (ou *ℓ-sous-groupe*) tout sous-groupe qui est en même temps un sous-treillis.

On peut caractériser facilement les sous-groupes réticulés:

2.1.2. PROPOSITION. *Un sous-groupe G' est réticulé si et seulement si $x \in G'$ implique $x_+ \in G'$.*

En effet, si $x,y \in G'$, on a $x \vee y = x(x^{-1}y)_+ \in G'$ et $x \wedge y = y(x \vee y)^{-1}x \in G'$.

Il est important de noter qu'un sous-groupe peut être un groupe réticulé pour l'ordre induit sans être un sous-groupe réticulé. Par exemple, prenons $G = \mathbb{R} \times \mathbb{R} \times \mathbb{R}$ (ordre produit) et $G' = \{(x,y,x+y) \mid x,y \in \mathbb{R}\}$. Comme G' est isomorphe à $\mathbb{R} \times \mathbb{R}$, c'est un groupe réticulé. Mais $(2,-1,+1) \in G'$ et $(2,-1,+1) \vee 0 = (2,0,1) \notin G'$.

Si A est une partie de G , notons $t(A)$ le sous-treillis engendré par A .

2.1.3. $t(A)$ *est l'ensemble des éléments de la forme* $\bigwedge_{j \in J} \bigvee_{k \in K} a_{jk}$ *avec* J,K *finis et* $a_{jk} \in A$.

Il suffit de démontrer que cet ensemble est un sous-treillis. Il est évidemment stable par $\wedge$. D'après (1.2.15), on a $\bigvee_{i\in I} \bigwedge_{j\in J} \bigvee_{k\in K} a_{jki} = \bigwedge_{\sigma\in J^I} \bigvee_{\substack{j\in J\\ k\in K}} a_{\sigma(i)ki}$, donc cet ensemble est stable par $\vee$.

2.1.4. <u>PROPOSITION. Si A est un sous-groupe, t(A) est un sous-groupe.</u>

Si $t = \bigvee_{i\in I} a_i$ et $s = \bigvee_{j\in J} b_j$, on a d'après (1.2.2) $ts = \bigvee_{i,j} a_i b_j$, donc $ts\in t(A)$. Dans ce raisonnement, on peut évidemment remplacer $\bigvee$ par $\bigwedge$. Il en résulte facilement que $t,s\in t(A)$ implique $ts\in t(A)$. D'autre part, $(\bigwedge_{j\in J} \bigvee_{k\in K} a_{jk})^{-1} = \bigvee_{j\in J} \bigwedge_{k\in K} a_{jk}^{-1} = \bigwedge_{\sigma\in K^J} \bigvee_{j\in J} a_{j\sigma(j)}^{-1} \in t(A)$.

Rappelons que nous notons (A) le sous-groupe engendré par A . Le sous.groupe réticulé engendré par A est donc t((A)) . Si A est une partie distinguée, c'est-à-dire si $xAx^{-1} = A$ pour tout x , il en est de même de (A) et aussi de t((A)) .

Considérons maintenant un groupe ordonné G , de cône positif P.

2.1.5. Une partie C de G est dite <u>convexe</u> si $a,b\in C$ et $a\le x\le b$ impliquent $x\in C$.

Il est clair que toute intersection de parties convexes est une partie convexe. Nous noterons [A] la partie convexe engendrée par A . Il est clair que $[A] = \cup[a,b]$ ou a,b parcourent A $(a\le b)$. On en déduit aisément:

2.1.6. <u>Dans un groupe ordonné,</u> $[A] = AP \cap AP^{-1}$.

La caractérisation suivante va nous servir constamment:

2.1.7. <u>PROPOSITION. Pour qu'un sous-groupe C soit convexe, il faut et il suffit que</u> $e\le x\le y\in C$ <u>implique</u> $x\in C$.

La condition est évidemment nécessaire. Inversement, si $a\le x\le b$ et $a,b\in C$, on a $e\le a^{-1}x\le a^{-1}b\in C$ donc $a^{-1}x\in C$ et $x\in C$.

2.1.8. <u>Si A est un sous-groupe, [A] est un sous-groupe.</u>

Prenons, $x,y\in[A]$. On a $a\le x\le b$ et $c\le y\le d$ avec $a,b,c,d\in A$. Il vient $ad^{-1}\le xy^{-1}\le bc^{-1}$, donc $xy^{-1}\in[A]$.

Dans un groupe réticulé, on démontre avec la même facilité:

2.1.9. *Si A est un sous-treillis, [A] est un sous-treillis.*

2.1.10. DEFINITION. Dans un groupe réticulé, on dit que A est une partie *solide* si $a \in A$ et $|x| \leq |a|$ impliquent $x \in A$.

On voit que ceci entraine $A = A^{-1}$. Si A est non vide, alors A contient e. La propriété suivante est immédiate:

2.1.11. *Toute intersection et toute réunion de parties solides est solide.*

Si A est une partie quelconque, la plus petite partie solide contenant A est évidemment $S(A) = \{x | \exists a \in A \; |x| \leq |a|\}$.

Il existe aussi une plus grande partie solide contenue dans A. C'est $T(A) = \{x | S(x) \subset A\}$.

2.1.12. PROPOSITION. *Si A est solide, (A) est solide.*

Prenons $y \in (A)$ et $|x| \leq |y|$. On a $y = a_1 \ldots a_r$ avec $a_i \in A$ (car $A = A^{-1}$). En utilisant (1.3.15), on voit que $|y| \leq |a_1| \ldots |a_n'|$ où $a_i' \in A$. On a donc $e \leq x_+ \leq |a_1'| \ldots |a_n'|$. D'après (1.2.17), x_+ s'écrit $x_+ = t_1 \ldots t_n$ avec $e \leq t_i \leq |a_i'|$. Comme A est solide, $t_i \in A$ donc $x_+ \in (A)$. On démontre de même que $x_- \in (A)$, donc $x = x_+ (x_-)^{-1} \in (A)$.

2.2. Sous-groupes solides.

Nous allons montrer d'abord que les sous-groupes solides d'un groupe réticulé G sont exactement les ℓ-sous-groupes convexes.

2.2.1. THEOREME. *Pour un sous-groupe C, les conditions suivantes sont équivalentes:*

1) C *est solide.*
2) C *est convexe et* $x \in C$ *implique* $x_+ \in C$.
3) C *est un* ℓ*-sous-groupe convexe.*
4) C *est convexe et filtrant.*
5) C *est convexe et* $x \in C$ *implique* $|x| \in C$.

Supposons C solide. Si $e \leq y \leq x \in C$, on a $|y| \leq |x|$ donc $y \in C$, ce qui montre que C est convexe. De plus, $|x_+| \leq |x|$ donc $x \in C$ implique $x_+ \in C$. 2) implique 3) grâce à (2.1.2). Il est évident que 3) implique 4). Supposons 4) vérifié. Prenons $x \in C$ et t plus grand que x et x^{-1} dans C. On a $e \leq |x| \leq t$, donc $|x| \in C$. Par suite, 4) implique 5). Si 5) est vérifié, C est solide: En effet, prenons $x \in C$ et $|y| \leq |x|$. On a $e \leq y_+ \leq |x|$ donc $y_+ \in C$. Pour la même raison, $y_- \in C$, donc $y = y_+(y_-)^{-1} \in C$.

2.2.2. <u>DEFINITION</u>. On notera $C(A)$ le sous-groupe solide de G engendré par A. S'il y a ambiguité, on notera $C_G(A)$.

Il existe plusieurs descriptions possibles de $C(A)$. Des trois que nous donnons ici, la troisième est la plus utile.

2.2.3. <u>PROPOSITION</u>. $C(A) = [t((A))] = (S(A)) = \{x \mid |x| \leq |a_1| \ldots |a_n|, a_i \in A\}$.

Nous savons que $t((A))$ est le ℓ-sous-groupe engendré par A. $[t((A))]$ est un sous-groupe (2.1.8) et un sous-treillis (2.1.9), donc $[t((A))] = C(A)$.

$(S(A))$ est un sous-groupe solide d'après (2.1.12) donc $(S(A)) = C(A)$. Le troisième ensemble est solide et contenu dans $C(A)$. Il suffit donc de prouver que c'est un sous-groupe. Or, ceci résulte immédiatement de $|xy^{-1}| \leq |x||y||x|$.

2.2.4. <u>COROLLAIRE</u>. $C(a) = \{x \mid \exists n \geq 0 \ |x| \leq |a|^n\}$.

Ceci montre que $C(a) = C(|a|)$.

2.2.5. <u>COROLLAIRE</u>. <u>Si</u> A <u>est un sous-demi-groupe contenu dans</u> P, <u>alors</u> $C(A) = S(A)$.

2.2.6. <u>Si</u> H <u>est un sous-groupe de</u> G, <u>il existe un plus grand sous-groupe solide contenu dans</u> H.

Soit $T(H)$ la réunion des parties solides contenues dans H. Alors $T(H)$ est solide. De plus, $T(H) \subset (T(H)) \subset H$ et $(T(H))$ est solide (2.1.12), donc $(T(H)) = T(H)$ est un sous-groupe.

Nous allons noter $C(G)$ l'ensemble (ordonné par inclusion) des sous-groupes solides.

2.2.7. <u>PROPOSITION</u>. $C(G)$ <u>est un treillis complet dans lequel</u> $\wedge C_i = \cap C_i$ <u>et</u> $\vee C_i = (\cup C_i)$.

En effet, puisque les C_i sont solides, $\cup C_i$ est solide et $(\cup C_i)$ l'est aussi (2.1.12).

2.2.8. <u>PROPOSITION</u>. <u>L'application</u> $C \mapsto C_+ = C\cap P$ <u>est un isomorphisme de</u> $C(G)$ <u>sur l'ensemble des sous-demi-groupes convexes de</u> P <u>contenant</u> e. <u>L'application inverse est</u> $A \mapsto C(A) = S(A) = (A)$.

Si $C\in C(G)$, C est filtrant, donc $C = C(C\cap P)$. Soit A un sous-demi-groupe convexe de P contenant e . On a $C(A) = S(A)$ par (2.2.5). Si $x \in C(A)\cap P = S(A)\cap P$, on a $e\le x\le a$ pour un $a\in A$. Comme A est convexe, $x\in A$. Par conséquent, $C(A)\cap P = A$. Puisque $C(A)$ est filtrant, $C(A) = (A)$.

Le résultat précédent a une grande importance pratique: il permet de travailler uniquement sur les éléments positifs de C .

2.2.9. <u>PROPOSITION</u>. <u>Le treillis</u> $C(G)$ <u>est distributif et vérifie</u> $A\cap(\bigvee_i B_i) = \bigvee_i (A\cap B_i)$.

Le terme de droite est visiblement contenu dans celui de gauche. Prenons $e \le a \in A\cap(\vee B_i)$. On a $a = b_1\ldots b_n$ avec $b_i\in B_i$. Par suite, $a \le |b_1|\ldots|b_n|$. D'après (1.2.17), a s'écrit $a = t_1\ldots t_n$ avec $e \le t_i \le |b_i|$. Par conséquent, $t_i\in A\cap B$ et $a\in \bigvee_i (A\cap B_i)$. Pour conclure, noter que $A\cap(\vee B_i)$ est engendré par ses éléments positifs.

On a en particulier $A\cap(B\vee C) = (A\cap B)\vee(A\cap C)$, et aussi $A\vee(B\cap C) = (A\vee B)\cap(A\vee C)$ car une distributivité entraine l'autre.

Par contre, $\vee$ n'est pas distributif par rapport à une intersection infinie: Soit $G = \prod_{i\in I} R_i$ où chaque R_i est isomorphe à $\mathbb{R}$. Soit A la somme directe des R_i et B_i le sous-groupe des x tels que $x_i = 0$. Alors, $A\vee(\bigcap_i B_i) = A$ et $\bigcap_i(A\vee B_i) = G$.

2.2.10. <u>COROLLAIRE</u>. <u>Soient</u> $A,B,C\in C(G)$. <u>Si</u> $A\cap C = B\cap C$ <u>et</u> $A\vee C = B\vee C$, <u>alors</u> $A = B$.

Ceci est une propriété bien connue des treillis distributifs:

$A = A\cap(A\vee C) = A\cap(B\vee C) = (A\cap B)\vee(A\cap C) = (A\cap B)\vee(B\cap C) = (A\vee C)\cap B = (B\vee C)\cap B = B$

2.2.11. PROPOSITION. *Soient* $a\geq e$ *et* $b\geq e$. *On a*:

$$C(a\wedge b) = C(a)\cap C(b) \ , \quad C(a\vee b) = C(ab) = C(a)\vee C(b) \ .$$

Il est clair que $a\wedge b \in C(a)\cap C(b)$, donc $C(a\wedge b) \subset C(a)\cap C(b)$. Si $x\in C(a)\cap C(b)$, il existe $m\geq 0$ et $n\geq 0$ tels que $|x| \leq a^m\wedge b^n$. Mais $a^m\wedge b^n \leq (a\wedge b)^{mn}$ d'après (1.2.18), donc $x\in C(a\wedge b)$. La seconde vérification est laissée au lecteur.

2.2.12. DEFINITION. On dit qu'un élément u de G est une *unité forte* si $u\geq e$ et $C(u) = G$.

Par exemple, dans le groupe des fonctions continues bornées sur un espace topologique X , les unités fortes sont les fonctions minorées par une constante strictement positive.

2.3. Homomorphismes et ℓ-idéaux.

Considérons un groupe ordonné G et un sous-groupe C . On notera $\mathcal{G}(C)$ l'ensemble des classes à gauche modulo C et $\mathcal{D}(C)$ l'ensemble des classes à droite. Tout ce que nous allons dire sur $\mathcal{G}(C)$ est vrai aussi pour $\mathcal{D}(C)$, avec transpositions évidentes.

2.3.1. *Si* C *est convexe, on peut ordonner* $\mathcal{G}(C)$ *en posant* $xC\leq yC$ *si il existe* $c\in C$ *tel que* $xc\leq y$. *Alors l'application* $\varphi : x \mapsto xC$ *est croissante*.

Cette relation est évidemment réflexive et transitive. Supposons $xC\leq yC$ et $yC\leq xC$. Il existe $c,d\in C$ tels que $xc\leq y$ et $yd\leq x$. On a $c \leq x^{-1}y \leq d$, donc $x^{-1}y\in C$ et $xc = yC$. La deuxième assertion est immédiate.

2.3.2. *Si, en plus,* C *est distingué, alors* G/C *est un groupe ordonné dont le cône est l'image du cône de* G .

Supposons $xC\leq yC$. Il existe $c\in C$ avec $xc\leq y$. Pour tout $z\in G$, on a $zxc\leq zy$, donc $zxC\leq zyC$ et $xz(z^{-1}cz) = xcz \leq yz$. Comme $z^{-1}cz\in C$, il vient $xzC\leq yzC$.

Si $C \leq xC$, il existe un $c \in C$ avec $c \leq x$. Donc $xc^{-1} \geq e$ et xC est l'image d'un élément positif.

Supposons maintenant que G est un groupe réticulé.

2.3.3. PROPOSITION. *Si* C *est un sous-groupe solide,* $G(C)$ *est un treillis et* $x \to xC$ *conserve* $\vee$ *et* $\wedge$.

Il suffit de montrer, par exemple, que $(x \vee y)C$ est la borne supérieure de xC et yC . Comme $x,y \leq x \vee y$, on a $xC, yC \leq (x \vee y)C$. Supposons $xC, yC \leq zC$. Il existe $c,d \in C$ avec $xc \leq z$ et $yd \leq z$. On a $x(c \wedge d), y(c \wedge d) \leq z$, donc $(x \vee y)(c \wedge d) \leq z$. Comme $c \wedge d \in C$, $(x \vee y)C \leq zC$.

2.3.4. DEFINITION. On appelle *ℓ-idéal* tout sous-groupe solide distingué.

2.3.5. THEOREME. *Si* I *est un* ℓ*-idéal de* G , G/I *est un groupe réticulé et l'application canonique est un homomorphisme.*

Ceci résulte clairement des trois propositions précédentes.

2.3.6. THEOREME. *Si* G *et* H *sont réticulés et si* f *est un homomorphisme de* G *dans* H , *alors:*

(i) $f(G)$ *est un* ℓ*-sous-groupe de* H .

(ii) *Le noyau de* f *est un* ℓ*-idéal de* G .

(iii) *L'application canonique* $\bar{f} : G/I \to f(G)$ *est un isomorphisme.*

(i) et (ii) sont des exercices faciles. Pour démontrer (iii), il suffit de remarquer que: $\bar{f}(xC \vee yC) = \bar{f}((x \vee y)C) = f(x \vee y) = f(x) \vee f(y) =$ $= \bar{f}(xC) \vee \bar{f}(yC)$.

2.3.7. COROLLAIRE. I *est un* ℓ*-idéal si et seulement si c'est le noyau d'un homomorphisme.*

Soit I un ℓ-idéal et soit φ l'application canonique de G sur G/I .

2.3.8. *L'application* $C \mapsto \varphi(C)$ *est une bijection de l'ensemble des sous-groupes solides de* G *qui contiennent* I *sur l'ensemble* $C(G/I)$ *qui respecte l'inclusion.*

Le théorème précédent permet d'affirmer que $\varphi(C)$ est un ℓ-sous-groupe. Montrons qu'il est convexe. Si $e \le x \le y \in \varphi(C)$, prenons a tel que $\varphi(a) = x$ et $b \in C$ tel que $\varphi(b) = y$. On a $e \le a_+ \wedge b_+ \le b_+ \in C$, donc $a_+ \wedge b_+ \in C$ et $\varphi(a_+ \wedge b_+) = \varphi(a_+) \wedge \varphi(b_+) = x \wedge y = x$. Inversement, si $C_1 \in C(G/I)$, alors $\varphi^{-1}(C_1) \in C(G)$: En effet, si $|a| \le |b|$ et $b \in \varphi^{-1}(C_1)$, $|\varphi(a)| = \varphi(|a|) \le \varphi(|b|) = |\varphi(b)|$ donc $\varphi(a) \in C_1$ et $a \in \varphi^{-1}(C_1)$.

Dans la correspondance (2.3.8), on notera que les ℓ-idéaux se correspondent.

Si J est un ℓ-idéal qui contient I, on vérifie sans difficulté, à l'aide de (2.3.6.iii) que $(G/I)/(J/I)$ est isomorphe à G/J. Ce qu'on appelle le premier théorème d'isomorphisme pour les groupes se généralise donc aux groupes réticulés. Le second théorème d'isomorphisme se généralise également, moyennant quelques précautions d'énoncé:

2.3.9. THEOREME. *Soient* H *un groupe réticulé,* G *un ℓ-sous-groupe et* C *un sous-groupe solide. Si* $C \lhd (C \cup G)$, *alors* $C \cap G \lhd G$ *et on a l'isomorphisme:* $G/C\cap G \cong CG/C$.

Montrons d'abord que $(C \cup G) = CG = GC$ est un ℓ-sous-groupe de H. Si $x = gc \in GC$, il vient $(x \vee e)C = xC \vee C = gC \vee C = (g \vee e)C \in GC$, donc $x \vee e \in GC$. Soit φ l'application canonique de GC sur GC/C, et soit φ' sa restriction à G. Comme $gcC = gC$, on voit que φ' est surjective. On en déduit un isomorphisme de $G/\mathrm{Ker}\,\varphi'$ sur GC/C. Comme $\mathrm{Ker}\,\varphi' = C \cap G$, la propriété en résulte.

2.3.10. *Les ℓ-idéaux constituent un sous-treillis complet de* $C(G)$.

En effet, si les $C_i \in C(G)$ sont distingués, $\bigvee_i C_i = (\bigcup_i C_i)$ est distingué.

Compte tenu de (2.2.8) l'application $I \mapsto I \cap P$ est un isomorphisme du treillis des ℓ-idéaux sur le treillis des sous-demi-groupes convexes de P contenant e qui sont distingués.

2.3.11. *Soient* $I_1, I_2, \ldots, I_n$ *des ℓ-idéaux et* $e \le g \in I_1 \vee \ldots \vee I_n$. *Il existe des* $g_k \in I_k$ *tels que* $e \le g_k$ *et* $g = g_1 \vee \ldots \vee g_n$.

Il suffit de démontrer la propriété pour $n=2$, car la récurrence ne présente aucune difficulté. Soit $e \leq g \in I_1 \vee I_2$. On a $g = a_1a_2$ avec $a_k \in I_k$. Il vient: $e \leq |a_1a_2^{-1}| = a_1a_2^{-1} \vee a_2a_1^{-1} =$ $= a_1^{-1}(a_1^2 \vee a_1a_2a_1^{-1}a_2)a_2^{-1}$, donc $g = a_1a_2 \leq a_1^2 \vee a_1a_2a_1^{-1}a_2$. Posons $g_1 = g \wedge a_1^2$ et $g_2 = g \wedge a_1a_2a_1^{-1}a_2$. Alors $g_k \in I_k$ et $g = g_1 \vee g_2$.

2.4. Sous-groupes premiers.

Nous allons maintenant considérer certains sous-groupes solides qui jouent un rôle très important dans la théorie des groupes réticulés, comparable à celui des idéaux premiers en théorie des anneaux.

2.4.1. THEOREME. *Pour* $N \in \mathcal{C}(G)$, *les conditions suivantes sont équivalentes:*

1) $A \cap B = N$ *implique* $A=N$ *ou* $B=N$ $(A,B \in \mathcal{C}(G))$.

2) $A \cap B \subset N$ *implique* $A \subset N$ *ou* $B \subset N$.

3) $e \leq a \wedge b \in N$ *implique* $a \in N$ *ou* $b \in N$.

4) $e = a \wedge b$ *implique* $a \in N$ *ou* $b \in N$.

5) $\mathcal{G}(N)$ *est totalement ordonné.*

6) $\{C \mid N \subset C \in \mathcal{C}(G)\}$ *est totalement ordonné.*

Montrons que 1) implique 2). Si $A \cap B \subset N$, on a $N = N \vee (A \cap B) =$ $= (N \vee A) \cap (N \vee B)$, donc $N = N \vee A$ ou $N = N \vee B$, c'est-à-dire $A \subset N$ ou $B \subset N$. 2) entraine 3): Si $e \leq a \wedge b \in N$, on a $C(a) \cap C(b) = C(a \wedge b) \subset N$, donc $C(a)$ ou $C(b) \subset N$, c'est-à-dire $a \in N$ ou $b \in N$. 3) implique 4) trivialement. 4) implique 5): Soient xN et $yN \in \mathcal{G}(N)$, on peut écrire $x = (x \wedge y)a$ et $y = (x \wedge y)b$ avec $a \wedge b = e$ (1.2.7). Si $a \in N$, $xN = (x \wedge y)N \leq yN$. Si $b \in N$, $yN = (x \wedge y)N \leq xN$. 5) entraine 6): Supposons $N \subset A,B$ et $A \not\subset B$. Il existe un $e < a \in A \setminus B$. Prenons $y \in B$ avec $e \leq y$. Si $aN \leq yN$, il existe $n \in N$ avec $an \leq y$, $a \leq yn^{-1} \in B$ donc $a \in B$ contrairement à la définition de a . On a donc $yN \leq aN$. Il existe un $m \in N$ tel que $ym \leq a$. On a $e \leq y \leq am^{-1} \in A$ donc $y \in A$. Il en résulte $B \subset A$. 6) implique 1) est évident.

2.4.2. DEFINITION. On appelle *sous-groupe premier* tout sous-groupe solide vérifiant les conditions du théorème (2.4.1).

2.4.3. PROPOSITION. *Si* N *est un* ℓ*-idéal,* N *est premier si et seule-*

ment si G/N *est totalement ordonnée.*

Ceci résulte directement de la condition 5) de (2.4.1).

2.4.4. *Si* $(N_i)_{i\in I}$ *est une famille de sous-groupes premiers totalement ordonnée,* $N = \bigcap_{i\in I} N_i$ *est premier.*

Prenons $a\wedge b = e$ et supposons que $a\notin N$ et $b\notin N$. Il existe i,j tels que $a\notin N_i$ et $b\notin N_j$. On a par exemple $N_i\subset N_j$, donc a et b ne sont pas dans N_i. Ceci contredit le fait que N_i est premier.

2.4.5. *Tout sous-groupe premier contient un premier minimal.*

Soit N un premier et soit E l'ensemble des premiers contenus dans N, ordonné par l'inverse de l'inclusion. E est un ensemble inductif d'après (2.4.4). Il admet un élément maximal (qui est un premier minimal) d'après le lemme de Zorn.

Au chapitre 3), nous déterminerons d'une facon plus précise les premiers minimaux.

2.4.6. *Si* $C\in \mathcal{C}(G)$ *contient un sous-groupe premier, il est premier.*

Ceci résulte immédiatement de la condition (6) de (2.4.1).

2.4.7. PROPOSITION. *Soit* $C\in\mathcal{C}(G)$. *L'application* $\varphi : N \mapsto N\cap C$ *est une bijection de l'ensemble des sous-groupes premiers ne contenant pas* C *sur l'ensemble des sous-groupes premiers propres de* C *et* $\varphi^{-1}(K) = \{x\in G \mid \forall c\in C \ \ |x|\wedge|c|\in K\}$.

Montrons que $\varphi^{-1}(K)$ est premier si K est premier. Supposons $e\le x\wedge y$ et $x\notin\varphi^{-1}(K)$, $y\notin\varphi^{-1}(K)$. Il existe $c_1,c_2\in C$ avec $x\wedge|c_1|\notin K$ et $y\wedge|c_2|\notin K$, donc on a $x\wedge y\wedge|c_1|\wedge|c_2| \notin K$, ce qui prouve que $x\wedge y \notin \varphi^{-1}(K)$. Il est clair, d'autre part que si N est premier, $\varphi(N)$ est premier. On a évidemment $N\subset\varphi^{-1}(N\cap C)$. Si $e\le x\in\varphi^{-1}(N\cap C)$, on a $x\wedge|c|\in N\cap C$ pour tout $c\in C$. Prenons $c\in C\setminus N$. Comme N est premier, $x\in N$. Par conséquent, $\varphi^{-1}(N\cap C) = N$.

D'autre part, $K \subset \varphi^{-1}(K)\cap C$. Si $e \le x \in \varphi^{-1}(K)\cap C$, on a $|x|\wedge|x| \in K$ donc $x\in K$. Ainsi $\varphi^{-1}(K)\cap C = K$.

2.5. Sous-groupes réguliers.

2.5.1. DEFINITION. On dira que M est un sous-groupe régulier si $M \in \mathcal{C}(G)$ et si $M = \bigcap_{i \in I} C_i$ implique l'existence d'un i tel que $M = C_i$.

Nous noterons M^* l'intersection de tous les sous-groupes solides qui contiennent M strictement. On a donc $M \subset M^*$ (strictement). On remarquera que M^* couvre M, en ce sens qu'il n'existe aucun sous-groupe solide compris entre M et M^*. Pour rappeler ce fait, nous écrirons parfois $M \prec M^*$.

2.5.2. DEFINITION. Soit $a \in G$. Nous dirons que M est une valeur de a si M est maximal parmi les sous-groupes solides qui ne contiennent pas a. On notera $\mathrm{val}(a)$ l'ensemble des valeurs de a.

Il existe un rapport étroit entre les deux notions que nous venons de définir:

2.5.3. PROPOSITION. M est régulier si et seulement si il existe un a tel que $M \in \mathrm{val}(a)$.

Prenons M régulier et soit $a \in M^* \backslash M$. Tout $A \in \mathcal{C}(G)$ qui contient M strictement contient M^*, donc a. Par suite, $M \in \mathrm{val}(a)$. Inversement, si $M \in \mathrm{val}(a)$, supposons $M = \bigcap_{i \in I} C_i$. Il existe un i tel que $a \notin C_i$. Comme M est maximal les sous-groupes solides qui ne contiennent pas a, on a $M = C_i$. Donc M est régulier.

Le résultat suivant montre que les objets dont nous nous occupons existent effectivement et même en assez grande quantité. Nous ferons de ce théorème un usage fréquent.

2.5.4. THEOREME. Si $C \in \mathcal{C}(G)$, et $a \notin C$, il existe une valeur de a qui contient C.

Il s'agit en fait d'une simple application du lemme de Zorn. Soit $E = \{B \in \mathcal{C}(G) \mid C \subset B$ et $a \notin B\}$. On peut l'ordonner par l'inclusion. C'est un ensemble inductif: Si $(B_i)_{i \in I}$ est une famille de E totalement ordonnée, on voit facilement que $B = \bigcup_{i \in I} B_i$ est un sous-groupe. Prenons $y \in B$ et $|x| \leq |y|$. Il existe un i tel que $y \in B$. On a donc $x \in B_i \subset B$, ce qui démontre que B est solide. En somme, B est un majorant de la famille $(B_i)_{i \in I}$. Le lemme de Zorn affirme que E admet un élément maximal. C'est nécessairement une valeur de a .

2.5.5. COROLLAIRE. Tout sous-groupe solide est l'intersection des sous-groupes réguliers qui le contiennent.

Le théorème (2.5.4) montre également qu'il existe un assez grand nombre de sous-groupes premiers. En effet, d'après (2.4.1), condition 1):

2.5.6. Tout sous-groupe régulier est premier.

2.5.7. N est premier si et seulement si il est l'intersection d'une famille totalement ordonnée de sous-groupes réguliers.

La condition est nécessaire d'après (2.5.5) et (2.4.1), condition 6). Elle est suffisante d'après (2.5.6) et (2.4.4).

2.5.8. Soient $C \in \mathcal{C}(G)$ et $a \in C$. L'application $M \overset{\varphi}{\mapsto} M \cap C$ est une bijection de l'ensemble des valeurs de a dans G sur l'ensemble des valeurs de a dans C .

Nous allons utiliser (2.4.7). Soit M une valeur de a dans G . Alors $M \cap C$ est contenu dans une valeur K de a dans C . Par (2.4.7), $M \subset \varphi^{-1}(K)$ et $a \notin \varphi^{-1}(K)$, donc $\varphi^{-1}(K) = M$. Ceci implique: $M \cap C = \varphi^{-1}(K) \cap C = K$, donc $M \cap C$ est une valeur de a dans C . Si K est une valeur de a dans C , on a $a \notin \varphi^{-1}(K)$ donc $\varphi^{-1}(K)$ est contenu dans une valeur M de a dans G . Comme $K = \varphi^{-1}(K) \cap C \subset M \cap C$ et $a \notin M \cap C$, on a $K = M \cap C$, donc $\varphi^{-1}(K) = M$.

2.5.9. COROLLAIRE. Soit $C \in \mathcal{C}(G)$. L'application $M \overset{\varphi}{\mapsto} M \cap C$ est une bijection de l'ensemble des sous-groupes réguliers de G qui ne contiennent pas C sur l'ensemble des sous-groupes réguliers propres de C .

Soit M régulier tel que $C \not\subset M$. Soit $a \geq e$ tel que $M \in \mathrm{val}(a)$ et soit $e \leq c \in C \setminus M$. Comme M est premier, $a \wedge c \notin M$. En fait, $M \in \mathrm{val}(a \wedge c)$ car si $M \subset N$ strictement, on a $a \in N$ donc $a \wedge c \in N$. D'après (2.5.8), $M \cap C$ est une valeur de $a \wedge c$ dans C.

Inversement, si K est régulier dans C , c'est une valeur de $a \in C$, donc $\varphi^{-1}(K)$ est une valeur de a dans G .

2.5.10. PROPOSITION. Pour tout $g \in G$, on a:

$$val(g) = val(|g|) = val(g_+) \cup val(g_-) \quad \text{et} \quad val(g_+) \cap val(g_-) = \emptyset .$$

On a $val(g) = val(|g|)$ car les sous-groupes solides qui ne contiennent pas g sont précisément ceux qui ne contiennent pas $|g|$.

Prenons $M \in val(g_+)$. Comme $g_+ \wedge g_- = e$, on a $g_- \in M$. Ceci montre d'aobrd que $M \notin val(g_-)$. D'autre part, comme $g_+ = gg_-$, on a $g \notin M$. Si C contient M strictement, on a $g_+ \in C$ et $g_- \in C$, donc $g \in C$. Ceci prouve que $M \in val(g)$. D'une facon analogue, on peut montrer que $val(g_-) \subset val(g)$. Prenons maintenant $M \in val(g)$. On a $g_+ \notin M$ ou $g_- \notin M$. Si $g_+ \notin M$, M est contenu dans une valeur M' de g_+. Mais on a vu que $M' \in val(g)$ donc $M' = M$. Si $g_- \notin M$, M est une valeur de g_-.

2.5.11. DEFINITION. Un élément g est dit spécial s'il n'a qu'une seule valeur. Un sous-groupe est dit spécial s'il est l'unique valeur d'un élément.

2.5.12. Tout élément spécial est positif ou négatif.

Ceci résulte immédiatement de (2.5.10). On voit que les groupes totalement ordonnés sont les groupes réticulés dans lesquels tout $g \neq e$ est spécial.

2.5.13. PROPOSITION. Soit C un sous-groupe solide contenant g. Alors g est spécial dans G si et seulement si il est spécial dans C. En particulier, g est spécial dans G si et seulement si $C(g)$ admet un sous-groupe solide maximum.

Cette proposition résulte directement de (2.5.8).

2.6. Le théorème de Hölder.

2.6.1. DEFINITION. Un groupe réticulé est dit archimédien si $a^n \leq b$ pour tout $n \geq 0$ implique $a \leq e$.

Tout sous-groupe réticulé de $\mathbb{R}$ est archidédien. Le fait que la réciproque soit vraie, pour les groupes totalement ordonnés, est un des résultats les plus anciens et les plus fondamentaux de la théorie des groupes ordonnés. C'est pourquoi nous démontrons ce résultat dès maintenant, en anticipant sur l'étude des groupes archimédiens qui sera faite au chapitre 11.

2.6.2. LEMME. *Soit* G *un groupe ordonné et soient* $b,c\in G_+$. *Si* $bc\leq cb$, *on a* $b^n c^n \leq (bc)^n \leq (cb)^n \leq c^n b^n$ *pour tout* $n\in C$.

Raisonnons par récurrence sur n. Si $b^{n-1}c^{n-1} \leq (bc)^{n-1}$, il vient: $b^n c^n = b(b^{n-1}c^{n-1})c \leq b(cb)^{n-1}c = (bc)^n$.

2.6.3. THEOREME. *Tout groupe totalement ordonné archimédien est isomorphe à un sous-groupe de* $\mathbb{R}$.

En effet, soit G un tel groupe. Prenons $a>e$. Si $b\in G_+$, posons $I(b) = \{\frac{m}{n} | m\geq 0,\ n>0,\ a^m\leq b^n\}$. On a toujours $I(b) \neq \emptyset$ car $0\in I(b)$.

Montrons d'abord que $\frac{r}{s} \leq \beta \in I(b)$ implique $a^r\leq b^s$ (donc $\frac{r}{s}\in I(b)$). On a $\beta = \frac{m}{n}$ avec $a^m\leq b^n$. Il vient $rn\leq ms$. Supposons, par l'absurde, que $a^r>b^s$. Alors on a: $a^{ms} \leq b^{sn} < a^{rn} \leq a^{ms}$, ce qui donne une contradiction.

D'autre part, $I(b)$ est borné: Puisque G est archimédien, il existe un k tel que $b<a^k$. Compte tenu de la remarque précédente, k est nécessairement un majorant de $I(b)$.

Posons $f(b) = \sup I(b)$. Nous allons prouver que $f(bc) = f(b) + f(c)$. Soient $\frac{m}{n}\in I(b)$ et $\frac{r}{s}\in I(c)$. On peut supposer $s=n$. On a $a^m\leq b^n$ et $a^r\leq c^n$, donc $a^{m+r} \leq b^n c^n$ et $a^{m+r} \leq c^n b^n$. Si $bc\leq cb$, on a, d'après le lemme, $b^n c^n \leq (bc)^n$, donc $a^{m+r} \leq (bc)^n$. Si $cb\leq bc$, on a $c^n b^n \leq (bc)^n \leq (bc)^n$ donc aussi $a^{m+r} \leq (bc)^n$. Ceci montre que $\frac{m+r}{n} \in I(bc)$. Par suite, $f(b)+f(c) \leq f(bc)$. De même, $\frac{m}{n} > f(a)$ et $\frac{r}{n} > f(b)$ implique $\frac{m+r}{n} > f(bc)$, d'où $f(b)+f(c) \geq f(bc)$.

Maintenant, nous sommes exactement dans la situation de la proposition (1.1.7). On voit que f peut être prolongée en un homomorphisme croissant de G dans $\mathbb{R}$ que nous noterons $\bar{f}$. Cet homomorphisme est injectif: Si $b>e$, il existe un n tel que $a\leq b^n$. Ceci implique $\frac{1}{n} \leq f(b)$, donc $f(b)>0$. Si $f(b)>0$, on a $b>e$, puisque $b\leq e$ entrainerait $f(b)\leq 0$. En conclusion, $\bar{f}$ est un isomorphisme de G dans $\mathbb{R}$.

2.6.4. COROLLAIRE. *Un groupe totalement ordonné sans sous-groupe convexe propre est isomorphe à un sous-groupe de* $\mathbb{R}$.

Montrons qu'un tel groupe est archimédien. Si $e<a$ et $a^n<b$

pour tout n , alors $b \notin C(a)$ et $C(a)$ est un sous-groupe convexe propre.

2.6.5. THEOREME. Un groupe réticulé qui n'a pas de sous-groupe solide propre est isomorphe à un sous-groupe de $\mathbb{R}$.

En appliquant (2.4.1) au ℓ-idéal $\{0\}$, on voit qu'un groupe possédant cette propriété est totalement ordonné. Alors tout sous-groupe est un ℓ-sous-groupe, donc on peut appliquer le corollaire précédent.

2.6.6. COROLLAIRE. Soit M un sous-groupe régulier tel que $M \lhd M^*$. Alors M^*/M est isomorphe à un sous-groupe de $\mathbb{R}$.

2.6.7. COROLLAIRE. Soit I un ℓ-idéal de G . Pour que G/I soit isomorphe à un sous-groupe de $\mathbb{R}$, il faut et il suffit que I soit maximal dans $C(G)$.

2.6.8. Si G est isomorphe à un sous-groupe de $\mathbb{R}$, on dira souvent que G est un groupe réel.

Note du Chapître 2

La notion de ℓ-idéal et la plupart des caractérisations que nous en donnons dans ce Chapître se trouvent dans l'article de BIRKHOFF en 1942 [1]. Il paraissait en effet assez naturel de faire jouer un rôle privilégié aux noyaux d'homomorphismes. Mais cela pose immédiatement le problème des groupes ℓ-simples, c'est-à-dire des groupes réticulés qui n'admettent pas de ℓ-idéaux propres. Cette classe comprend évidemment les sous-groupes de $\mathbb{R}$, mais il en existe d'autres. CHEHATA a donné un exemple de groupe totalement ordonné, non commutatif, et algébriquement simple [1]. Considérons le groupe $G = \mathrm{Aut}(\mathbb{R})$. Soient:

$$A = \{g \in G \mid \text{Il existe } x_g \in \mathbb{R} \text{ tel que } y \geq x_g \text{ implique } g(y) = y\} ,$$

$$B = \{g \in G \mid \text{Il existe } x_g \in \mathbb{R} \text{ tel que } y \leq x_g \text{ implique } g(y) = y\} .$$

HOLLAND a montré que A,B et $C = A \cap B$ sont les seuls ℓ-idéaux de G [2]. Il n'est pas difficile de voir que $C(G)$ est infini. C est un groupe réticulé, algébriquement simple(1), et qui n'est ni commutatif ni totalement ordonné. Cet exemple montre aussi qu'un ℓ-idéal peut être irréductible en tant que ℓ-idéal sans être premier. On pourra aussi consulter les travaux de GLASS et McCLEARY [1] et HOLLAND [5] à ce sujet.

Ces difficultés ont conduit à faire entrer dans la théorie la totalité des sous-groupes solides $C(G)$. Alors, on constate que G est totalement ordonné si et seulement si $C(G)$ est totalement ordonné et G est un sous-groupe de $\mathbb{R}$ si et seulement si $C(G)$ est trivial. Le treillis $C(G)$ a été considéré pour la première fois par LORENZ [1]. Mais c'est dans les années 63-65, avec les travaux de HOLLAND [2], et surtout de CONRAD [7] que les ℓ-idéaux se voient eclipsés par les ℓ-sous-groupes convexes.

Dans le même temps, la notion de premier a été dégagée par JOHNSON et KIST pour les espaces réticulés [1]. Son extension aux groupes non commutatifs, par CONRAD [7] et par ŠIK [10] en fait aussitôt un outil essentiel pour la théorie des groupes réticulés. Pour les développements ultérieurs, on pourra consulter PEDERSEN [1].

On sait que MALTSEV a caractérisé les chaînes de sous-groupes d'un groupe G qui sont les sous-groupes convexes pour un ordre total (voir FUCHS [6]). CONRAD [12] a tenté une caractérisation analogue de $C(G)$ pour G réticulable. Mais les conditions obtenues sont encore plus complexes que celles de MALTSEV.

Le théorème (2.6.3) a été démontré par HÖLDER [1] en 1901. Depuis, de nombreuses démonstrations en ont été données. Citons notamment CARTAN [1], SCHILLING [1].

---

(1) HIGMAN G. On infinite simple groups. Publ. Math. Debrecen 3 (1954) p. 221-226.

Chapitre 3.

POLAIRES

3.1. Eléments orthogonaux.

Dans tout ce qui suit, G désigne un groupe réticulé.

Au Chapitre 1, la notion d'orthogonalité a été définie pour deux éléments de G_+. Il sera commode par la suite d'étendre la définition à deux éléments quelconques.

3.1.1. DEFINITION. Soient $a,b \in G$, alors on dit que a et b sont orthogonaux, et on écrit: $a \perp b$, si $|a| \perp |b|$.

3.1.2. *Pour* $a,b \in G$, $a \perp b$, *si, et seulement si, les éléments* a_+, a_-, b_+, b_- *sont deux à deux orthogonaux.*

La nécessité est évidente, et la suffisance résulte de la (1.2.24).

3.1.3. PROPOSITION. *Si* $a \perp b$, $ab = ba$.

C'est une conséquence immédiate de la précédente et de la (1.2.21)

On peut aussi caractériser les éléments orthogonaux par les ensembles de leurs valeurs respectives. Etablissons d'abord le fait suivant, qui nous sera utile, d'ailleurs, dans d'autres contextes.

3.1.4. *Pour tout* $a \in G$, $val(|a|) = val(a)$.

Il suffit de montrer que, pour tout $A \in C(G)$, $a \in A$, si, et seulement si, $|a| \in A$. Or, si $a \in A$, comme A est un sous-groupe et un sous-treillis de G, $|a| = a \vee a^{-1} \in A$; et, si $|a| \in A$, puisque A est convexe et que $|a|^{-1} \leq a \leq |a|$, il résulte que $a \in A$.

3.1.5. _Pour_ $a,b \in G$, $a \perp b$, _si, et seulement si, les éléments de_ val(a) _et de_ val(b) _sont deux à deux non-comparables (pour l'ordre par inclusion)_.

Par la précédente, on peut, sans restriction de généralité, supposer a et b positifs. Soient alors $M \in \mathrm{val}(a)$ et $N \in \mathrm{val}(b)$, tels que $M \subset N$, et montrons que $a \wedge b \neq e$. En effet, $a \notin M$ et $b \notin M$, donc, M étant premier, $a \wedge b \notin M$. Réciproquement, supposons que $a \wedge b \neq e$, et soit $M \in \mathrm{val}(a \wedge b)$. Alors $a \notin M$ (sinon, puisque $a \wedge b \leq a$, on aurait $a \wedge b \in M$) , et, par le même raisonnement $b \notin M$. Il existe donc, d'après le Théorème (2.5.4), $N \in \mathrm{val}(a)$ et $P \in \mathrm{val}(b)$, tels que $M \subset N$ et $M \subset P$. Mais les éléments de $C(G)$ qui contiennent M forment une chaîne, ainsi N et P sont comparables.

3.2. Définition et premières propriétés des polaires.

3.2.1. DEFINITION. Soit $A \subset G$, alors on appelle _polaire_ de A , et on note: $A^{\perp}$, l'ensemble des éléments de G , orthogonaux à chaque élément de A . (Si A se réduit à un seul élément a , on écrit $a^{\perp}$, pour sa polaire.) $(A^{\perp})^{\perp}$ (qu'on note plutôt: $A^{\perp\perp}$) est appelé la _bipolaire_ de A . On dit que $B \subset G$ est une polaire de G , s'il existe $A \subset G$, tel que $B = A^{\perp}$.

La proposition suivante semble évidente.

3.2.2. _Soit_ $f : G \to H$ _un homomorphisme de groupes réticulés_, $A \subset G$, _alors_ $f(A^{\perp}) \subset f(A)^{\perp}$, _avec égalité si_ f _est un isomorphisme_.

3.2.3. PROPOSITION. _Pour tout_ $A \subset G$, $A^{\perp} \in C(G)$. _Si, en plus,_ A _est une partie distinguée de_ G , _alors_ $A^{\perp}$ _en est un_ ℓ-_idéal_.

Montrons d'abord que, pour tout $a \in G$, $a^{\perp} \in C(G)$. Pour cela il suffit, d'après la Proposition (2.2.8), de montrer que $a^{\perp} \cap G_+$ est un sous-demi-groupe convexe de G_+ . Or c'est un demi-groupe d'après la (1.2.24), et la convexité est immédiate. Ainsi la proposition est établie pour les polaires des éléments. Mais, dans le cas général, $A^{\perp} = \cap\{a^{\perp};\ a \in A\}$, et on sait que $C(G)$ est une famille de Moore (c'est à dire, stable par intersection quelconque). Enfin, pour la deuxième affirmation, on n'a qu'à appliquer la (3.2.2) aux automorphismes intérieurs de G, ce qui donne, pour tout $A \in P(G)$, et pour tout $x \in G$, $x^{-1}A^{\perp}x = (x^{-1}Ax)^{\perp}$.

3.2.4. Pour tout $A \subset G$,

$$A^{\perp} = \{x \in G \mid C(x) \cap C(A) = \{e\}\} = \cup\{C \subset \mathcal{C}(G) \mid C \cap C(A) = \{e\}\}.$$

Nous établirons la première égalité, la deuxième étant claire.

Montrons d'abord que $C(x) \cap x^{\perp} = \{e\}$. En effet, pour tout $y \in x^{\perp}$, et pour tout entier n, $y \perp x^n$. Mais, si $y \in C(x)$, $|y| \leq |x|^n$, pour un n convenable. Ainsi, si $y \in C(x) \cap x^{\perp}$, $y \perp y$, donc $y=e$. Dans le cas général, si $x \in A^{\perp}$, et $y \in C(x) \cap C(A)$, on a $A \subset x^{\perp}$, donc, d'après la Proposition (3.2.3), $C(A) \subset x^{\perp}$, et $y \in C(x) \cap x^{\perp}$, d'où $y=e$.

Réciproquement, si $x \notin A^{\perp}$, il existe $a \in A$, tel que $|a| \wedge |x| = b > e$, et $b \in C(x) \cap C(A)$.

Comme corollaire:

3.2.5. Pour tout $A \subset G$, $A^{\perp} = C(A)^{\perp}$.

Ainsi toute polaire de G est la polaire d'un sous-groupe solide.

Nous noterons: $P(G)$, l'ensemble (ordonné par inclusion) des polaires de G.

3.2.6. PROPOSITION. L'application de $\mathcal{P}(G)$ dans $P(G)$ qui à chaque partie de G associe sa polaire est une application décroissante, telle que, si A_λ est une famille d'éléments de $\mathcal{P}(G)$ (resp. de $\mathcal{C}(G)$), on a

$$(\cup A_\lambda)^{\perp} = \cap A_\lambda^{\perp} \qquad (\text{resp.} \quad (\bigvee A_\lambda)^{\perp} = \cap A_\lambda^{\perp}) \quad .$$

En effet, dire qu'un élément x de G appartient à l'intersection des $A_\lambda^{\perp}$ ou qu'il appartient à la polaire de la réunion des A_λ, revient à dire que $x \perp a$, pour tout élément a de l'un quelconque des A_λ. Enfin, si chaque A appartient à $\mathcal{C}(G)$, il résulte de la proposition (3.2.5) que $(\cup A_\lambda)^{\perp} = (\bigvee A_\lambda)^{\perp}$.

3.2.7. COROLLAIRE. $P(G)$ est une famille de Moore.

3.2.8. COROLLAIRE. Pour tout $A \subset G$, $A \subset A^{\perp\perp}$, et $A^{\perp} = A^{\perp\perp\perp}$.

Que $A \subset A^{\perp\perp}$ résulte immédiatement de la définition d'une polaire. Ainsi, par la proposition, $A^{\perp\perp\perp} = (A^{\perp\perp})^{\perp} \subset A^{\perp} \subset (A^{\perp})^{\perp\perp} = A^{\perp\perp\perp}$.

3.2.9. <u>COROLLAIRE</u>. *Pour que* $A \in P(G)$, *soit une polaire de* G , *il faut et il suffit que* $A = A^{\perp\perp}$.

3.2.10. <u>PROPOSITION</u>. $P(G)$ *est un treillis complet, avec, pour chaque famille* A_λ *de polaires:*

$$\bigwedge A_\lambda = \cap A_\lambda \ , \quad \bigvee A_\lambda = (\cap A_\lambda^{\perp})^{\perp} \ .$$

La première affirmation résulte du fait que $P(G)$ est une famille de Moore, donc la borne inférieure d'une famille d'éléments est son intersection, la borne supérieure l'intersection des polaires qui contiennent sa réunion. D'autre part, il est clair d'après les (3.2.6) et (3.2.9) que l'application $A \mapsto A^{\perp}$ définit un anti-automorphisme du treillis $P(G)$, d'où la deuxième égalité.

3.2.11. <u>PROPOSITION</u>. *L'application de* $C(G)$ *dans* $P(G)$ *qui, à chaque élément de* $C(G)$, *associe sa bipolaire est un homomorphisme surjectif des treillis, qui préserve les* $\bigvee$ *et* $\bigwedge$ *infinis qui existent.*

La surjectivité est immédiate d'après la (3.2.9). Montrons que, pour $A,B \in C(G)$, on a

(i) $(A \vee_C B)^{\perp\perp} = A^{\perp\perp} \vee_P B^{\perp\perp}$, et

(ii) $(A \cap B)^{\perp\perp} = A^{\perp\perp} \cap B^{\perp\perp}$.

(i) En effet

$$\begin{aligned} (A \vee_C B)^{\perp\perp} &= (A^{\perp} \cap B^{\perp})^{\perp} && \text{d'après (3.2.6)} \\ &= (A^{\perp\perp\perp} \cap B^{\perp\perp\perp})^{\perp} && \text{d'après (3.2.8)} \\ &= A^{\perp\perp} \vee_P B^{\perp\perp} && \text{d'après (3.2.10)} \ . \end{aligned}$$

(ii) L'inclusion dans un sens résulte de la (3.2.6). Montrons que $A^{\perp\perp} \cap B^{\perp\perp} \subset (A \cap B)^{\perp\perp}$, et pour cela soient $x \in A^{\perp\perp} \cap B^{\perp\perp}$, $y \in (A \cap B)^{\perp}$, des éléments positifs, et montrons que $x \perp y$. Soit $a \in A_+$, et posons $a \wedge x \wedge y = z$. Alors, pour tout $b \in B$, $a \wedge y \perp b$, à plus forte raison $z \perp b$. Donc $z \in B^{\perp}$. Mais, puisque $z \leq x$ et $x \in B^{\perp\perp}$, on a aussi $z \in B^{\perp\perp}$, d'où $z = e$. Il en résulte que $x \wedge y \in A^{\perp}$. Mais, puisque $x \wedge y \leq x$ et $x \in A^{\perp\perp}$, il vient $x \wedge y \in A^{\perp} \cap A^{\perp\perp}$, donc $x \wedge y = e$.

3.2.12. <u>COROLLAIRE</u>. *Pour* $a,b \in G$, $a^{\perp\perp} \cap b^{\perp\perp} = (|a| \wedge |b|)^{\perp\perp}$.

C'est une conséquence immédiate de la proposition et de la (2.2.11).

3.2.13. <u>COROLLAIRE</u>. $P(G)$ *est un treillis distributif.*

La constatation suivante est évidente:

3.2.14. *Pour tout* $A \in P(G)$, $A \wedge A^{\perp} = \{e\}$, *et* $A \vee A^{\perp} = G$.

La (3.2.14) se traduit aussi en disant que le treillis $P(G)$ est *complémenté* ($A^{\perp}$ étant le complément de A). Rappelons qu'on appelle treillis de Boole ou *algèbre de Boole*, tout treillis distributif et complémenté. Nous avons donc démontré le théorème:

3.2.15. <u>THEOREME</u>. $P(G)$ *est une algèbre de Boole complète.*

3.2.16. <u>PROPOSITION</u>. *Soit* $A \in P(G)$, B_λ *une famille d'éléments de* $P(G)$, *alors*:

(i) $A \wedge \bigvee B_\lambda = \bigvee (A \wedge B_\lambda)$, *et*

(ii) $A \vee \bigwedge B_\lambda = \bigwedge (A \vee B_\lambda)$.

En effet, il est bien connu que ces lois de distributivité infinie sont valables dans toute algèbre de Boole complète. Démontrons la (i), la (ii) s'en déduisant par dualité, en utilisant l'anti-automorphisme $A \mapsto A^{\perp}$ du treillis $P(G)$.

Il est clair que, pour chaque indice λ, $A \wedge \bigvee B_\lambda \geq A \wedge B_\lambda$, donc $A \wedge \bigvee B_\lambda \geq \bigvee (A \wedge B_\lambda)$. C'est l'inégalité inverse qu'il faut établir. Soit donc U un majorant dans $P(G)$ de tous les $A \wedge B_\lambda$, alors, pour chaque λ ,

$$B_\lambda = (A \wedge B_\lambda) \vee (A^{\perp} \wedge B_\lambda) \leq A^{\perp} \vee U \quad ,$$

d'où il résulte que $\bigvee B_\lambda \leq A^{\perp} \vee U$. Ainsi $A \wedge \bigvee B_\lambda \leq A \wedge (A^{\perp} \vee U) \leq$
$\leq (A \vee U) \wedge (A^{\perp} \vee U) = (A \wedge A^{\perp}) \vee U = U$.

3.3. <u>Filets et z-sous-groupes</u>.

3.3.1. <u>DEFINITION</u>. Soit $a \in G$, alors $a^{\perp\perp}$ est appelé la *polaire principale* de G engendrée par a , et on note: $PP(G)$, l'ensemble (ordonné par inclusion) des polaires principales de G .

3.3.2. $PP(G)$ *est un sous-treillis de* $P(G)$. *Plus précisément pour* $a,b \in G_+$,

$$(a \wedge b)^{\perp\perp} = a^{\perp\perp} \cap b^{\perp\perp} \quad \textit{et} \quad (a \vee b)^{\perp\perp} = a^{\perp\perp} \vee b^{\perp\perp} .$$

C'est une conséquence de la (2.2.11) et de la (3.2.11).

Soit $f : T \to T'$ un homomorphisme de treillis, alors, si T' admet un élément minimum z, $f^{-1}(z)$ est appelé le noyau de f (ou de l'équivalence d'application de f).

3.3.3. PROPOSITION. *Pour tout* $a \in G_+$, *posons* $f(a) = a^{\perp\perp}$, *alors* $f : G_+ \to PP(G)$ *est un homomorphisme de treillis et son équivalence d'application est la congruence la moins fine sur* G_+ *ayant pour noyau* $\{e\}$.

On a déjà démontré que f est un homomorphisme de treillis, et puisque, pour tout $a \in G_+$, $a \in a^{\perp\perp}$, son noyau est bien $\{e\}$. Montrons que l'équivalence: $a^{\perp\perp} = b^{\perp\perp}$ est la congruence la plus fine sur G_+ ayant cette propriété. Notons par $\sim$ une congruence sur G_+ ayant pour noyau $\{e\}$, et montrons que $x \sim y$ implique que $x^{\perp\perp} = y^{\perp\perp}$. En effet, si $a \wedge x = e$, alors $a \wedge y \sim e$, d'où $a \wedge y = e$. Ainsi $x^{\perp} \subset y^{\perp}$, et de même $y^{\perp} \subset x^{\perp}$, donc $x^{\perp} = y^{\perp}$ et $x^{\perp\perp} = y^{\perp\perp}$.

3.3.4. DEFINITION. L'équivalence d'application de l'homomorphisme f défini ci-dessus est appelée l'*équivalence en filets* sur G_+, et les classes d'équivalence qu'elle détermine les *filets* de G_+ (ou de G).

3.3.5. *Les filets sont des sous-demi-groupes et des sous-treillis convexes de* G_+.

En effet, il est évident que, si $f : T \to T'$ est un homomorphisme de treillis, l'image inverse de chaque élément de $f(T)$ est un sous-treillis convexe de T. Montrons que chaque filet est un sous-demi-groupe de G_+. Pour cela il suffit de montrer que, pour $x, y \in G_+$, $x \vee y$ et xy sont dans le même filet. Or $(x \vee y)^{\perp} = C(x \vee y)^{\perp} = C(xy)^{\perp} = (xy)^{\perp}$.

3.3.6. *Soient* $a \in G_+$, F *le filet de* a, *alors* $a^{\perp\perp} = C(F)$.

Puisque $F \subset a^{\perp\perp}$, on a $C(F) \subset a^{\perp\perp}$. Réciproquement, soit $x \in a^{\perp\perp}{}_+$, alors $(x \vee a)^{\perp\perp} = x^{\perp\perp} \vee a^{\perp\perp} = a^{\perp\perp}$, donc $x \vee a \in F$, et, puisque $e \leq x \leq x \vee a$, il vient que $x \in C(F)$.

3.3.7. PROPOSITION. *Pour une partie non-vide* A *de* G, *les conditions suivantes sont équivalentes:*

(i) $A \in C(G)$ *et est saturé pour l'équivalence en filets,*

(ii) A est la réunion des éléments d'une partie filtrante (supérieurement) de $PP(G)$,

(iii) A est la réunion des éléments d'un sous-treillis de $PP(G)$,

(iv) A est la réunion des éléments d'un sous-treillis de $P(G)$,

(v) A est la réunion des éléments d'une partie filtrante de $P(G)$.

i) implique ii): En effet, si $A\in C(G)$ et est saturé pour l'équivalence en filets, alors, par la (3.3.6), $A = \cup\{a^{\perp\perp} \mid a\in A\}$, et cet ensemble est filtrant du fait que A_+ est filtrant.

ii) implique iii): Soit $A = \cup\{k^{\perp\perp} \mid k\in K\}$, où K est une partie de G , ayant la propriété que, pour tout $k_1,k_2\in K$, il existe $k_3\in K$, tel que $k_1^{\perp\perp}\vee k_2^{\perp\perp} \subset k_3^{\perp\perp}$. Alors, pour tout $a\in A_+$, il existe $k\in K$, tel que $a\in k^{\perp\perp}$, donc $a^{\perp\perp}\subset k^{\perp\perp}$; par conséquent $A = \cup\{a^{\perp\perp} \mid a\in A_+\}$. Nous allons montrer que A_+ est un sous-treillis de G , d'où la condition iii). En effet, il est clair que A_+ est convexe et contient e , c'est donc au moins un sous-inf-demi-treillis de G_+ . D'autre part, si $a_1,a_2\in A_+$, il existe $k_1,k_2,k_3\in K$, tels que $a_i\subset k_i^{\perp\perp}$, $k_i^{\perp\perp}\subset k_3^{\perp\perp}$, $i=1,2$, donc $a_1\vee a_2 \in k_1^{\perp\perp}\vee k_2^{\perp\perp} \subset k_3^{\perp\perp}$.

Les implications iii) => iv) => v) étant triviales, montrons que v) implique i). Or, si v) est vérifiée, on voit, précisément comme ci-dessus, que $A = \cup\{a^{\perp\perp} \mid a\in A_+\}$ et que A_+ est un sous-treillis de G . En plus, A_+ est un sous-demi-groupe de G_+ ; en effet, pour $a,b\in A_+$, $ab \in (ab)^{\perp\perp} = (a\vee b)^{\perp\perp} \subset A_+$. Puisque, d'autre part il est facile à voir que $S(A_+) = A$, il résulte de la Proposition (2.2.8) que $A\in C(G)$.

3.3.8. DEFINITION. Une partie (resp. partie distinguée) de G , qui vérifie les conditions équivalentes de la Proposition (3.3.7), est appelée un z-sous-groupe (resp. z-idéal) de G .

3.3.9. PROPOSITION. Soit H un ℓ-idéal de G , $h : G \to G/H$ la surjection canonique, alors les conditions suivantes sont équivalentes:

(i) H est un z-idéal,

(ii) Pour tout $a\in G$, $h(a^{\perp\perp})^{\perp} = h(a)^{\perp}$,

(iii) $a^{\perp} = b^{\perp}$ implique $h(a)^{\perp} = h(b)^{\perp}$.

i) implique ii): L'inclusion dans un sens étant vraie pour un homomorphisme quelconque, montrons que i) implique $h(a)^{\perp} \subset h(a^{\perp\perp})^{\perp}$. En effet, si $h(x)\in h(a)^{\perp}$, on a $h(x\wedge a) = h(x)\wedge h(a) = e$, donc $x\wedge a\in H$, et par suite $x^{\perp\perp}\cap a^{\perp\perp} = (x\wedge a)^{\perp\perp} \subset H$. Si $y\in a^{\perp\perp}{}_+$, $x\wedge y \in x^{\perp\perp}\cap a^{\perp\perp}$, donc $x \wedge y \in H$, et $h(x) \wedge h(y) = e$. Ainsi $h(x) \in h(a^{\perp\perp})^{\perp}$.

ii) implique iii), car, si $a^{\perp} = b^{\perp}$, alors $h(a)^{\perp} = h(a^{\perp\perp})^{\perp} = h(b^{\perp\perp})^{\perp} = h(b)^{\perp}$.

iii) implique i): Si $a^{\perp} = b^{\perp}$ et $a \in H$, alors $h(a) = e$, donc $h(b)^{\perp} = h(a)^{\perp} = G/H$, ce qui implique que $h(b) = e$ ou $b \in H$.

3.3.10. PROPOSITION. Les conditions suivantes sont équivalentes:

(i) Tout élément de $C(G)$ est un z-sous-groupe,

(ii) Pour tout $a \in G$, $C(a) = a^{\perp\perp}$,

(iii) $C(a) = C(b)$ si et seulement si $a^{\perp\perp} = b^{\perp\perp}$.

Si $C(a)$ est un z-sous-groupe, $a^{\perp\perp} \subset C(a)$, et l'inclusion inverse est toujours vraie. Ainsi i) implique ii), et l'implication ii) => iii) est triviale. Supposons iii) vérifiée, et soient $C \in C(G)$, $a \in C$. Si $x \in a^{\perp\perp}$, $a^{\perp\perp} = x^{\perp\perp}$, donc $x \in C(x) = C(a) \subset C$, ainsi $a^{\perp\perp} \subset C$, et C est un z-sous-groupe.

3.4. Sous-groupes premiers minimaux.

Il existe un rapport étroit entre les notions de polaire et de sous-groupe premier minimal. D'une part, tout sous-groupe premier minimal de G en est un z-sous-groupe, c'est à dire la réunion d'un ensemble filtrant de polaires; d'autre part, toute polaire est l'intersection d'une famille de sous-groupes premiers minimaux. Démontrons d'abord la deuxième affirmation. Rappelons que, pour tout élément a de G , distinct de l'élément neutre, il existe au moins un sous-groupe premier de G , qui ne contient pas a .

3.4.1. PROPOSITION. Pour tout $A \subset G$, $A^{\perp}$ est égal à l'intersection des sous-groupes premiers de G qui ne contiennent pas A .

En effet, soient $x \in A^{\perp}$, P une polaire qui ne contient pas A , $a \in A \setminus P$. Alors $|x| \wedge |a| = e$, et, puisque $|a| \notin P$ (sinon on aurait $a \in P$) , $|x| \in P$, donc $x \in P$. Réciproquement, si $x \notin A^{\perp}$, il existe $a \in A$, tel que $|x| \wedge |a| > e$. Si P est un sous-groupe premier qui ne contient pas $|x| \wedge |a|$, P ne contient ni x ni a , et, par conséquent, x appartient au complémentaire d'un sous-groupe premier qui ne contient pas A .

3.4.2. <u>COROLLAIRE</u>. *Pour tout* $A \subset G$, $A^{\perp}$ *est égal à l'intersection des sous-groupes premiers minimaux de* G *qui ne contiennent pas* A .

C'est une conséquence de la proposition et du fait que chaque sous-groupe premier contient un sous-groupe premier minimal (2.4.5).

Pour dégager le rapport en sens inverse, entre sous-groupes premiers minimaux et polaires, nous utilisons la notion de filtre. En ce qui suit, T désigne un treillis (ou un inf-demi-treillis), non réduit à un seul élément, et admettant un élément minimum z .

3.4.3. <u>DEFINITION</u>. On appelle *filtre* sur T , toute partie non-vide F de T , telle que

(i) F est stable par intersection finie,

(ii) $x \in F$ et $t \geq x$ impliquent $t \in F$,

(iii) $z \notin F$.

Un filtre maximal sur F est appelé un *ultrafiltre*.

3.4.4. <u>PROPOSITION</u>. *Pour qu'une partie* U *de* T *soit un ultrafiltre, il faut et il suffit que* U *soit un sous-inf-demi-treillis de* T *, maximal parmi ceux qui ne contiennent pas* z .

Soit U un sous-inf-demi-treillis qui ne contient pas z , alors l'ensemble des majorants des éléments de U a la même propriété et c'est un filtre. Ainsi, si U est maximal entre les sous-inf-demi-treillis de T qui ne contiennent pas z , U est un ultrafiltre. Réciproquement, soit F un filtre, et supposons qu'il existe $x \in T \setminus F$, tel que $x \wedge f > z$, pour tout $f \in F$. Alors l'ensemble des majorants des éléments $x \wedge f$, $f \in F \cup \{x\}$, est également un filtre sur T , et F n'est pas un ultrafiltre.

En utilisant l'axiome de Zorn on voit:

3.4.5. <u>THEOREME</u>. *Tout filtre sur* T *est inclus dans un ultrafiltre.*

3.4.6. <u>PROPOSITION</u>. *Soient* T *et* T' *deux inf-demi-treillis, non réduits à un seul élément, et admettant des éléments minimum* z *et* z' . *Soit* $f : T \to T'$ *un homomorphisme surjectif, dont le noyau se réduit à* z . *Alors* f *induit une bijection des ultrafiltres de* T *sur ceux de* T' .

En effet, soit U un ultrafiltre sur T, et montrons que $f(U)$ est un ultrafiltre sur T'. Il est clair que c'est un sous-inf-demi-treillis qui ne contient pas z' ; reste à voir qu'il est maximal. Soit $x' \in \complement_{T'} f(U)$, alors il existe $x \in T$, tel que $x' = f(x)$, et $u \in U$, tel que $x \wedge u = z$. Ainsi $x' \wedge f(u) = f(x \wedge u) = z'$.

Réciproquement, si U' est un ultrafiltre sur T', montrons que $f^{-1}(U')$ est un ultrafiltre sur T. Pour cela soit $x \in \complement_T f^{-1}(U')$, alors il existe $f(y) \in U'$, tel que $z' = f(x) \wedge f(y) = f(x \wedge y)$. Mais, puisque le noyau de f se réduit à z, cela implique que $x \wedge y = z$.

Pour achever la démonstration, il faut montrer que, pour tout ultrafiltre U sur T, $f^{-1}[f(U)] = U$. Supposons, par l'absurde qu'il existe $x \in T$, tel que $f(x) \in f(U)$, mais que $x \notin U$. Alors il existe $u \in U$, tel que $x \wedge u = z$, $f(x) \wedge f(u) = z'$. Mais $f(x) = f(y)$, pour $y \in U$. Ainsi $f(y \wedge u) = z'$, d'où $y \wedge u = z$, ce qui est absurde.

Nous considérons maintenant les filtres sur G_+.

3.4.7. <u>DEFINITION</u>. Un filtre F sur G_+ est appelé <u>filtre premier</u>, si, pour $x, y \in G_+$, $xy \in F$ implique $x \in F$ ou $y \in F$.

3.4.8. <u>PROPOSITION</u>. *Pour qu'une partie non-vide F de G_+ soit un filtre premier, il faut et il suffit que $G_+ \backslash F$ soit le cône positif d'un sous-groupe premier de G. Ainsi l'application $P \mapsto G_+ \backslash P$ définit une bijection anti-isotone de l'ensemble des sous-groupes premiers de G sur celui des filtres premiers sur G_+.*

Soit F un filtre premier sur G_+, et posons $M = G_+ \backslash F$. Il résulte de la condition ii) de la Définition (3.4.3) que M est convexe et de la définition d'un filtre premier que c'est un sous-demi-groupe de G_+. Ainsi M est bien le cône positif d'un sous-groupe solide de G, montrons que c'est un sous-groupe premier. Soit $x, y \in G_+ \backslash M$, et supposons par l'absurde que $x \wedge y = e$. Alors on aurait $e \in F$, ce qui est absurde.

Réciproquement, soit P un sous-groupe premier de G, et posons $F = G_+ \backslash P$. Alors F est un sous-inf-demi-treillis de G_+, du fait que P est premier; il contient les majorants de chacun de ses éléments, du fait que P est convexe; il ne contient évidemment pas e ; et c'est un filtre premier, du fait que P_+ est un demi-groupe.

3.4.9. <u>PROPOSITION</u>. *Tout ultrafiltre sur G_+ est un filtre premier.*

En effet, soit U un ultrafiltre sur G_+, $x,y \in G_+\backslash U$, et on va montrer que $xy \notin U$. En effet, il existe $a,b \in U$, tels que $x \perp a$ et $y \perp b$. Si on pose $a \wedge b = c$, $c \in U$, $x \perp c$ et $y \perp c$, donc $xy \perp c$, et $xy \notin U$.

3.4.10. THEOREME. 1) *L'application* $M \mapsto G_+\backslash M$ *définit une bijection de l'ensemble des sous-groupes premiers minimaux de* G *sur celui des ultrafiltres de* G_+.

2) *L'application* $M \mapsto \{a^{\perp\perp} \mid a \in G\backslash M\}$ *définit une bijection de l'ensemble des sous-groupes premiers minimaux de* G *sur celui des ultrafiltres de* $PP(G)$.

En effet, la partie 1) résulte immédiatement des deux propositions précédentes, et la bijection entre les ultrafiltres de G_+ et ceux de $PP(G)$ est une conséquence de la (3.4.6).

3.4.11. PROPOSITION. *Soit* X *un sous-inf-demi-treillis de* G_+, *et posons* $N = \cup\{x^\perp ; x \in X\}$. *Alors* N *est égal à l'intersection de tous les sous-groupes premiers de* G, *disjoints de* X. *Ainsi il est égal à l'intersection de tous les sous-groupes premiers minimaux de* G, *disjoints de* X.

On n'a à démontrer que la première affirmation, la deuxième en résultant immédiatement, du fait que chaque sous-groupe premier de G contient un sous-groupe premier minimal.

Soit donc $x \in X$, et soit P un sous-groupe premier tel que $X \cap P = \emptyset$. Alors, si $x \perp y$, $y \in P$, donc $N \subset P$. Réciproquement, si $z \in G\backslash N$, alors $|z| \wedge x > e$, pour tout $x \in X$. Ainsi $X \cup \{|z|\}$ engendre un filtre sur G_+, qui est inclus dans un ultrafiltre U ; et $G_+\backslash U$ est le cône positif d'un sous-groupe premier de G, qui ne contient pas z.

3.4.12. COROLLAIRE. *Soit* P *un sous-groupe premier de* G, *et posons* $N = \cup\{x^\perp ; x \in G\backslash P\}$. *Alors* N *est égal à l'intersection de tous les sous-groupes premiers minimaux de* G, *inclus dans* P.

3.4.13. THEOREME. *Soit* P *un sous-groupe premier propre de* G, *alors les conditions suivantes sont équivalentes:*

(i) P *est un sous-groupe premier minimal,*

(ii) $P = \cup\{x^\perp \mid x \notin P\}$

(iii) *Pour tout* $y \in P$, $y^{\perp} \not\subset P$.

D'après la (3.4.12), la condition ii) veut dire que P est égal à l'intersection de tous les sous-groupes premiers minimaux qu'il contient, et puisque, si P est premier, il contient au moins un sous-groupe premier minimal, i) et ii) sont équivalents. D'autre part, il est immédiat que ii) implique iii). Enfin, si P n'est pas minimal, soit M un sous-groupe premier minimal inclus dans P, $y \in P \setminus M$, alors $y^{\perp} \subset M \subset P$, ainsi iii) implique i).

3.4.14. COROLLAIRE. *Soit* C *un sous-groupe solide propre de* G, *alors pour que* C *soit un sous-groupe premier minimal, il faut et il suffit que* $C = \cup\{x^{\perp};\ x \in G \setminus C\}$.

En effet, on voit facilement que la condition ii) de la proposition, appliquée à un sous-groupe solide quelconque, implique qu'il est premier.

3.4.15. PROPOSITION. *Soit* $C \in \mathcal{C}(G)$, U *un ultrafiltre sur* C_+, *alors l'ensemble* $\cup\{x^{\perp} \mid x \in U\}$ *est un sous-groupe premier minimal de* G, *et tout sous-groupe premier minimal qui ne contient pas* C *est de cette forme.*

Soit V l'ensemble des majorants dans G des éléments de U, alors il est clair que V est un sous-inf-demi-treillis de G_+, qui ne contient pas e ; montrons que c'est un ultrafiltre. Soit $g \in G_+ \setminus V$, $x \in U$, alors $g \wedge x \in G_+ \setminus U$, et il existe $y \in U$, tel que $(g \wedge x) \wedge y = e$. Ainsi $g \perp x \wedge y$, qui appartient à U, donc à V. Il en résulte que tout sous-inf-demi-treillis de G_+, qui contient proprement V, contient e, donc V est un ultrafiltre et $\cup\{x^{\perp} \mid x \in V\} = \cup\{x^{\perp} \mid x \in U\}$ est un sous-groupe premier minimal.

Réciproquement, soit M un sous-groupe premier minimal qui ne contient pas C, $V = G_+ \setminus M$, $U = V \cap C$. Alors il est clair que U est un ultrafiltre sur C_+, et, puisque nous avons vu que l'ensemble des majorants des éléments de U est un ultrafiltre, cet ensemble est forcément égal à V.

Un raisonnement tout à fait semblable nous donne la proposition:

3.4.16. PROPOSITION. *Soit* $g \in G$, X *l'ensemble des minorants de* $|g|$ *dans* G_+, U *un ultrafiltre sur* X. *Alors l'ensemble* $\cup\{x^{\perp} \mid x \in U\}$ *est un sous-groupe premier minimal de* G, *et tout sous-groupe pre-*

mier minimal qui ne contient pas g est de cette forme.

3.5. Décomposition d'un groupe réticulé en facteurs directs.

Si G est le produit direct (complet ou restreint) d'une famille A de groupes réticulés, on peut identifier chaque A avec un ℓ-sous-groupe de G. Réciproquement, on peut, dans certains cas, identifier un groupe réticulé donné G avec le produit direct d'une famille de ses ℓ-sous-groupes. La théorie présente des analogies avec la théorie correspondante concernant les groupes non-ordonnés, mais aussi des différences frappantes; ainsi, par exemple, la décomposition d'un groupe réticulé en facteurs directs indécomposables, si elle est possible, est unique.

3.5.1. DEFINITION. Soient A et B des ℓ-sous-groupes (resp. des ℓ-idéaux) de G, tels que $A \cap B = \{e\}$, $AB = G$, alors on dit que A et B sont des *supplémentaires* (resp. des *supplémentaires directs*) l'un de l'autre. Un ℓ-idéal de G qui admet un supplémentaire (resp. un supplémentaire direct) est appelé un *facteur semi-direct* (resp. *facteur direct*) de G.

Précisément comme dans la théorie des groupes:

3.5.2. *Si* A *est un facteur semi-direct de* G *et* B *un supplémentaire de* A, *alors* $G/A \simeq B$.

En effet, l'application qui à chaque élément de B associe sa classe modulo A est un isomorphisme de groupes réticulés.

L'exemple (1.7.6) expose le cas le plus courant d'un produit semi-direct. Dans le reste de ce paragraphe nous ne considérerons que les produits directs.

3.5.3. PROPOSITION. *Si* $A,B \subset G$ *en sont des facteurs directs supplémentaires, alors* $G_+ = A_+B_+$.

L'inclusion dans un sens étant évidente, soit $g \in G_+$, et posons $g = ab$, avec $a \in A$, $b \in B$. Alors $a \geq b^{-1}$, donc $a_+ \geq b_- \geq e$. Ainsi $b_- \in A \cap B$, d'où $b_- = e$, et de même $a_- = e$.

3.5.4. <u>COROLLAIRE</u>. <u>Avec les mêmes hypothèses, soit</u> $a_i \in A$, $b_i \in B$, <u>pour</u> $i=1,2$, <u>alors</u>

$$(a_1b_1)\vee(a_2b_2) = (a_1\vee a_2)(b_1\vee b_2) \quad , \quad \underline{et}$$

$$(a_1b_1)\vee(a_2b_2) = (a_1\vee a_2)(b_1\vee b_2) \ .$$

On peut traduire cette proposition et son corollaire de la façon suivante: si A et B sont des facteurs directs supplémentaires de G et si on note $A\times B$, le produit direct défini au Chapitre 1, alors l'application: $(a,b) \mapsto ab$, définit un isomorphisme de $A\times B$ sur G . On vérifie facilement qu'on a également la proposition réciproque. Ces observations justifient pleinement la terminologie suivante:

3.5.5. <u>DEFINIION</u>. Si A et B sont des facteurs directs supplémentaires de G , on dit que G est le <u>produit direct</u> (intérieur) de A et de B , et on écrit: $G = A\times B$.

3.5.6. <u>PROPOSITION</u>. <u>Si</u> $G = A\times B$, $A = B^{\perp}$ <u>et</u> $B = A^{\perp}$.

En effet, pour $a\in A$, $b\in B$, $|a|\wedge|b| \in A\cap B = \{e\}$, ainsi $A\subset B^{\perp}$ et $B\subset A^{\perp}$. Réciproquement, soit $c\in A^{\perp}_{+}$, et posons $c = ab$, avec $a\in A$, $b\in B$. Alors $a = a\wedge c = e$. Ainsi $A^{\perp}_{+}\subset B$, donc $A^{\perp}\subset B$, et de même $B^{\perp}\subset A$.

3.5.7. <u>PROPOSITION</u>. <u>Soient</u> $a,b\in G$, <u>alors, si</u> $a\perp b$, $(ab)_+ = a_+b_+$, $(ab)_- = a_-b_-$, $|ab| = |a|\,|b|$.

En effet, si $a\perp b$, $C(a,b) = C(a)\times C(b)$, d'où l'énoncé (qui peut se déduire aussi par des calculs directs à partir de la (3.1.2)).

3.5.8. <u>PROPOSITION</u>. <u>Pour qu'une partie non-vide</u> A <u>de</u> G <u>en soit un facteur direct, il faut et il suffit que</u> $AA^{\perp} = G$. <u>S'il en est ainsi</u>, $A\in P(G)$.

La nécessité est évidente. Pour établir la suffisance, il suffit de montrer que $AA^{\perp} = G$ implique $A\in P(G)$, c'est à dire que $A = A^{\perp\perp}$. Soit donc $x\in A^{\perp\perp}$, et posons $x = ab$, avec $a\in A$, $b\in A^{\perp}$. Alors, par la précédente, $|ab| = |a|\,|b|$. Mais $x\perp b$. Donc $|b| = |x|\wedge|b| = e$, et $b=e$. Ainsi $x=a$.

3.5.9. <u>COROLLAIRE</u>. <u>Soit</u> $A\in C(G)$, H <u>un</u> ℓ<u>-sous-groupe de</u> G , <u>alors, pour que</u> $A^{\perp}$ <u>soit un facteur direct de</u> H , <u>il faut et il suffit que</u>

$A^{\perp} \subset H \subset A^{\perp}A^{\perp\perp}$.

3.5.10. PROPOSITION. Soit A un facteur direct de G, alors, pour tout $C \in \mathcal{C}(G)$, $A \cap C$ est un facteur direct de C.

En effet, soit $c \in C_+$, alors $c = ab$, avec $a \in A_+$, $b \in A_+^{\perp}$. Puisque $c \geq a \geq e$, on a, par convexité, $a \in C$, et de même $b \in C$. Ainsi $C_+ \subset (A \cap C)(A^{\perp} \cap C)$. Mais C_+ engendre C en tant que groupe, d'où l'énoncé.

3.5.11. PROPOSITION. Si A et B sont des facteurs directs de G, il en est de même de $A \cap B$, et $(A \cap B)^{\perp} = A^{\perp}B^{\perp}$.

$A \cap B$ étant un facteur direct de B, on a

$$G = BB^{\perp} = (A \cap B)(A^{\perp} \cap B)B^{\perp} .$$

$A^{\perp} \cap B \subset A^{\perp} \subset (A \cap B)^{\perp}$ et $B^{\perp} \subset (A \cap B)^{\perp}$, donc $(A^{\perp} \cap B)B^{\perp} \subset (A \cap B)^{\perp}$, et

$$G = (A \cap B) \times (A^{\perp} \cap B)B^{\perp} .$$

Ainsi $(A^{\perp} \cap B)B^{\perp} = (A \cap B)^{\perp}$, d'où $(A \cap B)^{\perp} \subset A^{\perp}B^{\perp} \subset A^{\perp} \vee B^{\perp} = (A \cap B)^{\perp}$ ce qui démontre la proposition.

3.5.12. COROLLAIRE. Les facteurs directs de G forment un sous-treillis de $\mathcal{C}(G)$ et une sous-algèbre de Boole de $P(G)$.

Le treillis des facteurs directs peut se réduire à sa plus simple expression.

3.5.13. DEFINITION. Un groupe réticulé G est dit indécomposable, s'il n'admet pas de facteur direct distinct de G et de $\{e\}$.

Ainsi un groupe totalement ordonné est indécomposable. L'exemple suivant est moins trivial:

3.5.14. EXEMPLE. Si X est un espace topologique connexe, $C(X)$ (voir 1.7.1) est indécomposable.

En effet, si on suppose g et h des fonctions orthogonales, telles que $(g+h)(x) = 1$, on a forcément $\{x \in X;\ g(x) = 0\} = \{x \in X;\ h(x) \neq 0\}$, cet ensemble est par conséquent à la fois ouvert et fermé, donc vide ou égal à X. Dans les deux cas, l'une des deux fonctions est nulle.

Il peut arriver, tout au contraire, qu'un groupe réticulé n'admet pas de sous-groupe solide non-trivial et indécomposable.

3.5.15. EXEMPLE. Soit I un ensemble infini, $G = \mathbb{R}^I/\mathbb{R}^{(I)}$. Alors tout sous-groupe solide indécomposable de G est trivial.

En effet, soit $u : \mathbb{R}^I \to G$ la surjection canonique, $H \in \mathcal{C}(G)$, $u(f) \in H \setminus u(e)$. Posons $X = \{i \in I \mid f(i) \neq 0\}$. X étant infini, il existe une partie A de X , telle que A et $X \setminus A$ soient tous les deux infinis. Pour tout $g \in \mathbb{R}^I$, posons $\alpha(g) = g\varphi_A$, $\beta(g) = g\varphi_{I\setminus A}$ (où φ désigne la fonction caractéristique d'un ensemble). On vérifie sans peine que $G = u[\alpha(\mathbb{R}^I)] \times u[\beta(\mathbb{R}^I)]$.

Toutefois, une décomposition en facteurs directs indécomposables, quand elle est possible, est unique.

3.5.16. DEFINITION. Soit (A_λ) une famille de ℓ-sous-groupes de G , et, pour chaque λ , soit B_λ le sous-groupe de G , engendré par la réunion des A_ν tels que $\nu \neq \lambda$. Alors, si, pour chaque λ , $G = A_\lambda \times B_\lambda$, on dit que G est le produit direct (intérieur) des A_λ, et on écrit: $G = \Pi^* A_\lambda$.

Cette nomenclature est justifiée par la proposition suivante dont le soin de la démonstration est laissé au lecteur:

3.5.17. *Soit A_λ une famille de ℓ-sous-groupes de G , H leur produit direct restreint. Alors, pour que $G = \Pi^* A_\lambda$, il faut et il suffit qu'il existe un isomorphisme $f : G \to H$, tel que, pour chaque λ et pour chaque $a \in A_\lambda$, $f(a)$ est l'élément de H , à support réduit à $\{\lambda\}$, et tel que $f(a)_\lambda = a$.*

3.5.18. PROPOSITION. *Soit A_λ une famille de parties non-vides de G , alors, pour que $G = \Pi^* A_\lambda$, il faut et il suffit que G soit engendré, en tant que demi-groupe, par la réunion des A_λ et que, pour $\lambda \neq \nu$, $A_\nu \subset A_\lambda^\perp$.*

En effet, si on note B_λ le demi-groupe engendré par la réunion des A_ν $(\nu \neq \lambda)$, les éléments de A_λ et de B_λ sont deux à deux permutables et, par conséquent, $G = A_\lambda B_\lambda \subset A_\lambda A_\lambda^\perp$. Par conséquent A_λ est un facteur direct de G , et $B_\lambda = A_\lambda^\perp$.

La proposition suivante est une conséquence immédiate de la (3.5.10).

3.5.19. *Si $G = \Pi^* A_\lambda$, alors, pour tout $C \in \mathcal{C}(G)$, $C = \Pi^*(A_\lambda \cap C)$.*

3.5.20. PROPOSITION. Si $G = \prod^{*}_{\lambda\in\Lambda} A_\lambda = \prod^{*}_{\mu\in M} B_\mu$, alors $G = \prod^{*}_{(\lambda,\mu)\in\Lambda\times M} (A_\lambda \cap B_\mu)$.

C'est une conséquence immédiate des deux précédentes.

3.5.21. COROLLAIRE. Si G admet une décomposition en facteurs directs indécomposables, cette décomposition est unique.

Note du Chapitre 3

Les notions principales et la plupart des résultats de ce chapitre ont été développés par ŠIK dans une serie d'articles publiés à partir de 1962 [7] et dont une suite de cinq portant le titre général "Structure et réalisation des groupes réticulés" [10], [11], [14], [15], [16] constitue une excellente mise au point du sujet jusqu'à 1967 ou 1968, à laquelle le lecteur peut se rapporter pour beaucoup de résultats dont la place manque ici. L'auteur a poursuivi ses recherches en ce sens, on peut noter en particulier une étude des groupes réticulés dont le treillis des polaires est à génération compacte [18].

La notion de filet avait été introduite antérieurement par JAFFARD [1], [2], [3] (quoique la caractérisation dont nous nous servons comme définition soit due à R.S. PIERÇE [2]), qui a aussi défini sous le nom de "t-idéal" ce que nous appelons les filtres premiers [11]. Quant à la définition et aux propriétés des z-sous-groupes, on les doit à BIGARD [4], [5].

Les rapports entre polaires et sous-groupes premiers, déjà indiqués dans les articles de ŠIK précités, ont été étudiés systématiquement par BYRD [1], à qui nous devons la proposition (3.4.8), et surtout par CONRAD, dont on a suivi de près l'exposé [11].

Les notions étudiées dans ce chapitre ont servi de base à deux généralisations différentes. D'une part, la notion de polaire a été généralisée par BYRD [3], suivi par JAKUBIK, KATRINAK, KONTOROVIČ, KUTYJEV and GAVALČOVA [1], qu'on consultera pour la bibliographie, en celle de M-polaire. D'autre part, la caractérisation (3.1.5) peut servir pour généraliser la notion d'orthogonalité à des groupes plus généraux que les groupes réticulés. Cette notion, définie par CONRAD [8], a été développée par la suite par CONRAD, TELLER, ŠIRŠOVA et VAN METER [2], qui donne une bibliographie.

Chapitre 4.

REPRESENTATION DES GROUPES RETICULES

4.1. Groupes transitifs.

Nous reprenons, dans ce paragraphe, l'exemple (1.7.5): T désigne toujours un ensemble totalement ordonné, $\mathrm{Aut}\,T$ le groupe ordonné de ses automorphismes.

Soit G un ℓ-sous-groupe de $\mathrm{Aut}\,T$, $t \in T$, alors on note: G_t, le stabilisateur de t dans G, c'est à dire: $G_t = \{g \in G \mid g(t) = t\}$.

4.1.1. PROPOSITION. *G_t est un sous-groupe premier de G.*

On sait que G_t est un sous-groupe de G. C'est un ℓ-sous-groupe, parce que, si $g \in G_t$, $(g \vee e)(t) = \sup[g(t), t] = t$, donc $g \vee e \in G_t$. Il est convexe: en effet, si $x, y \in G_t$, et si $x \le z \le y$, $t = x(t) \le z(t) \le y(t) = t$, d'où $z(t) = t$, ou $z \in G_t$. Enfin, si ni x ni y n'appartient à G_t, $(x \wedge y)(t) = \inf[x(t), y(t)] \ne t$, donc $x \wedge y \notin G_t$. Ainsi G_t est un sous-groupe premier de G.

Si G est un groupe réticulé, C un sous-groupe premier de G, on appelle application canonique de G dans $\mathrm{Aut}\,\mathcal{G}(C)$, l'application u, telle que, pour tout $g, h \in G$, $(u(g))(hC) = ghC$.

4.1.2. PROPOSITION. *Soient G un groupe réticulé, C un sous-groupe premier de G, $u : G \to \mathrm{Aut}\,\mathcal{G}(C)$, l'application canonique. Alors:*

i) u est un homomorphisme de groupes réticulés,

ii) $u(G)$ opère transitivement dans $\mathcal{G}(C)$,

iii) Ker u *est égal à l'intersection des conjugués de* C .

En effet, toutes ces propriétés relèvent de la théorie des groupes non-ordonnés, sauf celle de préserver les opérations de treillis, dont on laisse au lecteur le soin de la vérification.

4.1.3. DEFINITION. On dit qu'un groupe réticulé G est *transitif*, s'il existe un ensemble totalement ordonné T et un homomorphisme injectif $u : G \to \mathrm{Aut}\, T$ de groupes réticulés, tels que $u(G)$ opère transitivement dans T .

Un groupe totalement ordonné est transitif: en effet, dans ce cas on peut identifier G avec son image par l'application canonique dans Aut G . Le théorème suivant caractérise les groupes transitifs.

4.1.4. THEOREME. *Pour qu'un groupe réticulé* G *soit transitif, il faut et il suffit qu'il admette un sous-groupe premier* C , *tel que*

$$\cap\{x^{-1}Cx \mid x \in G\} = \{e\} .$$

Pour la nécessité, soit G un ℓ-sous-groupe de Aut T , $t, t' \in T$, $x \in G$, tels que $x(t') = t$. Alors $x^{-1}G_t x = G_{t'}$. Ainsi, si G opère transitivement, on a, pour t fixé dans T ,

$$\cap\{x^{-1}G_t x \mid x \in G\} = \cap\{G_{t'} \mid t' \in T\} = \{e\} .$$

Réciproquement, soit G un groupe réticulé, C un sous-groupe premier de G , dont l'intersection des conjugués se réduit à l'élément neutre. Alors l'ensemble $T = \mathcal{G}(C)$ et l'application canonique $u : G \to \mathrm{Aut}\, T$ répondent aux conditions de la Définition 4.1.3.

4.1.5. COROLLAIRE. *Pour qu'un groupe réticulé commutatif soit transitif, il faut et il suffit qu'il soit totalement ordonné.*

4.1.6. COROLLAIRE. *Soit* G *un groupe réticulé. Alors, si l'ensemble des* ℓ*-idéaux de* G *distincts de* $\{e\}$ *admet un élément minimum* L , G *est un groupe transitif.*

En effet, soit $g \in L\setminus\{e\}$, M une valeur de g , N l'intersection de tous les conjugués de M . Alors N est un ℓ-idéal de G , qui ne contient pas L ; par conséquent, $N = \{e\}$, et G est transitif.

Si $(G_i)_{i \in I}$ est une famille de groupes réticulés, on appelle produit sous-direct des G_i tout ℓ-sous-groupe H du produit direct ΠG_i, tel que la restriction à H de chaque projection est surjective. Il est clair que, pour qu'un groupe réticulé donné G soit isomorphe à un produit sous-direct des G_i, il faut et il suffit que, pour chaque $i \in I$, il existe un homomorphisme surjectif $u_i : G \to G_i$ de groupes réticultés tel que $\bigcap_{i \in I} \operatorname{Ker} u_i$ se réduise à l'élément neutre.

Soit maintenant G un groupe réticulé quelconque $(M_i)_{i \in I}$ la famille de tous ses sous-groupes premiers minimaux, et, pour chaque $i \in I$, $u_i : G \to \operatorname{Aut} G(M_i)$, l'application canonique, et posons $u_i(G) = G_i$. Alors l'intersection des noyaux des u_i est égale à l'intersection de tous les M_i, c'est à dire qu'il se réduit à l'élément neutre. Ainsi les u_i et les G_i répondent aux conditions définies ci-dessus. En plus, par la proposition (4.1.2), chaque G_i est transitif. Nous avons donc etabli le théorème fondamental qui suit:

4.1.7. THEOREME DE REPRESENTATION. Tout groupe réticulé est isomorphe à un produit sous-direct de groupes transitifs.

4.1.8. COROLLAIRE. Tout groupe réticulé commutatif est isomorphe à un produit sous-direct de groupes totalement ordonnés.

Soit maintenant G un groupe réticulé quelconque. Comme on vient de voir, on peut identifier G avec un ℓ-sous-groupe de $\Pi \operatorname{Aut} T_i$, où $(T_i)_{i \in I}$ est une famille d'ensembles totalement ordonnés, qu'on peut évidemment supposer deux à deux disjoints. Posons $T = \bigcup\{T_i \mid i \in I\}$, et soit $i : T \to I$, telle que, pour tout $t \in T$, $t \in T_{i(t)}$. Enfin, ordonnons T, en définissant d'abord un ordre total sur I, puis en posant, pour $t, t' \in T$, $t \le t'$, si $i(t) \le i(t')$, ou si $i(t) = i(t')$ et si $t \le t'$ (dans l'ordre initial de $T_{i(t)}$). Si on définit maintenant une application u de G dans l'ensemble des permutations de T, en posant $(u(g))(t) = g_{i(t)}(t)$ on vérifie immédiatement que u détermine un homomorphisme injectif de G dans $\operatorname{Aut} T$. Nous avons donc démontré:

4.1.9. THEOREME. Tout groupe réticulé peut être plongé comme ℓ-sous-groupe dans un groupe $\operatorname{Aut} T$, pour un T convenable.

4.2. Groupes représentables.

La propriété (4.1.8) des groupes reticulés commutatifs n'est pas valable pour un groupe réticulé quelconque. Illustrons ce propos par un exemple très simple. Reprenons les notations du (1.7.6); posons $K = \mathbb{Z}$, $G = \mathbb{Z}\times\mathbb{Z}$, et définissons τ de façon que $\tau(1)(m,n) = (n,m)$. Soit $x = (1,(0,0))$, $y = (1,(1,-1))$. Alors $x\wedge y = (1,(0,-1))$, $(x\wedge y)^2 = (2,(-1,-1))$, mais $x^2\wedge y^2 = x^2 = y^2 = (2,(0,0))$. Or il est évident que, dans un groupe totalement ordonné, donc dans un produit sous-direct de tels groupes, on a l'identité: $(x\wedge y)^2 = x^2\wedge y^2$.

4.2.1. DEFINITION. On dit qu'un groupe réticulé G est représentable, s'il est isomorphe à un produit sous-direct de groupes totalement ordonnés.

Dire que G est représentable revient à dire qu'il existe une famille $u_i : G \to G_i$ d'homomorphismes surjectifs de groupes réticulés telle que chaque G_i soit totalement ordonné et que $\cap \mathrm{Ker}\, u_i$ se réduise à l'élément neutre. Mais, pour que $u_i(G)$ soit totalement ordonné, il faut et il suffit que $\mathrm{Ker}\, u_i$ soit premier. Ainsi:

4.2.2. Un groupe réticulé G est représentable, si, et seulement si, l'intersection de tous ses ℓ-idéaux premiers se réduit à l'élément neutre.

Il existe de très nombreuses caractérisations des groupes représentables. Nous en grouperons quelques unes des plus utiles dans un théorème, mais nous avons d'abord besoin de la notion suivante:

4.2.3. DEFINITION. Un ℓ-idéal L d'un groupe réticulé G est dit régulier, s'il existe $g\in G$, tel que L est maximal entre les ℓ-idéaux de G qui ne contiennent pas g .

4.2.4. Tout ℓ-idéal L de G est égal à l'intersection des ℓ-idéaux réguliers qui le contiennent. En particulier, l'intersection de tous les ℓ-idéaux réguliers se réduit à l'élément neutre.

Cela résulte d'une application de routine de l'axiome de Zorn. En effet, si $g\notin L$, alors, les ℓ-idéaux de G formant une famille $\cup$-inductive, il existe, moyennant l'axiome de Zorn, un ℓ-idéal régulier, qui contient L , mais ne contient pas g . Ainsi l'intersection de tous les ℓ-idéaux réguliers de G qui contiennent L est incluse dans L , et l'inclusion inverse est triviale.

4.2.5. THEOREME. Soit G un groupe réticulé. Alors les conditions suivantes sont équivalentes:

(i) G est représentable,

(ii) Toute polaire de G est distinguée,

(iii) Tout sous-groupe premier minimal de G est distingué,

(iv) Les conjugués de chaque sous-groupe premier de G forment une chaîne,

(v) Chaque ℓ-idéal régulier de G est premier.

(i) implique (ii): Soit G un ℓ-sous-groupe de ΠG_i , où chaque G_i est totalement ordonné. Pour montrer que la condition (ii) est vérifiée, il suffit de montrer que, pour tout $g \in G$, $g^{\perp}$ est distinguée. Or, si on reprend la notation du (1.5.1), $g^{\perp} = \{x \in G \mid S(x) \cap S(g) = \emptyset\}$. C'est évidemment une partie distinguée de ΠG_i , à plus forte raison de G .

(ii) implique (iii), puisqu'on sait que tout sous-groupe premier minimal est une réunion de polaires. Montrons que (iii) implique (iv): En effet, soit P un sous-groupe premier quelconque de G , il contient un sous-groupe premier minimal M . Si M est distingué, chaque conjugué de P contient également M . Mais les éléments de $C(G)$ qui contiennent un sous-groupe premier donné forment une chaîne.

(iv) implique (v): Soit L un ℓ-idéal de G , maximal entre ceux qui ne contiennent pas g , et soit M une valeur de g qui contient L . Alors chaque conjugué de M contient L , et, par conséquent, si on pose: $N = \cap\{x^{-1}Mx \mid x \in G\}$, N est un ℓ-idéal de G , qui contient L mais ne contient pas g , donc $N = L$. Si maintenant on suppose que la condition (iv) est vérifiée, alors L est l'intersection d'une chaîne de sous-groupes premiers de G , donc il est premier.

Enfin (v) implique évidemment (i), puisqu'on a remarqué que l'intersection de tous les ℓ-idéaux réguliers de G se réduit à $\{e\}$.

4.2.6. COROLLAIRE. Pour qu'un groupe réticulé transitif soit représentable, il faut et il suffit qu'il soit totalement ordonné.

En effet, la condition (iv) du théorème implique que, si un groupe transitif est représentable, $\{e\}$ en est un ℓ-idéal premier, donc que le groupe est totalement ordonné.

4.2.7. PROPOSITION. Si G est un groupe représentable et L un ℓ-idéal de G, alors G/L est représentable.

En effet, pour que G/L soit représentable, il faut et il suffit que L soit égal à l'intersection des ℓ-idéaux premiers qui le contiennent. Or, si la condition (v) est vérifiée, c'est bien le cas (4.2.4).

La proposition (4.2.7) montre que toute image homomorphe d'un groupe représentable l'est également. Puisqu'il est évident qu'un produit sous-direct de groupes représentables est représentable, nous avons, moyennant le théorème de Birkhoff qui caractérise les classes primitives:

4.2.8. THEOREME. Les groupes représentables constituent une classe primitive.

Notre démonstration ne fournit pas d'identités caractérisant les groupes représentables. Citons-en quelques unes:

4.2.9. PROPOSITION. Pour qu'un groupe réticulé G soit représentable, il faut et il suffit qu'il vérifie l'une ou l'autre des relations:

(i) $x \wedge y^{-1}x^{-1}y \leq e$,

(ii) $(x \wedge y)^2 = x^2 \wedge y^2$.

Nous avons déjà remarqué que (ii) était vraie dans tout groupe représentable. Or cette relation s'écrit: $x^2 \wedge xy \wedge yx \wedge y^2 = x^2 \wedge y^2$, donc $x^2 \wedge y^2 \leq xy \wedge yx \leq xy$. Si on remplace x par yx , il vient $yxyx \wedge y^2 \leq$ $\leq yxy$, d'où en multipliant à gauche par $(yxy)^{-1}$, la relation (i).

La relation (i) s'écrit également: $(x \wedge y^{-1}x^{-1}y) \vee e = e$, ce qui, en developpant, nous donne: $x_+ \wedge y^{-1}x_- y = e$. Soient maintenant a et b des éléments orthogonaux de G_+ , et posons $x = ab^{-1}$, alors $x_+ = a$, $x_- = b$, et, pour tout $y \in G$, $a \perp y^{-1}by$. Ainsi (i) implique que les polaires de G sont distinguées, donc que G est représentable.

Rappelons que, si H est un sous-groupe d'un groupe (non-ordonné) G , on appelle normalisateur de H et on note $N_G(H)$, le sous-groupe de G constitué par les éléments x de G , tels que $xH = Hx$

4.2.10. PROPOSITION. Soient G un groupe représentable, M un sous-groupe régulier de G, M^* le sous-groupe solide de G qui couvre M. Alors $N_G(M) = N_G(M^*)$.

Il est clair que, pour tout $g \in N_G(M)$, $g^{-1}Mg$ est un sous-groupe solide maximal de M^*. Mais, si G est représentable, il résulte de la condition (iv) du (4.2.5) que l'un des groupes M et $g^{-1}Mg$ est inclus dans l'autre, donc qu'ils sont égaux. Ainsi $N_G(M^*) \subset \subset N_G(M)$, et l'inclusion inverse est vraie dans un groupe réticulé quelconque. En effet, tout automorphisme σ du groupe réticulé G, qui fixe M, fixe également M^* ; σ induisant un automorphisme du treillis $C(G)$, $\sigma(M^*)$ est forcément l'élément de $C(G)$ qui couvre $\sigma(M)$.

4.2.11. COROLLAIRE. Dans un groupe représentable, chaque sous-groupe régulier est distingué dans le sous-groupe solide qui le couvre. En particulier, chaque sous-groupe solide maximal est distingué.

4.3. Groupes à valeurs normales.

Par la suite, on notera: $R(G)$, l'ensemble des sous-groupes réguliers d'un groupe réticulé G, et, pour chaque $R \in R(G)$, R^* désignera l'élément de $C(G)$ qui couvre R.

4.3.1. DEFINITION. Soit G un groupe réticulé, alors on dit que $R \in R(G)$ est une valeur normale, si $R \triangleleft R^*$. S'il en est ainsi pour chaque $R \in R(G)$, on dit que G est un groupe à valeurs normales.

Ainsi, par le (4.2.11), chaque groupe représentable est un groupe à valeurs normales. Toutefois la réciproque est inexacte, comme montre notamment l'exemple déjà cité au début du paragraphe précédent.

Le théorème suivant va donner une caractérisation très utile des valeurs normales dans un groupe réticulé. Pour l'établir nous avons besoin d'un lemme:

4.3.2. LEMME. Soient G un groupe réticulé, P un sous-groupe premier de G, $x \in G$, tel que $xP > P$. Alors, pour tout $z \in P$, $xzx^{-1}P < xP$.

En effet, $G(P)$ étant totalement ordonné, on peut raisonner par l'absurde, en supposant que $xzx^{-1}P \geq xP$. Cela veut dire qu'il existe

$y \in P$, tel que $xzx^{-1}y \geq x$. En simplifiant, il vient $zx^{-1}y \geq e$, d'où $x \leq yz$. Mais, puisque $yz \in P$, cela implique que $xP \leq P$, ce qui est absurde.

4.3.3. <u>THEOREME</u>. <u>Soient</u> G <u>un groupe réticulé</u>, $R \in \mathcal{R}(G)$. <u>Alors les conditions suivantes sont équivalentes</u>:

(i) R <u>est une valeur normale</u>,

(ii) <u>Pour tout</u> $x \in R^*$ <u>et pour tout</u> $y \in G_+ \backslash R$, <u>il existe un entier</u> n , <u>tel que</u> $xR \leq y^n R$,

(iii) <u>Il existe</u> $x \in G_+ \backslash R$, <u>tel que, pour tout</u> $y \in G_+ \backslash R$, <u>il existe un entier</u> n , <u>tel que</u> $xR \leq y^n R$.

Pour $x \in R^*$, $y \in G_+ \backslash R^*$, on a toujours $xR < yR$, ainsi, pour montrer que (i) implique (ii) on n'a qu'à considérer le cas $y \in R^*$. Or, si $R \triangleleft R^*$, R^*/R est un groupe réel. Ainsi (i) implique (ii), et (ii) implique trivialement (iii).

Supposons maintenant que R et x vérifient les hypothèses de la condition (iii). On a alors forcément $x \in R^*$. Posons $R' = xRx^{-1}$, et on va montrer que $R' = R$. R et R' étant des sous-groupes solides maximaux de R^* , l'un ne peut pas être inclus strictement dans l'autre, ainsi si $R \neq R'$, il existe $z \in R_+$, tel que $xzx^{-1} \notin R$. Alors la condition (iii) implique l'existence d'un entier n , tel que $xR \leq (xzx^{-1})^n R = x(z^n)x^{-1}R$, ce qui est en contradiction avec le lemme.

Soit maintenant $g \in R^*$ quelconque, et montrons que $gR = Rg$. Puisque $xR = Rx$ et $R^* = C(R,x)$, il existe $z \in R$ et un entier n , tels que $|g| \leq x^n z$, donc un entier relatif p , tel que $x^p R \leq$ $\leq gR \leq x^{p+1}R$. Posons $w = x^{-n}g$, et nous devons montrer que $wR =$ $= Rw$. C'est évident si $w \in R$, nous pouvons donc supposer que $R < wR < xR$. Soit maintenant $y \in R_+$, n un entier, alors, d'après le lemme,

$$(wyw^{-1})^n R = w(y^n)w^{-1}R < wR < xR .$$

Cela étant vrai pour tout entier n , la condition (iii) implique que $wyw^{-1} \in R$. Ainsi $wR_+w^{-1} \subset R_+$. R étant engendré (en tant que groupe) par ses éléments positifs, il résulte que $wRw^{-1} \subset R$, donc, l'inclusion stricte étant exclue, $wR = Rw$.

4.3.4. <u>COROLLAIRE</u>. <u>Si</u> G <u>est un groupe réticulé et</u> $R \in \mathcal{R}(G)$, <u>alors, pour que</u> R <u>soit une valeur normale, il faut et il suffit qu'il existe</u> $g \in R^* \backslash R$, <u>tel que</u> $R \cap C(g) \triangleleft C(g)$.

La condition est évidemment nécessaire. Réciproquement, soit R une valeur non-normale, $g \in R^*\backslash R$, et on va montrer que $R \cap C(G)$ n'est pas distingué dans $C(g)$. On peut supposer g positif, puisque $C(g) = C(|g|)$. On sait qu'il existe $y \in G_+\backslash R$, tel que, pour tout entier n, $y^nR < gR$, et on peut supposer $y<g$ (sinon prendre $g \wedge y$ à sa place). Ainsi, pour tout entier n, il existe $z \in R_+$, tel que $y^n \leq gz$. Par (1.2.17), on a donc $y^n = hw$, avec $e \leq h \leq g$, $e \leq w \leq z$. La dernière inégalité nous donne $w \in R$, et, puisque $e \leq w \leq y^n \leq g^n$, il vient $w \in R \cap C(g)$. Ainsi $y^n(R \cap C(g)) = h(R \cap C(g)) \leq g(R \cap C(g))$, et, cela étant vrai pour tout entier n, il résulte que $R \cap C(g)$ n'est pas dinstingué dans $C(g)$.

4.3.5. <u>COROLLAIRE</u>. <u>Soient</u> G <u>un groupe réticulé</u>, $g \in G$ <u>admettant une valeur non-normale, alors</u> g <u>admet une infinité de valeurs non-normales. Ainsi, en particulier, toute valeur spéciale est normale</u>.

Remarquons d'abord que, si $V \in val(g)$ et si $V < yV < gV$, alors $yVy^{-1} \in val(g)$. En effet, yVy^{-1} est un sous-groupe solide maximal de V^*, et il ne contient pas g, puisque, si $g = yzy^{-1}$, avec $z \in V$, étant donné que, d'autre part, $y > v \in V$, on aurait $g < yzv^{-1}$, donc $yV \geq gV$, ce qui est absurde.

Soit maintenant V une valeur non-normale de g. On peut supposer g positif, puisque $val(g) = val(|g|)$. D'après la condition (ii) du théorème, il existe $y \in G_+\backslash V$, tel que, pour tout entier n, $y^nV < gV$. Posons $y^nVy^{-n} = V_n$. Il est clair que chaque V_n est une valeur non-normale, et, par ce qui précède, c'est une valeur de g. Montrons que les V_n sont tous distincts, ce qui achèvera la démonstration. En effet, si $V_n = V_{n'}$, avec $n > n'$, alors $y^pV = Vy^p$, avec $p = n-n'$. p étant strictement positif, on a $y < y^p$. Mais on sait que, pour un entier s et pour un $z \in V$, on a $g \leq (yz)^s$. Ainsi $g \leq (y^pz)^s = y^{ps}z'$, avec $z' \in V$, donc $gV \leq y^{ps}V$, ce qui est absurde.

Avant de caractériser les groupes à valeurs normales, il est intéressant de considérer ce que peut être le normalisateur dans R^* d'une valeur non-normale R (ou, ce qui revient au même, ce que peut être $N_G(M)$, pour M maximal dans $C(G)$). Notons tout d'abord le fait très général suivant:

4.3.6. <u>PROPOSITION</u>. <u>Soit</u> G <u>un groupe réticulé</u>, P <u>un sous-groupe premier de</u> G, <u>alors</u> $N_G(P)$ <u>est un</u> ℓ<u>-sous-groupe de</u> G.

En effet, P étant premier, on a, pour tout $g \in G$, soit $g \vee e \in P$, soit $g \wedge e = g(g \vee e)^{-1} \in P$. Ainsi $g \in N_G(P)$ entraîne $g \vee e \in N_G(P)$.

4.3.7. <u>THEOREME</u>. <u>Soient</u> M <u>un sous-groupe solide maximal de</u> G, $N = N_G(M)$. <u>Alors l'une des trois conditions suivantes est vérifiée</u>:

(i) $N = G$;

(ii) $N = M$;

(iii) N <u>est un</u> ℓ<u>-sous-groupe propre de</u> G, <u>tel que</u> $N/M \simeq \mathbb{Z}$.

Supposons que ni la condition (i) ni la condition (ii) n'est vérifiée, et soit $x \in N_+ \setminus M$. D'après le théorème (4.3.3), il existe $y \in G_+ \setminus M$, tel que $y^n M < xM$, pour tout entier n. Alors, pour tout $z \in N_+ \setminus M$, $yM < zM$. En effet, le groupe N/M étant archimédien, il existe une entier n, tel que $z^n M \leq xM$. Supposons que $yM \geq zM$. Cela veut dire qu'il existe $w \in M$, tel que $y \geq zw$. Mais alors $y^n \geq (zw)^n = z^n w'$, avec $w' \in M$, et $y^n M \geq z^n M \geq xM$, ce qui est absurde.

D'autre part, M étant maximal, il existe $b \in M_+$ et un entier n, tels que $x < (by)^n$.

Supposons maintenant que la condition (iii) n'est pas vérifiée non plus. Cela implique que N/M est isomorphe à un sous-groupe dense de $\mathbb{R}$, et que, par conséquent, il existe $z \in N_+ \setminus M$, tel que $z^n M < xM$. Or, puisque $yM < zM$, il existe $w \in M$, tel que $y \leq zw$; donc $by \leq bzw = zw'$, avec $w' \in M$; et $(by)^n \leq (zw')^n = z^n w'$, avec $w^n \in M$. On a enfin: $xM \leq (by)^n M \leq z^n M < xM$, ce qui est absurde.

Il est à remarquer que tous les trois cas envisagés dans l'énoncé peuvent se produire. La condition (i) est évidemment vérifiée si G est commutatif. Nous laissons au lecteur le soin de vérifier que, si on pose: $G = \mathrm{Aut}\,\mathbb{R}$ (resp. $G = \{x \in \mathrm{Aut}\,\mathbb{R} \mid \forall t \in \mathbb{R},\ x(t+1) = x(t)+1\}$) et $M = G_0$, la condition (ii) (resp. (iii)) est satisfaite.

4.3.8. <u>DEFINITION</u>. Soit G un groupe réticulé, $a, b \in G$, alors on dit que a est <u>infiniment petit</u> par rapport à b, et on écrit: $a \ll b$, si, pour tout entier n, $a^n \leq b$.

Rappelons qu'on appelle <u>sous-groupe dérivé</u> d'un groupe (non-ordonné) G, le sous-groupe D de G, engendré par les éléments de la forme $a^{-1}b^{-1}ab$. C'est un sous-groupe distingué de G, caractérisé par le fait que, pour $H \lhd G$, G/H est commutatif, si, et seulement si, $D \subset H$.

4.3.9. PROPOSITION. *Soit* G *un groupe réticulé admettant une unité forte* u . *Soient* N *l'intersection de tous les sous-groupes solides maximaux de* G , D *le sous-groupe dérivé de* G . *Enfin, posons:* $I = \{x \in G \mid x \ll u\}$. *Alors*

(i) $N \subset I$;

si, en plus, chaque sous-groupe solide maximal de G *est distingué,*

(ii) $D \subset N$, *et*

(iii) $N = I$.

En effet, soit $x \in G \setminus I$, et on va montrer qu'il existe un sous-groupe solide maximal M de G , tel que $x \notin M$. Par hypothèse, il existe un entier n , tel que $x^n \nleq u$. Si on pose $z = (u^{-1}x^n)_+$, $z > e$. Soit $V \in val(z)$. Du fait que $G = C(u)$, V est inclus dans un sous-groupe solide maximal M de G . Or $u^{-1}x^n V = zV \geq V$, ce qui veut dire qu'il existe $v \in V$, tel que $u^{-1}x^n \geq v$, ou $x^n \geq uv$. Puisque $V \subset M$, cela implique que $x^n M \geq uM \geq M$. Ainsi $x^n \notin M$, donc $x \notin M$.

Enfin, si $M \lhd G$, où M est un sous-groupe solide maximal, G/M est un groupe réel, et D et I sont inclus dans M , d'où les (ii) et (iii) de l'énoncé.

Nous pouvons maintenant caractériser de plusieurs façons les groupes à valeurs normales.

4.3.10. THEOREME. *Soit* G *un groupe réticulé. Alors les conditions suivantes sont équivalentes:*

(i) G *est un groupe à valeurs normales,*

(ii) *Pour* $A, B \in C(G)$, *tels que* A *couvre* B , $B \lhd A$,

(iii) $\forall a, b \in G$, $a^{-1}b^{-1}ab \ll |a| \vee |b|$,

(iv) $\forall a, b \in G_+$, $ab \leq b^2a^2$,

(v) $\forall A, B \in C(G)$, $AB = BA = A \vee B$.

(i) implique (ii): En effet, supposons que A couvre B , et soit $a \in A \setminus B$. Alors B est une valeur de a dans A , donc, d'après le (4.3.4), il suffit de montrer que $B \cap C(a) \lhd C(a)$. Soit V une valeur de a (dans G) qui contient B . Alors $V \cap A = B$. Or, si G est un groupe à valeurs normales, $V \cap C(a) \lhd C(a)$. Mais $V \cap C(a) = V \cap A \cap C(a) = B \cap C(a)$.

(ii) implique (iii): C'est l'application directe au groupe réticulé $C(a,b)$ de la proposition (4.3.9).

(iii) implique (iv): Si (iii) est vraie, alors, pour $a,b \in G_+$, $b^{-1}aba^{-1} \le |b^{-1}|v|a| = b \vee a \le ba$, d'où l'énoncé.

(iv) implique (v): Remarquons d'abord que, pour un groupe réticulé G quelconque et $A,B \in \mathcal{C}(G)$, AB est une partie filtrante et convexe de G . La première affirmation est évidente. Pour démontrer la deuxième, soit $ab \le x \le a'b'$, avec $a,a' \in A$, $b,b' \in B$. Alors

$$e \le a^{-1}xb^{-1} \le a^{-1}a'b'b^{-1} \le |a^{-1}a'||b'b^{-1}| .$$

Ainsi, par le (1.2.17), $a^{-1}xb^{-1} = a''b''$, avec $e \le a'' \le |a^{-1}a'|$, et $e \le b'' \le |b'b^{-1}|$, d'où $a'' \in A$ et $b'' \in B$. Enfin $x = (aa'')(b''b) \in$ $\in AB$.

Il résulte du théorème (2.2.1) que, pour établir (v), il suffit de montrer que AB est un groupe, c'est à dire que $AB = BA$. Supposons donc la condition (iv) vérifiée, et soit $x = ab$, avec $a \in A$, $b \in B$. Posons $|a| = u$, $|b| = v$. Alors $u^{-1}v^{-1} \le ab \le uv$, donc, par (iv), $v^{-2}u^{-2} \le x \le v^2u^2$, ou $e \le v^2xu^2 \le v^4u^4$. En utilisant encore une fois le (1.2.17), il vient, $v^2xu^2 = yz$, avec $y \in B$, $z \in A$, donc $x = (v^{-2}y)(zu^{-2}) \in BA$.

Enfin, supposons la condition (v) satisfaite, soit $x \in G_+$, $V \in \mathrm{val}(x)$, $y \in G_+ \setminus V$. Alors $V^* \subset C(y)V$, donc $x = zw$, avec $w \in V$, $|z| \le y^n$. Ainsi $xV = zV = |z|V \le y^nV$. y étant un élément quelconque de $G_+ \setminus V$, il en résulte que V est une valeur normale.

4.3.11. <u>COROLLAIRE</u>. <u>Les groupes à valeurs normales forment une classe primitive des groupes réticulés</u>.

En effet, la condition (iv), par exemple, s'écrit sous forme d'équation.

4.4. Représentation des groupes à valeurs normales.

La notion suivante, si elle ne joue qu'un rôle accessoire dans le présent chapitre, est importante pour plusieurs types de représentation.

4.4.1. <u>DEFINITION</u>. Soient G un groupe réticulé, $\Delta \subset \mathcal{R}(G)$, alors on dit que Δ est une <u>partie plénière</u> de $\mathcal{R}(G)$, si $\cap\Delta = \{e\}$, et si Δ

contient tous les majorants dans $R(G)$ de chacun de ses éléments.

4.4.2. Soient M une partie de $R(G)$ d'intersection réduite à $\{e\}$, Δ l'ensemble des éléments de $R(G)$ qui contiennent l'un des éléments de M. Alors Δ est une partie plénière de $R(G)$. Cela résulte du fait que chaque élément de $C(G)$ est égal à l'intersection des sous-groupes réguliers qui le contiennent. En particulier, si T est un ensemble totalement ordonné, G un ℓ-sous-groupe de $\mathrm{Aut}\, T$, les valeurs qui contiennent l'un des stabilisateurs G_t $(t\in T)$ forment une partie plénière de $R(G)$.

4.4.3. LEMME. Soient G un groupe réticulé, Δ une partie plénière de $R(G)$, $x,y\in G$, strictement positifs. Si, pour tout $V \in \Delta\cap \mathrm{val}(x)$, $xV < yV$, alors $x<y$.

Si $x=y$, l'hypothèse est évidemment fausse. Supposons donc que $x\nleq y$, et posons $z = (y^{-1}x)_+$. Puisque $z>e$, il admet une valeur V dans Δ. Or $x\notin V$, sinon on aurait $zV > V = xV \geq y^{-1}xV = zV$, ce qui est absurde. Ainsi V est inclus dans une valeur V' de x, et, par la définition d'une partie plénière, $V'\in\Delta$. Puisque $y^{-1}x \geq$ $\geq v \in V \subset V'$, $xV' \geq yV'$, contrairement à l'hypothèse.

4.4.4. PROPOSITION. Soient G un groupe réticulé, Δ une partie plénière de $R(G)$. Si chaque élément de Δ est une valeur normale, G est un groupe à valeurs normales.

En effet, soient $a,b>e$, alors pour tout $V \in \Delta\cap\mathrm{val}(ab)$, $abV < (ab)^2V = b^2a^2V$. Ainsi, pour tout $a,b\in G_+$, $ab \leq b^2a^2$, et G est un groupe à valeurs normales (théorème (4.3.10), condition (iv)).

Dans le reste de ce chapitre, T désigne un ensemble totalement ordonné.

4.4.5. DEFINITION. Soit G un ℓ-sous-groupe de $\mathrm{Aut}\, T$. Alors, pour tout $t\in T$ et pour tout $g\in G$, g_t désigne la plus petite partie convexe de T, contenant t et stable par g. On a évidemment:

$$g_t = \{s\in T \mid \exists m,n\in \mathbb{Z},\ g^m(t) \leq s \leq g^n(t)\}.$$

Nous laissons au lecteur le soin de vérifier les propriétés suivantes des g_t :

4.4.6. Soit G un ℓ-sous-groupe de $\mathrm{Aut}\, T$. Alors, pour $g\in G$, $t\in T$,

(i) *si* $g(t) > t$ (*resp.* $<t$), *alors, pour tout* $s \in g_t$, $g(s) > s$ (*resp.* $<s$);

(ii) $g_t = g^{-1}{}_t = |g|_t$.

4.4.7. LEMME. *Soient* G *un* ℓ*-sous-groupe de* Aut T , $g,h \in G$. *Alors, s'il existe* $t \in T$, *tel que* g_t *et* h_t *sont non-comparables,* $C(g)C(h) \neq C(h)C(g)$.

Par le précédent, on peut supposer g et h positifs. Si g_t et h_t sont non-comparables, on a $r = g^m(t) \notin h_t$ et $s = h^n(t) \notin g_t$. Par la convexité de g_t et h_t , t est compris entre r et s , disons, pour fixer les idées, que $r<t<s$. Alors, pour $u,v \in \mathbb{Z}$, $h^u(r) \in h_r$, donc $h^u(r) < t$, et $(g^v h^u)(r) < g^v(t) < s$. Or, si $x \in C(g)C(h)$, $x \leq g^v h^u$, pour des entiers u,v , et, par conséquent, $x(r)<s$. Mais si on pose $y = h^n g^{-m}$, $y \in C(h)C(g)$, et $y(r) = s$.

4.4.8. LEMME. *Soit* G *un* ℓ*-sous-groupe de* Aut T , $g,h \in G$, $t \in T$, *tel que* g_t *est strictement inclus dans* h_t . *Alors chaque valeur de* g *qui contient* G_t *est strictement incluse dans une valeur de* h .

En effet, si on pose $P = \{x \in G \mid x(t) \in g_t\}$, $G_t \subset P$, $g \in P$, et $h \notin P$, d'où l'énoncé.

4.4.9. DEFINITION. Soit G un ℓ-sous-groupe de Aut T , alors on dit que G est *sans chevauchements*, si, pour tout $t \in T$, et pour tout $g,h \in G$, g_t et h_t sont comparables.

4.4.10. THEOREME. *Soit* G *un groupe réticulé, alors les conditions suivantes sont équivalentes:*

(i) G *est un groupe à valeurs normales.*

(ii) *Pour tout ensemble totalement ordonné* T *et tout homomorphisme injectif* $u : G \to \text{Aut } T$, $u(G)$ *est sans chevauchements.*

(iii) *Il existe un ensemble totalement ordonné* T *et un homomorphisme injectif* $u : G \to \text{Aut } T$, *tels que* $u(G)$ *est sans chevauchements.*

(i) implique (ii), d'après le (4.4.7), et (ii) implique (iii), d'après le (4.1.9). Montrons que (iii) implique (i), c'est à dire qu'un groupe sans chevauchements est à valeurs normales. Pour cela il suffit, d'après la (4.4.4), de montrer que chaque valeur qui contient l'un des G_t est une valeur normale. Soit donc G un ℓ-sous-groupe de $\mathrm{Aut}\, T$, $t \in T$, V une valeur qui contient G_t. Si x et y sont des éléments positifs de $V^*\backslash V$, il résulte du (4.4.8) et du fait que G est sans chevauchements, que $x_t = y_t$. Ainsi $x(t) \leq y^n(t)$, $y^{-n}x \leq (y^{-n}x)_+ \in$ $\in G_t \subset V$, et $xV \leq y^n V$. Donc, par le théorème (4.3.3), V est une valeur normale.

4.5. Groupes ordonnés à gauche.

4.5.1. DEFINITION. Soit G un groupe muni d'une relation d'ordre $\leq$. La relation $\leq$ est appelée compatible à gauche si $a \leq b$ implique $xa \leq xb$ quels que soient $a,b,x \in G$. Si $\leq$ est compatible à gauche, G sera dit ordonné à gauche.

Si G est un groupe ordonné à gauche, son cône positif

$$G_+ = P = \{x \in G \mid x \geq e\}$$

possède les deux propriétés suivantes:

$$\text{(i)}\quad P^2 \subset P \;, \qquad\qquad \text{(ii)}\quad P \cap P^{-1} = \{e\} \;.$$

Réciproquement, si P est une partie d'un groupe G vérifiant les propriétés (i) et (ii), la relation $\leq$ définie par

$$a \leq b \quad \text{si, et seulement si,} \quad a^{-1}b \in P$$

est une relation d'ordre compatible à gauche; c'est l'unique relation d'ordre sur G qui fait de G un groupe ordonné à gauche tel que $G_+ = P$. (On comparera 1.1.2 et 1.1.3). L'ordre $\leq$ est total si, et seulement si, (iii) $G = P \cup P^{-1}$. Par abus de langage, appelons ordre à gauche [total] toute partie P de G qui vérifie (i), (ii) [et (iii)].

Rappelons que, pour tout ensemble totalement ordonné T, $\mathrm{Aut}(T)$ désigne le groupe réticulé des automorphismes de T. Soit ι l'automorphisme identique. Le lemme suivant permet de construire des ordres à gauche totaux sur $\mathrm{Aut}(T)$:

4.5.2. LEMME. Soit T un ensemble totalement ordonné par $\leq$. Soit $\preccurlyeq$ un bon ordre sur T (différent de $\leq$ en général). Pour

$\iota \neq \alpha \in \mathrm{Aut}(T)$ soit $t_\alpha = \min_{\leqslant} \{t \in T \mid \alpha(t) \neq t\}$. Alors l'ensemble P comprenant ι et tous les α tels que $\alpha(t_\alpha) > t_\alpha$ est un ordre à gauche total contenant $\mathrm{Aut}(T)_+$.

En effet, pour tout automorphisme positif α, on a $\alpha(t) \geq t$, d'où $\alpha \in P$. Montrons que $P^2 \subset P$: Soient $\alpha, \beta \in P$. Pour tout t tel que $t \prec t_\alpha$ et $t \prec t_\beta$, on a $\alpha\beta(t) = \alpha(t) = t$ d'où $t_{\alpha\beta} \succcurlyeq \min_{\leqslant}(t_\alpha, t_\beta)$. Dans le cas où $t_\alpha \prec t_\beta$, on a $\alpha\beta(t_\alpha) = \alpha(t_\alpha) > t_\alpha$, d'où $t_{\alpha\beta} = t_\alpha$ et $\alpha\beta \in P$. Dans le cas où $t_\beta \prec t_\alpha$, la relation $\beta(t_\beta) > t_\beta$ implique $\alpha\beta(t_\beta) > \alpha(t_\beta) = t_\beta$, d'où $t_{\alpha\beta} = t_\beta$ et $\alpha\beta \in P$. Dans le cas où $t_\alpha = t_\beta$, on a $\beta(t_\beta) > t_\beta$, d'où $\alpha\beta(t_\beta) > \alpha(t_\beta) = \alpha(t_\alpha) > t_\alpha = t_\beta$ ce qui montre que $t_{\alpha\beta} = t_\beta$ et que $\alpha\beta \in P$, également.

Il est évident que $P \cap P^{-1} = \{\iota\}$. Finalement, si $\alpha \notin P$, alors $\alpha(t_\alpha) < t_\alpha$ et, par suite, $\alpha^{-1}(t_\alpha) > t_\alpha$ ce qui implique $\alpha^{-1} \in P$ puisque $t_{\alpha^{-1}} = t_\alpha$, ce qui achève la démonstration.

4.5.3. PROPOSITION. Le cône positif d'un groupe réticulé est l'intersection d'une famille d'ordres à gauche totaux.

Puisque tout groupe réticulé peut être plongé dans le groupe réticulé des automorphismes d'un certain ensemble totalement ordonné T (cf. 4.1.9), il suffit de prouver le théorème pour $\mathrm{Aut}(T)$. Pour tout automorphisme $\alpha \neq \iota$, on choisit un bon ordre $\leqslant_\alpha$ sur T tel que l'élément minimum t de T par rapport à $\leqslant_\alpha$ vérifie $\alpha(t) < t$. Soit P_α l'ordre total à gauche associé à $\leqslant_\alpha$ suivant le lemme précédent. Alors $\alpha \notin P$ et $\mathrm{Aut}(T)_+ \subset P_\alpha$. Donc $\mathrm{Aut}(T)_+ = \bigcap_{\alpha \neq \iota} P_\alpha$.

4.5.4. THEOREME. Soit G un groupe ordonné.

(i) Il existe un groupe réticulé H et un homomorphisme injectif croissant $u : G \to H$ si, et seulement si, G admet un ordre à gauche total P contenant G_+.

(ii) G est isomorphe en tant que groupe ordonné à un sous-groupe d'un groupe réticulé si, et seulement si, G_+ est l'intersection d'une famille d'ordres à gauche totaux.

En effet, soit d'abord u un homomorphisme injectif croissant de G dans un groupe réticulé H. D'après la proposition (4.5.3), H_+ est l'intersection d'une famille $(P_\alpha)_\alpha$ d'ordres à gauche totaux de H. Puisque $u(G_+) \subset H_+$, l'image réciproque $u^{-1}(P_\alpha)$ est un ordre à gauche total sur G contenant G_+. Si, de plus, $u(G)$ est isomorphe à G en tant que groupe ordonné, alors $u(G_+) = u(G) \cap H_+$ et, par suite, $G_+ = u^{-1}(H_+) = u^{-1}(\bigcap_\alpha P_\alpha) = \bigcap_\alpha u^{-1}(P_\alpha)$. Ainsi nous avons démontré la nécessité des conditions données dans (i) et (ii).

Réciproquement, soit P_α un ordre à gauche total sur G contenant G_+. Désignons par G_α l'ensemble G totalement ordonné par P_α. On obtient un homomorphisme de groupe injectif $u_\alpha : G \to \mathrm{Aut}(G_\alpha)$ si, pour tout $h \in G$, $u_\alpha(h)$ désigne l'automorphisme $t \mapsto ht$ de l'ensemble totalement ordonné G_α. L'homomorphisme u_α est croissant; en effet, si $h \in G_+$, alors $t \leq ht$ pour tout élément t de G. Puisque P_α contient G_+, on en déduit que $t \preccurlyeq ht$ où $\preccurlyeq$ désigne l'ordre total de G_α; donc $u_\alpha(h)$ est un automorphisme positif de G. Puisque $\mathrm{Aut}(G_\alpha)$ est un groupe réticulé, cela démontre la suffisance de la condition dans (i). Supposons de plus que G_+ est l'intersection des ordres à gauche totaux P_α. En passant au produit direct des groupes réticulés $\mathrm{Aut}(G_\alpha)$, on obtient un homomorphisme injectif croissant

$$u = (u_\alpha) : G \to \prod_\alpha \mathrm{Aut}(G_\alpha) .$$

Pour que $u(G)$ soit isomorphe à G en tant que groupe ordonné, il suffit de vérifier que $u(h) \geq e$ implique $h \geq e$. Or, $u(h) \geq e$ signifie que $u_\alpha(h) \in \mathrm{Aut}(G_\alpha)_+$ pour tout α, d'où $h = he \succcurlyeq e$ dans chaque G_α. Donc $h \in \bigcap_\alpha P_\alpha = G_+$.

4.5.5. <u>COROLLAIRE</u>. <u>Un groupe</u> G <u>peut être plongé dans un groupe réticulé si, et seulement si,</u> G <u>admet un ordre à gauche total; et dans ce cas, le plongement peut être effectué de manière que</u> G <u>soit un sous-groupe trivialement ordonné du groupe réticulé</u>.

En effet, munissons G de l'ordre trivial $G_+ = \{e\}$. La première assertion du corollaire résulte immédiatement de (4.5.4-i). La deuxième assertion découle de (4.5.4-ii) moyennant l'observation que, si P est un ordre à gauche total de G, il en est de même de P^{-1} et $P \cap P^{-1} = \{e\}$.

4.5.6. <u>COROLLAIRE</u>. <u>Un groupe ordonné commutatif</u> G <u>est isomorphe en tant que groupe ordonné à un sous-groupe d'un groupe réticulé si, et seulement si, son cône positif est isolé, c'est-à-dire que</u> $a^n \geq e$ <u>pour un entier</u> $n > 0$ <u>implique</u> $a \geq e$.

Cela résulte du théorème (4.5.4-ii) moyennant le lemme suivant:

4.5.7. LEMME. Soit G un groupe ordonné commutatif. Son cône positif G_+ est l'intersection d'une famille d'ordres totaux si, et seulement si, G_+ est isolé.

En effet, tout ordre total étant isolé, il en est de même de toute intersection d'ordres totaux. Réciproquement, soit G_+ isolé. Pour montrer que G_+ est l'intersection d'une famille d'ordres totaux, il suffit de montrer que, pour tout élément $g \notin G_+$, il existe un ordre total P ne contenant pas g, mais contenant G_+. Soit donc $g \notin G_+$. L'ensemble

$$Q = \{xg^{-n} \mid x \in G_+ \text{ et } n \in \mathbb{N}\}$$

vérifie bien $QQ \subset Q$; de plus, si $z \in Q \cap Q^{-1}$, alors $z = xg^{-n} = (yg^{-m})^{-1}$ pour certains éléments $x,y \in G_+$ et $n,m \in \mathbb{N}$, d'où $g^{n+m} = xy \in G_+$; et cela entraîne $n = m = 0$ puisque G_+ est isolé, d'où l'on tire $z = x = y^{-1} \in G_+ \cap G_+^{-1} = \{e\}$. Donc Q est un ordre qui contient g^{-1} et G_+.

A l'aide de l'axiome de Zorn, choisissons un ordre P maximal parmi les ordres de G contenant Q. Puisque $g^{-1} \in Q$, on a $g \notin P$. Montrons que P est un ordre total. Supposons par l'absurde qu'il n'en soit pas ainsi. Il existe alors un élément $h \notin P \cup P^{-1}$. Soit $P_1 = \{xh^n \mid x \in P \text{ et } n \in \mathbb{N}\}$. Puisque P_1 contient h, P_1 n'est pas un ordre. Puisque $P_1P_1 \subset P_1$, il existe un élément $z \neq e$ tel que $z \in P_1 \cap P_1^{-1}$, c'est-à-dire que $z = xh^n = (yh^m)^{-1}$ pour certains éléments $x,y \in P$ et $n,m \in \mathbb{N}$. On en déduit que $h^{-(n+m)} = xy \in P$. L'hypothèse $z \neq e$ implique $n+m>0$. Ainsi nous avons trouvé un entier $k>0$ tel que $h^k \in P^{-1}$. De même, on peut trouver un entier $k'>0$ tel que $h^{k'} = (h^{-1})^{-k'} \in P$. Par suite, $h^{kk'} = (h^k)^{k'} \in P^{-1}$ et $h^{kk'} = (h^{k'})^k \in P$, d'où $h^{kk'} = e \in G_+$. Puisque G_+ est isolé, on en déduit que $kk' = 0$ ce qui est contraire à la construction.

Note du Chapitre 4

Dans un article de 1940, qui propose pour la première fois, comme généralisation commune de la théorie des valuations et des systèmes d'idéaux, développée par KRULL et par PRÜFER, et celle des espaces fonctionnels, due surtout à RIESZ, la théorie des groupes (commutatifs) ordonnés, CLIFFORD [1] énonce le théorème (4.1.8) et remarque que ce résultat a été démontré sous une autre forme par LORENZEN dans sa thèse [1]. Revenant à ces sujets après la guerre, celui-ci, dans un long article [3], où il reproduit abondamment les résultats de BIRKHOFF, donne la première caractérisation des groupes réticulés représentables, à savoir:

G est représentable, si, et seulement si, quels que soient

$$x,y \in G,\quad x \wedge y^{-1}xy = e \text{ implique } x = e .$$

Sa démonstration est assez compliquée. Ce résultat peut aussi être déduit d'un théorème général de BIRKHOFF (voir [4], p. 193), qui implique qu'une algèbre universelle d'une classe primitive donnée est le produit sous-direct d'algèbresde cette classe, sous-directement irréductibles. Or on voit facilement que les groupes réticulés qui vérifient la condition de LORENZEN forment une classe primitive dont les seules algèbres sous-directement irréductibles sont précisément les groupes totalement ordonnés. D'où, comme LORENZ [1] a remarqué, une démonstration simple et élégante de ce théorème.

Par la suite divers auteurs - citons JAFFARD [9], ŠIK [13], CONRAD [11] et BYRD [1] - ont formulé des conditions équivalentes, dont certaines figurent dans notre (4.2.5). Mais l'étude des groupes représentables n'est guère allée plus loin, sans doute parce que, d'une part, dans le cas général, on ne sait que peu de choses sur les groupes totalement ordonnés, et que, d'autre part, dans le cas commutatif, la représentation de HAHN (voir le chapitre suivant) ouvre une voie plus fructueuse.

Le groupe des automorphismes d'un ensemble totalement ordonné, en l'espèce $\mathbb{R}$, semble avoir été étudié par la première fois par EVERETT et ULAM [1] dans un article publié peu après celui de BIRKHOFF [1], où Aut $\mathbb{R}$ est cité surtout pour ses propriétés "pathologiques". Par la suite, de tels groupes ont fait l'objet des études de COHN [1] et CONRAD [2], mais il restait à HOLLAND à formuler [2] l'observation essentielle que <u>tout groupe réticulé sous-directement irréductible est transitif</u> (cf. notre 4.1.6), ce qui donne immédiatement, compte tenu du théorème de BIRKHOFF, les (4.1.7) et (4.1.9). Cette représentation de HOLLAND fournit un outil de valeur, utilisé avec bonheur par HOLLAND lui-même et par divers auteurs de l'école américaine, dont McCLEARY [2], REILLY [2], READ [2].

Dès son premier article sur les groupes réticulés, BIRKHOFF a demandé si la relation (iii) du (4.3.10) n'était pas vraie dans un groupe réticulé quelconque, question à laquelle EVERETT et ULAM, dans l'article précité, ont pu répondre négativement, sans chercher à caractériser autrement les groupes qui la vérifient. Ce n'est qu'en 1959 que CHEHETA l'a démontrée pour les groupes totalement ordonnés [2]. Dans un tout autre ordre d'idées, en essayant de généraliser aux groupes réticulés certains résultats de MALCEV concernant les groupes totalement ordonnés, CONRAD et BYRD (voir Notes des chapitres 2 et 5) ont été amenés à considérer les groupes à valeurs normales tels que nous les définissons ou en utilisant une définition en apparence plus large mais en réalité équivalente (voir notre 4.4.4). BYRD d'ailleurs [1] n'a pas manqué de remarquer que les groupes représentables vérifient cette condition, démontrant nos (4.2.10) et (4.2.11). Il a aussi donné la caractérisation suivante des valeurs normales:

$R \in \mathcal{R}(G)$ est une valeur normale, si, et seulement si, quels que soient $x \in R$ et $y \in R_+^*$, il existe un entier n, tel que $x^{-1}yxR \leq y^nR$. Nos caractérisations des valeurs normales (4.3.3) et des groupes à valeurs normales (4.3.10) ainsi que le curieux théorème (4.3.7) sont dus à WOLFENSTEIN [3], [5].

Les classes primitives des groupes réticulés ont été étudiées par plusieurs auteurs, dont SCRIMGER [1], MARTINEZ [5, 12] et surtout HOLLAND [9], à qui on doit cette découverte assez étonnante: les groupes à valeurs normales constituent la plus grande classe primitive de groupes réticulés, distincte de celle de tous les groupes réticulés. Ainsi toute identité vérifiée par un seul groupe qui n'est pas à valeurs normales, par exemple un groupe doublement transitif, tel que Aut Q , est vraie dans un groupe réticulé quelconque.

Comme nous le verrons dans l'appendice, la classe des groupes réticulés commutatifs est la plus petite classe primitive non-triviale de groupes réticulés. Pour cette raison, MARTINEZ [13] a introduit la notion de classe de torsion qui permet une classification plus fine des groupes réticulés que la notion de classe primitive. Voir aussi JAKUBIK [27].

Le contenu du (4.4) est entièrement dû à READ [1]. En utilisant sa méthode, READ lui-même, ainsi que GLASS et HOLLAND [1] ont retrouvé certain résultats de (4.3) et des résultats analogues. On doit également à READ une caractérisation des groupes à valeurs normales comme produit en gerbier des groupes réels (cf. aussi HOLLAND et McCLEARY [1]). En utilisant cette représentation READ démontre la conjecture suivante de WOLFENSTEIN.

Tout groupe à valeurs normales est un ℓ-sous-groupe d'un groupe réticulé dont les valeurs spéciales forment une partie plénière de l'ensemble des valeurs.

La réciproque est évidente.

Les groupes ordonnés à gauche (ou à droite, suivant l'orientation des auteurs) ont été étudiés, entre autres par COHN [1], SMIRNOV [1] et CONRAD [3]. Au (4.5) nous suivons d'assez près l'exposé de ce dernier dans [11] et [16]. Les résultats correspondant au cas commutatifs (4.5.6 et 4.5.7) ont été retrouvés indépendamment par divers auteurs; ils figurent déjà dans l'article de CLIFFORD précité.

Chapitre 5.

EXTENSIONS ARCHIMEDIENNES

Nous avons vu l'importance, pour l'étude d'un groupe réticulé G, d'une connaissance de $C(G)$; ainsi est-il naturel de considérer les extensions G' de G, qui conservent le treillis des sous-groupes solides, dans ce sens précis: G est un ℓ-sous-groupe de G', et $C(G') = \{C_{G'}(X) \mid X \in C(G)\}$, où $C_G(X)$ est le sous-groupe solide de G engendré par X. S'il en est ainsi, nous disons que G' est une <u>extension archimédienne</u> de G. Nous trouverons par la suite plusieurs conditions équivalentes à celle-ci.

Nous avons vu que les groupes réels peuvent être caractérisés comme des groupes réticulés dont le treillis des sous-groupes solides se réduit à un ou à deux éléments. Le groupe $\mathbb{R}$ lui-même peut être caractérisé comme un groupe réel non-trivial qui n'admet pas d'extension archimédienne propre. On dit dans ce cas que c'est un groupe <u>archimédiennement complet</u>. Nous trouverons d'autres exemples de groupes archimédiennement complets, et nous montrerons que tout groupe réticulé admet une extension archimédienne qui, elle, est archimédiennement complète.

Avant d'entrer dans le vif de notre sujet, nous avons besoin des résultats d'un premier paragraphe, très technique, qui montrent qu'une connaissance de $C(G)$ permet de majorer le cardinal de G.

5.1. <u>Majoration du cardinal d'un groupe réticulé</u>.

On sait que le cardinal d'un groupe totalement ordonné archimédien est majoré par $\operatorname{Card} \mathbb{R}$. Ce résultat se généralise facilement aux groupes réticulés à valeurs normales.

5.1.1. THEOREME. Soient G un groupe à valeurs normales, I une partie plénière de son ensemble $\mathcal{R}(G)$ de sous-groupe réguliers. Alors $\mathrm{Card}\ G \leq \mathrm{Card}\ \mathbb{R}^I$.

Pour $M \in I$, on note M^* , l'élément de $\mathcal{C}(G)$ qui le couvre, et on désigne par φ_M , une injection de M^*/M dans $\mathbb{R}$. Pour tout $M \in I$ et pour tout $X \in \mathcal{G}(G/M^*)$, on définit une bijection θ_X de l'ensemble $\mathcal{P}(G)$ des parties de G dans lui-même, de la facon suivante: on choisit $x \in X$, et on pose: $\theta_X(Y) = x^{-1}Y$. On vérifie facilement que θ_X induit une injection (et même une bijection) de $\mathcal{G}(G/M) \cap \mathcal{P}(X)$ sur M^*/M . Enfin, on définit: $\psi : G \to \mathbb{R}^I$, en posant, pour chaque $g \in G$ et pour chaque $M \in I$,

$$[\psi(g)](M) = \varphi_M[\theta_{gM^*}(gM)] ;$$

montrons que c'est une injection.

Soient $g,h \in G$, avec $g \neq h$, et soit $M \in I$, une valeur de $g^{-1}h$. Alors $gM \neq hM$, $gM^* = hM^* = X$ (disons), et $[\psi(g)](M) = \varphi_M[\theta_{gM^*}(gM)] = \varphi_M[\theta_X(gM)]$ et de même $[\psi(h)](M) = \varphi_M[\theta_X(hM)]$. Finalement $[\psi(g)](M) \neq [\psi(h)](M)$.

5.1.2. COROLLAIRE. Si G est un groupe totalement ordonné,

$$\mathrm{Card}\ G \leq \mathrm{Card}[\mathbb{R}^{\mathcal{R}(G)}] .$$

5.1.3. LEMME. Si G est une image homomorphe du groupe réticulé H , alors $\mathrm{card}\ \mathcal{R}(G) \leq \mathrm{card}\ \mathcal{R}(H)$.

C'est immédiat, d'après le (2.3.8).

5.1.4. LEMME. Si G est un ℓ-sous-groupe du groupe réticulé H , alors $\mathrm{card}\ \mathcal{R}(G) \leq \mathrm{card}\ \mathcal{R}(H)$.

En effet soit $M \in \mathcal{R}(G)$, $x \in G$ tel que $M \in \mathrm{val}_G x$, c'est à dire l'ensemble de valeurs de x dans G . Alors $x \notin C_H(M)$, et par conséquent il existe une valeur de x dans H qui contient M . Ainsi, moyennant l'axiome de choix, on peut définir une injection de $\mathcal{R}(G)$ dans $\mathcal{R}(H)$.

Dans les trois lemmes qui suivent, T désigne une chaîne et G est un ℓ-sous-groupe transitif de $\mathrm{Aut}\ T$. Pour $t \in T$, on pose

$$T_t = \{t' \in T;\ G_{t'} = G_t\}$$
$$G(t) = \{g \in G;\ \exists x,y \in T_t,\ g(x) = y\} .$$

5.1.5. <u>LEMME</u>. <u>S'il existe</u> $t \in T$, <u>tel que</u> $T_t = T$, <u>alors</u> $G_t = \{e\}$, G <u>est totalement ordonné, et</u> G <u>et</u> T <u>sont des chaînes isomorphes</u>.

En effet, si $G_t = \cap\{G_x \mid x \in T\} = \{e\}$, $\{e\}$ est un sous-groupe premier de G , donc G est totalement ordonné, et l'application canonique de G dans $\mathrm{Aut}\, \mathcal{G}(G_t)$ définit un isomorphisme de la chaîne G sur la chaîne T .

5.1.6. <u>LEMME</u>. <u>Pour</u> $t \in T$, $g \in G$, <u>les conditions suivantes sont équivalentes</u>:

(i) $g \in G(t)$, (ii) $g(T_t) = T_t$, (iii) $g(t) \in T_t$.

En effet, soient $g \in G$, $x, y \in T_t$, tels que $g(x) = y$, $s \in T_t$. Alors $G_{g(s)} = gG_s g^{-1} = gG_t g^{-1} = gG_x g^{-1} = G_{g(x)} = G_y = G_t$. Donc $g(s) \in T_t$, et un calcul analogue montre qu'il en est de même de $g^{-1}(s)$. Ainsi (i) implique (ii), et les autres implications sont évidentes.

5.1.7. <u>LEMME</u>. $G(t)$ <u>est un</u> ℓ<u>-sous-groupe de</u> G .

Il résulte immédiatement du lemme précédent que c'est un sous-groupe. D'autre part, pour $g \in G(t)$, $(g \vee e)(t) = \max(t, g(t)) \in T_t$. Ainsi $g \vee e \in G(t)$.

5.1.8. <u>THEOREME</u>. <u>Soit</u> T <u>une chaîne</u>, G <u>un</u> ℓ<u>-sous-groupe transitif de</u> $\mathrm{Aut}\, T$, <u>alors</u> $\mathrm{card}\, T \leq \mathrm{card}[\mathbb{R}^{\mathcal{R}(G)}]$.

Pour la démonstration, soit t un élément fixé de T , H la restriction de $G(t)$ à T_t . Alors H est un ℓ-sous-groupe transitif de $\mathrm{Aut}\, T_t$. D'autre part, par sa construction même, $H_t = H_{t'}$, pour tout $t' \in T_t$. Ainsi, par le lemme 5.1.5, H est un groupe totalement ordonné, isomorphe, en tant que chaîne, à la chaîne T_t . Nous avons donc, en appliquant le corollaire (5.1.2): $\mathrm{card}\, T_t = \mathrm{card}\, H \leq \mathrm{card}[\mathbb{R}^{\mathcal{R}(H)}]$. Mais il résulte des lemmes (5.1.3) et (5.1.4) que $\mathrm{card}\, \mathcal{R}(H) \leq \mathrm{card}\, \mathcal{R}(G)$, d'où finalement

$$\mathrm{card}\, T_t \leq \mathrm{card}[\mathbb{R}^{\mathcal{R}(G)}] .$$

Or les T_t forment une partition de T , et, puisque l'application $T_t \mapsto G_t$ est une bijection, le cardinal de l'ensemble des T_t est inférieur ou égal à celui de l'ensemble des sous-groupes premiers de G . Ainsi, si on désigne par A ce dernier, on a

$$\text{card } T \leq A \text{ card}[\mathbb{R}^{R(G)}] .$$

Mais chaque sous-groupe premier de G est égal à l'intersection des sous-groupes réguliers qui le contiennent, d'où $A \leq 2^{\text{card } R(G)}$, et finalement, l'énoncé.

5.1.9. COROLLAIRE. *Soit* G *un groupe réticulé transitif, alors*

$$\text{card } G \leq \text{card}[P(\mathbb{R}^{R(G)})] .$$

En effet, $\text{card Aut } T \leq 2^{\text{card } T}$.

Ce corollaire reste valable pour un groupe réticulé G quelconque. En effet, on peut identifier G avec un produit sous-direct d'une famille $(G_i)_{i\in I}$ de groupes transitifs. Pour chaque G_i , on a

$$\text{card } G_i \leq \text{card } P(\mathbb{R}^{R(G_i)}) \leq \text{card } P(\mathbb{R}^{R(G)}) ,$$

d'où

$$\text{card } G \leq [\text{card } P(\mathbb{R}^{R(G)})]^{\text{card } I} .$$

Or il est clair d'après la démonstration du théorème (4.1.7) qu'on peut prendre pour I n'importe quelle famille de sous-groupes premiers de G dont l'intersection se réduit à l'élément neutre; en particulier, on peut prendre $I = R(G)$. Nous avons donc démontré le théorème suivant:

5.1.10. THEOREME. *Si* G *est un groupe réticulé,*

$$\text{card } G \leq \text{card}[P(\mathbb{R}^{R(G)})] .$$

5.2. Généralités sur les extensions archimédiennes.

5.2.1. PROPOSITION. *Soient* G *un groupe réticulé,* $x,y\in G$. *Alors le conditions suivantes sont équivalentes:*

(i) *Il existe des entiers* m *et* n , *tels que*

$$|x| \leq |y|^m \text{ et } |y| \leq |x|^n ,$$

(ii) $C(x) = C(y)$

(iii) $\text{val}(x) = \text{val}(y)$.

L'équivalence de (i) et de (ii) résulte immédiatement du (2.2.4), et, puisque (ii) revient à dire que x et y appartiennent à précisément aux mêmes sous-groupes solides, (ii) implique (iii). Enfin, supposons que la condition (ii) n'est pas vérifiée; pour fixer les idées, disons que, pour $C \in \mathcal{C}(G)$, $x \in C$ et $y \notin C$. Alors il existe une valeur M de y qui contient C, et $\mathrm{val}(x) \neq \mathrm{val}(y)$.

5.2.2. DEFINITION. Dans un groupe réticulé G, deux éléments x et y qui vérifient les conditions équivalentes de la proposition (5.2.1) sont dits *archimédiennement équivalents*; et les classes d'équivalence suivant cette relation sont appelées les *classes archimédiennes* de G.

5.2.3. PROPOSITION. *Soient H un groupe réticulé, G un ℓ-sous-groupe de H. Alors les conditions suivantes sont équivalentes:*

(i) *L'application $C \mapsto C \cap G$ définit une bijection de $\mathcal{C}(H)$ sur $\mathcal{C}(G)$,*

(ii) *L'application $C \mapsto C_H(C)$ définit une bijection de $\mathcal{C}(G)$ sur $\mathcal{C}(H)$,*

(iii) *Chaque classe archimédienne de H admet un représentant dans G.*

Si on pose, pour $C \in \mathcal{C}(H)$, $\sigma(C) = C \cap G$, et, pour $C \in \mathcal{C}(G)$, $\tau(C) = C_H(C)$, alors $\sigma \circ \tau$ est l'identité sur $\mathcal{C}(G)$, d'où l'équivalence des conditions (i) et (ii). Il est clair que, si ces conditions sont vérifiées, $\tau \circ \sigma$ est l'identité sur $\mathcal{C}(H)$.

Supposons les conditions (i) et (ii) vérifiées, et soit $h \in H$. Alors $h \in C_H(C_H(h) \cap G)$. Cela veut dire, en appliquant deux fois le (2.2.4), qu'il existe $g \in G$ et des entiers m et n, tels que $|g| \leq |h|^m$ et $|h| \leq |g|^n$, donc la classe archimédienne de h admet un représentant dans G. Réciproquement, si l'application σ n'est pas injective, disons que pour $A, B \in \mathcal{C}(H)$, $A \neq B$, mais $A \cap G = B \cap G$, alors il est clair qu'un élément de $A \setminus B$ (ou de $B \setminus A$) n'a pas d'équivalent archimédien dans G.

5.2.4. DEFINITION. Si deux groupes réticulés G et H vérifient les conditions équivalentes de la proposition (5.2.3), on dit que H est une *extension archimédienne* de G. Un groupe réticulé qui n'admet pas d'extension archimédienne propre est dit *archimédiennement complet*. Si H est une extension archimédienne de G et si H est archimédiennement complet, on dit que H est un *complète archimédien* de G.

Le lemme suivant est une conséquence immédiate des définitions.

5.2.5. LEMME. *Soient A, B et C des groupes réticulés, tels que B est une extension archimédienne de A, C une extension archimé-*

dienne de B . Alors C est une extension archimédienne de A . Si, pour chaque λ d'une chaîne I , G_λ est une extension archimédienne d'un groupe réticulé G et si, pour $\lambda<\mu$, G_λ est un ℓ-sous-groupe de G_μ , alors $\cup\{G_\lambda \mid \lambda\in I\}$ est une extension archimédienne de G .

Ce n'est absolument pas évident que tout groupe réticulé admette un complété archimédien. A priori on pourrait imaginer que toute extension archimédienne d'un groupe réticulé donné G admettrait elle-même une extension archimédienne propre. Mais en réalité cette possibilité est exclue par le résultat du théorème (5.1.10).

Raisonnons par l'absurde. Soient G un groupe réticulé qui n'admet pas de complété archimédien, α un ordinal limite quelconque. Alors il existe un ensemble de groupes réticulés, indicé par les ordinaux inférieurs ou égaux à α , tel que $G_0 = G$, $G_{\beta+1}$ est une extension archimédienne propre de G_β , et, si γ est un ordinal limite, $G_\gamma = \bigcup_{\beta<\gamma} G_\beta$. Il résulte du lemme précédent que G_α est une extension archimédienne de G .

Mais, par l'axiome de choix, on peut choisir, pour chaque $\beta<\alpha$, un élément $x_\beta \in G_{\beta+1}\backslash G_\beta$, et le cardinal de l'ensemble des x_β est égal à celui de α . Il en résulte que Card $G_\alpha \geq$ Card α , donc que G admet des extensions archimédiennes de cardinal quelconque. Cela contredit le théorème (5.1.10).

Cet argument, qui est d'une application très générale, nous donne:

5.2.6. THEOREME. Si K est une classe de groupes réticulés, stable par réunion ascendante et si $G\in K$, alors G admet une extension archimédienne maximale dans K . En particulier, tout groupe réticulé admet un complété archimédien.

Il existe des classes K de groupes réticulés ayant la propriété que toute extension archimédienne d'un $G\in K$ lui appartient. C'est évidemment le cas des groupes archimédiens et des groupes totalement ordonnés. Celui des groupes à valeurs normales est plus suprenant.

5.2.7. PROPOSITION. Soient G un groupe réticulé, H une extension archimédienne de G , $M\in R(G)$. Pour que M soit une valeur normale dans G il faut et il suffit que $C_H(M)$ soit une valeur normale dans H .

La suffisance est évidente. Supposons que $N = C_H(M)$ n'est pas normal, et soient x et y des éléments positifs de N^* , tels que

$N < x^n N < yN$, pour tout $n>0$. Soient a et b des éléments positifs de G , archimédiennement équivalents à x et à y , avec $a \le x^m$, $y \le b^p$. Alors, pour tout $n>0$, il existe $z \in N_+$, tel que $b^{-p}a^n \le y^{-1}x^{mn} \le z$. Si c est un élément positif de G , archimédiennement équivalent à z , on a $c \in M$ et, pour un entier s , $z \le c^s$. Finalement, pour tout $n>0$, $M < a^n M < b^p M$, et, puisque $a, b^p \in M^*$, M n'est pas une valeur normale.

5.2.8. COROLLAIRE. *Toute extension archimédienne d'un groupe à valeurs normales est un groupe à valeurs normales.*

5.3. Extensions archimédiennes des groupes réticulés transitifs.

5.3.1. THEOREME. *Toute extension archimédienne d'un groupe réticulé transitif est transitive. Plus précisément, soient* T *un ensemble totalement ordonné,* G *un* ℓ*-sous-groupe transitif de* $\mathrm{Aut}\, T$, G' *une extension archimédienne de* G . *Alors il existe un ensemble totalement ordonné* T' , *qui contient* T , *tel que* T *n'est ni strictement majoré ni strictement minoré dans* T' , *et un homomorphisme injectif* $u : G' \to \mathrm{Aut}\, T'$, *tels que* $u(G')$ *est un* ℓ*-sous-groupe transitif de* $\mathrm{Aut}\, T'$ *et que, pour chaque* $g \in G$, *la restriction de* $u(g)$ *à* T *est égale à* g .

Pour démontrer le théorème on peut supposer que T est composé des classes à gauche d'un sous-groupe premier P de G , dont l'intersection des conjugués est triviale. Posons $C_H(P) = P'$. Alors P' est un sous-groupe premier de G'; l'ensemble, qu'on notera: T' , des classes à gauche de P' est totalement ordonné, et l'application $gP \mapsto gP'$ définit une injection de T dans T' . En effet, si, pour $g,h \in G$, $gP' = hP'$, alors $g^{-1}h \in P' \cap G = P$ et $gP = hP$. Nous identifions les éléments de T avec les éléments correspondants de T' .

Montrons que T n'est ni strictement majoré ni strictement minoré dans T' . Pour cela, soit $g' \in G'$, et on verra qu'il existe $s,t \in T$, tels que $s \le g'P' \le t$. En effet, par hypothèse, il existe $g \in G$, archimédiennement équivalent à g' , et on peut supposer g positif. Alors, pour un entier n convenable, $g^{-n} \le g' \le g^n$, donc $g^{-n}P' \le g'P' \le g^n P'$.

Si on note $u : G' \to \mathrm{Aut}\, T'$, l'application canonique, on vérifie immédiatement que, pour chaque $g \in G$, la restriction de $u(g)$ à

T est égale à g. Puisque, d'autre part, il est clair que $u(G')$ est un ℓ-sous-groupe transitif de $\operatorname{Aut} T'$, il ne reste, pour achever la démonstration, qu'à montrer que u est injective. On sait que $\operatorname{Ker}(u)$ est l'intersection de tous les conjugués de P'. Posons $M = \cap\{g^{-1}P'g \mid g\in G\}$. Alors M est un sous-groupe solide de G' et on a

$$\begin{aligned} M\cap G &= \cap\{g^{-1}P'g\cap G \mid g\in G\} \\ &= \cap\{g^{-1}(P'\cap G)g \mid g\in G\} \\ &= \cap\{g^{-1}Pg \mid g\in G\} \\ &= \{e\}. \end{aligned}$$

Puisque G' est un extension archimédienne de G, il s'ensuit que $M = \{e\}$; à plus forte raison, $\cap\{g^{-1}P'g \mid g\in G'\} = \{e\}$.

Dans la suite de ce paragraphe, nous supposerons toujours que G, G', T et T' vérifient les conditions du théorème précédent. Nous cherchons des conditions pour que T' soit égal à T, ou au moins qu'il soit contenu dans un ensemble déterminé par T.

5.3.2. LEMME. Supposons que $T'\neq T$, et soit S une partie convexe de T', maximale entre celles qui ne rencontrent pas T. Alors, pour tout $g\in G$, on a $g(S)\subset S$, si, et seulement si, $g(S) = S$.

Soit T_1 (resp. T_2) l'ensemble des éléments de T' qui minorent (resp. majorent) strictement chaque élément de S. D'après le théorème précédent, ni T_1 ni T_2 n'est vide, et on a la partition de T' en parties convexes: $T' = T_1\cup S\cup T_2$. Soient K et L les stabilisateurs de T_1 et de $T_1\cup S$; ce sont des sous-groupes solides de G'. On va montrer que $L\cap G = K\cap G$, ce qui entraîne, puisque G' est une extension archimédienne de G, que $L=K$.

En effet, soient $g\in L\cap G_+$, $t'\in T_1$. Alors, d'après la définition de S et de T_1, il existe $t\in T_1\cap T$, tel que $t'\leq t$, et on a $g(t)\in (T_1\cup S)\cap T = T_1\cap T\subset T_1$, donc $g(t')\in T_1$. Ainsi $g(T_1)\subset$ $\subset T_1$, ce qui implique, puisque g est positif, $g(T_1) = T_1$.

Réciproquement, soit $g\in G_+\setminus L$, alors il existe $s\in S$, tel que $g(s)\in T_2$. D'après les définitions, il existe $t\in T_2\cap T$, tel que $t\leq g(s)$. Posons $t_1 = g^{-1}(t)$. On a $t_1\in T$, $t_1<s$, donc $t_1\in T_1$. Mais $g(t_1) = t\notin T_1$ et ainsi $g\notin K$.

Cela montre que $L\cap G_+ = K\cap G_+$. Mais, puisqu'un groupe réticulé est engendré par son cône positif, cela implique que $L\cap G = K\cap G$, comme nous avons proposé de démontrer.

Nous pouvons maintenant achever la démonstration du lemme. En effet, soit $g \in G'$, tel que $g(S) \subset S$. Alors $g^v e \in L$, donc $(g^v e)(T_1) = T_1$, d'où $g(T_1) \subset T_1$. De la même façon on pourra montrer que $g(T_2) \subset T_2$. Il en résulte que $S \subset g(S)$, donc $g(S) = S$.

Rappelons qu'une partie S de T est dite <u>dense</u> dans T, si chaque intervalle $]t,t'[$ de T, avec $t<t'$, contient un élément de S ; nous dirons que T est dense, s'il est dense dans lui-même.

5.3.3. <u>LEMME</u>. <u>Supposons que</u> T <u>est dense, et soient</u> $t \in T$, $t' \in T'$, <u>tels que</u> $t<t'$ (<u>resp.</u> $t'<t$). <u>Alors l'intervalle</u> $]t,t'[$ (<u>resp.</u> $]t',t[$) <u>de</u> T' <u>contient un élément de</u> T.

Nous nous bornerons au cas où $t<t'$. Supposons qu'il en est ainsi et que $]t,t'[$ ne contient aucun élément de T. Soit S la réunion de toutes les parties convexes de T', qui contiennent t' et qui ne rencontrent pas T. Alors S vérifie les hypothèses du lemme précédent, et, avec les notations de la démonstration, t est l'élément maximum de T_1. Or, G' étant transitif, il existe $g \in G'_+$, tel que $g(t) = t'$, donc $g(S) \neq S$. Alors, par le lemme précédent, il existe $s \in S$, tel que $g(s) > S$. D'après la définition de S, cela veut dire qu'il existe $t_1 \in T$, tel que $g(s) \geq t_1$ et $t_1 > S$. On a donc $t' < t_1 \leq g(s)$, d'où

$$t = g^{-1}t' < g^{-1}(t_1) \leq s \quad \text{et} \quad g^{-1}(t_1) \in S .$$

Or, puisque T est dense, il existe $t_2 \in T$, tel que $t<t_2<t_1$. G étant transitif, il existe $h \in G$, tel que $h(t) = t_2$. Alors $h^{-1}(t_1)$ est un élément de T strictement plus grand que t, donc il majore strictement tout élément de S, et nous avons

$$t = h^{-1}(t_2) < S < h^{-1}(t_1)$$

$$t_2 < h(S) < t_1$$

$$g^{-1}(t_2) < g^{-1}(h(S)) < g^{-1}(t_1) .$$

D'autre part, puisque $t' < t_2 < t_1$, nous avons

$$t = g^{-1}(t') < g^{-1}(t_2) < g^{-1}(t_1) \in S .$$

Il en résulte que $g^{-1}(t_1)$ et $g^{-1}(t_2)$ sont tous les deux dans S, d'où $g^{-1}(h(S)) \subset S$. Donc, d'après le lemme précédent, $g^{-1}(h(S)) = S$.

Mais, d'autre part,

$$t = g^{-1}(t') < g^{-1}(t_2) = g^{-1}(h(t)) < g^{-1}(h(t')) \in S .$$

$g^{-1}(h(t))$, étant strictement compris entre t et un élément de S, appartient à S, ce qui est absurde, puisque $t \notin S$.

Nous dirons qu'un ensemble ordonné T est un ensemble homogène, s'il est totalement ordonné et si Aut T est transitif.

5.3.4. THEOREME. *Soient T un ensemble homogène, dense et conditionnellement complet, G un ℓ-sous-groupe transitif de Aut T, G' une extension archimédienne de G. Alors il existe un homomorphisme injectif $u : G' \to$ Aut T, qui induit l'application identique sur G. Ainsi G admet un complété archimédien dans Aut T. En particulier, Aut T est archimédiennement complet.*

Tout revient à montrer que, sous les hypothèses envisagées, $T' = T$. Or, si T vérifie les hypothèses du théorème, et si T' est une extension dans laquelle T n'est ni minoré ni majoré, on peut, pour tout $t' \in T'$, définir $t_1 \in T$, tel que

$$t_1 = \sup_T \{t \in T \mid t \leq t'\} .$$

Alors, si $t' \notin T$, l'intervalle ouvert de T', dont les extrémités sont t_1 et t', ne contient aucun élément de T, ce qui est absurde, par le lemme précédent.

Remarque. Si dans le théorème précédent, on enlève l'hypothèse que T soit dense, G est soit un groupe trivial (donc archimédiennement complet), soit isomorphe au groupe ordonné $\mathbb{Z}$. Dans ce cas, les extensions archimédiennes de G sont des sous-groupes de $\mathbb{R}$, qui est archimédiennement complet.

L'application la plus importante du théorème précédent est évidemment au cas où $T = \mathbb{R}$; en effet, il montre que Aut $\mathbb{R}$ est archimédiennement complet.

Dans les préliminaires, nous avons rappelé que tout ensemble totalement ordonné T admet un complété $\bar{T}$, qui est déterminé à un isomorphisme près, et que tout automorphisme de T peut être prolongé, de facon unique, en un automorphisme de $\bar{T}$. Ainsi tout ℓ-sous-groupe G de Aut T peut être identifié avec un ℓ-sous-groupe de Aut $\bar{T}$. Dans certains cas il en est de même de toute extension archimédienne de G.

On dira, que G est doublement transitif, si, pour $s,t,u,v \in T$, avec $s<t$, $u<v$, il existe $g \in G$, tel que $g(s) = u$, $g(t) = v$. Remarquons que, s'il en est ainsi, T est forcément un ensemble dense.

5.3.5. LEMME. Si G est doublement transitif, alors T est dense dans T' .

Supposons la conclusion inexacte, et soit $]s_1,s_2[$ un intervalle de T' , qui ne rencontre pas T . D'après le (5.3.3), ni s_1 ni s_2 n'est dans T . Soit S la réunion de toutes les parties convexes de T' qui contiennent les s_i et ne rencontrent pas T . Alors S vérifie les hypothèses du lemme (5.3.2).

Soit maintenant $t_1 \in T$, avec $t_1 < S$. G' étant transitif, il existe $g \in G'$, tel que $g(t_1) = s_1$. Alors $t_1 < g^{-1}(s_2)$. Par une deuxième application du lemme, on peut trouver $t_2 \in T$, tel que $t_1 < t_2 < g^{-1}(s_2)$. Puisque $s_1 = g(t_1) < g(t_2) < s_2$, il en résulte que $g(t_2) \in S$. Soit maintenant $t_3 \in T$, avec $t_3 > S$. G étant doublement transitif, il existe $h \in G$, tel que $h(t_1) = t_1$, $h(t_3) = t_2$. Ainsi gh applique S proprement dans lui-même, ce qui est absurde, d'après le lemme précité.

T étant dense dans T' , on peut identifier $\overline{T'}$ avec $\bar{T}$. On a donc:

5.3.6. THEOREME. Soit G un ℓ-sous-groupe doublement transitif de $\text{Aut}\, T$, qu'on identifie avec le ℓ-sous-groupe de $\text{Aut}\, \bar{T}$ qu'il détermine, et soit G' une extension archimédienne de G . Alors il existe un homomorphisme injectif $u : G' \to \text{Aut}\, \bar{T}$, qui induit l'application identique sur G . Ainsi G admet un complété archimédien dans $\text{Aut}\, \bar{T}$.

Nous allons voir que, sous les hypothèses du théorème, $\text{Aut}\, \bar{T}$ est lui-même archimédiennement complet, et que c'est (à un isomorphisme près), l'unique complété archimédien de $\text{Aut}\, T$. Pour cela il suffit évidemment de montrer que $\text{Aut}\, \bar{T}$ est une extension archimédienne de $\text{Aut}\, T$.

Dans le reste de ce paragraphe nous supposons que $\text{Aut}\, T$ est doublement transitif. h désigne un élément strictement positif de $\text{Aut}\, \bar{T}$ et on reprend la définition (4.4.5) de h_t . On pose $I_t = h_t \cap T$, pour tout $t \in \bar{T}$. On voit facilement que I_t n'est vide que si $t \notin T$ et $h(t) = t$.

5.3.7. LEMME. Soit I l'un quelconque des I_t non-vides. Alors il existe $g_I \in \text{Aut}\, I$, tel que, pour tout $s \in I$, $h(s) \le g_I(s) \le h^4(s)$.

En effet, posons $I = I_t$. Le cas où $h(t) = t$ étant trivial, on suppose $h(t)>t$, donc $h^n(t) < h^{n+1}(t)$, pour tout $n\in\mathbb{Z}$. h_t est la réunion des intervalles $[h^n(t),h^{n+1}(t)]$. Puisque T est dense dans $\bar{T}$, chaque intervalle $]h^n(t),h^{n+1}(t)[$ contient deux éléments distincts de T , disons: s_{2n} et s_{2n+1} , avec $s_{2n} < s_{2n+1}$. Les s_j forment une chaîne strictement croissante, et, puisque Aut T est doublement transitif, les intervalles $[s_j,s_{j+1}]$ de T sont deux à deux isomorphes. Pour chaque $j\in\mathbb{Z}$, soit $g_j : [s_j,s_{j+1}] \to [s_{j+5}, s_{j+6}]$ un isomorphisme de chaînes, et posons $g_I(s) = g_j(s)$, pour $s_j \le s < s_{j+1}$. Alors $g_I \in$ Aut I , et on va voir qu'il répond à la question.

En effet, si $h^j(t) \le s \le h^{j+1}(t)$, alors $s_{2j-1} < s < s_{2j+2}$, d'où, d'une part

$$h(s) < h^{j+2}(t) < h^{j+4}(t) \le h^4(s)$$

et, d'autre part,

$$h^{j+2}(t) < s_{2j+4} \le g(s) < s_{2j+7} < h^{j+4}(t) ,$$

d'où l'énoncé.

Or il est clair que chaque h_t est le complété de l'I_t correspondant. Si on note $\bar{g}_I$ le prolongement sur h_t de la fonction du dernier lemme, et h_I la restriction de h à I , on a évidemment

$$e \le h_I \le \bar{g}_I \le h_I^{\,4} .$$

Finalement, en definissant sur T une fonction dont la restriction à chaque I est égal à g_I , on a démontré:

5.3.8. LEMME. Il existe $g \in$ Aut T , tel que, si on note: $\bar{g}$ son prolongement à $\bar{T}$, $e \le h \le \bar{g} \le h^4$.

Ce lemme nous dit que Aut $\bar{T}$ est une extension archimédienne de Aut T . Nous avons donc le théorème important:

5.3.9. THEOREME. Soient Aut T doublement transitif, G un groupe réticulé qui contient Aut T comme ℓ-sous-groupe. Alors, pour que G soit une extension archimédienne de Aut T , il faut et il suffit qu'il existe un homomorphisme injectif $u : G \to$ Aut $\bar{T}$, qui induit l'identité sur Aut T . Ainsi Aut $\bar{T}$ est archimédiennement complet, et c'est (à un isomorphisme près), l'unique complété archimédien de Aut T .

Comme pour le théorème précédent, une application particulièrement importante est le cas où $T = \mathbb{Q}$. Ce théorème montre en effet que $\mathrm{Aut}\,\mathbb{R}$ est l'unique complété archimédien de $\mathrm{Aut}\,\mathbb{Q}$; et il donne du fait que $\mathrm{Aut}\,\mathbb{R}$ est archimédiennement complet une démonstration indépendante du théorème (5.3.4).

5.4. Le Théorème de Hahn.

Dans ce paragraphe, tous les groupes sont supposés commutatifs et notés additivement.

Pour un système à racines I , nous noterons: $V(I)$, le groupe réticulé $V(I,R_\lambda)$, où chaque R_λ est une copie de $\mathbb{R}$. Le Théorème de Hahn affirme que chaque groupe réticulé commutatif peut être plongé comme ℓ-sous-groupe dans un tel $V(I)$. Il s'agit là du résultat le plus profond de la théorie des groupes réticulés commutatifs; c'est, dans un certain sens, une généralisation du Théorème de Hölder.

Soient G un groupe réticulé, $\{M_\lambda ; \lambda\in I\}$ une partie plénière de son ensemble de sous-groupe réguliers. Alors l'ensemble I , ordonné à l'inverse des M_λ , est un système à racines. Pour chaque $\lambda\in I$, soit $\varphi_\lambda : M_\lambda^* \to \mathbb{R}$ un homomorphisme de noyau M_λ , et désignons par Φ la famille de tous les φ_λ . Alors, si H est un sous-groupe de G , on dira qu'une application $u : H \to V(I)$ est une Φ-application, si c'est un homomorphisme de groupes non-ordonnés et si, pour tout $\lambda\in I$ et pour tout $h \in H\cap M_\lambda^*$, $u(h)_\lambda = \varphi_\lambda(h)$.

5.4.1. LEMME. *Soit H un ℓ-sous-groupe de G . Alors toute Φ-application de H dans $V(I)$ est un homomorphisme injectif de groupes réticulés.*

En effet, soit u l'application en question. Par définition, c'est un homomorphisme de groupes et, puisque chaque élément non-nul de G admet au moins une valeur entre les M_λ , elle est injective. Reste à montrer que, pour tout $h\in H$, $u(h\vee 0) = u(h)\vee 0$. Or les éléments minimaux de $S_+(u(h))$ sont précisément les λ tels que $M_\lambda \in \mathrm{val}(h\vee 0)$. Si $\alpha\in I$ ne majore aucun de ces éléments, alors $h\vee 0 \in M_\alpha$, et $u(h\vee 0)_\alpha = (u(h)\vee 0)_\alpha = 0$. Par contre, si $\alpha\in I$ majore l'un de ces éléments, alors $h\wedge 0 \in M_\alpha$, et $u(h\vee 0)_\alpha = u(h)_\alpha = u(h\wedge 0)_\alpha$ $= u(h)_\alpha = (u(h)\vee 0)_\alpha$.

5.4.2. PROPOSITION. *Soient H un sous-groupe de G , $u : H \to V(I)$*

<u>une Φ-application. Alors il existe une Φ-application</u> $w : G \to V(I)$, <u>qui prolonge</u> u .

Il suffit, moyennant l'Axiome de Zorn, de montrer que, pour $x \in G\setminus H$, u peut être prolongé en une Φ-application $w : \mathbb{Z}x+H \to V(I)$. c'est à dire qu'on peut trouver $v \in V(I)$, telle que l'application $w : nx+h \mapsto ny+u(h)$ $(n \in \mathbb{Z}$, $h \in H)$ soit une Φ-application. Définissons une élément $v \in \mathbb{R}^I$ par la formule suivante:

Pour tout $\lambda \in I$,

si $\mathbb{Z}x \cap (H+M_\lambda^*) = \{0\}$, $v_\lambda = 0$

sinon, on choisit arbitrairement $n \in \mathbb{Z}^*$, $h \in H$, $y \in M_\lambda^*$, tels que $nx = h+y$, et on pose: $v_\lambda = \frac{1}{n}(u(h)_\lambda + \varphi_\lambda(y))$.

On voit par un calcul facile que la valeur de v ne dépend pas du choix des n , h et y . Montrons que $v \in V(I)$, c'est à dire que $S(v)$ vérifie la condition minimale. Soit $\alpha \in S(v)$, n , h et y choisis comme il est dit. Alors, pour $\beta < \alpha$, $y \in M_\beta \subset M_\beta^*$, donc

$$v_\beta = \frac{1}{n}(u(h)_\beta + \varphi_\beta(y)) = \frac{1}{n} u(h)_\beta .$$

La partie de $S(u(h))$ qui précède α étant bien ordonné, il en est de même de v .

Enfin, il résulte immédiatement de la définition de v , que l'application $nx+h \mapsto nv+u(h)$ est une Φ-application.

En posant $H = \{0\}$ dans la proposition précédente on obtient comme corollaire:

5.4.3. <u>THEOREME DE HAHN</u>. <u>Soient</u> G <u>un groupe réticulé commutatif</u>, I <u>une partie plénière de son ensemble de sous-groupes réguliers</u> (<u>ordonnée à l'inverse de l'ordre par inclusion</u>). <u>Alors</u> G <u>est isomorphe à un</u> ℓ-<u>sous-groupe de</u> $V(I)$.

5.5. <u>Complétés archimédiens commutatifs des groupes réticulés</u>.

Nous nous servirons du Théorème de Hahn pour démontrer que tout groupe réticulé commutatif admet un complété archimédien commutatif; ou, ce qui revient au même, qu'un groupe réticulé commutatif, qui n'admet pas d'extension archimédienne propre commutative, n'en admet pas du tout.

Rappelons qu'un groupe G est dit <u>divisible</u>, si, pour tout $g \in G$

et pour tout $n \in \mathbb{Z}^*$, il existe $x \in G$, tel que $x^n = g$.

5.5.1. LEMME. *Un groupe réticulé commutatif G qui n'admet pas d'extension archimédienne commutative, est divisible.*

En effet, il est clair que le $\mathbb{Q}$-espace vectoriel déterminé par G (1.6.8 et 1.6.9) en est une extension archimédienne.

En ce qui suit, si G est un groupe à valeurs normales, $\{M_\lambda ; \lambda \in I\}$ une partie plénière de son ensemble de sous-groupes réguliers, avec I ordonné à l'inverse des M_λ , et Φ une famille d'homomorphismes définie comme dans la démonstration du Théorème de Hahn, nous noterons $m(= m_\Phi) : G \to V(I)$, l'application:

$$m(g)_\lambda = \begin{cases} \varphi_\lambda(g) & \text{pour } M_\lambda \in \mathrm{val}(g) \\ 0 , & \text{autrement .} \end{cases}$$

On notera également $m : V(I) \to V(I)$, l'application qui envoie chaque vecteur v de V(I) sur le vecteur dont les composantes non-nulles sont précisément les composantes minimales de V . (C'est un cas particulier du précédent, l'application identique de V(I) étant une Φ-application.)

5.5.2. LEMME. *Les applications m ont les propriétés suivantes:*

(i) *Pour tout* $n \in \mathbb{Z}$, $m(g^n) = n \cdot m(g)$,

(ii) m *définit un homomorphisme de treillis,*

(iii) g *et* h *sont archimédiennement équivalents, si, et seulement si,* m(g) *et* m(h) *le sont.*

La démonstration est directe, et nous l'omettons.

5.5.3. THEOREME. *Soit G un groupe réticulé commutatif qui n'admet pas d'extension archimédienne propre commutative. Alors G est archimédiennement complet.*

Pour la démonstration soit H une extension archimédienne de G . Alors H est un groupe à valeurs normales (5.2.8), et on peut identifier G avec l'image d'une Φ-application. Soit x un élément fixé de H , et on va montrer que $x \in G$ ce qui démontre le théorème.

Définissons $v \in \mathbb{R}^I$ de la façon suivante:

Pour tout $\lambda \in I$,

si $xG \cap M_\lambda^* = \emptyset$, $v_\lambda = 0$,

sinon, on choisit arbitrairement $g \in G$, $y \in M_\lambda^*$, tel que $xg = y$, et on pose $v_\lambda = \varphi_\lambda(y) - g_\lambda$.

On voit immédiatement que la valeur de v ne dépend pas du choix des g et y ; et on vérifie, précisément comme dans la démonstration de la proposition (5.4.2), que $v \in V(I)$.

Alors, pour tout $g \in G$, on a

$$\text{(iv)}\quad m_\Phi(xg) = m(v+g) .$$

En effet, pour $\lambda \in I$, si $xg \in M_\lambda$, $[m_\Phi(xg)]_\lambda = 0$, et, d'autre part, $v_\lambda = \varphi_\lambda(xg) - g_\lambda$, donc $(v+g)_\lambda = \varphi_\lambda(xg) = 0$. Si $xg \notin M_\lambda$, il existe un unique $\alpha \in I$, tel que $\alpha \leq \lambda$ et $M_\alpha \in \mathrm{val}(xg)$. Pour $\beta < \alpha$, $(v+g)_\beta = 0$, ainsi $\alpha \in T(v+g)$, et, finalement, si $\alpha < \lambda$, $[m_\Phi(xg)]_\lambda = [m(v+g)]_\lambda = 0$, et si $\alpha = \lambda$, $[m_\Phi(xg)]_\lambda = [m(v+g)]_\lambda = \varphi_\lambda(xg) \neq 0$.

Soit maintenant K le ℓ-sous-groupe de $V(I)$ engendré par $G \cup \{v\}$. En général, si A est un sous-groupe d'un groupe réticulé B, le ℓ-sous-groupe de B engendré par A se compose de tous les éléments de la forme $\bigvee_i \bigwedge_j a_{ij}$ $(a_{ij} \in A)$, donc, compte tenu du fait que G est divisible, chaque élément $k \in K$ s'écrit, sous la forme

$$k = \bigvee_i \bigwedge_j n_{ij}(v+g_{ij}) \qquad (n_{ij} \in \mathbb{Z} , g_{ij} \in G) .$$

Si on pose $h = \bigvee_i \bigwedge_j (xg_{ij})^{h_{ij}}$, les relations (i), (ii) et (iv) montrent que $m_\Phi(h) = m(k)$. Mais h étant, par hypothèse, archimédiennement équivalent à un élément $g \in G$, il résulte de la relation (iii) que k est également équivalent à g . Ainsi K est une extension archimédienne de G , d'où $K = G$, $v \in G$, et, en utilisant la relation (iv) on a finalement que $x = v$.

I étant un système à racines, $\lambda \in I$, nous définissons dans $V(I)$ les sous-ensembles suivants:

$$C_\lambda = \{x \in V(I) \mid S(x) \geq \lambda\} , \quad D_\lambda = \{x \in V(I) \mid S(x) > \lambda\} .$$

La proposition suivante semble évidente:

5.5.4. <u>Si</u> G <u>est un</u> ℓ-<u>sous-groupe de</u> $V(I)$, <u>les</u> $D_\lambda \cap G$, <u>tels que</u> $C_\lambda \cap G \not\subset D_\lambda$, <u>forment une partie plénière de l'ensemble des sous-groupes réguliers de</u> G , <u>avec</u> $(D_\lambda \cap G)^* = C_\lambda \cap G$.

5.5.5. <u>PROPOSITION</u>. <u>Un</u> ℓ-<u>sous-groupe</u> G <u>de</u> $V(I)$ <u>est archimédiennement complet, si, et seulement si,</u> G <u>n'admet pas d'extension archimédienne propre dans</u> $V(I)$.

La nécessité est évidente. Soit donc G un ℓ-sous-groupe de V(I) , H une extension archimédienne commutative de G . Posons

$$J = \{\lambda \in I \mid C_\lambda \cap G \not\subset D_\lambda\} .$$

On peut considérer V(J) comme un ℓ-sous-groupe de V(I) ; alors l'injection canonique de G dans V(J) est une Φ-application, qui peut être prolongée en une Φ-application $u : H \to V(J)$. u(H) est une extension archimédienne de G dans V(I) . Ainsi, si G n'admet pas d'extension archimédienne propre dans V(I) , il n'admet pas d'extension commutative propre, donc, par le théorème, il est archimédiennement complet.

5.5.6. COROLLAIRE. Pour tout système à racines I , V(I) est archimédiennement complet.

5.5.7. COROLLAIRE. Soient G un groupe commutatif totalement ordonné, I son ensemble de sous-groupes réguliers. Alors V(I) est (à un isomorphisme près) l'unique complété archimédien commutatif de G .

En effet, si H est une extension archimédienne commutative de G on peut plonger H dans V(I) , de façon d'avoir $G \subset H \subset V(I)$. Mais, puisque dans ce cas V(I) est lui-même une extension archimédienne de G , H n'est archimédiennement complet que si H = V(I) .

Au chapitre suivant, on verra que la conclusion de ce corollaire reste exacte si on suppose seulement que I ne contient qu'un nombre fini de chaînes maximales.

Note du Chapitre 5

Le théorème de HAHN, résultat le plus profond de la théorie des groupes réticulés commutatifs, se rattache à la "théorie des grandeurs", qui, elle, remonte à l'Antiquité. C'est sans doute ARCHIMEDE qui le premier a formulé explicitement l'axiome qui porte son nom et dont des références obscures donnent à penser que le bien-fondé a pu être mis en question à l'époque. Quoi qu'il en soit, toute la construction d'EUDOXE repose évidemment sur cet axiome, et on ne trouve guère avant HILBERT les traces d'un effort de s'en passer. Entre temps, dès la définition analytique des nombres réels (dont celle de DEDEKIND, qui s'inspire, comme on le sait, des idées d'EUDOXE), on s'est efforcé de démontrer que ce système est effectivement caractérisé par les axiomes dont se sont servis, explicitement ou non, les anciens. Ces recherches, auxquelles de nombreux auteurs ont contribué -- on trouvera une bibliographie vraisemblablement complète chez HUNTINGTON [1] -- aboutissent au théorème dit de HÖLDER. Celui-ci, dans un article célèbre [1], où l'apport personnel de l'auteur semble se borner à un argument astucieux permettant de se passer de l'hypothèse de la commutativité, démontre d'une part notre (2.6.3) et d'autre part que le groupe ordonné $\mathbb{R}$ est caractérisé par le fait d'être totalement ordonné, dense dans lui-même et complet au sens de DEDEKIND (voir Chapitre 11).

C'est en 1907 que HAHN généralise ces résultats au cas non-archimédien. Il s'inspire en partie de l'ouvrage très-oublié de BETTAZZI [1], qui indique qu'un "système de grandeurs" non-archimédien devrait être représenté par un produit lexicographique de groupes réels. Mais la démonstration de BETTAZZI reste obscure, et, en tout état de cause, il ne définit le produit lexicographique que dans le cas fini. HAHN, toujours à la pointe du mouvement des idées [1)], en faisant un grand usage des méthodes transfinies nouvellement introduites par ZERMELO, définit, dans le cas général, le produit lexicographique et établit, dans le cas totalement ordonné, notre (5.4.3) [1]. Pour caractériser les groupes $V(I)$, HAHN est obligé de trouver une notion plus générale de complétion, qui se ramène à celle de DEDEKIND dans le cas archimédien (car il est évident qu'un groupe non-archimédien ne peut pas être complet au sens de DEDEKIND); il est ainsi amené à définir les extensions archimédiennes, en utilisant la condition (i) de (5.2.1), après quoi il établit sans difficulté (5.5.6) et (5.5.7), qui, effectivement, caractérisent les $V(I)$ dans le cas totalement ordonné.

Pendant presqu'un demi-siècle l'article remarquable de HAHN est resté un monument isolé -- on ne peut guère citer comme travaux inspirés par lui que COHEN et GOFFMANN [1] -- sans doute parce que très peu de mathématiciens ont eu le courage de contrôler ses raisonnements. En effet, la démonstration de HAHN est d'une longueur et d'une complexité extrêmes ("un marathon transfini", pour citer CLIFFORD). Vers 1950, CONRAD, s'attaquant à un domaine qu'il allait si fortement marquer, a consacré sa thèse à une généralisation des résultats et surtout à une simplification de la démonstration du théorème de HAHN [1]. En même temps et indépendamment, CLIFFORD [2], en adaptant un raisonnement de HAUSNER et WENDEL [1], a produit une autre démonstration simplifiée, assez proche de celle de CONRAD. Dans les années suivantes de

---

1) C'est lui qui, quelques années plus tard, va introduire au Cercle de Vienne le célèbre "Tractatus" de Wittgenstein.

nouvelles démonstrations ont été découvertes par GRAVETT [1], RIBENBOIM [4] et BANASCHEWSKI [1]. Enfin, CONRAD, HARVEY et HOLLAND [1], adaptant le dernière de ces démonstrations, ont généralisé le théorème aux groupes réticulés commutatifs quelconques. La démonstration que nous donnons, à la fois la plus simple et la plus proche conceptuellement de celle de HAHN, est due à WOLFENSTEIN [1]. Pour des généralisations à des classes plus larges des groupes ordonnés, on consultera CONRAD [8] et FLEISCHER [2].

La généralisation aux groupes réticulés de la notion d'extension archimédienne a été entreprise indépendamment par CONRAD [9] et par WOLFENSTEIN [1], [5]. Le théorème (5.5.3), établi dans des cas particuliers par CONRAD, a été démontré peu après par WOLFENSTEIN [2]. Toutefois la question de l'existence d'un complété archimédien d'un groupe réticulé quelconque restait entière. Il s'agissait évidemment de majorer le cardinal d'un groupe réticulé en fonction de l'ensemble de ses sous-groupes solides. Dès 1954, CONRAD [20] avait établi le théorème (5.1.2), résultat généralisé par BYRD aux groupes à valeurs normales [1], [4]. La démonstration donnée ici est celle de McCLEARY. Notre (5.1.10) est dû à KHUON [2], dont on a réproduit la belle démonstration.

(5.2.8) a été démontré indépendamment par BYRD et par WOLFENSTEIN; ce dernier a également démontré que, si G' est une extension du groupe à valeurs normales G, telle que l'application $R \mapsto G \cap R$ est une bijection de $\mathcal{R}(G')$ sur $\mathcal{R}(G)$, alors G' est une extension archimédienne de G. On ignore si cela reste vrai pour un groupe réticulé quelconque.

Enfin, la théorie du (5.3) est due à WOLFENSTEIN [6] et à KHUON [1], [3]. On doit également à KHUON le théorème suivant: Une extension G' d'un groupe réticulé G est doublement transitif, si, et seulement si, G est doublement transitif.

Chapitre 6.

GROUPES COMPLETEMENT DISTRIBUTIFS ET GROUPES VALUES-FINIS

Ce chapitre a pour objet, d'une part, la notion de radical, qui nous conduira aux groupes complètement distributifs, et d'autre part la structure locale des groupes réticulés, qui nous permettra d'étudier la classe importante des groupes valués-finis. Le trait d'union entre ces deux théories est constitué par les sous-groupes fermés.

Soient G un groupe réticulé et $(x_i)_{i\in I}$ une famille d'éléments de G. Rappelons que x est la borne supérieure des x_i si:

(i) On a $x_i \leq x$ pour tout i.

(ii) Si $x_i \leq y$ pour tout i, alors $x \leq y$.

On écrira dans ce cas $x = \bigvee_{i\in I} x_i$. La borne inférieure se définit dualement et se note $\bigwedge_{i\in I} x_i$.

On sait qu'un treillis est dit complet si toute partie non vide admet une borne supérieure et une borne inférieure. Un groupe réticulé ne peut être un treillis complet que si il est réduit à l'élément neutre. En effet, soit G un groupe ordonné possédant un élément maximum m. On a $e \leq m$, donc $m \leq m^2$, et par suite $m = m^2$. Comme e est le seul idempotent, $m=e$. Pour tout $x\in G$, on a donc $x \leq e$ et $x^{-1} \leq e$, d'ou $x=e$. On appelle habituellement groupe réticulé complet un groupe réticulé dans lequel toute partie non vide bornée admet une borne supérieure et une borne inférieure. Ces groupes seront étudiés au chapitre 11 car ce sont des groupes archimédiens.

6.1. Sous-groupes fermés.

Nous allons donner tout d'abord quelques propriétés des familles qui admettent une borne inférieure ou une borne supérieure.

6.1.1. PROPOSITION. Si $\bigvee_{i\in I} x_i$ existe, alors:

(i) $\bigwedge_{i\in I} x_i^{-1}$ existe et $\bigwedge_{i\in I} x_i^{-1} = (\bigvee_{i\in I} x_i)^{-1}$.

(ii) Pour tout a, $\bigvee_{i\in I} ax_i$ (resp. $\bigvee_{i\in I} x_i a$) existe et $\bigvee_{i\in I} ax_i = a(\bigvee_{i\in I} x_i)$ (resp. $\bigvee_{i\in I} x_i a = (\bigvee_{i\in I} x_i)a$).

Ces deux propriétés se démontrent exactement comme (1.2.2) et (1.2.4). Il y a bien entendu une proposition duale, que nous n'énoncerons pas.

6.1.2. PROPOSITION. Si $\bigvee_{i\in I} x_i$ existe, alors pour tout a, $\bigvee_{i\in I}(a\wedge x_i)$ existe et $a\wedge(\bigvee_{i\in I} x_i) = \bigvee_{i\in I}(a\wedge x_i)$.

Posons $b = \bigvee_{i\in I} x_i$. On a certainement $a\wedge x \le a\wedge b$, donc $e \le (a\wedge b)(a\wedge x_i)^{-1}$. Mais d'après (1.3.18), nous avons: $e \le (a\wedge b)(a\wedge x_i)^{-1} \le |bx_i^{-1}| = bx_i^{-1}$. D'après (6.1.1), $\bigwedge bx_i^{-1}$ existe et $\bigwedge bx_i^{-1} = e$. Il en résulte que $\bigwedge(a\wedge b)(a\wedge x_i)^{-1} = e$, d'où $\bigvee(a\wedge x_i)(a\wedge b)^{-1} = e$, c'est-à-dire que $\bigvee(a\wedge x_i)$ existe et est égal à $a\wedge b$.

6.1.3. DEFINITION. On dit qu'un sous-groupe solide C est fermé lorsque, pour toute famille $(x_i)_{i\in I}$ d'éléments de C telle que $\bigvee_{i\in I} x_i$ existe dans G, on a $\bigvee_{i\in I} x_i \in C$.

Bien entendu, ceci implique la même propriété pour les bornes inférieures, et inversement.

6.1.4. Un sous-groupe solide C est fermé si et seulement si pour toute famille $(x_i)_{i\in I}$ avec $e \le x_i \in C$, telle que $\bigvee_{i\in I} x_i$ existe, on a $\bigvee_{i\in I} x_i \in C$.

Supposons que C satisfait à cette condition et soit $(y_i)_{i\in I}$ une famille quelconque d'éléments de C telle que $y = \bigvee_{i\in I} y_i$ existe. Soit y_o un élément quelconque de cette famille. On a: $yy_o^{-1} = yy_o^{-1}\vee e = \bigvee_{i\in I}(y_i y_o^{-1}\vee e) \in C$, donc $y\in C$.

6.1.5. PROPOSITION. Soit C un sous-groupe solide de G et soit h l'application canonique de G sur le treillis $G(C)$ des classes à gauche modulo C. Pour que C soit fermé, il faut et il suffit que h conserve les $\bigvee$ et les $\bigwedge$ infinis qui existent dans G.

Supposons C fermé. Si $x = \bigvee x_i$ dans G, on a évidemment $x_iC \leq xC$ pour tout i. Supposons $x_iC \leq yC$ pour tout i. On a $yC = (y \vee x_i)C$, donc $y^{-1}(y\vee x_i) \in C$. Or $y^{-1}(y \vee x) = \bigvee y^{-1}(y \vee x_i) \in C$. Par conséquent, $(y\vee x)C = yC$ et $xC \leq yC$. Ainsi, nous avons montré que xC est la borne supérieure des x_iC.

Inversement, supposons que h conserve les $\bigvee$ infinis. Si $x = \bigvee x_i$ et $x_i \in C$, on a $xC = \bigvee x_iC = C$, donc $x \in C$.

6.1.6. Soit C un sous-groupe solide. Pour que C soit fermé, il faut et il suffit qu'il vérifie la condition suivante: Pour tout $e<g\notin C$, il existe un $a>e$ tel que $e<x\in gC$ implique $a\leq x$.

Soit A l'ensemble des x tels que $e<x\in gC$. On ne peut avoir $\bigwedge_{x\in A} x = e$. En effet, ceci impliquerait $C = (\bigwedge_{x\in A} x)C = \bigwedge_{x\in A}(xC) = gC$. Par conséquent, il existe un $a>e$ tel que $a\leq x$ pour tout $x\in A$. Réciproquement, supposons cette condition vérifiée. Supposons que $g = \bigvee g_i$ et $g_i \in C$. On a $gg_i^{-1}C = gC$. Si $g\notin C$, il existe un $a>e$ tel que $a<x$ pour tout $e<x\in gC$. Comme $e < gg_i^{-1}$, on a $a \leq gg_i^{-1}$, $g_i \leq a^{-1}g$, donc $g \leq a^{-1}g < g$, ce qui est absurde.

La propriété suivante est évidente:

6.1.7. Toute intersection de sous-groupes fermés est fermée.

Ceci nous permet de parler du sous-groupe fermé engendré par un sous-groupe solide.

6.1.8. PROPOSITION. Soit $\bar{C}$ le sous-groupe fermé engendré par C. $(\bar{C})_+$ est l'ensemble des x qui s'écrivent $x = \bigvee_{i\in I} x_i$ où $x_i \in C_+$.

En effet, soit A cet ensemble. Montrons d'abord que A est un sous-demi-groupe convexe de G qui contient e. Si $x,y\in A$, on a $x = \bigvee_{i\in I} x_i$ et $y = \bigvee_{j\in J} y_j$, donc $xy = x\bigvee_j y_j = \bigvee_j xy_j = \bigvee_j \bigvee_i x_iy_j \in A$. Si $e\leq z\leq x$, il vient: $z = z\wedge x = z\wedge(\bigvee_i x_i) = \bigvee_i (z\wedge x_i) \in A$. D'après la proposition (2.2.8), le sous-groupe (A) engendré par A est un sous-groupe solide. Comme il est fermé (6.1.4), on a $\bar{C} \subset (A)$. Mais on a évidemment $A \subset \bar{C}$, donc $(A) = \bar{C}$. Une nouvelle application de (2.2.8) donne la propriété annoncée.

Nous allons maintenant donner quelques exemples de sous-groupes fermés.

6.1.9. <u>Toute polaire est fermée</u>.

Il suffit de démontrer la propriété pour une polaire $a^{\perp}$ avec $e \leq a$, puisque toute polaire est intersection de polaires de cette forme. Si $e \leq x_i \in a^{\perp}$ et $x = \bigvee x_i$, on a $a \wedge x = a \wedge (\bigvee x_i) = \bigvee (a \wedge x_i) = e$ et $x \in a^{\perp}$.

6.1.10. <u>PROPOSITION</u>. <u>Tout sous-groupe solide qui contient un sous-groupe premier fermé est lui-même premier fermé</u>.

Soient N premier fermé et M un sous-groupe solide qui le contient strictement. Supposons $g = \bigvee g_i$ avec $e \leq g_i \in M$. Prenons $e < p \in M \backslash N$, et $h = g \wedge p$. On a $gh^{-1}N \leq gN$.

(i) Si $gh^{-1}N = gN$, il vient $h^{-1}N = N$, donc $g \wedge p \in N$ et comme $p \notin N$, $g \in N \subset M$.

(ii) Si $gh^{-1}N < gN = \bigvee (g_i N)$, alors il existe un i tel que $gh^{-1}N < g_i N$ (car $G(N)$ est totalement ordonné). Par suite, il existe un $s \in N$ avec $e \leq gh^{-1} \leq g_i s \in M$. Ceci implique $gh^{-1} \in M$, donc $g \in M$.

6.1.11. <u>PROPOSITION</u>. <u>Soit $\mathcal{T}$ une famille de sous-groupes premiers telle que $\bigcap_{T \in \mathcal{T}} T = \{e\}$. Si P est un sous-groupe solide qui contient tous les $T \in \mathcal{T}$ tels que $g \notin T$, alors P est fermé</u>.

Nous pouvons supposer $g > e$. Il est commode de noter $\mathcal{T}(b)$ la borne supérieure des $T \in \mathcal{T}$ tels que $b \notin T$. On a donc, par hypothèse, $\mathcal{T}(g) \subset P$. Deux cas peuvent se produire:

(i) $\mathcal{T}(b) \subset P$ implique $b \notin P$.

Si $e < c \notin g^{\perp}$, on a $e < g \wedge c \leq g$, donc $\mathcal{T}(g \wedge c) \subset \mathcal{T}(g) \subset P$. Par suite, $g \wedge c \notin P$ et à fortiori, $c \notin P$. On voit que $P \subseteq g^{\perp}$. Mais d'autre part, P est premier (il contient des premiers). Comme $g \notin P$, on a $g^{\perp} \subset P$. Dans ce cas, on a donc $P = g^{\perp}$ et la propriété est vraie puisque toute polaire est fermée.

(ii) Il existe un $b \in P$ tel que $\mathcal{T}(b) \subset P$.

On peut supposer $b > e$. Nous allons appliquer le critère (6.1.6). Soit $e < h \notin P$. Prenons $a = b \wedge h$. Soit $T \in \mathcal{T}$ tel que $b \notin T$. On a $h \notin T$, donc $a \notin T$, ce qui montre que $a > e$. Prenons $e < x \in hP$ et montrons que $a \leq x$. Pour cela, il suffit de montrer que $(x^{-1}a)_+ \in T$ quelque soit T car $\bigcap_{T \in \mathcal{T}} T = \{e\}$. Si $b \in T$, alors $e \leq (x^{-1}a)_+ \leq \leq a \leq b \in T$, donc $(x^{-1}a)_+ \in T$. Si $b \notin T$, on a $T \subset P$. D'autre part, $e \leq a \leq b \in P$ implique $a \in P$, donc $aP = P < hP = xP$. Par suite, $(x^{-1}a \wedge e)P \leq x^{-1}aP < P$, donc $(x^{-1}a)_- \notin P$. A fortiori, $(x^{-1}a)_- \notin T$, donc $(x^{-1}a)_+ \in T$.

6.1.12. <u>DEFINITION</u>. On dit qu'un sous-groupe régulier E est <u>essentiel</u> s'il existe un élément a dont toutes les valeurs sont contenues dans E .

Si, dans la proposition (6.1.11) nous prenons pour $\mathcal{T}$ la famille $\mathcal{R}$ de tous les sous-groupes réguliers, nous obtenons:

6.1.13. <u>Tout sous-groupe essentiel est fermé, en particulier tout sous-groupe spécial est fermé</u>.

La propriété suivante donne une réciproque partielle de ce résultat.

6.1.14. <u>Une valeur normale est fermée si et seulement si elle est essentielle</u>.

Supposons que M est une valeur de $g > e$, fermée et distinguée dans le sous-groupe qui la couvre.

D'après (6.1.6), il existe un $a > e$ tel que $e < x \in gM$ implique $a \leq x$. Nous allons montrer que toutes les valeurs de a sont contenues dans M . Soit P une valeur de a et supposons qu'il existe un $e < z \in P \setminus M$. Par (4.3.3), il existe un $n \geq 0$ tel que $gM < z^nM$. On a $(g \wedge z^n)M = gM$ et $e < g \wedge z^n$, donc $e < a \leq g \wedge z^n \leq z^n \in P$, ce qui donne $a \in P$ contrairement au choix de P .

6.2. <u>Les radicaux d'un groupe réticulé</u>.

Soit G un groupe réticulé. On appelle <u>radical</u> de G l'intersection des sous-groupes essentiels de G . On le notera R(G) .

6.2.1. Le radical R(G) est un ℓ-idéal fermé de G .

Il est clair que R(G) est fermé, puisque chaque sous-groupe essentiel est fermé. Pour démontrer que R(G) est distingué, il suffit de montrer que le conjugué gEg^{-1} d'un sous-groupe essentiel est essentiel. Il existe un a tel que E contienne toutes les valeurs de a . Il est facile de voir que gEg^{-1} contient toutes les valeurs de gag^{-1} .

On appelle radical distributif de G l'intersection des sous-groupes premiers fermés de G . On le notera D(G) .

6.2.2. Le radical distributif D(G) est un ℓ-idéal fermé de G .

Ceci résulte immédiatement du fait que le conjugué d'un sous-groupe premier fermé est premier fermé.

6.2.3. Le radical distributif est l'intersection des sous-groupes réguliers fermés.

En effet, si $x \notin D(G)$, il existe P , premier fermé tel que $x \notin P$. Si M est une valeur de x qui contient P, M est fermée (6.1.10), donc x n'appartient pas à l'intersection des sous-groupes réguliers fermés.

6.2.4. PROPOSITION. Dans tout groupe réticulé, $D(G) \subset R(G)$. Si G est à valeurs normales, $D(G) = R(G)$.

La première assertion résulte du fait que tout sous-groupe essentiel est premier fermé. Dans un groupe à valeurs normales, tout sous-groupe régulier fermé est essentiel (6.1.14).

L'égalité n'est pas vraie dans tout groupe réticulé, comme on le voit en prenant $G = \mathrm{Aut}(\mathbb{R})$. Ici $D(G) = \{e\}$ et $R(G) = G$.

On dit qu'un élément $g' > e$ est subordonné à g si $|g| = \bigvee_{i \in I} g_i$ avec $g_i \geq e$ implique l'existence d'un i tel que $g' \leq g_i$. Nous noterons $\sigma(g)$ l'ensemble des éléments subordonnés à g .

6.2.5. PROPOSITION. Le radical distributif $D(G)$ est l'ensemble des g tels que $\sigma(g) = \{e\}$.

Soit $e < g \in D(G)$. Supposons qu'il existe $e < g' \in \sigma(g)$. Soit M une valeur de g' et soit $\bar{M}$ le sous-groupe fermé engendré par M . On a $D(G) \subset \bar{M}$, donc $g \in \bar{M}$, et par suite $g = \bigvee_{i \in I} g_i$ avec $e \leq g_i \in M$. Il existe un i tel que $e < g' \leq g_i$, donc $g \in M$, ce qui est absurde.

Réciproquement, supposons $g > e$ et $\sigma(g) = \{e\}$. Si $g \notin D(G)$, il existe un M premier fermé tel que $g \notin M$. Distinguons deux cas:

(i) gM couvre M:
Par (6.1.6), il existe un $a > e$ tel que $e < x \in gM$ implique $a \leq x$. Nous allons voir que $a \in \sigma(g)$. Si $g = \bigvee_{i \in I} g_i$, on a $gM = \bigvee_{i \in I} g_i M$. Par suite, il existe un i tel que $g_i M = gM$. Alors $a \leq g_i$.
(ii) Il existe un $h > e$ avec $M < hM < gM$:
Ici (6.1.6) nous donne un $a > e$ tel que $e < x \in hM$ implique $a \leq x$. Si $g = \bigvee_{i \in I} g_i$, on a $gM = \bigvee_{i \in I} g_i M$ et il existe un i tel que $hM < g_i M$. Ceci implique $e < h \wedge g_i \in hM$, donc $a \leq h \wedge g_i$ et on voit que que $a \in \sigma(g)$.

6.3. Groupes complètement distributifs.

Un treillis est dit complètement distributif si:
$\bigwedge_{i \in I} \bigvee_{j \in J} a_{ij} = \bigvee_{\sigma \in J^I} \bigwedge_{i \in I} a_{i\sigma(i)}$, lorsque les $\bigvee$ et les $\bigwedge$ écrits existent. Cette propriété est une généralisation de la distributivité. En effet, dans un treillis distributif, en particulier dans un groupe réticulé, l'égalité précédente est toujours vraie pour I et J finis.

6.3.1. Tout ensemble totalement ordonné est un treillis complètement distributif.

Soient $i \in I$ et $\sigma \in J^I$. On a $a_{i\sigma(i)} \leq \bigvee_{j \in J} a_{ij}$. Par conséquent, $\bigwedge_{i \in I} a_{i\sigma(i)} \leq \bigvee_{j \in J} a_{ij}$, pour tout $i \in I$ et tout $\sigma \in J^I$. Il en résulte: $\alpha = \bigvee_{\sigma \in J^I} \bigwedge_{i \in I} a_{i\sigma(i)} \leq \bigwedge_{i \in I} \bigvee_{j \in J} a_{ij} = \beta$. Supposons $\alpha < \beta$. Pour tout i , $\alpha < \beta \leq \bigvee_{j \in J} a_{ij}$. Comme l'ensemble est totalement ordonné, il existe un j tel que $\beta \leq a_{ij}$. Par suite (axiome du choix), il existe une application $\sigma \in J^I$ telle que $\beta \leq a_{i\sigma(i)}$ pour tout i . Mais cela implique $\beta \leq \bigwedge_{i \in I} a_{i\sigma(i)} \leq \alpha$, d'où une contradiction.

Nous mentionnons pour mémoire la propriété suivante, dont la démonstration est immédiate:

6.3.2. <u>Tout produit direct de treillis complètement distributifs est complètement distributif</u>.

6.3.3. <u>THEOREME</u>. <u>Pour un groupe réticulé</u> G , <u>les conditions suivantes sont équivalentes</u>:

1) G <u>est complètement distributif</u>.

2) <u>Pour tout</u> $g > e$, <u>il existe un</u> $g' > e$, <u>subordonné à</u> g .

3) $D(G) = \{e\}$.

1) implique 2): Soit $\{A_i \mid i \in I\}$ l'ensemble de toutes les parties $A_i \subset G_+$ telles que g soit la borne supérieure de A_i . On peut écrire $A_i = \{g_{ij} \mid j \in J_i\}$, et il est possible de faire en sorte que $J_i = J$ pour tout $i \in I$. On a alors $g = \bigvee_{j \in J} g_{ij}$ pour tout $i \in I$. Si, pour tout $\sigma \in J^I$, $\bigwedge_{i \in I} g_{i\sigma(i)} = e$, il vient $g = \bigwedge_{i \in I} \bigvee_{j \in J} g_{ij} =$

$= \bigvee_{\sigma \in J^I} \bigwedge_{i \in I} g_{i\sigma(i)} = e$, ce qui est impossible. Par conséquent, il existe un σ tel que e ne soit pas la borne inférieure des $g_{i\sigma(i)}$. C'est-à-dire qu'il existe g' vérifiant $e < g' \leq g_{i\sigma(i)}$ pour tout $i \in I$. Il est clair que g' est subordonné à g .

2) implique 3): C'est une conséquence immédiate de (6.2.6).

3) implique 1): Soit $(M_i)_{i \in I}$ l'ensemble des sous-groupes premiers fermés, et soit φ_i l'application canonique de G sur $G(M_i)$. Les φ_i déterminent une injection φ de G dans $\prod_{i \in I} G(M_i)$. Or, $\prod_{i \in I} G(M_i)$ est complètement distributif (6.3.1 et 6.3.2) et φ conserve les $\bigvee$ et les $\bigwedge$ infinis qui existent dans G (6.1.5). Il en résulte que G est complètement distributif.

Nous allons montrer maintenant que le groupe $G = \mathrm{Aut}\, T$ des automorphismes d'un ensemble totalement ordonné T est complètement distributif. Auparavant nous allons introduire quelques notions.

Rappelons que, pour $g \in G$, $s \in T$,

$$g_s = \{t \in T \mid \exists m, n \in \mathbb{Z},\ g^m(s) \leq t \leq g^n(s)\}$$

est la plus petite partie convexe de T invariante par g et qui contient s. Si $g^m(s) \leq t \leq g^n(s)$, alors $g^{-n}(t) \leq s \leq g^{-m}(t)$. Par conséquent, si $t \in g_s$, $g_t = g_s$. Ainsi, pour g donné, les g_s constituent une partition de T.

Posons $B(g) = \{t \in T \mid g(t) \neq t\}$. On a $t \notin B(g)$, si, et seulement si, $g_t = \{t\}$. Par suite,

$$B(g) = \bigcup_{s \in B(g)} g_s .$$

S'il existe un s avec $B(g) = g_s$, nous dirons que g est <u>réduit</u>. Sinon, il est toujours possible de "réduire" g en dehors de g_s : Le résultat de cette réduction est l'élément g^s tel que $g^s(t) = t$ si $t \notin g_s$ et $g^s(t) = g(t)$ si $t \in g_s$.

6.3.4. <u>LEMME</u>. <u>Supposons</u> g <u>réduit</u>. <u>Si</u> $B(k) \subset B(g)$ <u>strictement et</u> $k>e$ <u>il existe un</u> $h>e$ <u>avec</u> $B(h) \subset B(g)$ <u>tel que</u> $B(h)$ <u>soit borné dans</u> $B(g)$.

On peut évidemment supposer que k lui-même est réduit. Soient $t \in B(g) \setminus B(k)$ et $s \in B(k)$. Comme $B(k) = k_s$ est convexe, on a par exemple $B(k) < t$. Si $B(k)$ est borné inférieurement, il suffit de prendre $h=k$ et le lemme est démontré. Supposons donc $B(k)$ non borné. Soit n le plus grand entier positif tel que $g^n(s) \in B(k)$ et posons $u = g^n(s)$. On a donc $u \in B(k)$ et $g(u) \notin B(k)$. Comme $gk^{-1}g^{-1} \leq e$, on a $x = gk^{-1}g^{-1}(u) \leq u$. Comme $B(k)$ n'est pas borné inférieurement, $x \in B(k)$. Il existe un m tel que $u < k^m(x)$. Considérons l'élément $j = k^{-m}gkg^{-1}$. Nous avons $j(x) = k^{-m}gkg^{-1}(x) = k^{-m}(u) < x$. D'autre part, $j(g(u)) = k^{-m}gkg^{-1}g(u) = k^{-m}gk(u) > k^{-m}g(u) = g(u)$, et aussi: $j(g^2(u)) = k^{-m}gkg^{-1}g^2(u) = k^{-m}gkg(u) = k^{-m}g^2(u) = g^2(u)$. Soit h l'élément obtenu par réduction de j en dehors de $j_{g(u)}$. On a $x < B(h) < g^2(u)$, et $h>e$.

Si $s \in T$, soit $G_s = \{g \in G \mid g(s) = s\}$ le stabilisateur de s.

6.3.5. <u>THEOREME</u>. <u>Soit</u> T <u>un ensemble totalement ordonné</u>. <u>Pour tout</u> $s \in T$, <u>le stabilisateur de</u> s <u>dans</u> $\mathrm{Aut}(T)$ <u>est fermé</u>.

Soit $\bar{G}_s$ le sous-groupe fermé engendré par G_s. Supposons qu'il existe $e < f \in \bar{G}_s \setminus G_s$. Soit g l'élément obtenu par réduction de f hors de f_s. Par convexité, $e < g \in \bar{G}_s \setminus G_s$. Comme g est la borne supérieure d'éléments de $(G_s)_+$, on peut trouver $e < k \in G_s$ avec $k \leq g$. On a $B(k) \subset B(g)$ strictement, puisque $s \notin B(k)$. Par suite, d'après le lemme, il existe un $h>e$ tel que $B(h)$ soit borné dans $B(g)$. Il existe $m,n \in \mathbb{Z}$ tels que $g^m(s) < B(h) < g^n(s)$. On peut toujours supposer $m=0$ (sinon, remarquer que $s < B(g^{-m}hg^m) < g^{n-m}(s)$). Soit $e \leq d \leq g^n$ avec $d \in G_s$. On va montrer que $d \leq h^{-1}g^n$, ce qui prouvera que g^n n'est pas la borne supérieure d'éléments de $(G_s)_+$, contrairement à $g^n \in \bar{G}_s$. Si $t \notin B(h)$, $dg^{-n}(t) \leq t = h^{-1}(t)$. Si $t \in B(h)$, $dg^{-n}(t) \leq dg^{-n}g^n(s) = d(s) = s \leq h^{-1}(t)$.

6.3.6. <u>COROLLAIRE</u>. <u>Le groupe des automorphismes d'un ensemble totalement ordonné est complètement distributif</u>.

En effet, les $\{G_s | s \in T\}$ constituent une famille des sous-groupes premiers fermés. Il vient $D(G) \subset \bigcap_{s \in T} G_s = \{e\}$, donc G est complètement distributif par (6.3.3).

Au Chapitre 4, nous avons vu que tout groupe réticulé admet une représentation comme produit sous-direct de groupes d'automorphismes. Nous dirons qu'une telle représentation est <u>complète</u> si elle conserve les $\bigvee$ et les $\bigwedge$ infinis qui existent.

6.3.7. <u>THEOREME</u>. <u>Un groupe réticulé est complètement distributif si et seulement si il admet une représentation complète comme produit sous-direct de groupes d'automorphismes</u>.

Un produit direct de groupes d'automorphismes est complètement distributif, donc la condition est suffisante.

Réciproquement, supposons G complètement distributif. Soit $(M_i)_{i \in I}$ la famille des sous-groupes premiers fermés. Comme $\bigcap_{i \in I} M_i = D(G) = \{e\}$, on a une représentation de G dans $\prod_{i \in I} \mathrm{Aut}\, G(M_i)$. Il suffit de montrer que la projection φ_i de G dans $\mathrm{Aut}\, G(M_i)$ conserve les $\bigvee$ infinis. Supposons $h = \bigvee_{\lambda \in \Lambda} h_\lambda$. Pour tout g, on aura:

$$\varphi_i(h)gM_i = hgM_i = (\bigvee_{\lambda \in \Lambda} h_\lambda)gM = (\bigvee_{\lambda \in \Lambda} h_\lambda g)M_i = \bigvee_{\lambda \in \Lambda} (h_\lambda gM_i) = \bigvee_{\lambda \in \Lambda} \varphi_i(h_\lambda)gM_i .$$

Par conséquent, $\varphi_i(h) = \bigvee_{\lambda \in \Lambda} \varphi_i(h_\lambda)$.

6.4. Groupes valué-finis.

Nous avons vu au Chapitre 2 qu'un élément est dit spécial s'il n'a qu'une seule valeur, qui est elle même qualifiée de spéciale. Ceci nous permet d'énoncer un théorème de structure locale assez intéressant:

6.4.1. THEOREME. *Soit* G *un groupe réticulé et* $g \in G$. *Les conditions suivantes sont équivalentes*:

1) g *n'a qu'un nombre fini de valeurs*.

2) $C(g)$ *n'a qu'un nombre fini de sous-groupes solides maximaux*.

3) *Toute valeur de* g *est un sous-groupe spécial*.

4) g *est le produit d'un nombre fini d'éléments spéciaux deux à deux orthogonaux*.

Il n'est pas restrictif de supposer toujours $g \geq e$. L'équivalence de 1) et 2) résulte directement de (2.5.8).

1) implique 3): Soient $M_1, \ldots, M_r$ les valeurs de g . Si $j \neq i$, on a $M_j \not\subset M_i$. Comme M_i est premier, $\bigcap_{j \neq i} M_j \not\subset M$. Soit $e < h_i \in \bigcap_{j \neq i} M_i$ tel que $h_i \notin M_i$. D'après (4.3.5), chaque M_i est normale, donc par (4.3.3) il existe $n_i \geq 0$ tel que $gM_i < h_i^{n_i} M_i$. Posons $k_i = \bigvee_{j \neq i} h_j^{n_j}$. On a $k_i \in M_i$, donc $k_i M = M_i < gM$, et aussi $gM_i < k_i M_i$ pour tout $j = i$. Soit $g_i = (k_i^{-1} g)_+$. Nous allons montrer que M_i est l'unique valeur de g_i . Tout d'abord, $M_i < k_i^{-1} gM \leq g_i M$ donne $g_i \notin M_i$. Soit $N \in \mathrm{val}(g)$. Comme $e \leq g_i \leq g$, on a $g \notin N$, donc $N \subset M_j$ pour un certain j . Or, $(k_i^{-1} g)_+ \notin N$ implique $(k_i^{-1} g)_- \in N$ donc $(k_i^{-1} g)_- \in M_j$, c'est-à-dire $k_i M_j \leq gM_j$. Ceci n'est possible que pour $j = i$, donc $N \subset M_i$, et finalement $N = M_i$.

3) implique 4): Soit $(M_i)_{i \in I}$ l'ensemble des valeurs de g . Soit $g_i \geq e$ tel que $\mathrm{val}(g_i) = \{M_i\}$. On a aussi $\mathrm{val}(g \wedge g_i) = \{M_i\}$, donc on peut supposer $e < g_i \leq g$. Dans ces conditions, $C(g_i) \subset C(g)$. Comme $\bigvee_{i \in I} C(g_i)$ n'est contenu dans aucune valeur de g , on a nécessairement $g \in \bigvee_{i \in I} C(g_i)$. Il existe $J \subset I$, finie, telle que $g \in \bigvee_{i \in J} C(g_i)$. D'autre part, les g_i sont deux à deux orthogonaux par (3.1.5). Ainsi, $C(g)$ est le produit direct des $C(g_i)$ pour $i \in J$ (d'après (3.5.18)). Par conséquent, $g = \prod_{i \in J} h_i$, avec $e \leq h_i \in C(g_i)$,

et les h_i sont deux à deux orthogonaux. En remarquant que $C(g)$ est le produit direct des $C(h_i)$, on en déduit que $C(h_i) = C(g_i)$. Ainsi, $val(h_i) = val(g_i) = \{M_i\}$.

4) implique 1): Supposons $g = h_1 \dots h_r$, avec $val(h_i) = \{M_i\}$. Nous allons montrer que les valeurs de g sont $M_1, \dots , M_r$ si l'on suppose les h_i deux à deux orthogonaux. En effet, ceci implique $h_j \in M_i$, pour $j{=}i$, donc $g \notin M_i$. Si $N \in val(g)$, il existe un i tel que $h_i \notin N$, donc $N \subset M_i$, et finalement $N = M_i$.

On sait que dans un groupe totalement ordonné, tout élément est spécial (puisque ses valeurs doivent être comparables). Une importante généralisation est constituée par les groupes dans lesquels tout élément n'a qu'un nombre fini de valeurs. Nous appellerons ces groupes <u>valué-finis</u>.

6.4.2. <u>Tout groupe valué-fini est un groupe à valeurs normales</u>.

Ceci résulte immédiatement de (4.3.5).

6.4.3. <u>THEOREME</u>. <u>Pour un groupe réticulé</u> G , <u>les conditions suivantes sont équivalentes</u>:

1) G <u>est valué-fini</u>.

2) <u>Tout sous-groupe régulier est spécial</u>.

3) <u>Pour tout</u> $g \in G$, $C(g)$ <u>est valué-fini</u>.

L'équivalence de 1) et 2) résulte trivialement de (6.4.1). 1) implique 3): Si $h \in C(g)$, nous avons vu en (2.5.9) que l'application $M \mapsto M \cap C(g)$ est une bijection de l'ensemble des valeurs de h dans G sur l'ensemble des valeurs de h dans $C(g)$. 3) implique 1): Les sous-groupes solides maximaux de $C(g)$ sont les valeurs de g dans $C(g)$, donc sont en nombre fini. Il suffit donc d'appliquer (6.4.1).

6.4.4. <u>COROLLAIRE</u>. G <u>est valué-fini si et seulement si tout sous-groupe solide est valué-fini</u>.

6.4.5. <u>COROLLAIRE</u>. <u>Si</u> G <u>est valué-fini, tout sous-groupe solide est fermé</u>.

En effet, tout sous-groupe régulier est spécial, donc fermé par (6.1.13). De plus, tout sous-groupe solide est intersection de sous-groupes réguliers.

6.4.6. COROLLAIRE. Tout groupe valué-fini est complètement distributif.

En effet, son radical distributif est nul d'après le corollaire précédent.

Nous allons montrer maintenant que les groupes valué-finis peuvent être caractérisé par leur treillis $C(G)$. Nous nous servirons d'une caractérisation intrinsèque des sous-groupes spèciaux:

6.4.7. PROPOSITION. Soit $M \in C(G)$. M est spécial si et seulement si $\bigcap_{i \in I} C_i \subset M$ implique l'existence d'un i avec $C_i \subset M$.

Supposons M spécial et soit g tel que $val(g) = \{M\}$. Si $\bigcap_{i \in I} C_i \subset M$, il existe un i tel que $g \notin C_i$. Alors C_i est contenu dans une valeur de g, donc dans M.

Inversement, supposons cette condition réalisée. Soit $\mathcal{B}$ la famille de tous les $B \in C(G)$ tels que $B \not\subset M$. On a $\bigcap_{B \in \mathcal{B}} B \not\subset M$. Prenons $g \in \bigcap_{B \in \mathcal{B}} B$ tel que $g \notin M$. Si N est une valeur de g, on a $g \notin N$, donc $N \notin \mathcal{B}$ et par suite $N \subset M$. Comme $g \notin M$, il vient $N = M$.

6.4.8. THEOREME. Pour un groupe réticulé G, les conditions suivantes sont équivalentes:

1) G est valué-fini.

2) $C(G)$ est un treillis complètement distributif.

3) Dans $C(G)$, $A \vee (\bigcap_{i \in I} C_i) = \bigcap_{i \in I} (A \vee C_i)$ quelque soient A et C_i.

1) implique 2): On a toujours $A = \bigvee_{i \in I} \bigwedge_{j \in J} C_{ij} \subset \bigwedge_{\sigma \in J^I} \bigvee_{i \in I} C_{i\sigma(i)} = B$. Il suffit de montrer que tout sous-groupe régulier M qui contient A contient aussi B. Pour tout i, on a $\bigcap_{j \in J} C_{ij} \subset M$. Il existe un i tel que $C_{ij} \subset M$. Par conséquent (axiome du choix) il existe $\sigma \in J^I$ tel que pour tout i, $C_{i\sigma(i)} \subset M$. Ainsi, $\bigwedge_{\sigma \in J^I} \bigvee_{i \in I} C_{i\sigma(i)} \subset M$.

2) implique 3): Evident.

3) implique 1): Soit M un sous-groupe régulier. Nous allons montrer qu'il est spécial en utilisant (6.4.7). Si $\bigcap_{i \in I} C_i \subset M$, on a

$M = M \vee (\bigcap_{i \in I} C_i) = \bigcap_{i \in I} (C_i \vee M)$. Comme M est régulier, il existe un i tel que $M = C_i \vee M$, c'est-à-dire $C_i \subset M$.

6.5. <u>Groupes valués-finis commutatifs: représentation de Hahn et extensions archimédiennes</u>.

La théorie de Hahn (section 5.4) convient particulièrement à la représentation des groupes valués-finis, du fait que, dans ce cas, toute valeur est essentielle. Elle permet de caractériser, de façon très simple, les extensions archimédiennes d'un groupe donné, en tant que ℓ-sous-groupes de $V(I)$, où I est un système à racines. Rappelons que $T(x)$ désigne l'ensemble des éléments minimaux du support d'un $x \in V(I)$ comme dans (1.5.3).

Notons tout d'abord ce critère d'équivalence archimédienne dans $V(I)$.

6.5.1. <u>Pour que deux éléments</u> x <u>et</u> y <u>de</u> $V(I)$ <u>soient archimédiennement équivalents, il faut que</u> $T(x) = T(y)$; <u>si</u> $T(x)$ <u>et</u> $T(y)$ <u>sont finis, cette condition est également suffisante</u>.

La démonstration est directe et peut être laissée au lecteur.

Dans le reste de ce paragraphe, G est toujours un groupe réticulé commutatif, noté additivement, $(M_\lambda)_{\lambda \in I}$ est l'ensemble des sous-groupes réguliers de G , et on identifie G avec son image par une Φ-application dans $V(I)$. Ainsi on identifie chaque M_λ avec le $D_\lambda \cap G$ correspondant (cf. section 5.5).

6.5.2. <u>THEOREME</u>. <u>Si</u> G <u>est valué-fini et</u> H <u>un ℓ-sous-groupe de</u> $V(I)$ <u>qui contient</u> G , <u>les conditions suivantes sont équivalentes</u>:

(i) H <u>est une extension archimédienne de</u> G ,

(ii) H <u>est valué-fini</u>,

(iii) <u>Pour tout</u> $h \in H$, $T(h)$ <u>est fini</u>.

Il est clair qu'une extension archimédienne d'un groupe valué-fini est valué-fini. Ainsi (i) implique (ii) et (ii) implique (iii), du fait que chaque $\lambda \in T(h)$ correspond à une valeur de h . Pour montrer que (iii) implique (i), il suffit, moyennant (6.5.1), de montrer que, pour toute partie finie et trivialement ordonnée J de I , il existe $g \in G$, tel que $\text{val } g = \{M_\lambda \mid \lambda \in J\}$. Or, G étant valué-fini, pour chaque $\lambda \in I$, il existe un $g \in G$, dont l'unique valeur est M_λ; ainsi $g = \sum_{\lambda \in J} g_\lambda$ répond à la question.

Il est clair, d'après la théorie du chapitre précédent, que, si V(I) est une extension archimédienne de G , c'est l'unique complété archimédien de G . Mais, pour G valué-fini, cela ne sera le cas que si I n'admet aucune partie infinie trivialement ordonnée ou, ce qui revient au même, si I n'admet qu'un nombre fini de chaînes maximales. Les chaînes maximales de I correspondant aux sous-groupes premiers minimaux de G , nous avons le théorème suivant.

6.5.3. <u>THEOREME</u>. <u>Pour un groupe réticulé commutatif</u> G , <u>les conditions suivantes sont équivalentes</u>:

(i) G <u>est produit sous-direct d'une famille finie de groupes totalement ordonnés</u>,

(ii) <u>L'ensemble des sous-groupes premiers minimaux de</u> G <u>est fini</u>,

(iii) <u>L'ensemble des chaînes maximales de</u> I <u>est fini</u>,

(iv) V(I) <u>est valué-fini</u>,

(v) G <u>est valué-fini, et</u> V(I) <u>est une extension archimédienne de</u> G .

<u>S'il en est ainsi</u>, V(I) <u>est</u> (<u>à un isomorphisme près</u>) <u>l'unique complété archimédien commutatif de</u> G .

On remarquera que l'équivalence de (i)-(iv) est indépendante de la commutativité de G .

Si I ne vérifie pas les hypothèses du théorème précédent, on est naturellement amené à rechercher des ℓ-sous-groupes plus restreints de V(I) , dans lesquels on pourrait plonger un groupe G , dès qu'il est valué-fini. Mais ce problème s'avère difficilement traitable. Nous nous contenterons ici de la construction explicite d'un ℓ-sous-groupe F(I) de V(I) , valué-fini, archimédiennement complet, et ayant précisément les traces des D_λ comme valeurs.

<u>Dans le reste de ce chapitre, soit</u> F(I) <u>l'ensemble des</u> $v \in V(I)$ <u>tels que</u> S(v) <u>ne contient aucune partie infinie trivialement ordonnée</u>.

La démonstration du fait que F(I) est un ℓ-sous-groupe de V(I) est directe et peut être laissée au lecteur. Que F(I) est valué-fini résulte de la proposition suivante.

6.5.4. <u>Soit</u> G <u>un</u> ℓ-<u>sous-groupe de</u> $V(I)$. <u>Si, pour tout</u> $g \in G$, $T(g)$ <u>est fini</u>, G <u>est valué-fini</u>.

Il s'agit de montrer que les seuls sous-groupes réguliers de G sont les traces sur G des D_λ . Pour cela, soient $g \in G_+$, L un ℓ-idéal de G qui ne contient pas g , et montrons que $L \subset D_\lambda$, pour un $\lambda \in T(g)$. Raisonnons par l'absurde. Si L n'est inclus dans aucun de ces D_λ , alors, pour tout $\lambda \in T(g)$, il existe $x_\lambda \in L_+$ et $\lambda' \leq \lambda$, tels que $\lambda' \in T(x_\lambda)$. Si $\lambda' < \lambda$, posons $n_\lambda = 1$; si $\lambda' = \lambda$, choisissons $n_\lambda \in \mathbb{N}$, tel que $n_\lambda (x_\lambda)_{\lambda'} \geq g_\lambda$. Alors, si on pose $x = \sum_{\lambda \in T(g)} n_\lambda x_\lambda$, $x \geq g$, et, par conséquent, $g \in L$.

Il est clair d'autre part que la trace de chaque D_λ est un sous-groupe régulier de $F(I)$.

Enfin, pour montrer que $F(I)$ est archimédiennement complet, nous passerons par le lemme suivant.

6.5.5. <u>LEMME</u>. <u>Soit</u> M <u>un système à racines, qui vérifie la condition minimale et qui admet une infinité de chaînes maximales. Alors il existe une chaîne</u> C <u>dans</u> M , <u>telle que l'ensemble des éléments minimaux de</u> $M \setminus C$ <u>soit infini</u>.

En effet, si l'ensemble des éléments minimaux de M est infini, la chaîne vide répond à la question. Sinon, l'ensemble L des éléments de M contenus dans une infinité des chaînes maximales de M n'est pas vide (il contient au moins un élément minimal de M). Soit C une chaîne maximale de L , et on va montrer que C répond à la question.

Soit Y l'ensemble des $y \in M \setminus C$, tels que $y > x$, avec $x \in C$. Il est clair que chaque élément de C est contenu dans une infinité de chaînes maximales de M qui coupent Y . Nous prétendons que l'ensemble des éléments minimaux de Y est infini. Considérons d'abord l'ensemble Z des majorants stricts de C . Puisque $Z \cap L = \emptyset$, si l'ensemble des éléments minimaux de Z est fini, Z n'est coupé que par un nombre fini de chaînes maximales et, par conséquent, chaque élément de C est contenu dans une chaîne maximale qui coupe $Y \setminus Z$.

Supposons qu'il en soit ainsi, et soient $y_1, \ldots, y_n$ des éléments minimaux de $Y \setminus Z$. Soit $x_i \in C$ avec $x_i \nleq y_i$, $i = 1, \ldots, n$, et soit $x = \sup \{x_i \mid i = 1,\dots,n\}$. Alors x est contenu dans une chaîne maximale de M , qui coupe Y dans un élément minimal y , distinct de $y_1,\dots,y_n$. Ainsi l'ensemble des éléments minimaux de Y est infini.

Montrons, pour conclure, que les éléments minimaux de Y sont également minimaux dans $M\setminus C$. En effet, soient $y \in Y$, $x \in C$, avec $x<y$, et soit $y' \le y$. M étant un système à racines, x et y' sont comparables. Si $x<y'$, alors, par la minimalité de y , $y' = y$. Mais si $y' \le x$, alors $y' \in C$. Ainsi y est bien un élément minimal de $M\setminus C$.

6.5.6. <u>THEOREME</u>. $F(I)$ <u>est archimédiennement complet</u>.

Soit H un ℓ-sous-groupe de $V(I)$ qui contient proprement $F(I)$ et soit $h \in H\setminus F(I)$. Alors $S(h)$ est un système à racines, qui vérifie la condition minimale et qui admet une partie infinie trivialement ordonnée. Nous sommes donc dans les conditions du lemme. Soit C une chaîne de $S(h)$, telle que $S(h)\setminus C$ ait une infinité d'éléments minimaux, et définissons un élément $v \in V(I)$, de la facon suivante:

$$v_\lambda = h_\lambda \ , \quad \text{pour} \quad \lambda \in C$$

$$v_\lambda = 0 \ , \quad \text{pour} \quad \lambda \notin C \ .$$

Clairement, $v \in F(I)$, et $S(h-v) = S(h)\setminus C$. Ainsi $T(h-v)$ est infini. Mais $h-v \in H$. Il résulte donc du théorème (6.5.2) que H n'est pas une extension archimédienne de $F(I)$. Le groupe $F(I)$ n'admettant pas d'extension archimédienne propre dans $V(I)$, il est archimédiennement complet (5.5.5).

<u>Note du Chapitre 6</u>

Le concept de ℓ-idéal fermé a été introduit par RIESZ, en 1940, pour les espaces réticulés complets [1]. A partir de cette date, la théorie des espaces réticulés va en faire un usage extensif, mais presque toujours dans le cas archimédien, où, comme nous le verrons les ℓ-idéaux fermés sont précisément les polaires (11.1.10).

JAFFARD [9] étudie les groupes complets qui admettent une représentation complète.

C'est WEINBERG qui introduit, pour les groupes réticulés, la distributivité complète [1]. Il montre, dans le cas commutatif, que la distributivité complète est une condition nécessaire et suffisante pour l'existence d'une représentation complète.

La notion de ℓ-idéal essentiel et le radical $R(G)$ sont déjà contenus implicitement dans l'article de CONRAD, HARVEY et HOLLAND sur l représentation de Hahn des groupes réticulés commutatifs [1]. La famille Σ des ℓ-idéaux essentiels est évidemment contenue dans toute partie plénière. Si $\bigcap_{M\in\Sigma} M = 0$, alors Σ est donc une partie plénière minimum et elle définit une représentation de Hahn "minimum".

Le radical $R(G)$ est introduit explicitement par CONRAD dans [6]. Il montre que, dans le cas représentable, G est complètement distributif si et seulement si $R(G) = \{e\}$. Mais ceci s'avère faux dans le cas non représentable. BYRD et LLOYD lèvent cette difficulté en introduisant le radical distributif $D(G)$ ([1] et BYRD [2]). Les paragraphes 1, 2, 3 suivent, pour l'essentiel, leur exposé.

La distributivité complète de $Aut(T)$ et la propriété des stabilisateurs est due à LLOYD [3]. La démonstration que nous donnons est de READ [2]. McCLEARY a montré que les sous-groupes fermés de $Aut(T)$ sont exactement les stabilisateurs des éléments du complètè de Dedekind de T [2].

On peut dire qu'un groupe réticulé est $(\alpha-\beta)$ distributif si l'égalité (1.2.15) est vraie pour des ensembles I et J de cardinalité inférieure à α et β . JAKUBIK a étudié cette propriété dans [14] et [18].

La théorie des groupes valué-finis est due essentiellement à CONRAD [7].

La théorie du paragraphe 6.5 est due à WOLFENSTEIN [1] et à CONRAD [9]. Celui-ci avait pensé à un moment que, pour G commutatif et valué-fini, $F(I)$ serait l'unique complété archimédien commutatif de G , mais BYRD [1] a montré par un exemple (fort compliqué) qu'il n'en est rien. En effet, si I est le système à racines figuré ci-dessous

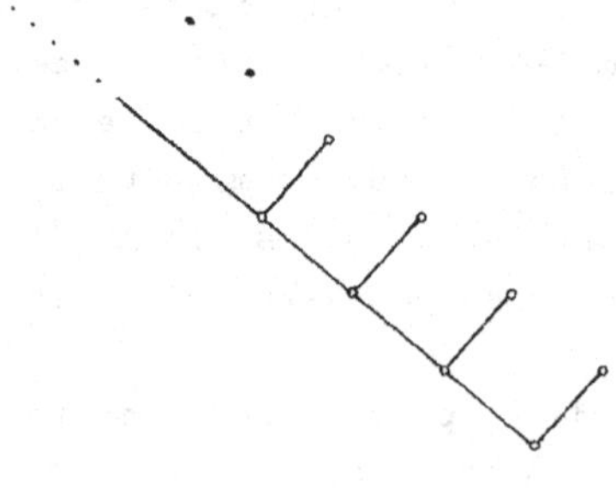

(B)

et si G est constitué par les éléments de $V(I)$ á support fini, Byrd montre que G admet une infinité non-dénombrable de complétés archimédiens commutatifs non-isomorphes. Par contre, WOLFENSTEIN [6] montre que, si G est commutatif et valué-fini et si l'ensemble I des valeurs de G (considéré comme ensemble ordonné) ne contient aucune partie isomorphe au système de racines (B), alors $F(I)$ est (à un isomorphisme près) l'unique complété archimédien commutatif de G. Ce théorème s'applique en particulier aux groupes ortho-finis (voir Chapitre 7), cas qui avait déjà été remarqué par CONRAD. C'est là le meilleur résultat possible dans cette voie, si on se limite aux conditions portant uniquement sur la structure de treillis de $\mathcal{C}(G)$.

La notion de sous-groupe fermé permet de construire une théorie parallèle à celle des extensions archimédiennes, celle des a^*-extensions. Si G est un ℓ-sous-groupe de H, on dit que H est une a^*-extension de G lorsque l'application $C \mapsto C \cap G$ est une bijection de l'ensemble des sous-groupes fermés de H sur celui de G. Si H n'admet pas de a^*-extension propre, on dit que c'est un a^*-complété de G. L'existence du a^*-complété a été montrée par BALL [1]. Auparavant, BLEIER et CONRAD [1, 2] avaient établi son existence dans la classe des groupes réticulés abéliens et ils ont montré que, si G est abélien et valué-fini, $V(I)$ est son unique a^*-complété abélien - ultime généralisation du théorème de HAHN.

Chapitre 7.

PROPRIETES LIEES A L'ORTHOGONALITE

Dans ce chapitre, nous allons tenter de circonscrire les groupes réticulés qui peuvent être construits à partir de groupes totalement ordonnés au moyen d'opérations simples. Par exemple, à quelles conditions un groupe réticulé est-il isomorphe à un produit direct de groupes totalement ordonnés, ou à un produit restreint de tels groupes? Ceci conduit à étudier d'abord les sous-groupes convexes totalement ordonnés d'un groupe réticulé G (7.1 et 7.2). Ces sous-groupes sont évidemment des éléments de $\mathcal{C}(G)$. En général, il n'y a aucune raison pour que G admette de tels sous-groupes, en dehors de $\{e\}$. Par exemple, le groupe des fonctions réelles continues sur $[0,1]$ n'en n'admet pas. En (7.3), nous examinerons différentes conditions pour que G en contienne "suffisamment". Ces conditions seront renforcées en (7.4) par une condition de finitude, qui nous conduira aux résultats essentiels (7.4.5), (7.4.7) et (7.5.7). En (7.6), nous donnons un important théorème de plongement.

7.1. Extensions lexicographiques.

Soit G un groupe réticulé. $\mathcal{C}(G)$ désigne le treillis des sous-groupes solides de G comme auparavant.

7.1.1. THEOREME. Pour $C \in \mathcal{C}(G)$, les conditions suivantes sont équivalentes:

1) C est premier et chaque élément de $G_+ \setminus C$ majore C.

2) C est premier et comparable avec chaque élément de $\mathcal{C}(G)$.

3) C contient toutes les polaires non égales à G.

4) C <u>contient tous les premiers minimaux</u>.

5) <u>Pour tout</u> $a \in G \backslash C$, $a^{\perp} = \{e\}$.

6) <u>Tout élément de</u> $G \backslash C$ <u>est spécial</u>.

7) <u>Chaque élément de</u> $\mathcal{G}(C)$ <u>distinct de</u> C <u>consiste uniquement d'éléments positifs ou uniquement d'éléments négatifs</u>.

1) implique 2): Soit $X \in \mathcal{C}(G)$. Supposons $X \not\subset C$ et prenons $e < x \in X \backslash C$. Comme x majore C , on a $C \subset C(X) \subset X$.

2) implique 3): Soit A une polaire telle que $A \not\subset C$. Comme C est comparable avec $A, C \subset A$. Comme C est premier, $A^{\perp} \subset C \subset A$, donc $A = G$.

3) implique 4): Car tout premier minimal est réunion de polaires.

4) implique 5): Soit $a \notin C$. Pour tout premier minimal M , on a $a \notin M$, donc $a^{\perp} \subset M$. Ainsi, $a^{\perp}$ est contenu dans l'intersection des premiers minimaux, qui est $\{e\}$.

5) implique 6): Soit $a \notin C$ et soit M une valeur de a contenant C . Supposons qu'il existe une autre valeur $N \neq M$. Prenons $e < x \in M \backslash N$, et $e < y \in N \backslash M$. Alors $x = (x \wedge y)u$ et $y = (x \wedge y)v$ avec $u \wedge v = e$. Notons que $u \notin N$ et $v \notin M$. Ainsi, on a $v \in C$ et $v^{\perp} \neq e$.

6) implique 7) car tout élément spécial est positif ou négatif (2.5.12).

7) implique 1): L'hypothèse entraine que $\mathcal{G}(C)$ est totalement ordonné, donc C est premier. Si $x \in G_+ \backslash C$ et $c \in C$, comme xc^{-1} est congru à x modulo C , on a $xc^{-1} \geq e$, donc $x \geq c$.

<u>Remarque</u>. Si C est différent de $\{e\}$, on peut supprimer "C est premier" dans les conditions 1) et 2). La vérification est laissée au lecteur.

7.1.2. <u>DEFINITION</u>. Si C vérifie les conditions du Théorème précédent, on dit que G est une <u>extension lexicographique</u> de C , ou plus brièvement une <u>lex-extension</u> de C .

Par exemple, soit B un groupe totalement ordonné et soit C un groupe réticulé. Sur le groupe $G = B \times C$, mettons l'ordre lexicographique: $(b,c) \geq e$ si $b > e$ ou si $b = e$ et $c \geq e$. On voit facilement que G est un groupe réticulé et qu'il est une lex-extension de C .

7.1.3. <u>PROPOSITION</u>. <u>Supposons</u> $K \subset H \subset G$, <u>avec</u> $K, H \in \mathcal{C}(G)$. <u>Alors</u> G

est lex-extension de K si et seulement si G est lex-extension de H et H lex-extension de K .

En effet, il suffit d'appliquer la condition 6 de (7.1.1) et de remarquer qu'un élément de H est spécial dans H si et seulement si il est spécial dans G (2.5.13).

7.1.4. DEFINITION. On appelle lex-noyau de G et on note lex G la borne supérieure dans $C(G)$ des polaires non égales à G (c'est-à-dire le sous-groupe qu'elles engendrent).

D'après (7.1.1), c'est également la borne supérieure des premiers minimaux. De plus, ce Théorème nous donne immédiatement:

7.1.5. G est lex-extension de C si et seulement si lex $G \subseteq C$.

Il est clair que G est totalement ordonné si et seulement si lex $G = \{e\}$. Si lex $G = G$, nous dirons que G est lex-simple.

7.1.6. lex G est le plus grand $C \in C(G)$ qui est lex-simple.

En effet, si lex G est lex-extension de K, G est lex-extension de K par (7.1.3), donc $K=G$. Soit $C \in C(G)$ lex-simple. On ne peut pas avoir lex $G \subseteq C$ et lex $G \neq C$, car alors C serait lex-extension de lex G . Mais lex G est comparable à C (7.1.1-2), donc $C \subseteq$ lex G .

Nous dirons que A est un lex-sous-groupe de G si $A \in C(G)$ et lex $A \neq A$. Ainsi tout sous-groupe convexe totalement ordonné et non réduit à $\{e\}$ est un lex-sous-groupe.

7.1.7. PROPOSITION. Un élément g est spécial si et seulement si $C(g)$ est un lex-sous-groupe.

Supposons g spécial et soit M son unique valeur. Alors $M \cap C(g)$ est l'unique valeur de g dans $C(g)$ (par 2.5.13), donc est maximum dans $C(g)$. Par suite, $C(g)$ est lex-extension de $M \cap C(g)$ (7.1.1-2). Réciproquement, si $g \notin$ lex $C(g)$, g est spécial dans $C(g)$, donc dans G .

7.1.8. PROPOSITION. Deux lex-sous-groupes A et B sont comparables ou orthogonaux.

Si $A \not\subset B$, il existe un $e < a \in A$ tel que $a \notin B \cup \text{lex } A$. De même, si $B \not\subset A$, il existe un $e < b \in B$ avec $b \notin A \cup \text{lex } B$. Comme $A \cap B \in C(A)$, $A \cap B$ est comparable avec lex A . Si $A \cap B \subset \text{lex } A$, on a $A \cap B < a$. Si $\text{lex } A \subset A \cap B$, A est lex-extension de $A \cap B$ et là encore, $A \cap B < a$. On démontre de même que $A \cap B < b$. Mais alors $a \wedge b$ est élément maximum de $A \cap B$, donc $A \cap B = \{e\}$.

7.1.9. <u>THEOREME</u>. <u>Soit</u> A <u>un lex-sous-groupe, et soit</u> $g \geq e$. <u>Alors</u> $g \notin A \times A^{\perp}$ <u>si et seulement si</u> $A < g$.

La condition est toujours suffisante, même si A n'est pas un lex-sous-groupe. Pour montrer qu'elle est nécessaire, supposons qu'il existe un $a \in A$ avec $a \nleq g$. Il n'est pas restrictif de supposer $a \notin \text{lex } A$. On a $a^2 = (a^2 \wedge g)u$ et $g = (a^2 \wedge g)v$ avec $u \wedge v = e$. Comme $u \leq a^2$, on a $u \in A$. Si $u \in \text{lex } A$, $u \leq a$ donc $au \leq a^2 = (a^2 \wedge g)u \leq gu$, ce qui donne $a \leq g$ contrairement à l'hypothèse. Par conséquent, $u \notin \text{lex } A$. Si $e \leq z \in A$, $u \wedge v \wedge z = e$, donc $v \wedge z = e$ (7.1.1-5). Par conséquent $v \in A^{\perp}$ et $g = (a^2 \wedge g)v \in A \times A^{\perp}$.

7.1.10. <u>COROLLAIRE</u>. <u>Tout lex-sous-groupe non borné est facteur direct</u>.

7.1.11. <u>PROPOSITION</u>. <u>Soient</u> $A, C \in C(G)$ <u>avec</u> A <u>contenu strictement dans</u> C . <u>Les conditions suivantes sont équivalentes</u>:

1) C <u>est une lex-extension de</u> A .

2) $C^{\perp\perp}$ <u>est une lex-extension de</u> A .

3) <u>Pour tout</u> $a \in C \setminus A$, $a^{\perp} = C^{\perp}$.

1) implique 2): Prenons $e < x \in C^{\perp\perp} \setminus C$ (si $C^{\perp\perp} = C$, il n'y a rien à démontrer). Alors, $x \notin C \times C^{\perp}$ car $(C \vee C^{\perp}) \cap C^{\perp\perp} = (C \cap C^{\perp\perp}) \vee (C^{\perp} \cap C^{\perp\perp}) = C$. En appliquant (7.1.9), on voit que $x > C$. Comme $C \neq \{e\}$, il en résulte que $C^{\perp\perp}$ est extension lexicographique de C, donc aussi de A .

2) implique 1) est trivial.

1) implique 3): Soit $e < a \in C \setminus A$. Evidemment, $C^{\perp} \subset a^{\perp}$. Soit $e \leq x \in a^{\perp}$. Si $e \leq z \in C$, on a $a \wedge x \wedge z = e$ donc $x \wedge z = e$.

3) implique 1): Soit $e < a \in C \setminus A$. Supposons $x \in C$ et $x \wedge a = e$. Alors, $x \in C \cap a^{\perp} = C \cap C^{\perp} = \{e\}$, donc $x = e$.

7.1.12. <u>COROLLAIRE</u>. <u>Toute lex-extension propre</u> C <u>de</u> A <u>est contenue dans une unique lex-extension maximale, qui est sa bipolaire</u> $C^{\perp\perp}$.

Supposons $C^{\perp\perp} \subset D$ et D , lex-extension de A . Si $a \in C \setminus A$, on a $C^{\perp} = a^{\perp} = D^{\perp}$ donc $D \subset D^{\perp\perp} = C^{\perp\perp}$. L'unicité résulte de (7.1.8)

7.1.13. PROPOSITION. Si $A \neq \{e\}$ et si C est une lex-extension de A , alors $A^{\perp} = C^{\perp}$.

Soit $e<z \in A$. Prenons $e \leq t \in A^{\perp}$, et $e \leq c \in C \setminus A$. Si $t \wedge c \notin A$, on a $t \wedge c \geq z$, donc $z = t \wedge z = e$, ce qui est contradictoire. Par suite, $t \wedge c \in A \cap A^{\perp}$, donc $t \wedge c = e$. Ceci prouve que $A^{\perp} \subset C^{\perp}$.

7.1.14. COROLLAIRE. Si $A \neq \{e\}$ admet une lex-extension propre, les lex-extensions de A forment une chaine, qui admet $A^{\perp\perp}$ comme élément maximum.

7.2. Sous-groupes convexes totalement ordonnés.

Tout ce qui vient d'être dit des lex-sous-groupes s'applique, bien entendu, aux sous-groupes convexes totalement ordonnés. En particulier, deux sous-groupes convexes totalement ordonnés sont orthogonaux ou comparables. Tout sous-groupe convexe totalement ordonné $C \neq \{e\}$ est contenu dans un unique sous-groupe convexe totalement ordonné maximal qui est sa bipolaire $C^{\perp\perp}$. Il est donc intéressant d'étudier les polaires totalement ordonnées. Elles sont caractérisées par le Théorème suivant:

7.2.1. THEOREME. Soit C une polaire non réduite à $\{e\}$. Les conditions suivantes sont équivalentes:

1) C est totalement ordonnée.

2) C est un sous-groupe convexe totalement ordonné maximal.

3) $C^{\perp}$ est premier.

4) $C^{\perp}$ est un premier minimal.

5) $C^{\perp}$ est une polaire maximale.

6) C est une polaire minimale.

1) implique 2): Ceci résulte de (7.1.12).

2) implique 3): Soient $e<x \notin C^{\perp}$ et $e<y \notin C^{\perp}$. Il existe $a,b \in C$ avec $x \wedge a>e$ et $y \wedge b>e$. Or, $x \wedge a$ et $y \wedge b \in C$ et C est totalement

ordonné, donc $(x\wedge a)\wedge(y\wedge b) > e$. A fortiori, $x\wedge y>e$, ce qui démontre que C est premier.

3) implique 4): En effet, toute polaire est intersection de premiers minimaux (3.4.2).

4) implique 5): Supposons $C\subset D$, où D est une polaire. Comme C est premier, D l'est aussi. Mais alors D est premier minimal (d'après l'implication précédente), donc $C=D$.

5) implique 6), parce que l'application $A \mapsto A^{\perp}$ est un anti-automorphisme de l'algèbre de Boole des polaires.

6) implique 1): Soient $x,y\in C$ avec $x\wedge y = e$. Si $x>e$, on a $x^{\perp\perp} = C$, puisque C est minimale. Par suite $y \in x^{\perp\perp}\cap x^{\perp} = \{e\}$.

7.2.2. <u>THEOREME</u>. <u>Soit K une partie convexe contenant e . Les conditions suivantes sont équivalentes</u>:

1) K <u>est totalement ordonnée</u>.

2) $K^{\perp\perp}$ <u>est totalement ordonnée</u>.

3) $C(K)$ <u>est totalement ordonné</u>.

Il suffit évidemment de démontrer que 1) implique 2): Prenons $e < x,y \in K^{\perp\perp}$. Alors $x,y\notin K^{\perp}$, et il existe $a,b\in K$ avec $x\wedge|a| > e$ et $y\wedge|b| > e$. Nous allons voir que $x\wedge|a|$ et $y\wedge|b|$ sont comparables. Distinguons trois cas:

(i) Si $a,b\geq e$, alors $x\wedge|a|$ et $y\wedge|b|$ sont dans K par convexité, donc ils sont comparables.

(ii) Si $a,b\leq e$, on a $a = |a|^{-1} \leq (x\wedge|a|)^{-1} \leq e$ et $b = |b|^{-1} \leq$ $\leq (y\wedge|b|)^{-1} \leq e$, donc $(x\wedge|a|)^{-1}$ et $(y\wedge|b|)^{-1}$ sont dans K . Par suite, ils sont comparables et leurs inverses également.

(iii) Si $b\leq e\leq a$ (ou symétriquement), on peut écrire: $b = |b|^{-1} \leq$ $\leq (y\wedge|b|)^{-1}(x\wedge|a|) \leq x\wedge|a| \leq |a| = a$. Par convexité, il vient $(y\wedge|b|)^{-1}(x\wedge|a|) \in K$, donc cet élément est comparable à e .

Si, par exemple, $x\wedge|a| \leq y\wedge|b|$, alors $e < x\wedge|a| = x\wedge y\wedge|a|$, donc $x\wedge y > e$.

7.2.3. <u>COROLLAIRE</u>. <u>Les chaînes convexes maximales passant par</u> e <u>sont exactement les polaires totalement ordonnées</u>.

Le théorème montre en effet que ces chaînes sont des polaires. Si C est une polaire totalement ordonnée, supposons $C\subset K$ où K est une chaîne convexe. On a $C\subset K\subset K^{\perp\perp}$ et $K^{\perp\perp}$ est totalement ordonné. Mais alors, $K^{\perp\perp}$ est une polaire minimale, donc $C = K = K^{\perp\perp}$.

7.2.4. <u>COROLLAIRE</u>. *Si K est une chaîne maximale qui est convexe et passe par e , alors $K \in C(G)$ et K est facteur direct.*

En effet, K est alors non borné donc on peut appliquer (7.1.10).

7.2.5. <u>COROLLAIRE</u>. *Pour un élément $a > e$, on a les équivalences:*

1) *L'intervalle $[e,a]$ est totalement ordonné.*

2) *$a^{\perp\perp}$ est totalement ordonné.*

3) *$C(a)$ est totalement ordonné.*

7.2.6. <u>DEFINITION</u>. Un élément $a > e$ est dit *basique* s'il vérifie les conditions du corollaire précédent.

Si a est basique, tout élément de $a^{\perp\perp}$ l'est également, ainsi que tout conjugué de a . Deux éléments basiques sont orthogonaux ou comparables.

Tout élément basique est spécial. Ceci résulte, par exemple de (7.1.7). En fait, si a est basique, $a^{\perp}$ est premier et les sous-groupes premiers qui ne contiennent pas a constituent une chaîne au-dessus de $a^{\perp}$.

7.3. Bases.

7.3.1. <u>DEFINITION</u>. Dans un groupe réticulé, on appellera *ensemble orthogonal* toute partie S telle que:

(i) Pour tout $a \in S$, $a > e$.

(ii) Si $a,b \in S$, et $a \neq b$, alors $a \perp b$.

Une application directe de l'axiome de Zorn nous donne:

7.3.2. *Tout ensemble orthogonal est contenu dans un ensemble orthogonal maximal.*

La proposition suivante est un exercice facile:

7.3.3. *Un ensemble orthogonal S est maximal si et seulement si $S^{\perp} = \{e\}$ (ou $S^{\perp\perp} = G$) .*

Ceci étant, on appelle *base* tout ensemble orthogonal maximal constitué d'éléments basiques. Nous dirons qu'un groupe est <u>basique</u> s'il possède une base.

Si G possède une base, il en possède une infinité. Mais nous allons voir qu'elles ont toutes la même cardinalité, qui est celle de l'ensemble des polaires minimales.

7.3.4. <u>THEOREME</u>. <u>Les conditions suivantes sont équivalentes</u>:

1) G <u>est basique</u>.

2) <u>Tout</u> $a>e$ <u>majore un élément basique</u>.

3) <u>L'algèbre des polaires de</u> G <u>est atomique</u>.

4) <u>Toute polaire non égale à</u> G <u>est intersection de polaires maximales</u>.

5) $\{e\}$ <u>est intersection de polaires maximales</u>.

1) implique 2): Soit S une base et soit $a>e$. On a $a\notin S^{\perp}$, donc il existe un $s\in S$ avec $e < a\wedge s \leq a$. Comme $a\wedge s \leq s$, $a\wedge s$ est basique.

2) implique 3): Nous devons montrer que toute polaire non nulle A contient une polaire minimale. Si $e<a\in A$, alors a majore un élément basique s . On a $s^{\perp\perp}\subset A$ et $s^{\perp\perp}$ est une polaire minimale.

Maintenant, l'équivalence entre 3), 4) et 5) est une propriété bien connue des algèbres de Boole. Cependant, on peut montrer directement:

3) implique 4): Par dualité, toute polaire différente de G est contenue dans une polaire maximale. Soit $C\neq G$ une polaire et soit $e < x \notin C = C^{\perp\perp}$. Il existe un $a\in C^{\perp}$ avec $x\wedge a>e$. Comme $(x\wedge a)^{\perp} \neq G$, $(x\wedge a)^{\perp}$ est contenu dans une polaire première P . On a: $C \subset a^{\perp} \subset$ $\subset (x\wedge a)^{\perp} \subset P$. Comme P est premier minimal, $x\wedge a\notin P$, donc $x\notin P$.

4) implique 5) est trivial.

5) implique 1): Soit $(P_{\lambda})_{\lambda\in\Lambda}$ l'ensemble des polaires maximales. Ainsi $(P_{\lambda}^{\perp})_{\lambda\in\Lambda}$ est l'ensemble des polaires minimales. Pour chaque λ choisissons $e < s_{\lambda} \in P_{\lambda}^{\perp}$. Il est clair que s_{λ} est basique. De plus, les $P_{\lambda}^{\perp}$ sont deux à deux orthogonaux, donc les s_{λ} constituent un ensemble orthogonal S . Il reste à montrer que $S^{\perp} = \{e\}$. Or, si $x\wedge s_{\lambda} = e$ pour tout λ , on a $x \in \cap s_{\lambda}^{\perp} = \cap P_{\lambda}^{\perp\perp} = \cap P_{\lambda} = \{e\}$.

7.3.5. <u>COROLLAIRE</u>. <u>Un groupe réticulé</u> G <u>est basique si et seulement si tout sous-groupe solide est basique</u>.

7.3.6. <u>COROLLAIRE</u>. <u>Tout groupe basique est complètement distributif</u>.

En effet, toute polaire est fermée. La condition 5) montre qu'il existe une famille de premiers fermés dont l'intersection est $\{e\}$. Ceci entraine la distributivité complète (6.3.3).

La réciproque n'est pas vraie. Il suffit de considérer le groupe Aut($\mathbb{R}$) , qui est complètement distributif, mais ne contient aucun élément basique.

7.3.7. LEMME. *Si P est un sous-groupe premier de G , $P^{\perp\perp} = P$ ou $P^{\perp\perp} = G$.*

Puisque $P^{\perp\perp}$ contient P , il est premier. Si $P^{\perp\perp} \neq G$, c'est une polaire maximale, donc un premier minimal et par suite, $P^{\perp\perp} = P$.

7.3.8. LEMME. *Soit $\mathcal{F}$ une famille de sous-groupes premiers telle que $\bigcap_{P\in\mathcal{F}} P = \{e\}$. Alors $\mathcal{F}$ est minimale pour cette propriété si et seulement si $\mathcal{F}$ coïncide avec l'ensemble des polaires maximales.*

Supposons $\mathcal{F}$ minimale et prenons $P\in\mathcal{F}$. Soit A l'intersection des $Q\in\mathcal{F}$ avec $Q\neq P$. Comme $A\cap P = \{e\}$, on a $\{e\} \neq A \subset P^{\perp}$, donc $P^{\perp\perp} \neq G$. D'après le lemme précedent, P est une polaire maximale.

Soit C une polaire maximale. Il existe un $a>e$ tel que $C = a^{\perp}$. Il existe un $P\in\mathcal{F}$ avec $a\notin P$. Alors $C = a^{\perp} \subset P$. Comme C et P sont des polaires maximales, il vient $C=P$.

Réciproquement, montrons que l'ensemble $(P_{\lambda})_{\lambda\in\Lambda}$ des polaires maximales constitue une famille minimale. Prenons $e < s_{\lambda} \in P_{\lambda}^{\perp}$. Alors, comme on l'a vu en (7.3.4), les s_{λ} forment une base et $e < s_{\lambda} \in \bigcap_{\mu\neq\lambda} s_{\mu}^{\perp} = \bigcap_{\mu\neq\lambda} P_{\mu}$.

Le lemme (7.3.8) donne immédiatement:

7.3.9. PROPOSITION. *G est basique si et seulement si il contient une famille de sous-groupes premiers d'intersection $\{e\}$ et minimale pour cette propriété.*

Considérons un groupe G qui admet une représentation $G \to \prod_{\lambda\in\Lambda} G_{\lambda}$ comme produit sous-direct de groupes totalement ordonnés. Notons K_{λ} le noyau de la projection de G sur G_{λ} (qui est un ℓ-idéal premier). La représentation sera dite *irréductible* si, pour tout λ la projection de G sur $\prod_{\mu\neq\lambda} G_{\mu}$ n'est pas une représentation. En d'autres termes, pour tout λ , $\bigcap_{\mu\neq\lambda} K_{\mu} \neq \{e\}$. Alors, d'après (7.3.8), les K_λ sont exactement les polaires maximales. Il en résulte deux propriétés:

7.3.10. PROPOSITION. Un groupe réticulé G admet une représentation irréductible si et seulement si il est basique et représentable.

En effet, si G est représentable, ses polaires sont distinguées (4.2.5). Si en plus G est basique, soit $(P_\lambda)_{\lambda\in\Lambda}$ l'ensemble de ses polaires maximales. Alors $G \to \prod_{\lambda\in\Lambda} G/P_\lambda$ est une représentation irréductible.

Si l'on convient d'appeler équivalentes deux représentations pour lesquelles les noyaux K_λ sont les mêmes, alors on peut énoncer:

7.3.11. PROPOSITION. Deux représentations irréductibles sont équivalentes.

7.4. Groupes ortho-finis.

Soit G un groupe réticulé et soit $a>e$. Nous dirons que a est de hauteur n si toutes les chaînes maximales de polaires au-dessous de $a^{\perp\perp}$ sont finies et de longueur n. Une telle chaîne est donc de la forme $\{e\} = C_o \subset C_1 \subset C_2 \subset \ldots \subset C_n = a^{\perp\perp}$ et il n'existe aucune polaire comprise entre C_i et C_{i+1}.

7.4.1. THEOREME. Les conditions suivantes sont équivalentes:

1) a est de hauteur n.
2) Il existe une chaîne maximale de polaires au-dessous de $a^{\perp\perp}$ de longueur n.
3) $a^{\perp\perp}$ admet une base de n éléments.
4) a appartient à tous les premiers minimaux sauf n d'entre eux.
5) n est la borne supérieure des m tels qu'il existe m éléments deux à deux orthogonaux au-dessous de a.

1) implique 2) est trivial.

2) implique 3): Soit $\{e\} = C_o \subset C_1 \subset \ldots \subset C_n = a^{\perp\perp}$ une telle chaîne. Montrons que $D_{i+1} = C_i^\perp \cap C_{i+1}$ est une polaire minimale. Soit F une polaire telle que $F \subset D$. On a, dans l'algèbre des polaires,

$C_i \vee F = C_i$ ou $C_i \vee F = C_{i+1}$. Dans le premier cas, $F \subset C_i^{\perp} \cap C_i = \{e\}$. Dans le second cas, $D_{i+1} = D_{i+1} \cap (C_i \vee F) = D_{i+1} \cap F$, donc $F = D_{i+1}$. Il est clair que les D_i sont deux à deux orthogonaux et que $\bigvee_{1 \le i \le n} D_i = a^{\perp\perp}$. Si on prend $e < s_i \in D_i$, on obtient une base de $a^{\perp\perp}$ à n éléments.

3) implique 4): Soit $(a_1, a_2, \ldots, a_n)$ une base de $a^{\perp\perp}$. Alors chaque $a_i^{\perp}$ est un premier minimal qui ne contient pas a . Inversement, soit M un premier minimal qui ne contient pas a . On a $(a_1 \vee \ldots \vee a_n)^{\perp\perp} = a^{\perp\perp}$, donc $a_1 \vee \ldots \vee a_n \notin M$ et il existe un i tel que $a_i \notin M$. Alors $a_i^{\perp} \subset M$ et la minimalité de M implique $a_i^{\perp} = M$.

4) implique 5): Soit $(M_\lambda)_{\lambda \in \Lambda}$ l'ensemble des premiers minimaux ne contenant pas a . Soit B un ensemble orthogonal contenu dans $[e,a]$. Pour tout $b \in B$, soit $\Sigma(b) = \{\lambda \in \Lambda \mid b \notin M_\lambda\}$. Il est clair que les $\Sigma(b)$ sont deux à deux disjoints. Leur nombre est donc inférieur à n . Par suite, B a moins de n éléments. Comme M est premier, $\bigcap_{\mu \neq \lambda} M_\mu \not\subset M_\lambda$. Prenons $e < a_\lambda \in (\bigcap_{\mu \neq \lambda} M_\mu) \setminus M_\lambda$. Alors les $a_\lambda \wedge a$ constituent un ensemble orthogonal de n éléments au-dessous de a .

5) implique 1): Considérons une chaîne de polaires au-dessous de $a^{\perp\perp}$: $\{e\} = C_0 \subset C_1 \subset \ldots \subset C_r = a^{\perp\perp}$ (inclusions strictes). Prenons $e < a_{i+1} \in C_i^{\perp} \cap C_{i+1}$. Les $a_i \wedge a$ constituent r éléments deux à deux orthogonaux dans $[e,a]$, donc $r \le n$. Ceci montre que toutes les chaînes maximales sont finies. Considérons une chaîne maximale, de longueur r . Comme 2) implique 5), r est égal à n .

7.4.2. <u>THEOREME</u>. <u>Pour</u> $a > e$, <u>les conditions suivantes sont équivalentes</u>:

1) a <u>est de hauteur finie</u>.

2) <u>Si</u> Z <u>est un z-sous-groupe et</u> $a \in Z^{\perp\perp}$, <u>alors</u> $a \in Z$.

3) <u>Tout ensemble orthogonal majoré par</u> a <u>est fini</u>.

4) <u>L'ensemble des polaires contenues dans</u> $a^{\perp\perp}$ <u>vérifie la condition maximale</u>.

5) <u>L'ensemble des polaires contenues dans</u> $a^{\perp\perp}$ <u>est fini</u>.

1) implique 2): Prenons une base finie $(a_1, \ldots, a_n)$ de $a^{\perp\perp}$. On a $e < a_i \in Z^{\perp\perp}$ donc $a_i \notin Z^{\perp}$ et il existe un $z_i \in Z$ avec $e < a_i \wedge z_i$ Comme a_i est basique, $a_i \in a_i^{\perp\perp} = (a_i \wedge z_i)^{\perp\perp} \subset z_i^{\perp\perp} \subset Z$. Par suite, on a $a \in a^{\perp\perp} = (a_1 \vee \ldots \vee a_n)^{\perp\perp} \subset Z$.

2) implique 3): Supposons qu'il existe un ensemble orthogonal maximal infini $(a_\lambda)_{\lambda \in \Lambda}$ borné par a . Soit Z la réunion des $b^{\perp\perp}$

où $b \in \bigvee_{\lambda\in\Lambda} C(a_\lambda)$. C'est le z-sous-groupe engendré par les a_λ . On a $a \in a^{\perp\perp} = (\bigvee_{\lambda\in\Lambda} C(a_\lambda))^{\perp\perp} = Z^{\perp\perp}$, donc $a\in Z$. Il existe un $b \in \bigvee_{\lambda\in\Lambda} C(a_\lambda)$ tel que $a\in b^{\perp\perp}$. Or, il existe $\Gamma\subset\Lambda$, fini, avec $b \in \bigvee_{\lambda\in\Gamma} C(a_\lambda)$. Considérons $\mu\notin\Gamma$. On a $a_\lambda\in a_\mu^\perp$ pour tout $\lambda\in\Gamma$, donc $b\in a_\mu^\perp$ et $a\in a_\mu^\perp$. Mais ceci entraine $a_\mu \in a^\perp \cap a^{\perp\perp} = \{e\}$, d'où une contradiction.

3) implique 4): Considérons une suite croissante $C_o \subset C_1 \subset \ldots$ $\ldots \subset C_n \subset \ldots a^{\perp\perp}$ avec des inégalités strictes. On peut prendre $e < a_{i+1} \in C_i^\perp \cap C_{i+1}$. Les $a_i \wedge a$ constituent un ensemble orthogonal infini contenu dans $[e,a]$.

4) implique 5): Ceci est un résultat bien connu de la théorie des algèbres de Boole. Pour le lecteur peu familiarisé avec cette théorie, rappelons brièvement la démonstration. Soit $\mathcal{B}$ l'algèbre de Boole des polaires contenues dans $a^{\perp\perp}$. Par dualité, $\mathcal{B}$ vérifie la condition minimale. Ainsi, tout $B\in\mathcal{B}$ tel que $B \neq \{e\}$ contient un élément minimal. Soit C la borne supérieure des éléments minimaux de inférieurs à B . Si $C\neq B$, alors $B\cap C^\perp \neq \{e\}$ contient un élément minimal, ce qui contredit la définition de C . On a donc $B=C$. Il reste à montrer que $\mathcal{B}$ n'a qu'un nombre fini d'éléments minimaux. Or, si $(A_n)_n$ est une suite infinie d'éléments minimaux, on obtient une suite croissante infinie en posant $B_n = A_o \vee \ldots \vee A_n$.

7.4.3. <u>COROLLAIRE</u>. <u>Pour un groupe réticulé</u> G <u>les conditions suivantes sont équivalentes</u>:

1) <u>Tout élément</u> $a\in G_+$ <u>est de hauteur finie</u>.

2) <u>Tout ensemble orthogonal borné est fini</u>.

3) <u>Tout</u> z-<u>sous-groupe est une polaire</u>.

Nous dirons qu'un groupe est <u>ortho-fini</u> s'il vérifie les conditions du corollaire précédent. Si G est ortho-fini, il est basique: En effet, (7.4.1-3) montre que tout élément majore un élément basique. D'autre part, tout ℓ-sous-groupe est ortho-fini; ceci résulte de (7.4.2-3).

7.4.4. <u>Tout élément de hauteur finie n'a qu'un nombre fini de valeurs</u>.

Soit a un élément de hauteur finie et soit $\mathcal{M}$ l'ensemble (fini) des premiers minimaux ne contenant pas a . L'application qui à $M\in\mathcal{M}$ associe l'unique valeur de a contenant M est une surjection de M sur val(a) .

Ainsi, tout groupe ortho-fini est valué-fini. La réciproque n'est pas vraie, comme le montre l'exemple suivant: Prenons un ensemble infini I et soit $\nu \in I$. Posons $\lambda \leq \mu$ si $\lambda = \mu$ ou $\mu = \nu$. Alors I est un système à racines. Le produit lexicographique $V(I,R_\lambda)$ (où $R_\lambda = \mathbb{R}$) est valué-fini mais n'est pas ortho-fini.

7.4.5. THEOREME. Un groupe réticulé G admet une représentation dans un produit restreint de groupes totalement ordonnés si et seulement si il est ortho-fini et représentable.

Soit $G \to \prod^*_{\lambda \in \Lambda} G_\lambda$ une telle représentation. Deux éléments de G sont orthogonaux si et seulement si leurs supports sont disjoints. Si $(a_i)_{i \in I}$ est un ensemble orthogonal majoré par a , les supports $S(a_i)$ sont contenus dans $S(a)$, qui est fini, donc sont en nombre fini. Réciproquement, supposons G représentable et ortho-fini. Les premiers minimaux $(M_\lambda)_{\lambda \in \Lambda}$ sont des ℓ-idéaux (4.2.5). Considérons la représentation $G \to \prod_{\lambda \in \Lambda} G/M_\lambda$. Comme tout $g \in G$ appartient à tous les M_λ sauf un nombre fini, l'image de G est contenue dans $\prod^*_{\lambda \in \Lambda} G/M_\lambda$.

7.4.6. THEOREME. Pour un groupe réticulé G , les conditions suivantes sont équivalentes:

1) G admet une base finie.

2) G contient un élément a , de hauteur finie, avec $a^{\perp\perp} = G$.

3) G n'a qu'un nombre fini de premiers minimaux.

4) G n'a qu'un nombre fini de polaires.

5) Tout ensemble orthogonal est fini.

1) implique 2): Si $(a_1,\dots,a_n)$ est une base finie, posons $a = a_1 \vee \dots \vee a_n$ et appliquons (7.4.1). La réciproque est immédiate. 2) implique 3) est également une conséquence de (7.4.1). 3) implique 4) car toute polaire est intersection de premiers minimaux. 4) implique 5): Si $(a_\lambda)_{\lambda \in \Lambda}$ est un ensemble orthogonal, les polaires $a_\lambda^{\perp\perp}$ sont distinctes. 5) implique 1): Soit $(a_1,\dots,a_n)$ un ensemble orthogonal maximal. Alors on peut prendre $a = a_1 \vee \dots \vee a_n$ et appliquer (7.4.2).

La condition 5 montre que tout ℓ-sous-groupe de G possède la même propriété.

Considérons la plus petite classe de groupes réticulés, K vérifiant les propriétés suivantes:

(i) K contient tous les groupes totalement ordonnés.

(ii) Si $A,B \in K$, $A \times B \in K$

(iii) Si B est une lex-extension de $A \lhd B$ et si $A \in K$, alors $B \in K$.

Nous allons montrer que cette classe est celle des groupes admettant une base finie.

D'une façon plus précise, soient $T_1,\dots,T_n$ des groupes totalement ordonnés. Nous dirons que G est un <u>lex-produit normal</u> des $T_1,\dots,T_n$ s'il existe une suite finie de ℓ-idéaux $L_o \subset \dots \subset L_r = G$, telle que:

(i) $L_o = T_1 \times \dots \times T_n$.

(ii) $L_{i+1} = T_1^{(i+1)} \times \dots \times T_{k_{i+1}}^{(i+1)}$, où chaque $T_j^{(i+1)}$ est soit l'un des $T_h^{(i)}$, ou bien une lex-extension de deux ou plus des $T_h^{(i)}$.

7.4.7. <u>THEOREME</u>. <u>Un groupe réticulé</u> G <u>admet une base de</u> n <u>éléments si et seulement si c'est un lex-produit de</u> n <u>groupes totalement ordonnés</u>.

Il est facile de vérifier que la condition est suffisante. Pour prouver qu'elle est nécessaire, nous allons montrer que G est un lex-produit de ses polaires minimales. La propriété est triviale pour $n=1$. Nous allons raisonner par récurrence sur n . Supposons $n>1$. La base B de G est contenue dans lex G : Si $a \in B$, $a^\perp \neq \{e\}$, donc $a \in$ lex G (7.1.1). Comme G est lex-extension de lex G , il suffit de vérifier la propriété pour lex G . Par conséquent, on peut supposer G = lex G . Soit X l'ensemble des polaires de la forme $d^{\perp\perp} \neq G$, où d est spécial. Cet ensemble admet un élément maximal $b^{\perp\perp}$ (d'après 7.4.6). Si $b^{\perp\perp} \times b^\perp \neq G$, il existe une polaire propre $C \not\subset b^{\perp\perp} \times b^\perp$ (car G = lex G est engendré par ses polaires propres). Soit $e < g \in C \setminus (b^{\perp\perp} \times b^\perp)$. D'après le théorème (6.4.1), g est borne supérieure d'éléments spéciaux. On peut donc trouver un d spécial avec $e < d \in C \setminus (b^{\perp\perp} \times b^\perp)$. On a $d^{\perp\perp} \subset C \neq G$, donc $d^{\perp\perp} \in X$. De plus, $C(b) < d$ par (7.1.9). Par conséquent, $b^{\perp\perp}$ est strictement contenu dans $d^{\perp\perp}$, ce qui contredit la maximalité de $b^{\perp\perp}$. On a donc $b^{\perp\perp} \times b^\perp = G$, et il suffit maintenant d'appliquer l'hypothèse de récurrence à $b^{\perp\perp}$ et $b^\perp$.

7.5. Groupes projetables.

Nous dirons qu'un groupe G est semi-projetable si, pour $a,b \in G_+$, $(a\wedge b)^\perp$ est la borne supérieure dans $C(G)$ de $a^\perp$ et $b^\perp$. Pour éviter toute confusion avec la borne supérieure des polaires, nous écrirons:

$$(a\wedge b)^\perp = C(a^\perp \cup b^\perp) \quad .$$

7.5.1. PROPOSITION. *Pour qu'un groupe réticulé G soit semi-projetable, il faut et il suffit que tout sous-groupe premier propre contienne un unique premier minimal.*

Soit P premier. Rappelons que $N = \bigcup_{s\notin P} s^\perp$ est l'intersection des premiers minimaux contenus dans P (3.4.12). Supposons G semi-projetable. Si $e<a\notin N$ et $e<b\notin N$, on a $a^\perp \subset P$ et $b^\perp \subset P$, donc $(a\wedge b)^\perp = C(a^\perp \cup b^\perp) \subset P$. Par suite, $a\wedge b\notin N$, ce qui montre que N est premier. Si M est un premier minimal contenu dans P , on a $N\subset M$, ce qui entraine $N=M$.

Réciproquement, montrons que la condition est suffisante. On a toujours $a^\perp, b^\perp \subset (a\wedge b)^\perp$. Soit $x \notin C(a^\perp \cup b^\perp)$, et soit P une valeur de x telle que $C(a^\perp \cup b^\perp) \subset P$. On sait que $N = \bigcup_{s\notin P} s^\perp$ est l'unique premier minimal contenu dans P . Comme $a^\perp, b^\perp \subset P$, on a $a,b\notin N$, donc $a\wedge b \notin N$, et finalement $(a\wedge b)^\perp \subset P$. Ceci prouve que $x \notin (a\wedge b)^\perp$.

Si g est un élément quelconque du groupe G , on a toujours $(g^\perp \times g^{\perp\perp})^{\perp\perp} = G$. Nous dirons que G est projetable si, pour tout g , on a $g^\perp \times g^{\perp\perp} = G$. Alors chaque $g^\perp$ est distingué, et par suite, toute polaire est distinguée. On a donc:

7.5.2. *Tout groupe projetable est représentable.*

Pour caractériser les groupes projetables, nous aurons besoin du lemme suivant:

7.5.3. LEMME. *Soit P un sous-groupe premier propre. La réunion des z-sous-groupes premiers contenus dans P est l'ensemble des g tels que $g^{\perp\perp} \subset P$.*

Supposons $g^{\perp\perp} \subset P$. Nous allons raisonner dans le treillis

$PP(G)$ des polaires principales. Soit $F = \{x^{\perp\perp} | x \notin P\}$. On vérifie sans difficulté que F est un filtre. Si $g^{\perp\perp} = x^{\perp\perp}$, alors $x \in P$. On a donc $g^{\perp\perp} \notin F$. D'après l'axiome de Zorn, il existe un filtre H maximal parmi ceux qui contiennent F et ne contiennent pas $g^{\perp\perp}$. Posons $Z = \{z | z^{\perp\perp} \notin H\}$. Nous affirmons que Z est un z-sous-groupe premier. Le seul point délicat à vérifier est que $e \leq a,b \in Z$ implique que $ab \in Z$. Comme $a^{\perp\perp} \notin H$, le filtre engendré par H et $a^{\perp\perp}$ contient $g^{\perp\perp}$, c'est-à-dire qu'il existe un $x^{\perp\perp} \in H$ avec $a^{\perp\perp} \cap x^{\perp\perp} \subset g^{\perp\perp}$. De même, il existe un $y^{\perp\perp} \in H$ avec $b^{\perp\perp} \cap y^{\perp\perp} \subset g^{\perp\perp}$. Alors $t^{\perp\perp} = x^{\perp\perp} \cap y^{\perp\perp} \in H$ et $g^{\perp\perp} \supset (a^{\perp\perp} \cap t^{\perp\perp}) \vee (b^{\perp\perp} \cap t^{\perp\perp}) =$
$= (a^{\perp\perp} \vee b^{\perp\perp}) \cap t^{\perp\perp} = (ab)^{\perp\perp} \cap t^{\perp\perp}$. Ceci montre que $(ab)^{\perp\perp} \notin H$, c'est-à-dire $ab \in Z$.

Il est clair que $g \in Z$. Il nous reste à montrer que $Z \subset P$. Or, si $z \in Z$, on a $z^{\perp\perp} \notin H$, $z^{\perp\perp} \notin F$, donc $z \in P$.

7.5.4. <u>THEOREME</u>. <u>G est projetable si et seulement si tout sous-groupe premier propre</u> P <u>contient un unique z-sous-groupe premier, qui est alors</u> $N = \bigcup_{a \notin P} a^{\perp}$.

Supposons G projetable. Si Z est un z-sous-groupe premier contenu dans P , pour tout $a \notin P$, $a^{\perp} \subset Z$, donc $N \subset Z$. Prenons $e < s \in P$. Si $e \leq g \in Z$, on a $s = uv$ avec $u \in g^{\perp}$ et $v \in g^{\perp\perp}$. Comme $v \in g^{\perp\perp} \subset Z \subset P$, on a $u \notin P$. Par suite, $g \in u^{\perp} \subset N$. Finalement, $Z = N$, ce qui démontre l'unicité.

Réciproquement, montrons que la condition est suffisante. Si $g^{\perp} \times g^{\perp\perp} \neq G$, il existe un sous-groupe premier $P \neq G$ tel que $g^{\perp} \times g^{\perp\perp} \subset P$. D'après le lemme, il existe un z-sous-groupe premier Z tel que $g \in Z \subset P$. Mais ici, Z est égal à tous les premiers minimaux contenus dans P , donc à leur intersection, qui est égale à N (3.4.12). Il existe donc un $a \notin P$ avec $g \in a^{\perp}$. Alors $a \in g^{\perp} \subset P$, ce qui est contradictoire.

7.5.5. <u>COROLLAIRE</u>. <u>Tout groupe projetable est semi-projetable</u>.

7.5.6. <u>PROPOSITION</u>. <u>Un groupe projetable est basique si et seulement si il est complètement distributif</u>.

En effet, supposons G projetable et complètement distributif. Comme G est représentable, on a $R(G) = \{e\}$ (6.2.4 et 6.3.3). Si $a > e$, il existe un sous-groupe essentiel M tel que $a \notin M$. Il existe un élément $b > e$ tel que M contienne toutes les valeurs de b .

Tous les premiers minimaux qui ne contiennent pas b sont contenus dans M , donc ils sont égaux à leur intersection, qui est $b^{\perp}$ (3.4.2). Ainsi, $b^{\perp}$ est une polaire maximale qui ne contient pas a .

7.5.7. THEOREME. Pour un groupe réticulé G , les conditions suivantes sont équivalentes:

1) G est isomorphe à un produit restreint de groupes totalement ordonnés.

2) Tout z-sous-groupe de G est facteur direct.

3) G est ortho-fini et projetable.

4) G est valué-fini et semi-projetable.

1) implique 2): Supposons $G = \prod^*_{\lambda\in\Lambda} G_\lambda$. Soit Z un z-sous-groupe. On a $Z = \prod^*_{\lambda\in\Lambda}(G_\lambda \cap Z)$. Si $G_\lambda \cap Z \neq \{e\}$, prenons $e < g \in G_\lambda \cap Z$. Alors $G_\lambda = g^{\perp\perp} \subset Z$. Par suite, Z est de la forme $\prod^*_{\lambda\in\Gamma} G_\lambda$, donc il est facteur direct.

2) implique 3): Tout z-sous-groupe est une polaire, donc G est ortho-fini. De plus, chaque $g^{\perp\perp}$ est un z-sous-groupe, donc est facteur direct.

3) implique 4), d'après (7.4.4) et (7.5.5).

4) implique 3): Si, à toute valeur M de $a\in G$ on associe l'unique premier minimal contenu dans M , on définit une bijection de val(a) sur l'ensemble des premiers minimaux ne contenant pas a , qui est donc fini. Par conséquent, a est de hauteur finie. D'autre part, en utilisant (6.4.8-3), on peut écrire, dans C(G) :

$$g^{\perp} \vee g^{\perp\perp} = g^{\perp} \vee \bigcap_{h\in g^{\perp}} h^{\perp} = \bigcap_{h\in g^{\perp}} (g^{\perp} \vee h^{\perp}) = \bigcap_{h\in g^{\perp}} (g\wedge h)^{\perp} .$$

On voit que $g^{\perp}\times g^{\perp\perp}$ est une polaire, donc $g^{\perp}\times g^{\perp\perp} = G$.

3) implique 1): Soit $(M_\lambda)_{\lambda\in\Lambda}$ l'ensemble des premiers minimaux et soit $G_\lambda = G/M_\lambda$. Comme nous l'avons vu en (7.4.5), G admet une représentation φ dans le produit restreint des G_λ . Mais ici, chaque M_λ est une polaire $a_\lambda^{\perp}$. Comme $G = a_\lambda^{\perp}\times a_\lambda^{\perp\perp}$, on a $G_\lambda = \varphi(a_\lambda^{\perp\perp}) \subset \varphi(G)$. Par conséquent, $\varphi(G) = \prod^*_{\lambda\in\Lambda} G_\lambda$.

7.6. Groupes latéralement complets.

On dit que G est latéralement complet si tout ensemble orthogonal admet une borne supérieure. Par exemple, tout groupe admettant une base finie est latéralement complet. Nous allons voir que les deux principaux théorèmes de plongement, le Théorème de Holland et le Théorème de Hahn, donnent des plongements dans un groupe latéralement complet.

7.6.1. PROPOSITION. Le groupe G des automorphismes d'une chaîne T est latéralement complet.

Soit $(g_i)_{i\in I}$ un ensemble orthogonal. Les supports $S(g_i)$ sont deux à deux disjoints. Si $t \notin \bigcup_{i\in I} S(g_i)$, posons $gt = t$. Si $t \in S(g_i)$, posons $gt = g_i t$. Il est clair que g est un automorphisme et que $g = \bigvee_{i\in I} g_i$.

7.6.2. COROLLAIRE. Tout groupe réticulé peut être plongé dans un groupe latéralement complet.

7.6.3. Tout produit lexicographique $V(\Lambda, G_\lambda)$ de groupes totalement ordonnés est latéralement complet.

Soit $(g_i)_{i\in I}$ un ensemble orthogonal. Si $i \neq j$, pour tout $\alpha \in S(g_i)$ et $\beta \in S(g_j)$, α et β sont incomparables. Par suite, $\bigcup_{i\in I} S(g_i)$ vérifie la condition minimale. L'élément g défini par $g_\alpha = e$ si $\alpha \notin \bigcup S(g_i)$ et $g_\alpha = (g_i)_\alpha$ si $\alpha \in S(g_i)$ appartient à $V(\Lambda, G_\lambda)$ et on vérifie facilement que c'est la borne supérieure des g_i.

7.6.4. THEOREME. Pour qu'un groupe réticulé soit isomorphe à un produit direct de groupes totalement ordonnés, il faut et il suffit qu'il soit basique, projetable et latéralement complet.

On vérifie sans peine que tout produit $\prod_{\lambda\in\Lambda} G_\lambda$ vérifie ces conditions. Réciproquement, considérons l'ensemble $(M_\lambda)_{\lambda\in\Lambda}$ des polaires maximales de G. On a une représentation $G \overset{\varphi}{\to} \prod_{\lambda\in\Lambda} G_\lambda$ où $G_\lambda = G/M_\lambda$. Comme $M = (a_\lambda)^\perp$, on a $G = M_\lambda \times (a_\lambda)^{\perp\perp}$. Ainsi $G_\lambda = \varphi(a_\lambda^{\perp\perp}) \subset \varphi(G)$. Tout élément positif de $\prod G_\lambda$ est borne supérieure de ses projections dans les G_λ, qui forment un ensemble orthogonal. Comme G est latéralement complet, $\varphi(G) = \prod G_\lambda$.

7.6.5. DEFINITION. Si G est un ℓ-sous-groupe d'un groupe H, on dit que G est <u>dense</u> dans H si, pour tout $e<h\in H$, il existe un $g\in G$ avec $e<g\leq h$.

Cette définition s'accorde avec celle que nous avons donnée dans les préliminaires pour des ensembles ordonnés quelconques.

On dira que H est une <u>complétion latérale</u> de G si:

(i) H est latéralement complet.

(ii) G est un ℓ-sous-groupe dense de H.

(iii) Toute extension latéralement complète de G contenue dans H est égale à H.

7.6.6. <u>THEOREME</u>. <u>Tout groupe réticulé</u> G <u>admet une unique complètion latérale</u>.

La démonstration de ce théorème est extrêmement technique. Nous nous limiterons à en indiquer les grandes lignes.

La première étape consiste à construire une extension $\bar{G}$ de G, dans laquelle G est dense et telle que tout ensemble orthogonal dans G admet une borne supérieure dans $\bar{G}$. Soit $\mathcal{D}$ l'ensemble de tous les ensembles orthogonaux de G. On considère l'ensemble $\mathcal{M}$ des n-uples $(\varepsilon_1 M_1, \dots, \varepsilon_n M_n)$ où $\varepsilon_i = \pm 1$, $M_i \in \mathcal{D}$ et n peut varier dans $\mathbb{N}$. Soit $\mathcal{G}$ l'ensemble des parties finies non vides de l'ensemble des parties finies non vides de $\mathcal{M}$. On détermine G comme quotient de $\mathcal{G}$ par une relation d'équivalence convenable.

On pose alors $G(0) = G$, $G(1) = \bar{G}$, et $\pi(1,0)$ le plongement de G dans $\bar{G}$. Supposons que pour tout couple d'ordinaux $\mu\leq\nu<\lambda$, on a construit $G(\mu)$, $G(\nu)$ et un $\pi(\nu,\mu)$ de $G(\mu)$ dans $G(\nu)$ tel que:

(i) $\pi(\mu,\mu)$ est l'identité.

(ii) Si $\tau\leq\mu\leq\nu<\lambda$, alors $\pi(\nu,\mu)\circ\pi(\mu,\tau) = \pi(\nu,\tau)$.

(iii) $G(\mu+1) = \overline{G(\mu)}$ et $\pi(\mu+1,\mu)$ est le plongement de $G(\mu)$ dans $\overline{G(\mu)}$.

Si $\lambda = \nu+1$, on prend $G(\lambda) = \overline{G(\nu)}$, $\pi(\lambda,\nu)$ est le plongement naturel. Si $\mu<\lambda$, $\pi(\lambda,\mu) = \pi(\lambda,\nu)\circ\pi(\nu,\mu)$.

Si λ est un ordinal limite, on prend pour $G(\lambda)$ la limite inductive des $G(\mu)$ avec $\mu<\lambda$.

Soit λ les plus petit ordinal dont le cardinal est strictement supérieur au cardinal de G. On démontre que $G(\lambda) = G(\lambda+1)$, et ceci entraine que $G(\lambda)$ est latéralement complet. Si σ est le plus petit ordinal tel que $G(\sigma)$ soit latéralement complet, alors $G^* = G(\sigma)$ est une complétion latérale de G.

L'unicité se démontre de la façon suivante: Si K est une complétion latérale, on démontre que $\bar{G}$ s'injecte dans K. Par induction transfinie, on prouve que G^* s'injecte dans K. Comme K est minimale, cette injection est un isomorphisme.

Note du Chapitre 7

Les groupes que nous appelons aujourd'hui basiques ont été introduits par JAFFARD, qui s'appuyait sur la théorie des filets. Dans [5], il montre que les sous-groupes totalement ordonnés convexes sont les sous-groupes engendrés par les filets minimaux. Il étudie les groupes dans lesquels le treillis des filets est atomique et montre que ce sont les groupes qui admettent une représentation irréductible (dans le cas commutatif). La notion de base a été introduite par CONRAD dans [5]. Les polaires maximales ont été identifiées par ŠIK ([4] et [7]). Enfin, LLOYD a étendu les représentations irréductibles au cas non commutatif [2].

JAFFARD a donné une première caractérisation des groupes réticulés isomorphes à une somme directe de groupes totalement ordonnés [5]. Ceci l'a amené naturellement à considérer les groupes dont le treillis des filets vérifie la condition maximale affaiblie. Dans [5], CONRAD introduit la condition (F): Tout ensemble orthogonal borné est fini. BIGARD [4] a montré que ces deux conditions sont équivalentes entre elles et à une troisième, qui est que tout tout z-sous-groupe est une polaire. Nous proposons ici d'appeler ces groupes ortho-finis.

Les différentes conditions que nous considérons dans ce Chapitre on été comparées et reliées par BIGARD [5] et PEDERSEN [3].

Le théorème de structure pour les groupes ayant une base finie a été démontré par CONRAD en 1960 [4]. Il s'est efforce de le généraliser, d'abord aux groupes ortho-finis [5], puis avec McALISTER [2], aux groupes dont le treillis des filets vérifie la condition minimale [13].

Dans le même temps, la notion de lex-extension, qu'il a introduite dans [4], va se préciser dans [7] et surtout dans [13], qui contient la présentation que nous avons faite en (7.1).

On dit qu'un groupe réticulé est fortement projetable si toute polaire est facteur direct. On dit qu'il est ortho-complet s'il est fortement projetable et latéralement complet.

Soit X une propriété qui peut être: projetable, fortement projetable, latéralement complet, ortho-complet. Appelons X-complétion de G un groupe réticulé minimal parmi ceux qui possèdent la propriété X et contiennent G comme ℓ-sous-groupe dense. Alors on peut énoncer avec CONRAD [22]: Tout groupe réticulé représentable G a une unique X-complétion, qui est représentable. Si G est commutatif (resp. archimédien), sa X-complétion l'est aussi.

L'ortho-complétion contient les trois autres. C'est son existence qui a été démontrée la première, par BERNAU [3]. CONRAD [15] observe que sa construction est essentiellement celle d'une limite inductive, et par une méthode semblable prouve l'existence de la complétion latérale pour les groupes représentables. Pour les groupes quelconques, cette preuve a été donnée par BERNAU [8,9].

Sur ces différentes complétions, on peut consulter également BLEIER [3,6], BYRD et LLOYD [2], CHAMBLESS [3] et KEIMEL [4].

L'importance des groupes projetables provient - entre autres - du fait que tout groupe σ-complet est projetable comme nous le verrons dans le chapitre 11. Il existe des groupes semi-projetables qui ne sont pas projetables; BREWER, MONTGOMERY et CONRAD [1] en ont donné un exemple qui en même temps résoud un problème en théorie de la divisibilité.

Chapitre 8.

ANNEAUX RETICULES

Ce chapitre est consacré aux anneaux réticulés. Le groupe additif sous-jacent d'un tel anneau est un groupe réticulé commutatif. On peut donc appliquer la théorie établie dans les chapitres précédents. Mais ce que nous étudions est plutôt l'incidence de la structure multiplicative, et, dans ce chapitre, surtout la théorie des ℓ-idéaux. Un "ℓ-idéal d'un anneau réticulé" est toujours un idéal d'anneau; ce n'est donc pas la même notion que celle de "ℓ-idéal d'un groupe réticulé" (cf. 2.3.4). De même le terme "premier" en connection avec un ℓ-idéal d'un anneau réticulé se rapporte à la structure multiplicative et doit être distingué de la notion de sous-groupe premier au sens de (2.4.2).

Le lecteur remarquera que la théorie des ℓ-idéaux ℓ-premiers, ℓ-semipremiers et des radicaux, développée ici, est modelée sur la théorie des anneaux abstraits. Sans doute peut-on aller beaucoup plus loin dans cette voie. Mais à l'heure actuelle, on ne peut pas dire si cela apprendra vraiment quelque chose sur la structure des anneaux réticulés.

8.1. Anneaux ordonnés et réticulés. Exemples.

8.1.1. DEFINITION. On appelle anneau ordonné [*)] tout anneau A muni d'une relation d'ordre $\leq$ tel que, quels que soient $a,b,x \in A$, les propriétés suivantes soient vérifiées:

*) Un anneau sera toujours supposé associatif; mais ni la commutativité, ni l'existence d'un élément unité (au sens multiplicatif) ne seront exigées.

(A1) $a \le b$ implique $a+x \le b+x$;

(A2) $a \le b$ et $0 \le x$ impliquent $ax \le bx$ et $xa \le xb$.

L'axiome (A1) signifie simplement que le groupe additif sous-jace de A est un groupe ordonné. Tout groupe commutatif ordonné (noté additivement) peut être considéré comme anneau ordonné; il suffit de définir une multiplication dans A par: $ab = 0$ quels que soient $a,b \in A$ Un tel anneau ordonné sera appelé <u>zéro-anneau</u>.

Le cône positif $P = A_+ = \{x \in A \mid x \ge 0\}$ d'un anneau ordonné A satisfait les propriétés

(i) $P + P \subset P$;

(ii) $P \cap -P = \{0\}$;

d'après (1.1.2) et

(iii) $PP \subset P$;

d'après (A2), ce qui signifie que le cône positif d'un anneau ordonné est multiplicativement stable.

Réciproquement, soit P une partie d'un anneau A vérifiant (i), (ii), (iii). D'après (1.1.3), l'ordre défini par $a \le b$ si, et seulement si, $b-a \in P$, est l'unique ordre sur A qui fait de A un grou additif ordonné tel que $A_+ = P$. Muni de cet ordre, A est même un anneau ordonné; en effet, si $a \le b$ et $x \ge 0$, alors $b-a \in P$ et $x \in P$, donc $(b-a)x \in P$ et $x(b-a) \in P$ d'après (iii); il s'ensuit que $ax \le bx$ et $xa \le xb$.

Nous avons donc:

8.1.2. <u>PROPOSITION</u>. <u>Le cône positif</u> P <u>d'un anneau ordonné</u> A <u>satisfait</u>

$$P \cap -P = \{0\} , \quad P+P \subset P , \quad PP \subset P .$$

<u>Réciproquement, si une partie</u> P <u>d'un anneau</u> A <u>vérifie ces propriétés, il existe sur</u> A <u>un ordre et un seul qui fait de</u> A <u>un anneau ordonné dont le cône positif</u> A_+ <u>soit égal à</u> P .

Tout ce qui a été dit sur les groupes ordonnés dans la section (1.1) reste valable pour les anneaux ordonnés.

8.1.3. <u>DEFINITION</u>. On appelle <u>anneau</u> <u>rêticulé</u> tout anneau ordonné en treillis.

Le groupe additif sous-jacent d'un anneau rêticulé est un groupe rêticulé; réciproquement, tout groupe rêticulé commutatif peut être considéré comme zéro-anneau rêticulé.

D'après (1.2.9), un anneau ordonné A est rêticulé si, et seulement si, $a_+ = a\vee 0$ existe pour tout $a\in A$.

Donnons une liste de propriétés élémentaires. Les propriétés (a) - (g) ont été démontrées dans (1.2.3), (1.2.4), (1.2.14), (1.3.3), (1.3.13), (1.6.1), (1.6.2), (1.6.7):

8.1.4. <u>PROPRIETES</u>. Pour des éléments quelconques a,b,x d'un anneau rêticulé A , on a :

(a) $x+(a\wedge b) = (x+a)\wedge(x+b)$, $x+(a\vee b) = (x+a)\vee(x+b)$;

(b) $-(a\wedge b) = -a\vee -b$, $-(a\vee b) = -a\wedge -b$;

(c) $a+b = (a\wedge b) + (a\vee b)$;

(d) en tant que treillis, A est distributif;

(e) $n(a\vee b) = na\vee nb$ pour tout entier positif n ;

(f) $|a| = a\vee -a = a_+\vee a_- = a_+ + a_-$;

(g) $|a+b| \leq |a|+|b|$;

(h) $x\geq 0$ implique $ax\vee bx\leq (a\vee b)x$, $xa\vee xb\leq x(a\vee b)$,
$(a\wedge b)x\leq ax\wedge bx$, $x(a\wedge b)\leq xa\wedge xb$;

(i) $|ab| \leq |a|\cdot|b|$.

Nous devons encore démontrer (h) et (i). Or, si $x\geq 0$, alors $ax\leq(a\vee b)x$ et $bx\leq(a\vee b)x$, d'où $ax\vee bx\leq(a\vee b)x$. Les autres inégalités dans (h) se démontrent de la même manière. La propriété (i) resulte du calcul suivant:

$$\begin{aligned}
-|a|\cdot|b| &= -(a_++a_-)(b_++b_-) = -a_+b_+ - a_-b_+ - a_+b_- - a_-b_- \\
&\leq a_+b_+ - a_-b_+ - a_+b_- + a_-b_- = (a_+-a_-)(b_+-b_-) \\
&= ab \\
&\leq a_+b_+ + a_-b_+ + a_+b_- + a_-b_- = (a_++a_-)(b_++b_-) \\
&= |a|\cdot|b| .
\end{aligned}$$

8.1.5. EXEMPLE. Tout anneau totalement ordonné, en particulier tout corps totalement ordonné, est un anneau réticulé. Mentionnons seulement les sous-anneaux et sous-corps du corps $\mathbb{R}$ des nombres réels munis de l'ordre habituel; ces anneaux seront aussi appelés anneaux réels.

8.1.6. EXEMPLE. Soit X un espace topologique. Le groupe réticulé $C(X)$ des fonctions continues $f : X \to R$ (cf. 1.6.1) avec la multiplication de fonctions habituelle $(fg)(x) = f(x)g(x)$, est un anneau réticulé. Il en est de même des anneaux $C_b(X)$ et $C_k(X)$ des fonctions continues bornées, et à supports compacts respectivement.

Soit K un anneau totalement ordonné quelconque. L'ensemble $L(X,K)$ des fonctions $f : X \to K$ localement constantes forme aussi un anneau réticulé. On peut aussi considérer $L_b(X,K)$ et $L_k(X,K)$.

8.1.7. EXEMPLE. Soit K un corps totalement ordonné. On appelle K-algèbre réticulée toute K-algèbre A munie d'une relation d'ordre qui en fait un anneau réticulé tel que pour tout $a,b \in A$ et tout $\alpha \in K$,

(A3) $\alpha \geq 0$ et $a \leq b$ impliquent $\alpha a \leq \alpha b$.

Soit A une K-algèbre de dimension finie sur K , et soit $(e_1,\ldots,e_n)$ une base de A sur K . La multiplication dans A est entièrement déterminée par les "constantes de structure" γ_{ij}^k , déterminées par:

$$e_i e_j = \sum_{k=1}^{n} \gamma_{ij}^k e_k \quad .$$

Supposons que $\gamma_{ij}^k \geq 0$ quels que soient i,j,k , et définissons $x = \sum_{k=1}^{n} \alpha_k e_k \geq 0$ si, et seulement si, $\alpha_k \geq 0$ pour $k=1,\ldots,n$. Cela définit le cône positif d'un ordre de K-algèbre réticulée dans A .

8.1.8. EXEMPLE. Soit K un corps totalement ordonné, et n un entier positif. L'anneau $M_n(K)$ des matrices carrées d'ordre n devient une K-algèbre réticulée si on définit son cône positif par:

$$M = (\alpha_{ij}) \geq 0 \text{ si, et seulement si, } \alpha_{ij} \geq 0 \text{ pour tout } i,j \; .$$

Cet exemple est d'ailleurs un cas particulier de 8.1.7. De même, les matrices carrées triangulaires supérieurement forment une K-algèbre réticulée.

8.1.9. EXEMPLE. Soit A un anneau commutatif unitaire totalement ordonné et considérons l'anneau $A[X]$ des polynômes.

(a) $A[X]$ devient un anneau totalement ordonné si on définit pour un polynôme $P = a_n X^n + \ldots + a_o$ $(a_n \neq 0)$:

$$P>0 \text{ si, et seulement si, } a_n>0 \ .$$

Notons qu'alors $1 \ll X \ll X^2 \ll \ldots$. Rappelons que $a \ll b$ signifie que $na<b$ pour tout $n \in \mathbb{Z}$.

(b) On peut définir un autre ordre total sur $A[X]$ si, pour un polynôme $P = a_n X^n + \ldots + a_{n-k} X^{n-k}$ $(a_{n-k} \neq 0)$, on définit:

$$P>0 \text{ si, et seulement si, } a_{n-k}>0 \ .$$

Notons qu'alors $1 \gg X \gg X^2 \gg \ldots \gg 0$.

Les ordres dans (a) et (b) sont appelés lexicographiques.

8.1.10. EXEMPLE. Soit D un demi-groupe ordonné de manière que $s<t$ implique $rs<rt$ et $sr<tr$ quels que soient $r,s,t \in D$. Soit A un anneau ordonné intègre (c'est-à-dire sans diviseurs de zéro non nuls). Considérons l'anneau de demi-groupe $A[D]$; c'est l'ensemble des termes de la forme

$$x = \sum_{t \in D} a_t \cdot t \ ,$$

où $a_t \in A$ et $a_t=0$ sauf pour un nombre fini d'éléments $t \in D$; l'ensemble des $t \in D$ tels que $a_t \neq 0$ est appelé support de x . L'addition et la multiplication dans $A[D]$ sont définies par:

$$\sum_{t \in D} a_t \cdot t + \sum_{t \in D} b_t \cdot t = \sum_{t \in D} (a_t + b_t) \cdot t \quad ;$$

$$\left(\sum_{t \in D} a_t \cdot t\right)\left(\sum_{t \in D} b_t \cdot t\right) = \sum_{t \in D} \left(\sum_{rs=t} a_r b_s\right) \cdot t \ .$$

Définissons $x = \sum_{t \in D} a_t \cdot t > 0$ si, et seulement si, $a_t>0$ pour tout t maximal dans le support de x . On vérifie sans peine que $x \geq 0$ et $y \geq 0$ impliquent $x+y \geq 0$ et, en vertu de l'intégrité de A et de l'isotonie stricte de la multiplication dans D , aussi $xy \geq 0$. Ainsi, $A[D]$ devient un anneau ordonné.

Si A admet un élément unité 1 , le demi-groupe ordonné D peut être considéré comme sous-demi-groupe de $A[D]$; on identifie un élément s de D avec l'élément $x_s = \sum_{t \in D} \delta_{st} t$, où $\delta_{st}=0$ si $t \neq s$ et $\delta_{ss}=1$.

Notons que $r<s$ implique $x_r \ll x_s$ dans $A[D]$. Si A et D sont totalement ordonnés, $A[D]$ est un anneau totalement ordonné.

Notons aussi que l'anneau des polynômes $A[X]$ ordonné lexicographiquement comme dans l'exemple (8.1.9) peut être considéré comme un cas particulier de la construction ci-dessus: Il suffit de choisir pour D le demi-groupe cyclique infini

$$D = \{1, X, X^2, \ldots\} \quad .$$

Si l'on ordonne D par $1<X<X^2<\ldots$, on obtient $A[D] = A[X]$ avec $1 \ll X$, et si l'on ordonne D par $1>X>X^2>\ldots$, on obtient $A[D] = A[$ avec $1 \gg X$.

8.2. Les ℓ-idéaux d'un anneau réticulé.

Soit A un anneau réticulé.

Comme dans la section (2.2) nous désignerons par $C(A)$ le treill des sous-groupes solides du groupe réticulé sous-jacent de A . Dans u groupe réticulé commutatif, tout sous-groupe solide est distingué, donc est un ℓ-idéal au sens de (2.3.4). Mais dans la théorie des anneaux réticulés le terme de ℓ-idéal sera réservé à autre chose:

8.2.1. DEFINITION. On appelle ℓ-idéal de A tout sous-ensemble de A qui est à la fois un idéal de l'anneau A et un sous-groupe solide du groupe réticulé additif A . Par $J(A)$ on désigne l'ensemble des ℓ-idéaux de A .

Soit $(a_\lambda)_\lambda$ une famille de ℓ-idéaux de A . Alors $\bigcap_\lambda a_\lambda$ est aussi un ℓ-idéal. Nous désignons par $\sum_\lambda a_\lambda$ l'ensemble des sommes finies $a = a_1+a_2+\ldots+a_n$, où $a_i \in a_{\lambda_i}$ pour $i=1,\ldots,n$. Donc $\sum_\lambda a_\lambda$ es le sous-groupe de A engendré par $\bigcup_\lambda a_\lambda$. D'après (2.2.7), $\sum_\lambda a_\lambda = \bigvee_\lambda a_\lambda$ dans le treillis $C(A)$; évidemment, $\sum_\lambda a_\lambda$ est aussi un idéal d'anneau donc $\sum_\lambda a_\lambda$ est aussi un ℓ-idéal. Ainsi nous avons:

8.2.2. THEOREME. *Par rapport à* $\cap$ *et* $\sum$, *l'ensemble* $J(A)$ *des* ℓ-*idéaux de* A *est un sous-treillis complet du treillis* $C(A)$ *des sous-groupes solides de* A .

En vertu de la distributivité générale de $C(A)$ (cf. 2.2.9), on en déduit:

8.2.3. COROLLAIRE. $\mathcal{J}(A)$ est un treillis distributif vérifiant

$$(\sum_\lambda a_\lambda)\cap b = \sum_\lambda (a_\lambda \cap b) \quad .$$

Soient a,b deux ℓ-idéaux de A . Considérons la famille $(i_\lambda)_\lambda$ de tous les ℓ-idéaux de A qui vérifient $i_\lambda \cap b \subset a$. Alors d'après le corollaire précédent, $\sum_\lambda i_\lambda \cap b = \sum_\lambda (i_\lambda \cap b) \subset a$. Par conséquent, $\sum_\lambda i_\lambda$ est le plus grand ℓ-idéal i de A tel que $i \cap b \subset a$. Nous le désignerons par $a:b$. Nous avons:

8.2.4. COROLLAIRE. Pour deux ℓ-idéaux quelconques a,b de A , il existe un plus grand ℓ-idéal $a:b$ dans la famille des ℓ-idéaux i de A tels que $i \cap b \subset a$.

Le corollaire (8.2.4) exprime que $\mathcal{J}(A)$ est un treillis de Brouwer. Notons qu'en particulier $(a:b)\cap b \subset a$. Si $a \subset b$, on a même l'égalité.

Après avoir traité les propriétés du treillis des ℓ-idéaux, nous nous tournons vers la question de la génération des ℓ-idéaux.

Pour toute partie M de A , il y a un plus petit ℓ-idéal contenant M , à savoir l'intersection de tous les ℓ-idéaux qui contiennent M .

8.2.5. DEFINITION. On appelle ℓ-idéal engendré par M , et on note $\langle M\rangle_A$ ou simplement $\langle M\rangle$, le plus petit ℓ-idéal de A contenant M . Par $\langle a\rangle$ et $\langle a_1,\dots,a_n\rangle$ nous désignerons le ℓ-idéal engendré par $M = \{a\}$ et $M = \{a_1,\dots,a_n\}$ respectivement. Rappelons que d'après (2.2.3), le sous-groupe solide additif engendré par M est donné par:

$$C(M) = \{u\in A \mid |u| \le |c_1|+|c_2|+\dots+|c_n| \text{ avec } c_i \in M\} \quad .$$

8.2.6. PROPOSITION. Le ℓ-idéal engendré par M est donné par:

$$\langle M\rangle = \{x\in A \mid |x| \le u + tu + ut + tut \text{ avec } u\in C(M)_+ \text{ et } t\in A_+\} \quad .$$

Evidemment, $C(M)\subset\langle M\rangle$, et puisque $\langle M\rangle$ est un idéal, $u + tu + ut + tut \in \langle M\rangle$ quels que soient $u\in C(M)_+$ et $t\in A_+$. Donc, puisque $\langle M\rangle$ est solide, $|x| \leq u + tu + ut + tut$ implique $x \in \langle M\rangle$. D'autre part, l'ensemble des $x \in A$ vérifiant cette dernière propriété, est un ℓ-idéal; en effet, cet ensemble est solide et si

$$|x_i| \leq u_i + t_i u_i + u_i t_i + t_i u_i t_i \qquad (i=1,2)$$

avec $u_i \in C(M)_+$ et $t_i \in A_+$, alors

$$|x_1 - x_2| \leq |x_1| + |x_2| \leq u + tu + ut + tut \quad ,$$

si l'on pose $u = u_1 + u_2 \in C(M)_+$ et $t = t_1 + t_2 \in A_+$; et pour tout élément a de A on a:

$$|ax_1| \leq |a||x_1| \leq |a|u_1 + |a|u_1t_1 + |a|t_1u_1 + |a|t_1u_1t_1 \leq su_1 + su_1s \quad ,$$

où $s = |a| + |a|t_1 + t_1 \in A_+$.

8.2.7. COROLLAIRE.

$$\langle a\rangle = \{x \in A \mid |x| \leq n|a| + s|a| + |a|s + s|a|s \text{ avec } n \in \mathbb{N},\ s \in A_+\} \quad .$$

En effet, $C(a) = \{u \mid |u| \leq n|a| \text{ avec } n \in \mathbb{N}\}$. D'après (8.2.6), un élément x appartient donc à $\langle a\rangle$ si, et seulement si,

$$|x| \leq u + tu + ut + tut \quad \text{avec} \quad u \in C(a)_+ \quad \text{et} \quad t \in A_+ \; ,$$

$$\leq n|a| + s|a| + |a|s + s|a|s \quad \text{avec} \quad s = nt \in A_+ \; .$$

Enonçons quelques propriétés pour les idéaux principaux:

8.2.8. PROPRIETES.

(i) $\langle a\rangle = \langle |a|\rangle$;

(ii) $\langle ab\rangle \subset \langle a\rangle \cap \langle b\rangle$;

(iii) $\langle a\rangle + \langle b\rangle = \langle a,b\rangle = \langle a \vee b\rangle = \langle a+b\rangle$ si $a,b \geq 0$.

Les propriétés (i) et (ii) sont évidentes. (iii) est une conséquence des inclusions suivantes:

$$\begin{aligned} \langle a\rangle + \langle b\rangle &\subset \langle a,b\rangle \\ &\subset \langle a \vee b\rangle \quad \text{car} \quad 0 \leq a \leq a \vee b \quad \text{et} \quad 0 \leq b \leq a \vee b \; , \\ &\subset \langle a+b\rangle \quad \text{car} \quad a \vee b \leq a+b \; , \\ &\subset \langle a\rangle + \langle b\rangle \quad \text{car} \quad a \in \langle a\rangle \quad \text{et} \quad b \in \langle b\rangle \; . \end{aligned}$$

8.2.9. COROLLAIRE. *Tout ℓ-idéal engendré par un nombre fini d'éléments est principal.*

D'après les propriétés (i) et (iii) de (8.2.8) on a en effet:

$<a_1,\dots,a_n> = <a_1>+\dots+<a_n> = <|a_1|>+\dots+<|a_n|> = <|a_1|+\dots+|a_n|>$.

Maintenant nous définissons une multiplication dans le treillis J(A) des ℓ-idéaux de A et nous démontrerons quelques propriétés.

8.2.10. <u>DEFINITION</u>. Le <u>produit</u> ab de deux ℓ-idéaux a et b de A est défini comme étant le ℓ-idéal engendré par les éléments de la forme st, où $s\epsilon a_+$ et $t\epsilon b_+$:

$$ab = <st|s\epsilon a_+ \text{ et } t\epsilon b_+> .$$

8.2.11. <u>PROPOSITION</u>. $ab = \{x\epsilon A|\,|x| \le st \text{ avec } s\epsilon a_+ \text{ et } t\epsilon b_+\}$.

En effet, si $|x|\le st$ où $s\epsilon a_+$ et $t\epsilon b_+$, alors $x\epsilon ab$ car ab est solide. Réciproquement, les x tels que $|x|\le st$ avec $s\epsilon a_+$ et $t\epsilon b_+$, forment un ℓ-idéal; l'ensemble de ces x est en effet solide; de plus, si pour i=1,2 , on a $|x_i|\le s_i t_i$ avec $s_i\epsilon a_+$ et $t_i\epsilon b_+$, alors

$$|x_1-x_2| \le |x_1|+|x_2| \le s_1t_1 + s_2t_2 \le st$$

avec $s = s_1+s_2\epsilon a_+$ et $t = t_1+t_2\epsilon b_+$; et pour tout $a\epsilon A$,

$$|ax_1| \le |a|\,|x_1| \le |a|s_1t_1 = st_1 \quad \text{avec} \quad s = |a|s_1\epsilon a_+ \quad ;$$

de même, $|x_1a|\le s_1t$ avec $t = t_1|a|\epsilon b_+$.

Pour le produit des ℓ-idéaux on a les règles suivantes:

8.2.12. <u>PROPOSITION</u>.

(i) $a(bc) = (ab)c$;

(ii) $a(\sum_\lambda b_\lambda) = \sum_\lambda ab_\lambda$, $(\sum_\lambda b_\lambda)a = \sum_\lambda b_\lambda a$.

La propriété (i) est immédiate, puisque les deux produits en question sont formés par les x tels que $|x|\le rst$ avec $r\epsilon a_+$, $s\epsilon b_+$, $t\epsilon c_+$. La deuxième propriété provient du fait que $x\epsilon a(\sum_\lambda b_\lambda)$ si, et seulement si,

$$|x| \le s(t_1+\dots+t_n) = st_1+\dots+st_n \quad \text{avec} \quad a\epsilon a_+ \quad \text{et} \quad t_i\epsilon (b_{\lambda_i})_+$$

c'est-à-dire si, et seulement si, $x\epsilon \sum_\lambda ab_\lambda$.

Le produit des ℓ-idéaux étant associatif, on peut former les puissances d'un ℓ-idéal a de A :

$$a^2 = aa \;,\quad a^3 = a^2a,\ldots,a^n = a^{n-1}a,\ \ldots\ .$$

D'après la proposition (8.2.11), on a:

$$a^n = \{x\in A \mid |x| \le s^n \text{ avec } s\in a_+\}\ .$$

Si a est un sous-groupe solide de A et si b est un sous-groupe solide de a, alors b est un sous-groupe solide de A. Pou les ℓ-idéaux cette assertion n'est pas vraie en général. Mais on a:

8.2.13. PROPOSITION. Soit a un ℓ-idéal de A et b un ℓ-idéal de l'anneau réticulé a. Alors $\langle b\rangle_A^3 \subset b$.

Puisque $b\subset a$, le ℓ-idéal de A engendré par b est contenu dans a ; donc $\langle b\rangle_A^3 \subset a\langle b\rangle_A a$. Soit $x\in\langle b\rangle_A^3$. D'après ce qui précède et d'après (8.2.11), il existe a_1 et a_2 dans a_+ et s dans $(\langle b\rangle_A)_+$ tels que $|x|\le a_1 s a_2$. Or, d'après (8.2.6), $s\le u+tu+ut+tut$ pour certains éléments $u\in b_+$ et $t\in A_+$, d'où $|x|\le a_1(u+tu+ut+tut)a_2 = a_1ua_2 + a_1tua_2 + a_1uta_2 + a_1tuta_2$. Puisque a est un idéal de A, les éléments a_1t et ta_2 appartiennent à a ; puisque b est un idéal de a, on en déduit que a_1ua_2, a_1tua_2, a_1uta_2, a_1tuta_2 appartiennent à b ; donc $x\in b$, ce qui achève la démonstration.

8.2.14. DEFINITION. Un anneau réticulé A est dit ℓ-simple s'il ne contient aucun ℓ-idéal propre non nul et si $A^2 \ne \{0\}$.

8.2.15. EXEMPLES. Tout corps totalement ordonné K est ℓ-simple, ainsi que $M_n(K)$ ordonné comme dans (8.1.8). L'anneau $\mathbb{Z}$ des entiers rationnels est ℓ-simple dans l'ordre habituel. Les anneaux K[X] et $\mathbb{Z}$[X] ordonnés lexicographiquement tels que $1\ll X$, sont aussi ℓ-simples. Mais K[X] et $\mathbb{Z}$[X] ordonnés lexicographiquement tels que $1\gg X$ ne sont pas ℓ-simples. Les ℓ-idéaux $\langle X^n\rangle$ sont propres et tout ℓ-idéal propre est de cette forme.

8.2.16. THEOREME. Si a est un ℓ-idéal minimal de A, on a ou bien $a^2 = \{0\}$ ou bien $a^2=a$. Dans le deuxième cas, a est un anneau réticulé ℓ-simple.

En effet, a^2 est un ℓ-idéal de A contenu dans a. Donc, si a est minimal, ou bien $a^2 = \{0\}$ ou bien $a^2=a$. Considérons le cas où $\mathfrak{a}^2=\mathfrak{a}$. Soit $\mathfrak{b}$ un ℓ-idéal non nul de $\mathfrak{a}$. Alors $\langle\mathfrak{b}\rangle_A=\mathfrak{a}$ d'après la minimalité de $\mathfrak{a}$; donc $\mathfrak{a} = \mathfrak{a}^3 = \langle\mathfrak{b}\rangle_A^3 \subset \mathfrak{b}$ d'après (8.2.13), ce qui montre que $\mathfrak{b}=\mathfrak{a}$. Par conséquent, $\mathfrak{a}$ est ℓ-simple.

8.2.17. REMARQUES. On peut aussi considérer les ℓ-idéaux à gauche (resp. à droite) de A , c'est-à-dire les idéaux à gauche (resp. à droite) dans A qui en même temps sont des sous-groupes additifs solides. Les treillis $J_g(A)$ et $J_d(A)$ des ℓ-idéaux à gauche et à droite respectivement ont les mêmes propriétés que $J(A)$ (cf. 8.2.2 - 8.2.5). Le ℓ-idéal à gauche $\langle M\rangle_g$ engendré par une partie M de A est donné par:

$$\langle M\rangle_g = \{x\in A \mid |x| \le u + ut \text{ avec } u\in C(M)_+ \text{ et } t\in A_+\} ;$$

et le ℓ-idéal à gauche principal $\langle a\rangle_g$ par:

$$\langle a\rangle_g = \{x\in A \mid |x| \le n|a|+t|a| \text{ avec } n\in \mathbb{N} \text{ et } t\in A_+\} .$$

8.3. Homomorphismes, anneaux réticulés quotient et produits sous-directs.

Soit A un anneau réticulé.

8.3.1. DEFINITION. Une application f de A dans un anneau réticulé B est appelé homomorphisme si f est un homomorphisme d'anneau et de treillis.

8.3.2. Un homomorphisme f d'anneaux réticulés est en particulier un homomorphisme des groupes réticulés additifs sous-jacents. L'image de f est un ℓ-sous-anneau, c'est-à-dire un sous-anneau et en même temps un ℓ-sous-groupe additif. Le noyau de f est un sous-groupe solide et un idéal d'anneau, donc un ℓ-idéal.

8.3.3. Réciproquement, soit $\mathfrak{a}$ un ℓ-idéal de l'anneau réticulé A . Nous pouvons munir $A/\mathfrak{a}$ d'une part de la structure d'anneau quotient et d'autre part de la structure de groupe réticulé additif quotient comme dans (2.3.5). On vérifie facilement que $A/\mathfrak{a}$ est un anneau réticulé: Soit en effet $x+\mathfrak{a}\ge 0$ et $a+\mathfrak{a}\le b+\mathfrak{a}$; alors il existe des éléments c,d dans $\mathfrak{a}$ tels que $x+c\ge 0$ et $a+d\le b$, ce qui entraîne $(x+c)(a+d) \le (x+c)b$, d'où $(x+\mathfrak{a})(a+\mathfrak{a}) \le (x+\mathfrak{a})(b+\mathfrak{a})$; de même $(a+\mathfrak{a})(x+\mathfrak{a}) \le (b+\mathfrak{a})(x+\mathfrak{a})$. Evidemment, l'application canonique $A \to A/\mathfrak{a}$ est un homomorphisme d'anneaux réticulés; son noyau est $\mathfrak{a}$. L'anneau réticulé A/a est appelé anneau réticulé quotient de A par a .

Les raisonnements ci-dessus montrent:

8.3.4. PROPOSITION. Une partie a de A est un ℓ-idéal si, et seulement si, a est le noyau d'un homomorphisme d'anneaux réticulés.

8.3.5. En appliquant les théorèmes correspondants de la théorie des anneaux et de la théorie des groupes réticulés (2.3.8), on obtient: Soit $f : A \to B$ un homomorphisme surjectif d'anneaux réticulés. Pour deux idéaux quelconques a et b de A, $f(a)$ et $f(b)$ sont des ℓ-idéaux de B et on a:

$$f(a+b) = f(a) + f(b) \ , \quad f(a \cap b) = f(a) \cap f(b) \ , \quad f(ab) = f(a)f(b) \ .$$

De plus, le treillis $J(B)$ est isomorphe au treillis des ℓ-idéaux de A contenant $\operatorname{Ker} f$.

En utilisant les théorèmes d'homomorphisme et d'isomorphisme pour les anneaux d'une part, pour les groupes réticulés d'autre part, on a immédiatement:

8.3.6. THEOREME. (i) Si $f : A \to A'$ est un homomorphisme sujectif d'anneaux réticulés, on a un isomorphisme $A' \cong A/\operatorname{Ker} f$.

(ii) Si a et b sont deux ℓ-idéaux de A tels que $a \subset b$, on a un isomorphisme $A/b \cong (A/a)/(b/a)$.

(iii) Si a et b sont deux ℓ-idéaux de A , on a un isomorphisme $(a+b)/a = b/(a \cap b)$.

8.3.7. Soit $(A_\lambda)_\lambda$ une famille d'anneaux réticulés. Dans (1.5.1) le groupe réticulé $\prod_\lambda A_\lambda$ a été défini . Mais $\prod_\lambda A_\lambda$ est aussi un anneau, le produit de deux éléments $x = (x_\lambda)_\lambda$ et $y = (y_\lambda)_\lambda$ étant défini composante par composante: $xy = (x_\lambda y_\lambda)_\lambda$. On vérifie facilement que $\prod_\lambda A_\lambda$ est un anneau réticulé qu'on appelle produit direct des A_λ .

Les projections $p_\lambda : \prod_\lambda A_\lambda \to A_\lambda$ sont des homomorphismes. On appelle produit sous-direct des A_λ , $\lambda \in I$, tout sous-anneau réticulé A' de $\prod_{\lambda \in I} A_\lambda$ tel que les restrictions $p_\lambda|_{A'} : A' \to A_\lambda$ soient toutes surjectives.

Une représentation sous-directe de A est un homomorphisme injectif π de A sur un produit sous-direct $A' \subset \prod_\lambda A_\lambda$.

8.3.8. Soit $\pi : A \to \prod_{\lambda \in I} A_\lambda$ une représentation sous-directe. Pour tout $\lambda \in I$, posons $\pi_\lambda = p_\lambda \circ \pi$. Alors π_λ est surjectif de A sur A_λ , et A_λ est isomorphe à $A/\mathrm{Ker}\pi_\lambda$; puisque π est injectif, $\bigcap_{\lambda\in I} \mathrm{Ker}\pi_\lambda = \{0\}$.

Réciproquement, soit $(\mathfrak{a}_\lambda)_{\lambda\in I}$ une famille de ℓ-idéaux de A telle que $\bigcap_{\lambda\in I} \mathfrak{a}_\lambda = \{0\}$. Pour tout $\lambda\in I$, soit $A_\lambda = A/\mathfrak{a}_\lambda$ et $\pi_\lambda : A \to A_\lambda$ l'application canonique. Alors

$$\pi = (\pi_\lambda)_{\lambda\in I} : A \to \prod_{\lambda\in I} A_\lambda$$

est une représentation sous-directe de A .

Ainsi, les représentations sous-directes de A correspondent bijectivement (à un isomorphisme près) aux familles $(\mathfrak{a}_\lambda)_{\lambda\in I}$ de ℓ-idéaux de A tels que $\bigcap_{\lambda\in I} \mathfrak{a}_\lambda = \{0\}$.

8.3.9. DEFINITION. Si l'ensemble des ℓ-idéaux non nuls de A possède un plus petit élément, celui-ci est appelé le coeur $\mathfrak{c}$ de A .

8.3.10. PROPOSITION. *Si A possède un coeur $\mathfrak{c}$, on a ou bien $\mathfrak{c}^2=\{0\}$ ou bien $\mathfrak{c}^2=\mathfrak{c}$; dans le deuxième cas, $\mathfrak{c}$ est un anneau réticulé ℓ-simple.*

Ceci est une conséquence immédiate de (8.2.16).

8.3.11. DEFINITION. Un anneau réticulé A est dit sous-directement irréductible si, dans chaque représentation sous-directe

$$\pi = (\pi_\lambda) : A \to \prod_\lambda A_\lambda ,$$

l'une au mois des projections $\pi_\lambda : A \to A_\lambda$ est un isomorphisme.

8.3.12. PROPOSITION. *Un anneau réticulé A est sous-directement irréductible si, et seulement si, il admet un coeur $\mathfrak{c}$.*

En effet, si A admet un coeur $\mathfrak{c}$, celui-ci est l'intersection de tous les ℓ-idéaux non nuls de A . Donc aucune famille de ℓ-idéaux non nuls ne donne une représentation sous-directe. Réciproquement, soit A sous-directement irréductible. La famille $(\mathfrak{a}_\lambda)_\lambda$ de tous les ℓ-idéaux non nuls de A ne donne pas lieu à une représentation sous-directe, c'est à dire que l'intersection de tous les ℓ-idéaux non nuls de A n'est pas nulle.

8.4. ℓ-Idéaux irréductibles.

Soit A un anneau réticulé.

8.4.1. PROPOSITION. Pour un ℓ-idéal p de A les propriétés suivantes sont équivalentes:

(a) Pour tout $a,b \in J(A)$, $a \cap b = p$ implique $a = p$ ou $b = p$.

(b) Pour tout $a,b \in J(A)$, $a \cap b \subseteq p$ implique $a \subseteq p$ ou $b \subseteq p$.

(c) Pour tout $a,b \in A$, $\langle a\rangle \cap \langle b\rangle \subseteq p$ implique $a \in p$ ou $b \in p$.

(a) implique (b): Si $a \cap b \subseteq p$, alors $p = (a \cap b)+p = (a+p)\cap(b+p)$, le treillis des ℓ-idéaux étant distributif (8.2.3); d'après (a), on a donc $a+p=p$ ou $b+p=p$, c'est-à-dire que $a \subseteq p$ ou $b \subseteq p$. Evidemment (b) implique (c). (c) implique (a): Si a et b contiennent p proprement, il existe $a \in a \setminus p$ et $b \in b \setminus p$; d'après (c), on a $\langle a\rangle \cap \langle b\rangle \not\subseteq p$, d'où $a \cap b \neq p$.

8.4.2. DEFINITION. Un ℓ-idéal p de A est dit irréductible si $p \neq A$ et si p vérifie l'une des trois propriétés équivalentes de la proposition (8.4.1).

Nous allons voir qu'il y a suffisamment de ℓ-idéaux irréductibles

8.4.3. DEFINITION. Un ℓ-idéal p de A est dit semimaximal s'il y a un élément $a \in A$ tel que p soit maximal dans la famille des ℓ-idéaux de A ne contenant pas a .

Tout ℓ-idéal maximal est aussi semimaximal. Soit a un élément tel que p soit maximal parmi les ℓ-idéaux ne contenant pas a . Tout ℓ-idéal q contenant p proprement, contient aussi a . Donc, le ℓ-idéal $p^* = \langle p \cup \{a\}\rangle$ est minimum dans la famille des ℓ-idéaux de A contenant p proprement. On en déduit que p vérifie la propriété (a) de (8.4.1). Donc:

8.4.4. PROPOSITION. Tout ℓ-idéal semimaximal est irréductible.

De plus, A/p est sous-directement irréductible d'après (8.3.12) en effet, p^*/p est le plus petit ℓ-idéal non nul de A/p . Réciproquement, soit A/p sous-directement irréductible et p^*/p son coeur. Soit $a \in p^* \setminus p$. Alors p est maximal ne contenant pas a ; car si q

est un ℓ-idéal contenant p proprement, alors q/p contient le coeur p^*/p , d'où $a \in q$. Nous avons:

8.4.5. PROPOSITION. Un ℓ-idéal p de A est semimaximal si, et seulement si, A/p est sous-directement irréductible.

La proposition suivante exprime qu'il y a suffisamment de ℓ-idéaux irréductibles:

8.4.6. PROPOSITION. Tout ℓ-idéal a de A est l'intersection des ℓ-idéaux semimaximaux (resp. irréductibles) le contenant.

En effet, soit b un élément de A n'appartenant pas à a . D'après l'axiome de Zorn, il existe un ℓ-idéal maximal dans la famille des ℓ-idéaux de A contenant a mais ne contenant pas b . Donc a est l'intersection d'une famille de ℓ-idéaux semimaximaux. Tout ℓ-idéal semimaximal est irréductible d'après (8.4.4).

8.4.7. COROLLAIRE. Tout anneau réticulé est un produit sous-direct d'anneaux réticulés sous-directement irréductibles.

8.5. ℓ-Idéaux premiers et semipremiers.

Soit A un anneau réticulé.

8.5.1. DEFINITION. Un ℓ-idéal p de A est appelé ℓ-premier si $p \neq A$ et si $ab \subset p$ implique $a \subset p$ ou $b \subset p$ quels que soient les ℓ-idéaux a, b de A . Un anneau réticulé A est dit ℓ-premier si {0} est un ℓ-idéal ℓ-premier de A .

8.5.2. D'après (8.3.5), p est un ℓ-idéal ℓ-premier si, et seulement si, A/p est un anneau réticulé ℓ-premier.

Puisque $ab \subset a \cap b$, tout ℓ-idéal ℓ-premier est irréductible. Mais un ℓ-idéal ℓ-premier n'est pas nécessairement un sous-groupe premier au sens de la définition (2.4.2). Par exemple, {0} est un ℓ-idéal ℓ-premier dans l'anneau $M_n(K)$ des matrices carrées à coefficients dans un corps totalement ordonné K ; mais {0} n'est pas un sous-groupe premier si $n \geq 2$. (On rappelle que $M_n(K)$ est ℓ-simple, donc ℓ-premier.)

8.5.3. DEFINITION. Un ℓ-idéal $\mathfrak{s}$ de A est dit ℓ-semipremier si $\mathfrak{a}^2 \subset \mathfrak{s}$ implique $\mathfrak{a} \subset \mathfrak{s}$ quel que soit le ℓ-idéal $\mathfrak{a}$ de A . Un anneau réticulé A est dit ℓ-semipremier si $\{0\}$ est un ℓ-idéal ℓ-semipremier de A .

8.5.4. D'après (8.3.5), $\mathfrak{s}$ est un ℓ-idéal ℓ-semipremier si, et seulement si, $A/\mathfrak{s}$ est un anneau réticulé ℓ-semipremier.

Un ℓ-idéal qui est un idéal (semi-)premier de l'anneau A , est aussi ℓ-(semi-)premier; la réciproque n'est pas vraie en général.

8.5.5. DEFINITION. Un élément a de A est appelé nilpotent si $a^n=0$ pour un certain entier positif n . De même, un ℓ-idéal $\mathfrak{a}$ de A est dit nilpotent s'il existe un entier n tel que $\mathfrak{a}^n = \{0\}$.

Tout élément d'un ℓ-idéal nilpotent est nilpotent. La réciproque n'est pas vraie. On appelle nil ℓ-idéal un ℓ-idéal dont tout élément est nilpotent.

8.5.6. Un anneau réticulé A est ℓ-semipremier si, et seulement si, il n'admet pas de ℓ-idéal nilpotent non nul.

Le théorème principal de cette section est le suivant:

8.5.7. THEOREME. *Un anneau réticulé A est ℓ-semipremier si, et seulement si, l'intersection des ℓ-idéaux ℓ-premiers de A est réduite à zéro.*

En effet, tout ℓ-idéal ℓ-premier est aussi ℓ-semipremier, et l'intersection d'une famille de ℓ-idéaux ℓ-semipremiers est toujours ℓ-semipremière. Donc, si $\{0\}$ est l'intersection de ℓ-idéaux ℓ-premiers $\{0\}$ est un ℓ-idéal ℓ-semipremier.

Réciproquement, supposons que A soit ℓ-semipremier. Soit a un élément non nul quelconque de A . Il suffit de montrer qu'il existe un ℓ-idéal ℓ-premier $\mathfrak{p}$ tel que $a \notin \mathfrak{p}$. Pour cela choisissons par récurrence une suite $(a_n)_{n=0,1,\dots}$ d'éléments non nuls de A tels que $a_0=a$ et $a_n \in \langle a_{n-1}\rangle\langle a_{n-1}\rangle$ pour $n\geq 1$. Cela est possible puisque A n'admet pas de ℓ-idéal nilpotent non nul. Soit $\mathfrak{p}$ un ℓ-idéal maximal dans la famille des ℓ-idéaux de A tels que $a_n \notin \mathfrak{p}$ pour tout n . Alors en particulier $a=a_0 \notin \mathfrak{p}$. Montrons que $\mathfrak{p}$ est ℓ-premier: Soient $\mathfrak{a},\mathfrak{b}$ deux ℓ-idéaux de A non contenus dans $\mathfrak{p}$. Alors $\mathfrak{a}+\mathfrak{p}$ et $\mathfrak{b}+\mathfrak{p}$ contiennent $\mathfrak{p}$ proprement. Il existe donc n_1 et n_2 tels que $a_{n_1} \in \mathfrak{a}+\mathfrak{p}$ et $a_{n_2} \in \mathfrak{b}+\mathfrak{p}$. Soit $n=\max(n_1,n_2)$. D'après les hypothèses sur la suite $(a_n)_n$, on a $a_n \in \langle a_{n_1}\rangle$ et $a_n \in \langle a_{n_2}\rangle$. Par conséquent,

$$a_{n+1} \in \langle a_n \rangle^2 \subset (a+p)(b+p) \subset ab+p \quad .$$

Puisque $a_{n+1} \notin p$, on en déduit que $ab \notin p$, ce qui montre que p est ℓ-premier.

8.5.8. COROLLAIRE. A est ℓ-semipremier si, et seulement si, A est un produit sous-direct d'anneaux réticulés ℓ-premiers.

8.5.9. COROLLAIRE. Un ℓ-idéal s de A est ℓ-semipremier si, et seulement si, s est l'intersection d'une famille de ℓ-idéaux ℓ-premiers.

8.6. Radicaux.

On peut développer une théorie des radicaux pour les anneaux réticulés de la même manière que pour les anneaux abstraits. Il n'y a pas de différence fondamentale. Dans cette section, nous donnerons quelques indications dans cette direction.

8.6.1. DEFINITION. La somme de tous les ℓ-idéaux nilpotents de A est appelée ℓ-radical de A ; on le note $\ell(A)$.

Dans ce qui suit, nous définissons une notion de radical qui ne coïncide pas avec la notion de radical au sens de Kurosh-Amitsur. Puisque notre principal souci concerne les radicaux spéciaux, nous pouvons nous contenter de la définition grossière de radical ci-dessus que d'autres auteurs appelleraient préradical.

Soit T und classe d'anneaux réticulés stable par isomorphismes.

8.6.2. DEFINITION. Un ℓ-idéal a de A est appelé T-idéal si A/a appartient à la classe T . On appelle T-radical de A , et on note T-rad(A) , l'intersection de tous les T-idéaux de A .

8.6.3. DEFINITION. L'anneau réticulé A est dit T-semisimple si T-rad(A) = {O} , c'est-à-dire si A est un produit sous-direct d'anneaux réticulés de la classe T .

Par contre, A est dit T-radiciel si T-rad(A) = A , c'est à dire si A n'admet aucune image homomorphe non nulle appartenant à la classe T .

Les propriétés suivantes sont des conséquences immédiates des définitions:

8.6.4. PROPRIETES. (a) $\mathcal{T}$-rad(A/$\mathcal{T}$-rad(A)) = {0} , c'est à dire que A/$\mathcal{T}$-rad(A) est $\mathcal{T}$-semisimple.

(b) Si f : A → B est un homomorphisme surjectif d'anneaux réticulés, f($\mathcal{T}$-rad(A)) ⊂ $\mathcal{T}$-rad(B) .

(c) Toute image homomorphe d'un anneau réticulé $\mathcal{T}$-radiciel est $\mathcal{T}$-radicielle.

Le ℓ-radical n'est pas un radical dans le sens défini ci-dessus; car il ne satisfait pas à la propriété (a) de (8.6.4) *). A parti de maintenant nous considérerons des classes $\mathcal{T}$ d'anneaux réticulés pour lesquelles le $\mathcal{T}$-radical est particulièrement agréable.

8.6.5. DEFINITION. Une classe $\mathcal{T}$ d'anneaux réticulés stable par isomorphismes est appelée classe spéciale si les trois conditions suivante sont vérifiées:

(S1) Tout anneau réticulé A∈$\mathcal{T}$ est ℓ-premier.

(S2) Si a est un ℓ-idéal non nul de A∈$\mathcal{T}$, alors a∈$\mathcal{T}$.

(S3) Si a est un ℓ-idéal d'un anneau réticulé ℓ-premier A et si a∈$\mathcal{T}$, alors A∈$\mathcal{T}$.

On appelle radical spécial tout radical associé à une classe spéciale.

La théorème central de cette section est le suivant:

8.6.6. THEOREME. Soit $\mathcal{T}$ une classe spéciale d'anneaux réticulés. Soit A un anneau réticulé et a un ℓ-idéal de A . On a les propriétés suivantes:

(a) Pour tout $\mathcal{T}$-idéal p de A tel que $a \not\subset p$, l'intersection $p' = a \cap p$ est un $\mathcal{T}$-idéal de a et $p = p':a$.

(b) Pour tout $\mathcal{T}$-idéal p' de a , $p = p':a$ est un $\mathcal{T}$-idéal de A tel que $a \not\subset p$ et $p' = a \cap p$.

(c) $p \longleftrightarrow p'$ est une correspondance bijective entre les $\mathcal{T}$-idéaux p de A tels que $a \not\subset p$ et les $\mathcal{T}$-idéaux p' de a .

(d) $\mathcal{T}$-rad(a) = $a \cap \mathcal{T}$-rad(A) , c'est à dire que le $\mathcal{T}$-radical est héréditaire.

---

*) Pour un contre-exemple on consultera Birkhoff et Pierce [1].

(e) $\mathcal{T}$-rad(A) *est le plus grand* ℓ-*idéal* $\mathcal{T}$-*radiciel de* A *et tout* ℓ-*idéal de* $\mathcal{T}$-rad(A) *est* $\mathcal{T}$-*radiciel*.

(a) Soit $\mathfrak{p}$ un $\mathcal{T}$-idéal de A tel que $\mathfrak{a}\not\subset\mathfrak{p}$. D'après le deuxième théorème d'isomorphisme (8.3.6.iii), $\mathfrak{a}/\mathfrak{p}' = \mathfrak{a}/(\mathfrak{a}\cap\mathfrak{p}) \cong (\mathfrak{a}+\mathfrak{p})/\mathfrak{p}$. Or $(\mathfrak{a}+\mathfrak{p})/\mathfrak{p}$ est un ℓ-idéal non nul de $A/\mathfrak{p}\in\mathcal{T}$; donc $(\mathfrak{a}+\mathfrak{p})/\mathfrak{p}\in\mathcal{T}$ d'après (S2). On a donc aussi $\mathfrak{a}/\mathfrak{p}'\in\mathcal{T}$, c'est-à-dire que $\mathfrak{p}'$ est un $\mathcal{T}$-idéal de $\mathfrak{a}$.

D'autre part, $\mathfrak{x} = \mathfrak{p}':\mathfrak{a}$ est le plus grand ℓ-idéal de A tel que $\mathfrak{x}\cap\mathfrak{a}\subset\mathfrak{p}' = \mathfrak{p}\cap\mathfrak{a}$, ce qui entraîne $\mathfrak{p}\subset\mathfrak{x}$. Réciproquement, $\mathfrak{x}\cap\mathfrak{a}\subset\mathfrak{p}$ implique $\mathfrak{x}\subset\mathfrak{p}$ puisque $\mathfrak{p}$ est ℓ-premier, donc irréductible, et puisque $\mathfrak{a}\not\subset\mathfrak{p}$.

(b) Soit $\mathfrak{p}'$ un $\mathcal{T}$-idéal de $\mathfrak{a}$ et $\mathfrak{p} = \mathfrak{p}':\mathfrak{a}$. Montrons d'abord que $\mathfrak{p}'$ est un ℓ-idéal dans A ; en effet, le ℓ-idéal $\langle\mathfrak{p}'\rangle_A$ engendré par $\mathfrak{p}'$ dans A vérifie $\langle\mathfrak{p}'\rangle_A^3 \subset \mathfrak{p}'$ d'après (8.2.13); puisque $\mathfrak{p}'$ est ℓ-premier d'après (S1), cela entraîne $\langle\mathfrak{p}'\rangle_A \subset \mathfrak{p}'$, d'où $\mathfrak{p}' = \langle\mathfrak{p}'\rangle_A$. Dans une remarque suivant (8.2.4) nous avons déja remarqué que $\mathfrak{a}\cap\mathfrak{p} = \mathfrak{a}\cap(\mathfrak{p}':\mathfrak{a}) = \mathfrak{p}'$ pour un ℓ-idéal $\mathfrak{p}'$ de A contenu dans $\mathfrak{a}$.

Evidemment, $\mathfrak{a}\not\subset\mathfrak{p}=\mathfrak{p}':\mathfrak{a}$, car $\mathfrak{a}\cap\mathfrak{p} = \mathfrak{p}' \neq \mathfrak{a}$. (On remarquera qu'un $\mathcal{T}$-idéal est propre, puisqu'un anneau réticulé ℓ-premier est non nul par définition.) D'après le deuxième théorème d'isomorphisme (8.3.6.iii), on a $(\mathfrak{a}+\mathfrak{p})/\mathfrak{p} \cong \mathfrak{a}/(\mathfrak{a}\cap\mathfrak{p}) = \mathfrak{a}/\mathfrak{p}'$. Puisque $\mathfrak{a}/\mathfrak{p}'\in\mathcal{T}$, on a aussi $(\mathfrak{a}+\mathfrak{p})/\mathfrak{p}\in\mathcal{T}$; donc $A/\mathfrak{p}\in\mathcal{T}$ d'après (S3), c'est-à-dire que $\mathfrak{p}$ est un $\mathcal{T}$-idéal de A .

(c) est une conséquence immédiate de (a) et (b).

(d) $\mathfrak{a}\cap\mathcal{T}\text{-rad}(A) = \mathfrak{a}\cap\bigcap\{\mathfrak{p}\mid\mathfrak{p}\ \mathcal{T}\text{-idéal de } A\}$

$= \bigcap\{\mathfrak{a}\cap\mathfrak{p}\mid\mathfrak{p}\ \mathcal{T}\text{-idéal de } A\}$

$= \bigcap\{\mathfrak{p}'\mid\mathfrak{p}'\ \mathcal{T}\text{-idéal de } \mathfrak{a}\}$ d'après (c)

$= \mathcal{T}\text{-rad}(\mathfrak{a})$.

(e) D'après (d), on a pour un ℓ-idéal $\mathfrak{a}$ de A , $\mathfrak{a}=\mathcal{T}\text{-rad}(\mathfrak{a})$ si, et seulement si, $\mathfrak{a}\subset\mathcal{T}\text{-rad}(A)$. Donc, $\mathcal{T}$-rad(A) est le plus grand ℓ-idéal $\mathcal{T}$-radiciel de A . Si $\mathfrak{b}$ est un ℓ-idéal de $\mathcal{T}$-rad(A) (mais $\mathfrak{b}$ non nécessairement ℓ-idéal de A), alors

$$\mathcal{T}\text{-rad}(\mathfrak{b}) = \mathfrak{b}\cap\mathcal{T}\text{-rad}(\mathcal{T}\text{-rad}(A)) \quad \text{d'après (d)}$$
$$= \mathfrak{b}\cap\mathcal{T}\text{-rad}(A)\cap\mathcal{T}\text{-rad}(A) \quad \text{d'après (d)}$$
$$= \mathfrak{b} \ ;$$

donc $\mathfrak{b}$ est $\mathcal{T}$-radiciel.

Dans ce qui suit, nous introduisons un certain nombre de radicaux spéciaux.

8.6.7. PROPOSITION. La classe P de tous les anneaux réticulés ℓ-premiers est spéciale.

En effet, la classe P satisfait trivialement aux conditions (S1 et (S3). Pour démontrer (S2), prenons un ℓ-idéal $a \neq \{0\}$ d'un anneau réticulé ℓ-premier A . Soient i, j des ℓ-idéaux de a tels que $ij = \{0\}$. Alors $\langle i \rangle_A^3 \subset i$ et $\langle j \rangle_A^3 \subset j$ d'après (8.2.13); donc $\langle i \rangle_A^3 \langle j \rangle_A^3 = \{0\}$, ce qui entraîne $\langle i \rangle_A = \{0\}$ ou $\langle j \rangle_A = \{0\}$ puisque A est ℓ-premier. Donc $i = \{0\}$ ou $j = \{0\}$ ce qui montre que a est un anneau réticulé ℓ-premier.

8.6.8. COROLLAIRE. P-rad(A) , c'est-à-dire l'intersection de tous les ℓ-idéaux ℓ-premiers de A , est un radical spécial.

Rappelons qu'un nil ℓ-idéal est un ℓ-idéal dont tout élément est nilpotent.

8.6.9. PROPOSITION. La classe N de tous les anneaux réticulés ℓ-premiers sans nil ℓ-idéal différent de $\{0\}$ est une classe spéciale.

La propriété (S1) est trivialement vraie. Soit a un ℓ-idéal de $A \in N$. Supposons que n est un nil ℓ-idéal de a . Puisque $\langle n \rangle_A^3 \subset n$ d'après (8.2.13), $\langle n \rangle_A$ est un nil ℓ-idéal de A , d'où $n \subset \langle n \rangle_A = \{0\}$ Donc $a \in N$. (S2) étant ainsi démontré, vérifions aussi (S3): Soit a un ℓ-idéal d'un anneau réticulé ℓ-premier A et supposons que $a \in N$. Si n était un nil ℓ-idéal non nul de A , l'intersection $a \cap n$ serai un nil ℓ-idéal de a , d'où $a \cap n = \{0\}$; mais cela entraînerait $n = \{0$ puisque A est supposé ℓ-premier.

8.6.10. DEFINITION. Le radical spécial N-rad(A) est appelé nil radica de A , ce qui se justifie par la proposition suivante:

8.6.11. PROPOSITION. Le nil radical N-rad(A) est le plus grand nil ℓ-idéal de A .

D'après le théorème (8.6.6), il suffit de montrer qu'un anneau réticulé A est N-radiciel si, et seulement si, tout élément de A es nilpotent. Or, si tout élément de A est nilpotent, il en est de même dans toute image homomorphe de A ; donc A n'admet pas d'homomorphisme sur un membre de la classe N , c'est à dire que A est N-radiciel.

Réciproquement, supposons que A contient un élément non nilpotent a, et montrons qu'alors A possède une image homomorphe appartenant à la classe N. En effet, soit p un ℓ-idéal maximal dans la famille des ℓ-idéaux de A ne contenant aucune puissance a^n de a. On vérifie facilement que p est ℓ-premier. De plus, tout ℓ-idéal q de A contenant p proprement, contient une certaine puissance a^n; donc q n'est pas nil modulo p, c'est à dire que $A/p \in N$.

8.6.12. PROPOSITION. La classe S de tous les anneaux réticulés sous-directement irréductibles ayant un coeur idempotent est une classe spéciale.

Soit $A \in S$ et c son coeur. Si a,b sont deux ℓ-idéaux non nuls de A, ils contiennent c; donc $ab \supset c^2 = c \neq \{0\}$. Par conséquent, A est ℓ-premier (S1).

Soit toujours $A \in S$ et a un ℓ-idéal non nul de A. Alors a contient le coeur c. Puisque c est ℓ-simple d'après (8.2.16), c est un ℓ-idéal minimal de a. Montrons que c est le coeur de a: Pour cela, prenons un ℓ-idéal b de a. On a $c \subset b$ ou $c \cap b = \{0\}$; dans le deuxième cas, on a $\langle b \rangle_A^3 \cap c = \{0\}$ puisque $\langle b \rangle_A^3 \subset b$; A étant ℓ-premier, on en déduit $\langle b \rangle_A = \{0\}$, d'où $b = \{0\}$. Ainsi $a \in S$ et nous avons prouvé (S2).

Finalement, soit a un ℓ-idéal d'un anneau réticulé ℓ-premier A et supposons que $a \in S$. Le coeur c de a est aussi un ℓ-idéal de A; car $c = c^3 \subset \langle c \rangle_A^3 \subset c$. Cela entraîne $c = \langle c \rangle_A$. Evidemment, c est un ℓ-idéal minimal de A; c'est même le coeur de A; car tout ℓ-idéal non nul de A a une intersection non nulle avec c, l'anneau A étant ℓ-premier. Ainsi (S3) est établi.

A la classe spéciale S correspond le radical spécial S-rad(A). Il est clair que la classe P contient N. Pour pouvoir comparer les classes N et S nous avons besoin d'un lemme:

8.6.13. LEMME. Le coeur c d'un anneau réticulé sous-directement irréductible A annule le N-radical de A.

En effet, soit $a = N\text{-rad}(A)$ et supposons que $ac \neq \{0\}$. Il existe des éléments $a \in a_+$ et $c \in c_+$ tels que $ac \neq 0$. On a donc $c = \langle ac \rangle$. Par conséquent, il existe un entier $n > 0$ et $t \in A_+$ tel que

$$c \leq nac + tac + act + tact = (na+ta)c + (a+ta)ct$$
$$\leq (na+ta)(c+ct) .$$

Si l'on pose $b=na+ta$, on obtient $c\leq b(c+ct)$, d'où

$$b(c+ct) \leq b(b(c+ct)+b(c+ct)t) = b^2(c+2ct+ct^2) ,$$

donc $c\leq b^2(c+2ct+ct^2)$. Par récurrence, on montre que

$$c \leq b^n \cdot \sum_{i=0}^{n} \binom{n}{i} ct^i \quad \text{pour tout} \quad n .$$

Or, $b=na+ta$ est un élément du nilradical; il existe donc un n tel que $b^n=0$, d'où $c=0$ ce qui est absurde.

8.6.14. <u>COROLLAIRE</u>. $S\subset N$, <u>c'est-à-dire que tout anneau réticulé sous-directement irréductible ayant un coeur idempotent est</u> N-<u>semisimple</u>.

En effet, si $N\text{-rad}(A) \neq \{0\}$, alors $c\subset N\text{-rad}(A)$, d'où $c^2\subset c\cdot N\text{-rad}(A) = \{0\}$.

8.6.15. <u>COROLLAIRE</u>. <u>Tout anneau réticulé</u> ℓ-<u>simple est</u> N-<u>semisimple</u>.

Maintenant nous pouvons comparer les radicaux définis dans cette section:

8.6.16. <u>PROPOSITION</u>. <u>Pour tout anneau réticulé</u> A ,

$$\ell(A) \subset P\text{-rad}(A) \subset N\text{-rad}(A) \subset S\text{-rad}(A) .$$

En effet, $P\text{-rad}(A)$ est un ℓ-idéal ℓ-semipremier; il contient donc tout ℓ-idéal nilpotent de A ; donc $\ell(A)\subset P\text{-rad}(A)$. Les autres inclusions peuvent être déduites du fait qu'on a les inclusions inverses pour les classes spéciales: $P\supset N\supset S$.

En général, les inclusions données dans la proposition précédente sont strictes. Mais dans des cas particuliers, on peut avoir des égalités.

8.6.17. <u>PROPOSITION</u>. <u>Dans un anneau réticulé commutatif</u>, $\ell(A)$ <u>est l'ensemble des éléments</u> a <u>de</u> A <u>tels que</u> $|a|$ <u>soit nilpotent; par conséquent</u>, $\ell(A) = P\text{-rad}(A) = N\text{-rad}(A)$.

En effet, un élément positif d'un anneau réticulé commutatif engendre un ℓ-idéal nilpotent si, et seulement si, il est nilpotent.

8.6.18. <u>PROPOSITION</u>. <u>Si l'anneau réticulé</u> A <u>vérifie la condition mini</u>

<u>male pour les ℓ-idéaux</u>, S-rad(A) <u>est nilpotent</u>; <u>par conséquent</u>, $\ell(A) = P\text{-rad}(A) = N\text{-rad}(A) = S\text{-rad}(A)$.

Montrons d'abord que, pour tout $0 \neq b \in S\text{-rad}(A)$, on a $\langle b^2\rangle \neq \langle b\rangle$. En effet, soit p un ℓ-idéal maximal dans la famille des ℓ-idéaux de A ne contenant pas b . Alors A/p est sous-directement irréductible et $b+p$ appartient au coeur de A/p . Puisque $b \in S\text{-rad}(A)$, le coeur de A/p doit être nilpotent. Donc $b^2 \in p$, ce qui montre que $\langle b^2\rangle \neq \langle b\rangle$.

Pour un élément quelconque $a \in S\text{-rad}(A)$, on a une chaîne descendante de ℓ-idéaux $\langle a\rangle \supset \langle a^2\rangle \supset \langle a^4\rangle \supset \ldots$. En vertu de la condition minimale, il existe n tel que $\langle a^{2^n}\rangle = \langle a^{2^{n+1}}\rangle$. D'après le dernier paragraphe, cela entraîne $a^{2^n} = 0$. Ainsi nous avons démontré que tout élément de S-rad(A) est nilpotent.

Soit $a = S\text{-rad}(A)$. La condition minimale appliquée à la chaîne $a \supset a^2 \supset a^3 \supset \ldots$, donne l'existence d'un n tel que $a^n = a^{n+1}$; donc $b^2 = b$ pour $b = a^n$. Si $b = a^n = \{0\}$, nous avons terminé. Supposons donc que $b \neq \{0\}$. Soit $m \subset b$ un ℓ-idéal non nul minimal tel que $bmb \neq \{0\}$. Il existe $0 < a \in m$ tel que $bab \neq \{0\}$. Puisque $\langle bab\rangle \subset m$ et puisque $b\langle bab\rangle b \supset b^2ab^2 = bab \neq \{0\}$, la minimalité de m implique $\langle bab\rangle = m$; en particulier, $a \in \langle bab\rangle$. Il existe donc $t \in b$ tel que $a \leq tat$, d'où $0 < a \leq tat \leq t^2at^2 \leq \ldots \leq t^nat^n \leq \ldots$. Mais $t \in b$ étant nilpotent, cela est impossible. Donc $b = \{0\}$.

Chapitre 9.

ANNEAUX RETICULES PRODUITS SOUS-DIRECTS D'ANNEAUX TOTALEMENT ORDONNES

Si l'on considère le chapitre précédent, on s'apercoit que nous n'avons pas pu tirer beaucoup de conclusions de l'interaction de la relation d'ordre avec la multiplication d'un anneaux réticulé en généra Il en est tout autrement pour les anneaux totalement ordonnés. Il est donc naturel de considérer les anneaux réticulés produits sous-directs d'anneaux totalement ordonnés qui traditionnellement sont appelés f-anneaux.

Dans ce chapitre nous allons illustrer de quelle façon l'ordre d'un f-anneau conditionne la structure d'anneau. Cela apparait notammer en étudiant les ℓ-idéaux premiers et les radicaux considérés dans le chapitre précédent. D'autre part, nous utilisons des notions qui sont propres à la théorie des anneaux réticulés et qui ne sont pas copiées sur la théorie des anneaux ou la théorie des groupes réticulés; citons les éléments suridempotents, les surunités, les ℓ-idéaux dominés et infinitésimaux.

9.1. Définition et propriétés élémentaires.

Rappelons qu'un groupe réticulé était appelé représentable s'il était un produit sous-direct de groupes totalement ordonnés (cf. 4.2.1) D'une manière semblable nous définissons une classe particulière d'anneaux réticulés:

9.1.1. DEFINITION. Un anneau réticulé A est appelé anneau de fonctior ou simplement f-anneau si A est isomorphe à un produit sous-direct d'anneaux totalement ordonnés.

Le théorème suivant donne diverses caractérisations des f-anneaux semblables aux caractérisations des groupes réticulés représentables dans (4.2.5):

9.1.2. THEOREME. Pour un anneau réticulé A , les propriétés suivantes sont équivalentes:

(i) A est un f-anneau.

(ii) $a\wedge b=0$ implique $a\wedge bx = a\wedge xb = 0$ quels que soient $a,b,x\in A_+$.

(iii) Toute polaire de A est un ℓ-idéal.

(iv) Tout sous-groupe premier minimal de A est un ℓ-idéal.

(i) implique (ii): Soit $\pi = (\pi_\alpha) : A \to \prod_\alpha A_\alpha$ une représentation sous-directe de A , où les A_α sont totalement ordonnés. Si $a\wedge b=0$ dans A , alors $\pi_\alpha(a)\wedge\pi_\alpha(b)=0$ pour chaque α ; donc $\pi_\alpha(a)=0$ ou $\pi_\alpha(b)=0$. On a donc pour tout $x\in A_+$, $\pi_\alpha(a\wedge bx) = \pi_\alpha(a)\wedge\pi_\alpha(b)\pi_\alpha(x) = 0$ quel que soit α . Donc $a\wedge bx=0$. On montre de même que $a\wedge xb=0$.

(ii) implique (iii): Toute polaire étant une intersection de polaires principales, il suffit de montrer que $a^\perp$ est un idéal d'anneau quel que soit $a\in A$: Si $b\in a^\perp$, alors $|a|\wedge|b| = 0$, d'où $|a|\wedge|bx|\leq$ $\leq|a|\wedge|b|\cdot|x| = 0$, ce qui entraîne $bx\in a^\perp$ pour tout $x\in A$. De même, on montre $xb\in a^\perp$.

(iii) implique (iv) puisque tout sous-groupe premier minimal est réunion de polaires d'après (3.4.13). (iv) implique (i); car l'intersection de tous les sous-groupes premiers minimaux est zéro et A/P est totalement ordonné pour tout sous-groupe premier minimal P .

9.1.3. COROLLAIRE. Pour tout ℓ-idéal $\mathfrak{a}$ de A , la polaire $\mathfrak{a}^\perp$ est le plus grand ℓ-idéal de A tel que $\mathfrak{a}\cap\mathfrak{a}^\perp=\{0\}$.

En effet, $\mathfrak{a}^\perp$ est le plus grand sous-groupe solide de A tel que $\mathfrak{a}\cap\mathfrak{a}^\perp=\{0\}$.

9.1.4. La classe de tous les anneaux réticulés est stable pour la formation de produits directs, sous-objets et images homomorphes; c'est donc une classe primitive.

De même, les f-anneaux forment une classe primitive d'anneaux réticulés; en effet, la propriété (ii) du théorème (9.1.2) est équivalente à l'identité suivante:

(ii') $y_+\wedge y_-x_+ = 0 = y_+\wedge x_+y_-$ quels que soient $x,y\in A$.

On démontre l'équivalence de (ii) avec (ii') en prenant $y=a-b$, $y_+=a$,

$y_-=b$.

Par conséquent, toute image homomorphe et tout ℓ-sous-anneau d'un f-anneau est aussi un f-anneau; de même, le produit direct d'une famille de f-anneaux est un f-anneau.

9.1.5. THEOREME. *Pour qu'un anneau réticulé A soit un f-anneau il faut et il suffit, que A/p soit totalement ordonné pour tout ℓ-idéal irréductible p de A.*

En effet, si A/p est totalement ordonné pour tout ℓ-idéal irréductible p, alors A est un produit sous-direct d'anneaux totalement ordonnés; car l'intersection des ℓ-idéaux irréductibles de A est réduite à zéro. Réciproquement, soit A un f-anneau et p un ℓ-idéal de A. Supposons que $\bar{A} = A/p$ n'est pas totalement ordonné. Alors il existe des éléments non nuls $\bar{a}$ et $\bar{b}$ dans $\bar{A}$ tels que $\bar{a} \wedge \bar{b} = \bar{0}$. Par conséquent, $\bar{a}^{\perp}$ et $\bar{a}^{\perp\perp}$ sont des polaires non nulles de $\bar{A}$, dont l'intersection est zéro. Puisque $\bar{A}$ est un f-anneau, ses polaires sont des ℓ-idéaux. Il s'ensuit que p n'est pas un ℓ-idéal irréductible de A.

9.1.6. COROLLAIRE. *Tout f-anneau sous-directement irréductible est totalement ordonné.*

En effet, dans un f-anneau sous-directement irréductible, $\{0\}$ est un ℓ-idéal irréductible.

9.1.7. COROLLAIRE. *Tout f-corps est totalement ordonné.*

Les ℓ-idéaux principaux $\langle a\rangle$ d'un f-anneau A ont, en plus des propriétés (8.2.8), une propriété remarquable:

9.1.8. PROPOSITION. *Pour deux éléments $a,b\geq 0$ d'un f-anneau A on a $\langle a\rangle \cap \langle b\rangle = \langle a\wedge b\rangle$; en particulier, l'intersection d'un nombre fini de ℓ-idéaux principaux est un ℓ-idéal principal.*

Dans n'importe quel anneau réticulé, on a $\langle a\wedge b\rangle \subset \langle a\rangle \cap \langle b\rangle$. Pour démontrer l'inclusion réciproque, il suffit de vérifier que dans $\bar{A} = A/\langle a\wedge b\rangle$ la relation $\bar{a}\wedge\bar{b} = \bar{0}$ implique $\langle\bar{a}\rangle \cap \langle\bar{b}\rangle = \{\bar{0}\}$. Or, si $\bar{a}\wedge\bar{b} = \bar{0}$, alors $\bar{a} \in \bar{a}^{\perp\perp}$ et $\bar{b} \in \bar{a}^{\perp}$. Puisque $\bar{A}$ est un f-anneau, les polaires sont des ℓ-idéaux donc $\langle\bar{a}\rangle \subset \bar{a}^{\perp\perp}$ et $\langle\bar{b}\rangle \subset \bar{a}^{\perp}$. On en déduit que $\langle\bar{a}\rangle \cap \langle\bar{b}\rangle = \{\bar{0}\}$.

9.1.9. Le fait que tout f-anneau est un produit sous-direct d'anneaux totalement ordonnés sera souvent utilisé de la manière suivante: Une identité est vraie dans un f-anneau A (dans chaque f-anneau A respectivement) si, et seulement si, elle est vraie dans chaque image homomorphe totalement ordonnée de A (dans chaque anneau totalement ordonné, respectivement). Un autre principe est le suivant: Considérons deux identités I_1 et I_2. Si I_1 implique I_2 dans chaque image homomorphe totalement ordonnée de A (dans chaque anneau totalement ordonné, respectivement), alors I_1 implique I_2 dans A (dans chaque f-anneau).

La démonstration des propriétés suivantes est une application simple de ces principes. En effet, ces propriétés sont vraies dans chaque anneau totalement ordonné.

9.1.10. PROPRIETES. *Pour des éléments quelquonques* a,b,x *d'un f-anneau* A , *on a*:

(i) $x \geq 0$ *implique* $x(a \vee b) = xa \vee xb$ *et* $(a \vee b)x = ax \vee bx$;

(ii) $x \geq 0$ *implique* $x(a \wedge b) = xa \wedge xb$ *et* $(a \wedge b)x = ax \wedge bx$;

(iii) $|ab| = |a| \cdot |b|$;

(iv) $a \wedge b = 0$ *implique* $ab = 0$;

(v) $a \wedge b = 0$ *implique* $axb = 0$;

(vi) $a^2 \geq 0$;

(vii) $a \geq 0$ *et* $ab > 0$ *implique* $b \geq 0$.

Aucune de ces propriétés ne caractérise les f-anneaux parmi les anneaux réticulés. Soit, par exemple, A une algèbre de dimension 2 sur le corps des rationnels ayant une base e,f telle que $f^2 = e$ et $e^2 = ef = fe = 0$. Muni d'un ordre comme dans (8.1.7), A devient un anneau réticulé vérifiant les propriétés (i) à (iv) sans être un f-anneau.

On remarquera que les propriétés (i), (ii) et (iii) sont équivalentes entre elles; en effet, d'après (1.4.4) chacune des propriétés (i), (ii), (iii) signifie que les homothéties $a \mapsto xa$ et $a \mapsto ax$ sont des endomorphismes du groupe réticulé (additif) A pour chaque $x \geq 0$. Un anneau réticulé possédant cette propriété est appelé d-*anneau*. Dans ce qui suit, nous déterminerons dans quelle mesure la notion de d-anneau est plus générale que celle de f-anneau.

9.1.11. LEMME. *Dans un* d-*anneau* A , *tout élément de la forme* $a \wedge xb$, où $a \wedge b = 0$ et $x \geq 0$, est un annulateur à droite de A.

En effet, pour tout $y \in A_+$, on a $0 \leq y(a \wedge xb) \leq ya \wedge yxb \leq$ $\leq (y \vee yx)a \wedge (y \vee yx)b = (y \vee yx)(a \wedge b) = 0$; donc $y(a \wedge xb) = 0$. Par conséquent, $z(a \wedge xb) = z_+(a \wedge xb) - z_-(a \wedge xb) = 0$ pour tout $z \in A$.

9.1.12. THEOREME. Soit A un d-anneau. La somme de l'annulateur à droi et de l'annulateur à gauche de A est un ℓ-idéal $\mathfrak{a}$ de A , et l'anneau quotient $A/\mathfrak{a}$ est un f-anneau.

L'annulateur à droite de A est évidemment un idéal convexe; puisque dans un d-anneau $ax=0$ implique $ax_+ = a(x \vee 0) = ax \vee a0 = ax =$ C il est un ℓ-idéal. Il en est de même de l'annulateur à gauche. Afin que $A/\mathfrak{a}$ soit un f-anneau, il suffit de montrer que $a \wedge b \in \mathfrak{a}_+$ implique $a \wedge xb \in \mathfrak{a}$ et $a \wedge bx \in \mathfrak{a}$ pour tout $x \in A_+$. Or si $a \wedge b \in \mathfrak{a}_+$, posons $\bar{a} = a-(a \wedge b)$ et $\bar{b} = b-(a \wedge b)$. Alors $\bar{a} \wedge \bar{b} = 0$, et d'après le lemme (9.1.11), $\bar{a} \wedge x\bar{b}$ est un élément de $\mathfrak{a}$. Par conséquent, $a \wedge xb =$ $(\bar{a}+a \wedge b) \wedge x(\bar{b}+a \wedge b) \leq (\bar{a} \wedge x\bar{b}) + (a \wedge b) + x(a \wedge b) \in \mathfrak{a}$. De la même manière on montre que $a \wedge bx \in \mathfrak{a}$.

9.1.13. COROLLAIRE. Tout d-anneau ℓ-semipremier est un f-anneau.

9.1.14. COROLLAIRE. Tout d-anneau unitaire est un f-anneau.

9.2. ℓ-radical et ℓ-idéaux premiers d'un f-anneau.

Dans un f-anneau, le ℓ-radical et les ℓ-idéaux ℓ-premiers possèdent des propriétés particulièrement agréables.

Rappelons auparavant qu'un idéal p d'un anneau (non réticulé) A est dit premier, si $ab \subset p$ implique $a \subset p$ ou $b \subset p$ quels que soient les idéaux a,b de A . On dit que p est complètement premier si $ab \in p$ implique $a \in p$ ou $b \in p$ quels que soient les éléments $a,b \in A$, c'est-à-dire si A/p est un anneau intègre. De même, un idéal s de A est dit semipremier (resp. complètement semipremier) si A/s n'a pas d'idéal (resp. d'élément) nilpotent non nul. Evidemment, tout idéa complètement (semi-)premier est (semi-)premier.

On notera qu'un ℓ-idéal premier est aussi ℓ-premier. Mais dans u anneau réticulé quelconque un ℓ-idéal peut être ℓ-premier sans être premier. Heureusement, cette distinction subtile entre ℓ-idéaux premie et ℓ-premiers n'a plus lieu dans les f-anneaux comme nous le verrons dans cette section. D'abord nous avons besoin d'un lemme:

9.2.1. LEMME. Si x et y sont des éléments positifs d'un anneau réticulé tels que $xy \leq yx$, alors $x^n y^n \leq (xy)^n \leq (yx)^n \leq y^n x^n$.

Cela se démontre par récurrence exactement comme dans (2.6.2).

9.2.2. PROPOSITION. Soit n un entier positif. Dans un anneau totalement ordonné A, l'ensemble $\ell_n(A)$ des éléments a de A tels que $a^n = 0$ est un idéal convexe tel que $\ell_n(A)^n = \{0\}$.

Si $|x| \leq a$ et $a^n = 0$, alors $|x^n| = |x|^n \leq a^n = 0$, donc $x^n = 0$. Si $a^n = b^n = 0$ et, par exemple, $|a| \leq |b|$, alors $|(a-b)^n| \leq 2^n |b^n| = 0$. Par conséquent, $\ell_n(A)$ est un sous-groupe convexe. Pour montrer que $\ell_n(A)$ est un idéal, prenons $x \in A_+$ et $a \in \ell_n(A)_+$. Si par exemple $xa \leq ax$, alors d'après (9.2.1), $0 \leq (xa)^n \leq$ $\leq (ax)^n \leq a^n x^n = 0$, donc $xa \in \ell_n(A)$. De même $ax \in \ell_n(A)$. Finalement, si $a_1, \ldots, a_n \in \ell_n(A)$, soit $a = \max(|a_1|, \ldots, |a_n|)$; alors $|a_1 a_2 \ldots a_n| \leq a^n = 0$, d'où $a_1 a_2 \ldots a_n = 0$. Donc $\ell_n(A)^n = 0$.

9.2.3. PROPOSITION. Dans un anneau totalement ordonné A, le ℓ-radical $\ell(A)$ est l'ensemble des éléments nilpotents de A. Si $\ell(A) \neq A$, alors $\ell(A)$ est un idéal complètement premier.

Par définition, $\ell(A)$ est la somme des ℓ-idéaux nilpotents de A. D'après (9.2.2), tout élément nilpotent est contenu dans un idéal convexe nilpotent. Donc $\ell(A)$ est l'ensemble des éléments nilpotents. Pour prouver que $\ell(A)$ est complètement premier, choisissons $x, y \in A_+$ arbitrairement. Si $xy \in \ell(A)$, il existe n tel que $(xy)^n = 0$. Si par exemple $x \leq y$, on en déduit que $0 \leq x^{2n} \leq (xy)^n = 0$, d'où $x^{2n} = 0$, c'est-à-dire que $x \in \ell(A)$, d'où la proposition.

9.2.4. COROLLAIRE. Tout anneau totalement ordonné réduit est intègre.

9.2.5. COROLLAIRE. Pour un ℓ-idéal p d'un f-anneau A les propriétés suivantes sont équivalentes:

(i) p est ℓ-premier (resp. ℓ-semipremier);

(ii) p est complètement premier (resp. complètement semipremier);

(iii) A/p est un anneau totalement ordonné intègre (resp. un produit sous-direct d'anneaux totalement ordonnés intègres).

(i) implique (iii): En effet, si p est ℓ-premier, alors p est un ℓ-idéal irréductible; donc A/p est totalement ordonné d'après (9.1.5). Puisque A/p n'a pas de ℓ-idéal nilpotent non nul, A/p est intègre d'après (9.2.4). Evidemment, (iii) implique (ii) implique (i). De l'équivalence de (i), (ii) et (iii) on déduit l'équivalence des assertions entre parenthèses en utilisant le fait qu'un ℓ-idéal ℓ-semipremier est l'intersection d'une famille de ℓ-idéaux ℓ-premiers d'après (8.5.9).

Maintenant, nous pouvons énoncer un théorème sur le ℓ-radical d'un f-anneau:

9.2.6. THEOREME. Le ℓ-radical $\ell(A)$ d'un f-anneau A est l'ensemble des éléments nilpotents de A, et $A/\ell(A)$ est réduit. De plus, $\ell(A) = P\text{-rad}(A) = N\text{-rad}(A)$.

Tout élément de $\ell(A)$ étant nilpotent, il suffit de montrer que tout élément nilpotent de A engendre un ℓ-idéal nilpotent. Soit $a^n = 0$. Alors $\pi_\alpha(a)^n = 0$ pour tout homomorphisme π_α de A sur un anneau totalement ordonné A_α . Puisque $\pi_\alpha(a) \in \ell_n(A_\alpha)$, on a aussi $\pi_\alpha(\langle a\rangle^n) = \langle\pi_\alpha(a)\rangle^n \subset \ell_n(A_\alpha)^n = \{0\}$ d'après (9.2.2). Puisque l'image de $\langle a\rangle^n$ est nulle par tout homomorphisme de A dans un anneau totalement ordonné, on a $\langle a\rangle^n = \{0\}$. Donc $\ell(A)$ est l'ensemble des éléments nilpotents de A . Il s'ensuit que $A/\ell(A)$ ne possède pas d'élément nilpotent non nul. Puisque tout élément de $N\text{-rad}(A)$ est nilpotent et puisque $\ell(A) \subset P\text{-rad}(A) \subset N\text{-rad}(A)$, on a l'égalité des trois radicaux.

9.3. f-Anneaux réduits et idéaux premiers minimaux.

Rappelons qu'un f-anneau A est dit réduit, si $\ell(A) = \{0\}$, c'est-à-dire si A n'a pas d'élément nilpotent non nul (cf. 9.2.6).

9.3.1. THEOREME. Pour un anneau réticulé A , les conditions suivantes sont équivalentes:

(i) A est un f-anneau réduit.

(ii) Dans A , $|a| \wedge |b| = 0$ est équivalent à $ab = 0$.

(iii) Toute polaire de A est un ℓ-idéal complètement semipremier.

(iv) Tout sous-groupe premier minimal de A est un ℓ-idéal complètement premier.

(v) A est produit sous-direct d'anneaux intègres totalement ordonnés.

(i) implique (ii): Dans tout f-anneau, $|a|\wedge|b| = 0$ entraîne $ab=0$ (cf. 9.1.10). Si $ab=0$, alors $(|a|\wedge|b|)^2 \leq |a|\cdot|b| = |ab| = 0$, donc $|a|\wedge|b| = 0$.

(ii) implique (iii): Si $a\wedge b=0$, on a $ab = ba = 0$. Pour tout $x\geq 0$, il vient $abx = xba = 0$, donc $a\wedge bx = a\wedge xb = 0$. Ceci prouve que les polaires sont des ℓ-idéaux et que A est un f-anneau. Si $a^2 \in b^{\perp}$, on a $|a|^2\wedge|b| = |a^2|\wedge|b| = 0$. Par suite $|a|(|a|\wedge|b|) = |a|^2\wedge|a|\cdot|b| = 0$. Ainsi, $|a|\wedge|b| = |a|\wedge|a|\wedge|b| = 0$, c'est-à-dire $a\in b^{\perp}$. Par suite, $b^{\perp}$ est complètement semipremier.

(iii) implique (iv): Soit p un sous-groupe premier minimal. Comme p est une réunion de polaires, c'est un ℓ-idéal complètement semipremier. L'anneau A/p est totalement ordonné et réduit, donc intègre (9.2.4). Ainsi p est complètement premier.

(iv) implique (v): Si $(p_\lambda)_{\lambda\in\Lambda}$ est l'ensemble des sous-groupes premiers minimaux, il suffit de considérer la représentation $A \to \prod_{\lambda\in\Lambda} A/p_\lambda$.

(v) implique (i): En effet, un tel produit sous-direct est un f-anneau sans élément nilpotent non nul.

9.3.2. THEOREME. Dans un f-anneau réduit A, les propriétés suivantes sont équivalentes:

(i) p est un sous-groupe premier minimal.

(ii) p est un idéal premier minimal.

(iii) p est un ℓ-idéal ℓ-premier minimal.

(ii) ou (iii) impliquent (i): Soit p un idéal premier de A. Considérons l'ensemble X des x tels qu'il existe $t_1,\dots,t_n \notin p$ avec $|t_1|\wedge\dots\wedge|t_n|\leq x$. C'est un filtre au sens de (3.4.3): Supposons $0\in X$, c'est-à-dire $0 = |t_1|\wedge\dots\wedge|t_n|$ avec $t_1,\dots,t_n\notin p$. On en déduit $\langle t_1\rangle\cap\dots\cap\langle t_n\rangle = \{0\}$ d'après (9.1.8). Alors il existe un i avec $\langle t_i\rangle\subset p$, ce qui est absurde.

On sait que X est contenu dans un ultrafiltre U. Il existe un sous-groupe premier minimal m tel que $m_+ = A_+\backslash U$. On en déduit $m_+\subset p$. Si p est un idéal premier minimal ou un ℓ-idéal ℓ-premier minimal, on a nécessairement $m=p$ d'après (9.3.1.iv).

(i) implique (ii) et (iii): Soit m un sous-groupe premier minimal. On sait que c'est un ℓ-idéal complètement premier (9.3.1). Par l'axiome de Zorn, m contient un ℓ-idéal ℓ-premier minimal q. Comme q est complètement premier (9.2.5), il contient un idéal premier minimal p. Puisque (ii) implique (i), p est un sous-groupe premier minimal, donc $p=q=m$.

9.3.3. COROLLAIRE. Dans un f-anneau A, les propriétés suivantes sont équivalentes:

(i) p est un idéal premier minimal.

(ii) p est un ℓ-idéal ℓ-premier minimal.

En effet, dans les deux cas, p contient $\ell(A)$. On peut donc raisonner dans $A/\ell(A)$.

9.4. Eléments idempotents et suridempotents, f-anneaux ℓ-simples.

Rappelons qu'un élément e d'un anneau est dit idempotent si $e^2 = e$. Dans un f-anneau, tout élément idempotent est positif.

9.4.1. DEFINITION. Un élément s d'un f-anneau est appelé suridempotent si $0 \leq d \leq d^2$.

Un anneau totalement ordonné sans élément suridempotent est infinitésimal dans le sens suivant:

9.4.2. DEFINITION. Un f-anneau A est dit infinitésimal si $a^2 \leq a$ pour tout élément $a \geq 0$ de A.

D'après cette définition, un f-anneau est infinitésimal si, et seulement si, on a l'identité $(a^2-|a|)_+ = 0$ pour tout $a \in A$. Les f-anneaux infinitésimaux constituent donc unc classe primitive.

9.4.3. PROPOSITION. Un f-anneau est infinitésimal si, et seulement si, il est un produit sous-direct d'anneaux totalement ordonnés infinitésimaux.

Cela résulte immédiatement de la remarque précédenteet du fait qu'un f-anneau est un produit sous-direct d'anneaux totalement ordonnés

9.4.4. PROPOSITION. Dans un f-anneau infinitésimal, on a $ab \ll a \wedge b$

quels que soient $a,b\geq 0$; en particulier $a^2 << a$.

Il suffit de prouver la proposition dans le cas où A est totalement ordonné: Supposons que, par exemple, $0<b\leq a$. S'il existe n tel que $nab\geq b$, alors $(na)^2 b \geq nab \geq b > 0$, d'où $(2na)^2 b > 2nab$ et par conséquent $(2na)^2 > 2na$ ce qui est absurde.

9.4.5. COROLLAIRE. Dans un f-anneau infinitésimal, tout sous-groupe solide est un ℓ-idéal et $\langle a\rangle^2 \neq \langle a\rangle$ pour tout élément $a\neq 0$ de A .

Dans un f-anneau unitaire, tout élément $s\geq 1$ est suridempotent et vérifie même $sy\geq y$ et $ys\geq y$ quel que soit $y\geq 0$. Donc s est une surunité dans le sens suivant:

9.4.6. DEFINITION. Un élément s d'un f-anneau est appelé surunité si $sy\geq y$ et $ys\geq y$ pour tout $y\geq 0$.

On remarquera qu'une surunité n'est contenue dans aucun ℓ-idéal à gauche ou à droite propre. Toute surunité est suridempotente. Dans un anneau totalement ordonné intègre on a aussi la réciproque:

9.4.7. LEMME. Tout élément suridempotent $s\neq 0$ d'un anneau totalement ordonné intègre est une surunité.

En effet, soit $0<s\leq s^2$. Pour tout $y\geq 0$, on a $sy \leq s^2 y$, d'où $y\leq sy$ en vertu de l'intégrité de A . De la même manière on montre que $y\leq ys$.

Ce lemme a des conséquences importantes:

9.4.8. THEOREME. Soit A un f-anneau ℓ-simple. Alors A est totalement ordonné et intègre; A possède des surunités; de plus, A n'admet aucun ℓ-idéal à gauche ou à droite non nul différent de A .

D'après (9.2.5), A est totalement ordonné et intègre; en effet, un f-anneau ℓ-simple est ℓ-premier. D'après (9.4.5), A ne peut pas être infinitésimal. Donc A possède un élément suridempotent s . D'après (9.4.7), s est une surunité. Soit p un ℓ-idéal à gauche non nul de A . Le ℓ-idéal bilatère engendré par p contient s ; il existe donc $x\in A$ tel que $ax\geq s$ pour un certain élément a de p . On a alors $s(ax)a \geq ssa \geq sa$, ce qui entraîne $axa\geq a$ et par suite

$xaxa \geq xa$. Donc xa est suridempotent et par conséquent une surunité. D'autre part, $xa \in p$. Mais une surunité n'appartient à aucun ℓ-idéal à gauche propre; on a donc bien $p = A$, ce qui achève la démonstration.

9.4.9. COROLLAIRE. Tout ℓ-idéal à gauche (ou à droite) maximal d'un f-anneau est bilatère.

En effet, soit m un ℓ-idéal maximal à gauche. La somme p de tous les ℓ-idéaux bilatères de A contenus dans m est le plus grand ℓ-idéal bilatère contenu dans m . Il est clair que p est un ℓ-idéal maximal de A . Si $A^2 \subset m$, alors m est aussi bilatère; si $A^2 \not\subset m$, alors A/p est ℓ-simple et ne contient pas de ℓ-idéal unilatère propre non nul (9.4.8). Dans les deux cas on peut conclure que $p = m$.

La proposition suivante servira dans la section 9.5 pour déterminer le S-radical d'un f-anneau:

9.4.10. THEOREME. Tout f-anneau sous-directement irréductible dont le coeur est idempotent, est ℓ-simple.

En effet, d'après (8.6.12), un f-anneau sous-directement irréductible A , dont le coeur c est idempotent, est ℓ-premier. Donc A est totalement ordonné et intègre (cf. 9.2.5). D'après (8.3.10), le coeur c est ℓ-simple. Donc c contient un élément suridempotent. Celui-ci est une surunité de A d'après (9.4.7), donc contenu dans aucun ℓ-idéal propre. Par conséquent, $c = A$.

9.4.11. COROLLAIRE. Un élément suridempotent $s \neq 0$ d'un anneau totalement ordonné A n'est contenu dans aucun ℓ-idéal à gauche ou à droite différent de A .

Soit p un ℓ-idéal maximal parmi les ℓ-idéaux de A ne contenant pas s . Alors A/p est sous-directement irréductible et le coeur $c = \langle s \rangle / p$ est idempotent, puisque $s^2 \geq s \notin p$. D'après le théorème (9.4.10), A/p est ℓ-simple; d'après (9.4.8), tout ℓ-idéal à gauche (ou à droite) contenant p proprement est donc égal à A . Ceci prouve l'assertion.

Ce corollaire peut se généraliser de la manière suivante:

9.4.12. LEMME. *Si* s *est un élément suridempotent et une unité faible de* A , *alors* s *n'est contenu dans aucun* ℓ-*idéal propre*.

Un ℓ-idéal irréductible minimal étant réunion de polaires, s n'est contenu dans aucun ℓ-idéal irréductible minimal p . Puisque s est suridempotent mod p , s n'est contenu dans aucun ℓ-idéal propre plus grand que p d'après (9.4.11). Tout ℓ-idéal irréductible contient un ℓ-idéal irréductible minimal; il s'ensuit que s n'est contenu dans aucun ℓ-idéal irréductible, d'où l'assertion.

Il est bien connu que tout élément idempotent central d'un anneau engendre un facteur direct de l'anneau. Dans le cas des f-anneaux on a plus généralement:

9.4.13. PROPOSITION. *Pour tout élément suridempotent* s *d'un f-anneau* A , *le* ℓ-*idéal principal* $\langle s\rangle$ *est un facteur direct; plus précisément*, $\langle s\rangle + s^{\perp} = A$.

En effet, $\langle s\rangle \cap s^{\perp} = \{0\}$; de plus, s est une unité faible mod $s^{\perp}$. D'après le lemme (9.4.12), $s+s^{\perp}$ n'est contenu dans aucun ℓ-idéal propre de $A/s^{\perp}$. Il s'ensuit que $\langle s\rangle + s^{\perp} = A$.

Soit A un f-anneau. Pour une partie quelconque M de A , soient

$$\mathrm{Ann}_g(M) = \{x\in A \mid xM = \{0\}\} ,$$

$$\mathrm{Ann}_d(M) = \{x\in A \mid Mx = \{0\}\}$$

les annulateurs à gauche et à droite de M , respectivement. Il est clair que $\mathrm{Ann}_g(M)$ est un ℓ-idéal à gauche et $\mathrm{Ann}_d(M)$ un ℓ-idéal à droite de A . De plus, $\mathrm{Ann}_g(A)$ et $\mathrm{Ann}_d(A)$ sont des ℓ-idéaux bilatères.

9.4.14. LEMME. *Si* s *est un élément suridempotent d'un anneau totalement ordonné* A , *alors* $\mathrm{Ann}_g(s) = \mathrm{Ann}_g(A)$ *et* $\mathrm{Ann}_d(s) = \mathrm{Ann}_d(A)$.

L'assertion est évidente pour $s=0$. Soit $0<s\leq s^2$. Evidemment $\mathrm{Ann}_g(A)\subset\mathrm{Ann}_g(s)$. Pour démontrer l'inclusion réciproque, prenons un $y\in\mathrm{Ann}_g(s)$. Alors $ys = 0$, c'est-à-dire que $s\in\mathrm{Ann}_d(y)$. Or, $\mathrm{Ann}_d(y)$ est un ℓ-idéal à droite; donc $\mathrm{Ann}_d(y) = A$ d'après (9.4.11). Nous avons donc démontré que $yA = \{0\}$, c'est-à-dire que $y\in\mathrm{Ann}_g(A)$.

La fin de cette section sera consacrée à l'investigation de la structure d'un anneau totalement ordonné admettant un élément idempotent $e \neq 0$. Notons que pour un élément idempotent e , on a:

$$\mathrm{Ann}_d(e) = (1-e)A = \{a-ea \mid a \in A\} ,$$

$$\mathrm{Ann}_g(e) = A(1-e) = \{a-ae \mid a \in A\} .$$

Commençons par une construction:

Soit B un anneau totalement ordonné ayant un élément unité e ; soit C un B-module à droite unitaire totalement ordonné (avec $cb \geq 0$ quels que soient $b \in B_+$ et $c \in C_+$). Supposons de plus que

(1) $0 < b_1 \in B$ et $0 < b_2 \in B$ et $b_1 b_2 = 0$ impliquent $Cb_2 = \{0\}$.

Soit D un groupe commutatif totalement ordonné. Formons la somme direct de groupes $A = B \oplus C \oplus D$. Définissons une multiplication dans A pa

(2) $(b_1, c_1, d_1) \cdot (b_2, c_2, d_2) = (b_1 b_2, c_1 b_2, 0)$.

Munissons A de l'ordre lexicographique suivant:

(3) $(b,c,d) > 0$ si $\begin{cases} b > 0 \\ \text{ou } b = 0 , \quad c > 0 \\ \text{ou } b = c = 0 \text{ et } d > 0 \end{cases}$.

On a alors:

9.4.15. THEOREME. <u>Muni de la multiplication et de l'ordre définis ci-dessus,</u> $A = B \oplus C \oplus D$ <u>est un anneau totalement ordonné ayant un élément idempotent non nul, à savoir</u> $(e,0,0)$. <u>Réciproquement, tout anneau totalement ordonné</u> A <u>ayant un élément idempotent</u> $e \neq 0$ <u>peut être construit de cette manière pourvu que</u> $\mathrm{Ann}_g(A) \subset \mathrm{Ann}_d(A)$; <u>il suffit de poser</u>

$$B = eAe , \quad C = (1-e)Ae , \quad D = A(1-e) ;$$

<u>et on a</u> $D = \mathrm{Ann}_g(A)$, $C \oplus D = (1-e)A = \mathrm{Ann}_d(A)$.

Remarquons que l'hypothèse $\mathrm{Ann}_g(A) \subset \mathrm{Ann}_d(A)$ n'est pas une restriction à vrai dire; car $\mathrm{Ann}_g(A)$ et $\mathrm{Ann}_d(A)$ sont des idéaux convexes, donc l'un des deux est contenu dans l'autre.

On vérifie sans peine la première assertion du théorème. L'hypothèse (1) intervient dans la démonstration que le produit de deux éléments positifs est supérieur ou égal à 0 . En effet, soient $(b_1, c_1, d_1) > 0$ et $(b_2, c_2, d_2) > 0$. Si $b_1 b_2 > 0$, alors $(b_1 b_2, c_1 b_2, 0) > 0$ Si $b_1 b_2 = 0$, il y a deux cas: i) Si $b_1 = 0$, alors $c_1 \geq 0$, donc $c_1 b_2 \geq 0$; ii) Si $b_1 > 0$, alors $c_1 b_2 = 0$ d'après l'hypothèse (1);

dans les deux cas, $(b_1b_2, c_1b_2, 0) \geq 0$.

Pour démontrer la réciproque du théorème, prenons un anneau totalement ordonné possédant un élément idempotent $e \neq 0$. De plus soit $Ann_g(A) \subset Ann_d(A)$. D'après le lemme (9.4.14), on a:

$$Ann_g(A) = Ann_g(e) = A(1-e) \ , \quad Ann_d(A) = Ann_d(e) = (1-e)A \ .$$

Pour tout élément a de A , on a:

$$a-ae \in A(1-e) = Ann_g(e) = Ann_g(A) \subset Ann_d(A) = Ann_d(e) \quad ;$$

donc $e(a-ae) = 0$, c'est-à-dire que

(*) $ea = eae$ pour tout $a \in A$.

En tant que groupe additif, A admet la décomposition directe

$$\begin{aligned} A &= eA \oplus (1-e)A \\ &= eA \oplus (1-e)(Ae \oplus A(1-e)) \\ &= eA \oplus (1-e)Ae \oplus (1-e)A(1-e) \ . \end{aligned}$$

D'après (*), $eA = eAe$, et tout élément $x \in (1-e)A(1-e)$ s'écrit $x = (a-ea) - (ae-eae) = a-ae$; donc $(1-e)A(1-e) = A(1-e)$. Nous avons donc additivement

$$A = B \oplus C \oplus D$$

où $B = eAe$, $C = (1-e)Ae$ et $D = A(1-e)$. Nous avons bien que B est un anneau totalement ordonné (en tant que sous-anneau de A) ayant un élément unité, à savoir e . On a aussi $CB = (1-e)Ae \cdot eAe \subset (1-e)Ae = C$; donc C est un B-module à droite qui est évidemment unitaire. De plus $C \oplus D = (1-e)A = Ann_d(A)$ et $D = A(1-e) = Ann_g(A)$. Par conséquent, $C \oplus D$ et D sont des idéaux convexes de A . Il s'ensuit que l'ordre sur A est l'ordre lexicographique comme donné par (3). Il reste à voir que la multiplication dans A vérifie (2): Soient $b_i \in B$, $c_i \in C$ et $d_i \in D$ pour $i=1,2$; alors

$$\begin{aligned} (b_1+c_1+d_1)\cdot(b_2+c_2+d_2) &= b_1b_2 + c_1b_2 + d_1b_2 + (b_1+c_1+d_1)\cdot(c_2+d_2) \\ &= b_1b_2 + c_1b_2 \ ; \end{aligned}$$

car $d_1 \in D = Ann_g(A)$ implique $d_1b_2 = 0$ et $c_2+d_2 \in C \oplus D = Ann_d(A)$ implique $(b_1+c_1+d_1)(c_2+d_2) = 0$.

Ajoutons que la condition (1) est aussi vérifiée dans A ; car si $0<b_2 \in B$, alors $b_1 \geq c$ pour tout $c \in C$, puisque $C \oplus D$ est un idéal convexe dont l'intersection avec B est nulle; donc $b_1b_2 = 0$ implique $cb_2 = 0$ pour tout $c \in C$. Ceci achève la démonstration du théorème.

9.4.16. <u>PROPOSITION</u>. <u>Un anneau totalement ordonné unitaire</u> A <u>n'a pas</u>

d'élément idempotent différent de 0 *et* 1 .

En effet, soit e un élément idempotent non nul de A . Puisque $(1-e)e = 0$, on a $1-e \in Ann_g(e) = Ann_g(A)$ d'après (9.4.14). Mais dans un anneau unitaire, $Ann_g(A) = \{0\}$; donc $e=1$.

9.4.17. COROLLAIRE. *Dans un f-anneau unitaire, les éléments idempotents sont compris entre* 0 *et l'élément unité.*

En effet, cette assertion est trivialement vraie dans tout anneau unitaire totalement ordonné d'après la proposition précédente, donc dans tout produit sous-direct d'anneaux totalement ordonnés unitaires.

9.4.18. LEMME. *Soit* A *un anneau totalement ordonné ayant un élément idempotent* $e \neq 0$ *tel que* $Ann_g(A) \subset Ann_d(A)$. *Alors les éléments idempotents non nuls de* A *sont exactement les éléments de la forme* $e+c$ *où* $c \in (1-e)Ae$.

Décomposons $A = B \oplus C \oplus D$ comme dans le théorème (9.4.15). Soit $g = (b,c,d) \in A$ idempotent. Alors

$$(b^2,cb,0) = g^2 = g = (b,c,d) \quad .$$

Donc $b^2=b$, $cb=c$ et $d=0$. Il s'ensuit que b est un élément idempotent de $B = eAe$ et $b \neq 0$ (car $b=0$ entraîne $c = cb = 0$, d'où $g=0$). Donc $b=e$ d'après (9.4.16). Ainsi nous avons démontré que $g = (e,c,0) = e+c$. Inversement, si $g = e+c$ avec $c \in C = (1-e)Ae$, alors $g^2 = e^2 + ce + (e+c)c = e+c = g$; en effet, $ce = c$ et $(e+c)c = 0$, le dernier puisque $c \in C \subset Ann_d(A)$.

Du théorème (9.4.15) et du lemme (9.4.18) on déduit immédiatement les propriétés suivantes:

9.4.19. PROPOSITION. *Soit* A *un anneau totalement ordonné ayant un élément idempotent* $e \neq 0$. *Soit* $E(A)$ *l'ensemble des éléments idempotents non nuls de* A . *Supposons que, par exemple,* $Ann_g(A) \subset Ann_d(A)$ *Alors on a:*

(i) *Quels que soient* $e_1, e_2 \in E(A)$, $e_1 e_2 = e_1$.

(ii) *Tout élément* $e \in E(A)$ *est une unité à droite de* A *si, et seulement si,* $Ann_g(A) = \{0\}$.

(iii) Les conditions suivantes sont équivalentes:

(a) E(A) est réduit à un seul élément;

(b) Les éléments idempotents de A commutent;

(c) E(A) est dans le centre de A ;

(d) $\mathrm{Ann}_g(A) = \mathrm{Ann}_d(A)$.

(iv) Si E(A) n'est pas réduit à un seul élément, son cardinal est infini.

(v) A est unitaire si, et seulement si, $\mathrm{Ann}_g(A) = \mathrm{Ann}_d(A) = \{0\}$.

En rappelant que le centre d'un anneau A est l'ensemble des éléments qui commutent avec tout élément de A , on a pour les f-anneaux les conséquences suivantes:

9.4.20. COROLLAIRE. Si un f-anneau A peut être plongé dans un f-anneau unitaire, en particulier si A est unitaire, ses éléments idempotents sont dans son centre. Plus généralement, si les éléments idempotents de A commutent, ils sont dans le centre.

9.5. ℓ-Idéaux dominés.

Dans cette section, A désignera toujours un f-anneau.

9.5.1. DEFINITION. Un élément non nul d de A est dit dominant, si d est suridempotent et si d n'appartient à aucun ℓ-idéal propre de A , c'est à dire si $0<d\leq d^2$ et $\langle d\rangle = A$.

Dans un f-anneau unitaire, l'élément unité 1 ainsi que tout élément $d\geq 1$ est dominant. Les anneaux totalement ordonnés ayant une infinité d'éléments idempotents (cf. sec. 9.4) fournissent des exemples de f-anneaux sans éléments unités ayant des éléments dominants. En effet, la proposition (9.4.11) signifie que tout élément suridempotent, en particulier tout élément idempotent, non nul d'un anneau totalement ordonné est dominant. Il en résulte aussi qu'un anneau totalement ordonné est ou bien infinitésimal ou bien il possède un élément dominant.

9.5.2. DEFINITION. On dit que A possède localement des éléments dominants si A est un produit sous-direct de f-anneaux ayant des éléments dominants.

Le f-anneau $C_k(X)$ des applications continues à supports compacts d'un espace localement compact X dans $\mathbb{R}$ n'admet pas d'élément dominant, mais localement $C_k(X)$ admet des éléments dominants.

Puisqu'un f-anneau A est un produit sous-direct d'anneaux totalement ordonnés et puisque ces derniers possèdent des éléments dominants ou sont infinitésimaux, il résulte que A est un produit sous-direct d'un f-anneau ayant localement des éléments dominants et d'un f-anneau infinitésimal. Pour préciser cette constatation, nous définissons:

9.5.3. DEFINITION. On dit qu'un ℓ-idéal q est dominé par d, si d est un élément dominant modulo q .

La proposition suivante est évidente:

9.5.4. PROPOSITION. Soit q un ℓ-idéal dominé par d . Alors il existe un ℓ-idéal maximal de A , contenant q ; et tout ℓ-idéal propre (maximal ou non) contenant q est aussi dominé par d .

Remarquons qu'un ℓ-idéal maximal m est dominé si, et seulement si, A/m est ℓ-simple (cf. 9.4.8).

9.5.5. LEMME. Soit q un ℓ-idéal de A et d un élément de A . Posons $\tilde{d} = (2d^2-d)_+$. Alors on a:

(i) Si q est dominé par d , alors $\tilde{d} \notin q$.

(ii) Si q est irréductible et si $\tilde{d} \notin q$, alors q est dominé par 2d .

(iii) Si q est dominé, il existe $\tilde{d} \notin q$ tel que $\tilde{d}^\perp$ soit un ℓ-idéal dominé contenu dans q.

(i): Si q est dominé par d , alors $0<d\leq d^2 \pmod q$, ce qui entraîne $d<2d^2 \pmod q$; par conséquent, $0<2d^2-d \pmod q$, d'où $\tilde{d} = (2d^2-d)_+ \notin q$.

(ii): Si $\tilde{d} = (2d^2-d)_+ \notin q$, alors $0<2d^2-d \pmod q$ et, par suite $0<2(2d^2-d) = (2d)^2 - 2d \pmod q$. Donc 2d est un élément suridempotent modulo q ce qui implique que 2d domine q en vertu de (9.4.11

(iii): Soit q dominé par d . D'après (i), $\tilde{d} \notin q$. D'après (ii), tout ℓ-idéal irréductible p tel que $\tilde{d} \notin q$ est dominé par 2d .

Donc l'intersection P des ℓ-idéaux irréductibles tels que $\tilde{d}\notin p$ est aussi dominé par 2d . Or, $P = \tilde{d}^{\perp}$ d'après (3.4.2) et (9.1.2). Finalement, $P\subset q$; en effet, tout ℓ-idéal irréductible p tel que $q\subset p$ est dominé par d ce qui implique $\tilde{d}\notin p$ d'après (i).

9.5.6. COROLLAIRE. Tout ℓ-idéal dominé contient une polaire dominée.

9.5.7. THEOREME. Soit d l'intersection de tous les ℓ-idéaux dominés de A . Alors d est une polaire de A ; l'anneau quotient A/d admet localement des éléments dominants et $A/d^{\perp}$ est infinitésimal. De plus, A est un produit sous-direct de A/d et $A/d^{\perp}$; et si A peut être représenté comme produit sous-direct d'un f-anneau A_1 ayant localement des éléments dominants et d'un f-anneau infinitésimal A_2 , alors A_1 est ℓ-isomorphe à A/d et A_2 est une image ℓ-homomorphe de $A/d^{\perp}$.

Puisque tout ℓ-idéal contient une polaire dominée (9.5.6), et puisque toute intersection de polaires est une polaire, d est une polaire. Evidemment, A/d admet localement des éléments dominants. Montrons que $A/d^{\perp}$ est infinitésimal: En effet, si $A/d^{\perp}$ n'était pas infinitésimal, il y aurait un ℓ-idéal dominé q contenant $d^{\perp}$. D'après (9.5.5.iii), il existe $\tilde{d}\notin q$ tel que $\tilde{d}^{\perp}$ soit dominé et que $\tilde{d}^{\perp}\subset q$. Mais alors $d\subset\tilde{d}^{\perp}$, d'où l'on tire $\tilde{d}\in d^{\perp}\subset q$ ce qui est absurde. Puisque $d\cap d^{\perp} = \{0\}$. A est un produit sous-direct de A/d et $A/d^{\perp}$.

Pour montrer la dernière assertion, prenons deux ℓ-idéaux a et b de A tels que $a\cap b = \{0\}$ et tels que A/a possède localement des éléments dominants tandis que A/b soit infinitésimal. Alors a est une intersection de ℓ-idéaux dominés ce qui entraîne $d\subset a$. Si $d\neq a$, il existe un ℓ-idéal q irréductible et dominé tel que $a\not\subset q$. Il s'ensuit que $b\subset q$, puisque $a\cap b = \{0\}$; par suite, A/b n'est pas infinitésimal. Donc $d=a$ et, par conséquent, $b\subset d^{\perp}$.

9.6. f-Anneaux S-semisimples et le S-radical.

Rappelons que le S-radical d'un anneau réticulé A est l'intersection des ℓ-idéaux p de A tels que A/p soit sous-directement irréductible et possède un coeur idempotent (cf. 8.6.2 et 8.6.12). Un ℓ-idéal a est dit infinitésimal si a est infinitésimal en tant qu'anneau réticulé (cf. 9.4.2).

9.6.1. THEOREME. Le S-radical d'un f-anneau A est d'une part l'intersection des ℓ-idéaux maximaux dominés de A , c'est à dire l'intersection des ℓ-idéaux p tels que A/p soit ℓ-simple. Le S-radical est d'autre part le plus grand ℓ-idéal infinitésimal de A . Pour qu'un f-anneau A soit S-semisimple il faut, et il suffit, que A soit un produit sous-direct d'anneaux totalement ordonnés ℓ-simples. Finalement A est S-radiciel si, et seulement si, A est infinitésimal.

D'après le théorème (9.4.10), tout f-anneau sous-directement irréductible ayant un coeur idempotent est ℓ-simple. Donc S-rad(A) est l'intersection des ℓ-idéaux p de A tels que A/p soit ℓ-simple. En particulier, $S\text{-rad}(A) = \{0\}$, si et seulement si A est un produit sous-direct d'anneaux totalement ordonnés ℓ-simples.

Si A est infinitésimal, il en est de même de toute image homomorphe de A ; donc A n'admet pas d'image homomorphe ℓ-simple (cf. 9.4.8). Donc A est S-radiciel. Réciproquement, si A n'est pas infinitésimal, il existe un ℓ-idéal q dans A dominé par un élément d . Si p est ℓ-idéal maximal contenant q , mais ne contenant pas d , alors A/p est ℓ-simple. Ceci implique que A n'est pas S-radiciel.

Ainsi nous avons démontré que A est S-radiciel si, et seulement si, A est infinitésimal. Puisque le S-radical est spécial (cf. sec. 8.6), il s'ensuit que S-rad(A) est le plus grand ℓ-idéal infinitésimal de A , ce qui achève la démonstration.

9.6.2. THEOREME. Pour qu'un f-anneau réduit A vérifie la condition minimale pour les ℓ-idéaux, il faut et il suffit, que A soit le produit direct d'un nombre fini d'anneaux totalement ordonnés ℓ-simples.

La condition est évidemment suffisante. Montrons qu'elle est nécessaire: Si A vérifie la condition minimale, on a $\ell(A) = S\text{-rad}(A)$ d'après la proposition (8.6.18). Donc si A n'a pas d'élément nilpotent non nul, $S\text{-rad}(A) = \{0\}$. Le théorème (9.6.1) permet de conclure que l'intersection des ℓ-idéaux dominés maximaux de A est nulle. En vertu de la condition minimale, il y a un nombre fini $p_1,\dots,p_n$ de ℓ-idéaux dominés maximaux, dont l'intersection est nulle. Les ℓ-idéaux $p_1,\dots,p_n$ peuvent être choisis deux à deux distincts. Alors $p_i+p_j = A$ si $i\neq j$. En utilisant la distributivité du treillis des ℓ-idéaux, on en déduit $p_i + \bigcap_{j\neq i} p_j = \bigcap_{i\neq j} (p_i+p_j) = A$. Par conséquent, $A = \prod_i A/p_i$.

Donnons encore quelques caractérisations des f-anneaux S-semi-simples:

9.6.3. THEOREME. Pour un f-anneau A les propriétés suivantes sont équivalentes:

(i) A est S-semisimple, c'est à dire un produit sous-direct d'anneaux totalement ordonnés ℓ-simples.

(ii) A n'a pas de ℓ-idéal infinitésimal non nul.

(iii) Quels que soient $a,b \in A$, $a>0$, il existe $x \in A$ tel que $ax \nleq b$.

(iv) A possède localement des éléments dominants et n'admet pas de ℓ-idéal à droite non nul borné.

Les propriétés (i) et (ii) sont équivalentes d'après le théorème (9.6.1).

(i) implique (iv): Soit A S-semisimple. Puisque tout anneau totalement ℓ-simple possède un élément dominant, A possède localement des éléments dominants. Supposons que g soit un ℓ-idéal à droite de A borné par un élément c . Alors c majore g modulo tout ℓ-idéal maximal dominé p . Puisqu'un anneau totalement ordonné ℓ-simple n'admet pas de ℓ-idéal à droite propre non nul, on en déduit que g est contenu dans chaque ℓ-idéal maximal dominé de A . Cela entraîne $g = \{0\}$ puisque A est S-semisimple.

Avant de montrer que (iv) implique (iii), prouvons l'assertion suivante: Si q est une polaire de A et si A vérifie (iv), il en est de même de A/q . Notons d'abord que q est une intersection de ℓ-idéaux dominés; en effet, si $(q_\lambda)_\lambda$ est une famille de polaires dominées d'intersection nulle, alors $(q \vee q_\lambda)_\lambda$ est une famille de polaires dominées dont l'intersection est q . Soit $g+q$ un ℓ-idéal à droite de A/q majoré par $b+q$ avec $b>0$. Alors $(g+q) \cap q^\perp$ est un ℓ-idéal à droite de A majoré par b . Donc $(g+q) \cap q^\perp = \{0\}$ puisque A est supposé vérifier (iv). Par conséquent $g \subset q$ ce qui démontre l'assertion.

(iv) implique (iii): Soient a,b des éléments de A avec $a>0$. Supposons que $ax \leq b$ pour tout $x \in A$. Alors l'ensemble $g = \{y \in A | |y| \leq ax$ pour un $x \in A\}$ est un ℓ-idéal à droite de A majoré par b . Donc $g = \{0\}$ d'après (iv). Il s'ensuit que a est un annulateur à gauche non nul de A .

Soit q une polaire dominée ne contenant pas a . Soit d' un élément dominant de $A' = A/q$. Alors d' majore tout annulateur à droite de A' ; en effet, cela est vrai dans toute image totalement ordonnée de A' . Mais puisque les annulateurs à droite de A' forment un ℓ-idéal de A' et puisque A' n'a pas de ℓ-idéal borné d'après la remarque ci-dessus, A' n'a pas d'annulateur à droite non nul. Cela entraîne $a \in q$.

(iii) implique (ii): Soit A un f-anneau vérifiant la propriété (iii). Montrons d'abord que pour toute polaire q , le f-anneau quotient A/q lui aussi vérifie (iii): En effet, soient $a,b \in A$ tels que $0<a \notin q$. Il existe $a' \in q^{\perp}$ tel que $0<a' \leq a$. Puisque A vérifie (iii) il existe x tel que $xa' \nleq b$. On en déduit que $xa' \nleq b \pmod{q}$, d'où $xa \nleq b \pmod{q}$.

Soit d l'intersection de tous les ℓ-idéaux dominés de A . D'après le théorème (9.5.7), $A/d^{\perp}$ est infinitésimal. D'autre part, $A/d^{\perp}$ vérifie (iii) d'après la remarque précédente. Donc $A/d^{\perp}$ est nul d'après (9.4.4), c'est-à-dire que $d = \{0\}$.

D'après (9.5.6), $\{0\} = d$ est l'intersection d'une famille $(q_\lambda)_\lambda$ de polaires dominées. Pour que A n'ait pas de ℓ-idéal infinitésimal non nul, il suffit de montrer que A/q_λ n'a pas de ℓ-idéal infinitésimal non nul quel que soit λ . Soit d un élément dominant modulo q_λ . Alors d majore tout ℓ-idéal infinitésimal modulo q_λ ; en particulier, si a est un élément d'un ℓ-idéal infinitésimal modulo q_λ , alors $ax \leq d \pmod{q_\lambda}$ pour tout $x \in A$; donc $a \in q$ puisque A/q_λ vérifie (iii) d'après la remarque ci-dessus. Ainsi le théorème (9.6.3) est démontré.

9.7. Plongement dans un f-anneau unitaire.

Tout anneau A peut être plongé dans un anneau unitaire. Pour cela il suffit de considérer l'ensemble produit

$$B = \mathbb{Z} \times A \quad ;$$

muni d'une addition et d'une multiplication définie par

$$(n,a) + (m,b) = (n+m, a+b)$$

$$(n,a)\cdot(m,b) = (nm, nb+ma+ab) .$$

B devient un anneau unitaire, l'élément unité étant $e = (1,0)$, et $a \mapsto (0,a)$ est un homomorphisme injectif de A dans B . Mais il y a des anneaux totalement ordonnés, à fortiori des f-anneaux, qu'on ne peut pas plonger dans des anneaux totalement ordonnés ou des f-anneaux unitaires. Il suffit de considérer un anneau totalement ordonné ayant au moins deux éléments idempotents non nuls. D'après (9.4.15), il existe des anneaux totalement ordonnés ayant cette propriété . Mais un tel anneau totalement ordonné ne peut pas être plongé dans un anneau totalement ordonné unitaire d'après (9.4.16). Ajoutons la remarque suivante:

9.7.1. PROPOSITION. Si un anneau totalement ordonné peut être plongé dans un f-anneau unitaire, on peut le plonger aussi dans un anneau totalement ordonné unitaire.

En effet, soit A un sous-anneau totalement ordonné d'un f-anneau unitaire B. L'ensemble X des $x \in B$ tels qu'il existe $0 < a \in A$ avec $a \leq x$ est un filtre (au sens de 3.4.3) de B. On peut trouver un ultrafiltre U de B contenant X. Soit p le sous-groupe premier minimal de B tel que $U = B_+ \backslash p$. Puisque p est aussi un ℓ-idéal et puisque p ne contient aucun élément strictement positif de A, on a un plongement de A dans l'anneau totalement ordonné unitaire B/p, donné par la restriction à A de l'application canonique $B \to B/p$.

Pour faciliter les énoncés, définissons:

9.7.2. DEFINITION. Un f-anneau est dit pré-unitaire, si on peut le plonger (en tant que f-anneau) dans un f-anneau unitaire.

Nous donnerons des conditions nécessaires et suffisantes pour qu'un anneau totalement ordonné soit pré-unitaire. A l'aide de la proposition suivante, nous déduirons des conditions pour les f-anneaux.

9.7.3. PROPOSITION. Un f-anneau est pré-unitaire si, et seulement si, il est produit sous-direct d'anneaux totalement ordonnés pré-unitaires.

En effet, si un f-anneau A peut être plongé dans un f-anneau unitaire A^1, alors A^1 est un produit sous-direct d'anneaux totalement ordonnés unitaires A_α, et A est un produit sous-direct de certains sous-anneaux des A_α. Réciproquement, si A est un produit sous-direct d'anneaux totalement ordonnés A_α, dont chacun peut être plongé dans un anneau totalement ordonné unitaire A_α^1, alors A peut être plongé dans le f-anneau unitaire ΠA_α^1.

9.7.4. THEOREME. Un anneau totalement ordonné A peut être plongé comme idéal convexe propre dans un anneau totalement ordonné unitaire A^1 si, et seulement si, A est infinitésimal.

En effet, si A est un idéal convexe propre dans un anneau totalement ordonné unitaire A^1, alors $x \leq 1$ pour tout $x \in A$, d'où $x^2 \leq |x|$ pour tout $x \in A$. Réciproquement, soit A infinitésimal. Considérons $B = \mathbb{Z} \times A$ muni de la structure d'anneau unitaire comme au début de cette section. Munissons B de l'ordre lexicographique

$$(n,a) \leq (m,b) \quad \text{si} \quad \begin{cases} n < m \\ \text{ou} \quad n = m \quad \text{et} \quad a \leq b \end{cases}.$$

Si $(n,a) \geq 0$ et $(m,b) \geq 0$, on a évidemment $(n,a) + (m,b) = (n+m, a+b) \geq 0$. On a aussi $(n,a) \cdot (m,b) = (nm, nb+ma+ab) \geq 0$; ceci est clair si $m>0$ et $n>0$ ou $m = n = 0$; si par exemple $n=0$ et $m>0$, alors $a \geq 0$, donc $|ab| \leq a \leq ma$ puisque A est infinitésimal; on en déduit $ma + ab \geq 0$, c'est-à-dire que $(n,a) \cdot (m,b) = (0, ma+ab) \geq 0$. Donc B est un anneau totalement ordonné, et $\{(0,a) \mid a \in A\}$ est un idéal convexe de B.

9.7.5. <u>COROLLAIRE</u>. <u>Tout</u> f-<u>anneau</u> <u>infinitésimal</u> <u>est</u> <u>pré</u>-<u>unitaire</u>.

En effet, tout f-anneau infinitésimal est produit sous-direct d'anneaux totalement ordonnés infinitésimaux.

9.7.6. <u>THEOREME</u>. <u>Tout</u> <u>anneau</u> <u>totalement</u> <u>ordonné</u> A <u>ayant</u> <u>une</u> <u>surunité</u> s <u>est</u> <u>pré</u>-<u>unitaire</u>.

Vérifions d'abord que tout couple $(n,a) \in \mathbb{Z} \times A$ vérifie l'une des deux conditions suivantes:

(a) $nx + ax \geq 0$ et $nx + xa \geq 0$ pour tout $x \in A_+$;

(b) $nx + ax \leq 0$ et $nx + xa \leq 0$ pour tout $x \in A_+$.

On a en effet (i) $ns + as \geq 0$ ou (ii) $ns + as \leq 0$. Considérons le cas (i): Pour tout $x \in A_+$, on doit avoir $nx + xa \geq 0$. Car si l'on avait $nx + xa < 0$, on aurait aussi $nxs + xas < 0$ puisque s est une surunité; mais cela est impossible puisque (i) implique $nxs + xas \geq 0$. On a en particulier $ns + sa \geq 0$, et de cette inégalité on déduit de la même manière $nx + ax \geq 0$ pour tout $x \geq 0$. Ainsi (i) implique (a). De la même manière on montre que (ii) implique (b).

Pour démontrer le théorème, considérons $B = \mathbb{Z} \times A$ muni de la structure d'anneau unitaire comme au début de cette section. Soit P l'ensemble des couples $(n,a) \in B$ tels que $nx + ax \geq 0$ et $nx + xa \geq 0$ pour tout $x \in A_+$. On vérifie facilement que $P + P \subset P$ et $P \cdot P \subset P$. L'assertion du paragraphe précédent revient à dire que $P \cup -P = B$.

Mais P n'est pas le cône positif d'un ordre total sur B , car

$$I = P \cap -P$$

n'est pas nécessairement réduit à $\{0\}$. Mais I est un idéal de B . Dans l'anneau quotient $\bar{B} = B/I$ l'ensemble $\bar{P} = P/I$ vérifie bien

$$\bar{P} + \bar{P} \subset \bar{P} , \quad \bar{P} \cdot \bar{P} \subset \bar{P} , \quad \bar{P} \cup -\bar{P} = B , \quad \bar{P} \cap -\bar{P} = I = \bar{0} .$$

D'après (8.1.2), $\bar{P}$ est donc le cône positif d'un ordre total de l'anneau $\bar{B}$. Pour tout élément a de A soit $\bar{a} = (0,a) + I \in \bar{B}$. L'application $a \mapsto \bar{a}$ est un homomorphisme d'anneau de A dans $\bar{B}$. Montrons qu'elle est injective et croissante: Soit $a>0$ un élément de A ; alors $(0,a) \in P$, mais $(0,a) \notin -P$ puisque $0s + as = as > 0$; par conséquent, $\bar{a}>\bar{0}$. Ainsi nous avons un plongement de A dans l'anneau totalement ordonné $\bar{B}$ qui de plus est unitaire puisque B est unitaire.

9.7.7. <u>COROLLAIRE</u>. <u>Tout anneau totalement ordonné intègre est pré-unitaire</u>.

En effet, si un anneau totalement ordonné A n'est pas infinitésimal, il possède un élément suridempotent non nul; si, de plus, A n'admet pas de diviseurs de zéro, tout élément suridempotent non nul est une surunité d'après (9.4.7).

9.7.8 <u>COROLLAIRE</u>. <u>Tout</u> f-<u>anneau réduit est pré-unitaire</u>.

En effet, tout f-anneau réduit est produit sous-direct d'anneaux totalement ordonnés intègres d'après (9.3.1).

9.7.9. <u>COROLLAIRE</u>. <u>Tout anneau totalement ordonné</u> ℓ-<u>simple est pré-unitaire</u>.

En effet, un tel anneau possède une surunité d'après (9.4.8).

9.7.10. <u>COROLLAIRE</u>. <u>Tout</u> f-<u>anneau</u> $\mathcal{S}$-<u>semisimple est pré-unitaire</u>.

Maintenant nous pouvons donner des conditions nécessaires et suffisantes:

9.7.11. <u>THEOREME</u>. <u>Un anneau totalement ordonné</u> A <u>est pré-unitaire si, et seulement si,</u> A <u>est infinitésimal ou si</u> A <u>possède une surunité</u>.

La condition est en effet suffisante d'après (9.7.4) et (9.7.6). Elle est aussi nécessaire; car si A est un sous-anneau d'un anneau totalement ordonné unitaire B , il y a deux possiblités: Ou bien $x \leq 1$ pour tout $x \in A$; alors $x^2 \leq |x|$ pour tout $x \in A$, c'est-à-dire que A est infinitésimal. Ou bien il existe $s \in A$ tel que $s \geq 1$; mais alors $sx \geq x$ et $xs \geq x$ pour tout $x \in A_+$, c'est-à-dire que s est une surunité de A .

9.7.12. COROLLAIRE. *Un anneau totalement ordonné A est pré-unitaire si, et seulement si, tout élément suridempotent non nul de A est une surunité.*

9.7.13. THEOREME. *Un f-anneau A est pré-unitaire si, et seulement si, les identités suivantes sont vérifiées dans A :*

$$\text{(I)} \quad \begin{aligned} &(x \wedge y \wedge (x^2-x) \wedge (y-xy)) \vee 0 = 0 , \\ &(x \wedge y \wedge (x^2-x) \wedge (y-yx)) \vee 0 = 0 . \end{aligned}$$

On vérifie facilement qu'un anneau totalement ordonné vérifie les identités (I) si, et seulement si, tout élément suridempotent non nul est une surunité, c'est-à-dire si, et seulement si, il est pré-unitaire. Si un f-anneau A vérifie (I), toute image homomorphe totalement ordonnée vérifie aussi les identités (I); donc A est un produit sous-direct d'anneaux totalement ordonnés pré-unitaires et, par suite, pré-unitaire. Réciproquement, si A est pré-unitaire, alors A est un produit sous-direct d'anneaux totalement ordonnés pré-unitaires; donc A est un produit sous-direct d'anneaux totalement ordonnés vérifiant (I) et, par suite, A vérifie (I).

9.7.14. COROLLAIRE. *La classe des f-anneaux pré-unitaires est primitive.*

Note des Chapitres 8 et 9

Comme pour les groupes réticulés, la motivation historique pour l'investigation des anneaux réticulés a son origine dans l'analyse. S.W.P. STEEN [1], en 1936, semble avoir été le premier à donner l'axiomatique d'une algèbre réelle σ-complète dans le but de donner une démonstration abstraite du théorème de représentation intégrale des opérateurs auto-adjoints sur un espace de Hilbert. Nous reviendrons sur cet aspect dans la note du chapitre 13.

C'est encore BIRKHOFF qui, en 1956, dans un mémoire commun avec R.S. PIERCE [1], a donné un tournant décisif à la théorie en étudiant systématiquement la notion d'anneau réticulé d'un point de vue purement algébrique. On y trouve la plupart du contenu des sections 8.1, 8.2 et 8.3. Ce sont aussi BIRKHOFF et PIERCE qui ont dégagé l'importance de la notion de f-anneau qui avait été pressentie par NAKANO [5]. Ils en ont donné les propriétés élémentaires. Ils ont aussi exhibé des conditions suffisantes pour qu'un anneau réticulé soit un f-anneau. Il s'agit là surtout des diverses conditions réunies dans (9.1.10) qui, sous certaines hypothèses supplémentaires, impliquent qu'un anneau réticulé soit un f-anneau. On y trouve notre théorème (9.1.12). Ces considérations axiomatiques ont été continuées par ŠATALOVA [4], KUDLAČEK [1], STEINBERG [1], [6] et DIEM [1]. Ce dernier a démontré en particulier qu'un anneau réticulé de ℓ-radical nul qui, de plus, vérifie l'une des conditions (i) à (v) de (9.1.10), est un f-anneau.

Dans la théorie des anneaux réticulés en général, on a essayé d'utiliser des notions et des méthodes empruntées à la théorie des anneaux abstraits. Il en est ainsi pour les études des ℓ-idéaux ℓ-premiers et ℓ-semipremiers (cf. ŠATALOVA [2], DIEM [1]) et surtout des radicaux. Déjà BIRKHOFF et PIERCE [1] avaient considéré le ℓ-radical; DIEM [1], SHYR et VISWANATHAN [1] ont étudié le radical premier. ŠATALOVA [2] a plus généralement adapté la notion de radical de Kurosh-Amitsur aux anneaux réticulés. Elle a plus particulièrement considéré le ℓ-radical (= A-radical dans la terminologie de ŠATALOVA) dans [2] et les radicaux spéciaux dans [5]. PIERCE [1] s'est inspiré des travaux de BROWN et McCOY pour étudier un certain nombre de radicaux pour les f-anneaux. Le radical de Jacobson a été adapté aux f-anneaux par D.G. JOHNSON [1], aux anneaux réticulés en général par STEINBERG [1].

Ce qui est frappant, c'est que, dans tous ces travaux, on ne trouve pratiquement pas de résultat qui permettrait de distinguer la théorie des anneaux réticulés en général de la théorie des anneaux abstraits. En d'autres termes, on ne sait pas quelles restrictions sur la structure d'anneau sont imposées par la présence d'un ordre réticulé compatible. Cet état de fait est très bien illustré par la question suivante posée par BIRKHOFF et PIERCE [1]: Peut-on munir le corps des nombres réels d'un ordre réticulé, différent de l'ordre total habituel, qui en fait un anneau réticulé? Seulement très récemment, R.R. WILSON [1] a démontré que $\mathbb{R}$ porte une infinité de tels ordres réticulés. Ce résultat est très décourageant en ce qui concerne l'étude des anneaux réticulés en général. Notons également que VINOGRADOV [1] a démontré que la propriété "l'anneau A admet un ordre réticulé" ne peut pas être formulée par des axiomes dans un langage de premier ordre. Il a, en effet, construit un anneau qui n'admet pas d'ordre réticulé mais qui est la réunion d'une chaîne d'anneaux finiment engendrés dont chacun possède un ordre réticulé.

La situation est tout autre pour les f-anneaux. Les travaux clefs sont ceux de D.G. JOHNSON [1] et HENRIKSEN et ISBELL [1]. Le mémoire de D.G. JOHNSON est la source de notre exposé sur les ℓ-idéaux premier et le ℓ-radical d'un f-anneau. On y trouve aussi l'important théorème (9.4.10) sur la structure des f-anneaux sous-directement irréductibles, ainsi que le fait que tout ℓ-idéal à gauche ou à droite maximal d'un f-anneau est bilatère. (9.4.9). JOHNSON [1] et HOLLAND [1] ont donné des exemples de f-anneaux intègres (donc totalement ordonnés) qui admettent des ℓ-idéaux à gauche non bilatères. Ajoutons que la structure des ℓ-idéaux premiers minimaux d'un f-anneau (théorème 9.3.2) a été remarquée par H. SUBRAMANIAN [1] dans le cas commutatif et par CORNISH [1] dans le cas général.

L'importance du travail de HENRIKSEN et ISBELL [1] provient de ce qu'ils ont introduit des notions liant intimement la structure de treillis avec la structure multiplicative, comme les notions de "f-anneau infinitésimal", "surunité" (appelée "superunit" par Henriksen et Isbell). Une grande partie des résultats de la section 9.4 est tirée de ce mémoire. La notion de surunité a été complétée plus tard par ISBELL [1] par celle d'élément dominant. Ces notions ont permis à KEIMEL [4, 6] de caractériser les f-anneaux S-semisimples.

L'une des caractérisations des f-anneaux S-semisimples rappelle la propriété archimédienne (cf. 9.6.3.iii). Cela a été remarqué indépendamment par CHAMBLESS [1] et KEIMEL [4, 6] et auparavant, moins explicitement par HAYES [2].

Notre exposé sur le plongement des f-anneaux dans des f-anneaux unitaires suit D.G. JOHNSON [1] et HENRIKSEN et ISBELL [1]. Plus tard, ISBELL [2] a considéré les f-anneaux qu'on peut plonger dans un f-anneau ayant un élément unité à gauche ou seulement un élément idempotent non nul.

A l'opposé de la théorie des anneaux abstraits, on remarque que nous n'avons pas parlé des modules réticulés. Bien que BIRKHOFF et PIERCE [1] aient déjà travaillé avec la notion de module réticulé, cette structure n'a pas été beaucoup étudiée. C'est seulement dans ces toutes dernières années qu'un certain nombre de travaux ont paru sur ce sujet. Il est trop tôt pour en juger l'importance. Le succès relatif qui a été obtenu dans le domaine des f-anneaux quotients (au sens classique et au sens d'Utumi) laisse attendre des résultats valables.

On consultera au sujet des f-anneaux quotients F.W. ANDERSEN [2], FINE, GILLMAN et LAMBEK [1], VISWANATHAN [1], STEINBERG [5], GEORGOUDIS [1], BIGARD [7], MIHALEV et ŠATALOVA [1]. Les résultats de Georgoudis suggèrent que les bimodules réticulés pourraient être d'un intérêt particulier. Cela est renforcé par le fait que le bicentroide (aussi appelé anneau des bimultiplications) d'un f-anneau est encore un f-anneau, bien qu'il n'en soit pas nécessairement ainsi pour l'anneau $End(A_A)$ des endomorphismes de A considéré comme module à droite sur lui-même (cf. BRAINERD [7], KEIMEL [3]).

Nous n'avons pas non plus parlé des efforts pour étendre le théorème de Hahn pour les groupes réticulés commutatifs aux anneaux réticulés. Il s'agit alors de plonger un anneau réticulé donné dans un anneau de demi-groupe sur $\mathbb{R}$, où le demi-groupe est ordonné en un système à racines. Le lecteur consultera CONRAD et DAUNS [1], STEINBERG [1, 3], CONRAD et McCARTHY [1].

Chapitre 10.

LE SPECTRE ET LA REPRESENTATION PAR DES SECTIONS DANS DES FAISCEAUX

A un groupe ou un anneau réticulé A on peut associer plusieurs espaces topologiques, la méthode la plus importante étant de munir un ensemble de sous-groupes premiers ou de ℓ-idéaux irréductibles d'une topologie en utilisant un procédé qui ressemble tout à fait à la façon dont on définit la topologie de Zariski (= "hull kernel topology") sur l'ensemble des idéaux premiers d'un anneau abstrait. L'espace de Stone que l'on peut associer à toute algèbre de Boole, ici à l'algèbre de Boole des polaires, porte une topologie définie d'une manière semblabl

En "localisant" dans les ℓ-idéaux irréductibles on peut trouver des faisceaux sur ces espaces topologiques qui permettent de représenter A par un groupe ou un anneau de sections continues. Le but est de trouver des faisceaux dont les fibres ont une structure la plus simple possible, et qui ont la propriété que A est isomorphe au grou ou anneau de <u>toutes</u> les sections continues. Les constructions rappellent le schéma affine d'un anneau commutatif et, plus particulièrement, le faisceau des germes d'un anneau de fonctions continues ou analytiques.

Dans ce chapitre nous nous sommes souvent bornés à ne considérer que des f-anneaux et des groupes réticulés commutatifs, bien que la plupart des considérations peuvent être étendue aux groupes et anneaux réticulés quelconques.

<u>Quelques notions de topologie générale</u>. En ce qui concerne les espaces topologiques, nous adoptons la terminologie habituelle. Il convient cependant de préciser qu'un espace topologique X est dit <u>sépar</u> s'il vérifie l'axiome de Hausdorff: Deux éléments distincts quelconque dans X admettent des voisinages disjoints. On dit que X est <u>quasi-</u>

compact si X vérifie l'axiome de Heine-Borel-Lebesgue: Tout recouvrement ouvert de X contient un recouvrement fini. Si X est quasi-compact et séparé, on dira que X est compact. Si la fermeture $\bar{U}$ de tout ouvert U de X est aussi un ouvert, X est appelé extrêmement discontinu.

10.1. Le spectre d'un f-anneau et d'un groupe réticulé commutatif.

Soit A un f-anneau. Désignons par Spec A l'ensemble des ℓ-idéaux irréductibles de A.

Rappelons qu'un groupe réticulé commutatif A peut être considéré comme f-anneau avec la multiplication $ab = 0$ quels que soient a,b dans A. Dans ce cas, Spec A n'est rien d'autre que l'ensemble des sous-groupes premiers de A, où le terme premier est utilisé au sens de (2.4.2). Par conséquent, tout ce qui suit peut être appliqué aux groupes réticulés commutatifs.

Plus généralement, tous les résultats de cette section restent valables dans les cas suivants:

a) A est un groupe réticulé quelconque et Spec A désigne l'ensemble des sous-groupes premiers de A ; les ℓ-idéaux doivent être remplacés par les sous-groupes solides.

b) A est un groupe réticulé représentable et Spec A désigne l'ensemble des ℓ-idéaux premiers propres de A.

Soit M une partie de A. Nous définissons

$$S(M) = \{p \in \text{Spec } A \mid M \not\subset p\} \quad ;$$
$$H(M) = \{p \in \text{Spec } A \mid M \subset p\} = \text{Spec } A \setminus S(M) \quad .$$

En particulier, pour tout élément a de A, soit

$$S(a) = \{p \in \text{Spec } A \mid a \notin p\} \quad ;$$
$$H(a) = \{p \in \text{Spec } A \mid a \in p\} \quad .$$

Puisque M est contenu dans p si, et seulement si, le ℓ-idéal $\langle M \rangle$ engendré par M est contenu dans p, nous avons:

$$S(M) = S(\langle M \rangle) \ , \quad H(M) = H(\langle M \rangle) \ ,$$
$$S(a) = S(\langle a \rangle) \ , \quad H(a) = H(\langle a \rangle) \ .$$

10.1.1. LEMME. (i) $S(0) = \emptyset$, $S(A) = \text{Spec } A$.

(ii) $S(a \cap b) = S(a) \cap S(b)$ quels que soient les ℓ-idéaux a,b de A .

(iii) $S(\sum_\lambda a_\lambda) = \bigcup_\lambda S(a_\lambda)$ __pour toute famille__ $(a_\lambda)_\lambda$ __de__ ℓ-__idéaux__ de A .

(iv) $S(a \vee b) = S(a) \cup S(b)$ __quels que soient__ $a,b \in A_+$.

(v) $S(a \wedge b) = S(a) \cap S(b)$ __quels que soient__ $a,b \in A_+$.

En effet, 0 est contenu dans tout ℓ-idéal irréductible, donc $S(0) = \emptyset$; et A n'est contenu dans aucun ℓ-idéal irréductible, puisqu'un ℓ-idéal irréductible est propre par définition; donc $S(A) =$ = Spec A .

Si p est irréductible, alors $a \cap b \not\subset p$ est équivalent à $a \not\subset p$ et $b \not\subset p$, ce qui démontre (ii). La propriété (iii) est une conséquence du fait que $\sum_\lambda a_\lambda \not\subset p$ si, et seulement si, il existe λ tel que $a_\lambda \not\subset p$. Moyennant les relations $\langle a \vee b\rangle = \langle a\rangle + \langle b\rangle$ et $\langle a \wedge b\rangle = \langle a\rangle \cap \langle b\rangle$ les propriétés (iv) et (v) sont des cas particuliers de (ii) et (iii).

Les trois premières propriétés du lemme précédent montrent que les ensembles de la forme $S(a)$, où a décrit les ℓ-idéaux de A , sont les ouverts d'un topologie sur Spec A .

10.1.2. __DEFINITION__. On appelle __topologie spectrale__ la topologie sur l'ensemble Spec A des ℓ-idéaux irréductibles de A , dont les ouvert sont les ensembles de la forme $S(a)$, où a décrit les ℓ-idéaux de A . Dans ce qui suit, Spec A sera toujours muni de la topologie spectrale et appelé __spectre de__ A .

Les ouverts d'un espace topologique forment un treillis par rapport à $\cup$ et $\cap$.

10.1.3. __PROPOSITION__. $a \mapsto S(a)$ __est un isomorphisme du treillis__ $J(A)$ __des__ ℓ-__idéaux de__ A __sur le treillis des ouverts de__ Spec A .

En effet, $a \mapsto S(a)$ est un homomorphisme de treillis d'après (10.1.1) qui, de plus, est surjectif d'après la définition même de la topologie spectrale. Notons que

$$\cap\{p \mid p \in H(a)\} = a \quad ,$$

puisque tout ℓ-idéal est l'intersection des ℓ-ideaux irréductibles le contenant (8.4.6). Donc $S(a) = S(b)$ implique

$$a = \cap\{p \mid p \notin S(a)\} = \cap\{p \mid p \notin S(b)\} = b \quad ,$$

ce qui démontre l'injectivité.

10.1.4. THEOREME. Les ensembles $S(a)$, $a\in A$, forment une base, stable par réunions et intersections finies, de la topologie spectrale; de plus, $S(a)$ est quasi-compact pour tout $a\in A$, et tout ouvert quasi-compact de Spec A est de cette forme.

En effet, pour tout ℓ-idéal $\mathfrak{a}$, on a $S(\mathfrak{a}) = S(\sum_{a\in\mathfrak{a}} \langle a\rangle) = \bigcup_{a\in\mathfrak{a}} S(a)$. Par conséquent, les ensembles $S(a)$, $a\in A$, forment une base de la topologie spectrale. Réunions et intersections finies d'ensembles de la forme $S(a)$ sont encore de cette forme d'après (10.1.1.iv et v). Montrons la quasi-compacité de $S(a)$: Soit donné un recouvrement de $S(a)$ par des ouverts $U_\lambda = S(\mathfrak{a}_\lambda)$. Alors $S(a) \subset \bigcup_\lambda S(\mathfrak{a}_\lambda) = S(\sum_\lambda \mathfrak{a}_\lambda)$. D'après (10.1.3) cela implique $a\in\sum_\lambda \mathfrak{a}_\lambda$. Il y a donc un nombre fini d'indices $\lambda(1),\ldots,\lambda(n)$ tels que $a \in \sum_{i=1}^{n} \mathfrak{a}_{\lambda(i)}$, d'où $S(a) \subset S(\sum_{i=1}^{n} \mathfrak{a}_{\lambda(i)}) = \bigcup_{i=1}^{n} S(\mathfrak{a}_{\lambda(i)})$.

Réciproquement, soit U un ouvert quasi-compact. Alors U est la réunion d'un nombre fini d'ouverts de base $S(a_1),\ldots,S(a_n)$ avec $a_i\in A_+$. Puisque $S(a_1)\cup\ldots\cup S(a_n) = S(a_1\vee\ldots\vee a_n)$ d'après (10.1.1.iv), on obtient $U = S(a_1\vee\ldots\vee a_n)$.

10.1.5. DEFINITION. Un élément u est appelé unité formelle de A si $u>0$ et si u n'est contenu dans aucun ℓ-idéal propre de A .

Si A possède un élément unité d'anneau, celui-ci est une unité formelle. Dans un groupe réticulé commutatif, les unités formelles sont exactement les unités fortes du groupe réticulé A au sens de (2.2.12).

Comme conséquence immédiate de (10.1.4) nous avons:

10.1.6. PROPOSITION. Spec A est quasi-compact si, et seulement si, A possède une unité formelle.

Considérons maintenant les ensembles fermés pour la topologie spectrale:

10.1.7. PROPOSITION. Les fermés pour la topologie spectrale sont exactement les ensembles de la forme $H(\mathfrak{a})$, où $\mathfrak{a}$ est un ℓ-idéal de A . La fermeture d'une partie X de Spec A est $\bar{X} = H(\mathfrak{k})$, où $\mathfrak{k}$ est l'intersection des $\mathfrak{p}$ appartenant à X . En particulier, $\overline{\{\mathfrak{p}\}} = H(\mathfrak{p})$ pour tout $\mathfrak{p}\in$Spec A .

La première assertion est une conséquence de la relation $H(a) = \text{Spec } A \setminus S(a)$. Pour une partie quelconque X de Spec A, désignons par KX l'intersection des ℓ-idéaux $p \in X$. Nous devons montrer que $\bar{X} = H(KX)$. Il est clair que $X \subset H(KX)$, d'où $\bar{X} \subset H(KX)$ puisque $H(KX)$ est fermé. On en déduit que $K\bar{X} \supset KH(KX)$. Pour tout ℓ-idéal a, on a $a = KH(a)$; donc $KH(KX) = KX$. Nous avons donc $K\bar{X} \supset KX$; mais $X \subset \bar{X}$ implique $KX \supset K\bar{X}$. Donc $KX = K\bar{X}$ et par suite $\bar{X} = H(K\bar{X}) = H(KX)$.

10.1.8. <u>COROLLAIRE</u>. <u>Une partie</u> X <u>de</u> Spec A <u>est partout dense si, et seulement si,</u> $\cap\{p \mid p \in X\} = \{0\}$.

Considérons maintenant les sous-ensembles de Spec A munis de la topologie induite:

10.1.9. <u>DEFINITION</u>. La topologie induite par la topologie spectrale de Spec A sur une partie X de Spec A sera appelé <u>topologie spectrale</u> de X. Dans ce qui suit, un sous-ensemble X de Spec A sera toujours muni de la topologie spectrale.

Les résultats ci-dessus permettent d'affirmer:

10.1.10. <u>PROPOSITION</u>. <u>Soit</u> X Spec A. <u>Pour tout sous-ensemble</u> M <u>de</u> A <u>soit</u>

$$S_X(M) = S(M) \cap X = \{p \in X \mid M \not\subset p\}$$

<u>Alors les ensembles de la forme</u> $S_X(a)$, <u>où</u> a <u>décrit les</u> ℓ-<u>idéaux de</u> A, <u>sont les ouverts de la topologie spectrale sur</u> X. <u>Les ensembles</u> $S_X(a)$, $a \in A$, <u>forment une base de cette topologie</u>. <u>De plus, les propriétés de</u> (10.1.1) <u>sont vérifiées avec</u> S_X <u>à la place de</u> S.

Le spectre d'un f-anneau (ou groupe réticulé commutatif) possède une propriété de séparation remarquable:

10.1.11. <u>PROPOSITION</u>. <u>Deux</u> ℓ-<u>idéaux irréductibles non comparables</u> p <u>et</u> q <u>possèdent des voisinages disjoints</u>.

En effet, puisque $p \not\subset q$ et $q \not\subset p$ il existe des éléments positifs $a \in q \setminus p$ et $b \in p \setminus q$. Soit $u = a - (a \wedge b)$ et $v = b - (a \wedge b)$. Alors $u \notin p$ et $v \notin q$; car autrement on aurait $a = u + (a \wedge b) \in p$ ou $b = v + (a \wedge b) \in q$ puisque $a \wedge b \in p \cap q$. Donc $p \in S(u)$ et $q \in S(v)$ et, puisque $u \wedge v = 0$, on a $S(u) \cap S(v) = S(u \wedge v) = S(0) = \emptyset$.

10.1.12. <u>COROLLAIRE</u>. <u>Si</u> X <u>est un ensemble de</u> ℓ-<u>idéaux irréductibles deux à deux non comparables, la topologie spectrale sur</u> X <u>est séparée</u>.

Dans ce qui suit, nous utiliserons fréquemment le raisonnement suivant: Soit C un fermé de Spec A et $q \in C$; alors $q \subseteq q' \in \text{Spec } A$ implique $q' \in C$. En effet, il y a un ℓ-idéal a de A tel que C = = H(a) ; donc $q \in C$ implique $a \subseteq q$, d'où $a \subseteq q'$ et, par suite, $q' \in H(a) = C$.

De même, si U est un ouvert de Spec A et $q \in U$, alors $q' \subseteq q$ et $q' \in \text{Spec } A$ impliquent $q' \in U$.

10.2. <u>Les espaces de ℓ-idéaux irréductibles minimaux et maximaux</u>.

Soit A un f-anneau. Désignons par πA l'espace des ℓ-idéaux irréductibles minimaux et par μA l'espace des ℓ-idéaux maximaux de A . Pour un groupe réticulé commutatif, πA et μA sont les espaces des sous-groupes premiers minimaux et maximaux, respectivement.

10.2.1. <u>THEOREME</u>. <u>La topologie spectrale sur</u> πA <u>est séparée et les ensembles</u>

$$S_{\pi A}(a) = \{p \in \pi A \mid a \notin p\} \ , \quad a \in A \ ,$$

<u>forment une base d'ouverts fermés de</u> πA .

D'après (10.1.12), l'espace πA est séparé et d'après (10.1.10) les ensembles $S_{\pi A}(a)$ forment une base de la topologie spectrale sur πA . Les ℓ-idéaux irréductibles minimaux sont exactement les sous-groupes (additifs) premiers minimaux de A . D'après (3.4.13), on a donc pour tout $a \in A$, ou bien $a \notin p$ ou bien $a^{\perp} \notin p$. Par conséquent, $S_{\pi A}(a) \cap S_{\pi A}(a^{\perp}) = \emptyset$ et $S_{\pi A}(a) \cup S_{\pi A}(a^{\perp}) = \pi A$. Puisque $S_{\pi A}(a^{\perp})$ est ouvert, on en déduit que $S_{\pi A}(a)$ est fermé, ce qui achève la démonstration du théorème.

10.2.2. <u>THEOREME</u>. <u>L'espace</u> μA <u>des ℓ-idéaux maximaux de</u> A <u>est séparé</u>. <u>Si</u> A <u>admet une unité formelle</u>, μA <u>est compact</u>.

La première assertion du théorème résulte de (10.1.12); la deuxième résulte de (10.2.4) qui sera démontré dans ce qui suit.

Soit a un élément de A . Désignons par $\mu S(a)$ l'ensemble des ℓ-idéaux qui sont maximaux dans l'ensemble $S(a)$ des ℓ-idéaux irréductibles de A ne contenant pas a. Puisque A/p est totalement ordonné, pour tout $p \in S(a)$ il existe un unique $m \in \mu S(a)$ tel que $p \subset m$. Ainsi nous avons une application $M : S(a) \to \mu S(a)$ qui à tout $p \in S(a)$ associe Mp, l'unique élément de $\mu S(a)$ qui contient p.

10.2.3. LEMME. L'application $M : S(a) \to \mu S(a)$ est continue.

En effet, soit $p \in S(a)$. Soit U un voisinage de Mp dans $\mu S(a)$ et montrons que p possède un voisinage C contenu dans $M^{-1}(U)$. Nous pouvons supposer que $U = S(b) \cap \mu S(a)$ pour un élément b. D'après (10.1.11), nous pouvons choisir pour tout $q \in \mu S(a) \setminus S(b)$ des voisinages ouverts disjoints U_q et V_q de q et Mp, respectivement. Les U_q forment un recouvrement de $S(a) \setminus S(b)$. Puisque $S(a) \setminus S(b)$ est fermé dans l'ensemble quasi-compact $S(a)$, l'ensemble $S(a) \setminus S(b)$ est aussi quasi-compact. Il y a donc un nombre fini d'éléments $q_1, \ldots, q_n$ de $S(a) \setminus S(b)$ tels que $S(a) \setminus S(b) \subset U_{q_1} \cup \ldots \cup U_{q_n}$. L'ensemble $C = S(a) \setminus (U_{q_1} \cup \ldots \cup U_{q_n})$ est un fermé de $S(a)$ qui est un voisinage de Mp puisqu'il contient $V_{q_1} \cap \ldots \cap V_{q_n}$. De plus, $C \cap \mu S(a) \subset U$. Puisque C est fermé, on a

$$C \subset M^{-1}(C \cap \mu S(a)) \subset M^{-1}(U) \quad .$$

Puisque C est un voisinage de Mp, C est aussi un voisinage de p.

10.2.4. COROLLAIRE. L'ensemble $\mu S(a)$ des ℓ-idéaux qui sont maximaux parmi les ℓ-idéaux ne contenant pas a est compact.

En effet, d'une part $\mu S(a)$ est séparé d'après (10.1.12), et d'autre part $\mu S(a)$ est quasi-compact en tant qu'image du quasi-compac $S(a)$ par l'application continue $M : S(a) \to \mu S(a)$.

Si A admet une unité formelle u, alors $\mu S(u)$ est l'ensembl μA des ℓ-idéaux maximaux de A et $S(u) = \text{Spec } A$. On a donc une application continue $M : \text{Spec } A \to \mu A$ et μA est compact ce qui démontre la deuxième partie du théorème (10.2.2).

Dans un groupe réticulé commutatif A, l'ensemble $\mu S(a)$ n'est rien d'autre que l'ensemble $\text{val}(a)$ des valeurs de A. On a donc:

10.2.5. COROLLAIRE. Soit A un groupe réticulé commutatif. Pour tout élément a de A, l'application $M : S(a) \to \text{val}(a)$ qui à tout sous-

groupe premier p *ne contenant pas* a *associe* Mp – *l'unique valeur de* a *contenant* p – *est une rétraction continue et* val(a) *est un sous-espace compact de* Spec A . *Si* A *admet une unité forte, on a une rétraction continue* $M : \text{Spec } A \to \mu A$ *et l'espace* μA *des* ℓ-*idéaux maximaux est compact*.

10.3. L'espace de Stone.

A toute algèbre de Boole on peut associer son "espace de Stone". Ceci s'applique en particulier à l'ensemble des polaires d'un groupe réticulé ou d'un f-anneau qui forment une algèbre de Boole complète (cf. 3.2.15).

Soit B une algèbre de Boole; les opérations de treillis seront notées $\vee$ et $\wedge$, le complémentaire $^{\perp}$; par 0 et 1 on désigne le plus petit et le plus grand élément de B , respectivement. Rappelons qu'une partie non-vide i de B est appelée idéal si

(i) $a,b \in i$ implique $a \vee b \in i$ et
(ii) $b \leq a$ et $a \in i$ impliquent $b \in i$.

Un idéal x est dit maximal si x est maximal parmi les idéaux de B ne contenant pas 1 .

10.3.1. LEMME. *Un idéal* x *de* B *est maximal si, et seulement si,* x *contient exactement un membre de chaque couple d'éléments complémentaires* $b, b^{\perp}$.

En effet, si x contient b et $b^{\perp}$, alors $1 = b \vee b^{\perp} \in x$ d'après (i); donc x n'est pas un idéal maximal. Supposons, réciproquement, que l'idéal maximal x ne contient pas b . Considérons l'ensemble

$$y = \{c \in B \mid c \leq b \vee x \quad \text{pour un} \quad x \in x\}$$

Alors y est un idéal de B contenant x et b ; donc $1 \in y$ d'après la maximalité de x . Il existe donc un élément $x \in x$ tel que $b \vee x = 1$. Mais alors $b^{\perp} \leq x$, ce qui entraîne $b^{\perp} \in x$.

10.3.2. LEMME. *Si* x *est un idéal maximal de* B , $a \wedge b \in x$ *implique* $a \in x$ *ou* $b \in x$.

En effet, si $a \wedge b \in x$, alors $a^{\perp} \vee b^{\perp} = (a \wedge b)^{\perp} \notin x$ d'après le lemme précédent; par suite, $a^{\perp}\notin \chi$ ou $b^{\perp}\notin \chi$, d'où $a\in \chi$ ou $b\in \chi$.

10.3.3. LEMME. Si a et b sont deux éléments distincts de B , il existe un idéal maximal χ contenant un seul des éléments a,b .

Soit par exemple $b\nleq a$. Alors $b^{\perp}\vee a \neq 1$; en effet, $b^{\perp}\vee a = 1$ entraînerait $b^{\perp}\geq a^{\perp}$, d'où $b\leq a$. A l'aide de l'axiome de Zorn, on peut trouver un idéal maximal χ contenant $b^{\perp}\vee a$. A fortiori, $a\in\chi$ et $b^{\perp}\in\chi$; mais $b^{\perp}\in\chi$ implique $b\notin\chi$ d'après (10.3.1).

Désignons par σB l'ensemble de tous les idéaux maximaux de B . Pour tout élément a de B , posons:

$$s(a) = \{\chi\in\sigma B \mid a\notin\chi\}$$

$$h(a) = \{\chi\in\sigma B \mid a\in\chi\} = \sigma B\setminus s(a) \quad .$$

10.3.4. LEMME. (i) $S(0) = \emptyset$, $s(1) = B$;

(ii) $s(a\vee b) = s(a)\cup s(b)$, $s(a\wedge b) = s(a)\cap s(b)$;

(iii) $s(a) = s(b)$ entraîne $a = b$;

(iv) $s(a) = h(a^{\perp})$.

La propriété (i) est évidente ainsi que la première égalité dans (ii). La deuxième égalité dans (ii) est une conséquence du lemme (10.3.2), tandis que (10.3.3) implique (iii). La propriété (iv) finalement est une conséquence de (10.3.1).

10.3.5. PROPOSITION. Les ensembles $s(a)$, $a\in B$, forment une base d'ouverts d'une topologie sur σB . Muni de cette topologie, σB devient un espace compact; et $a\mapsto s(a)$ est une bijection de B sur l'ensemble des ouverts compacts de σB .

Les propriétés (i) et (ii) du lemme (10.3.4) montrent en effet que les $s(a)$, $a\in B$, forment une base d'ouverts d'une topologie sur σB . Donc $h(a) = \sigma B\setminus s(a)$ est fermé. Puisque $s(a) = h(a^{\perp})$, les ouverts $s(a)$ sont aussi fermés. Pour montrer que σB est un espace séparé, il suffit de considérer deux idéaux maximaux distincts χ et $\mathcal{Y}$ et de choisir un élément $a\in\chi\setminus\mathcal{Y}$; alors $s(a)$ et $h(a)$ sont des voisinages disjoints de $\mathcal{Y}$ et χ , respectivement.

Pour montrer la compacité de σB , prenons un recouvrement ouvert $s(a_{\lambda})$, $\lambda\in\Lambda$, de σB . Alors il n'y a aucun idéal maximal χ contenant tous les a_{λ} , $\lambda\in\Lambda$. Par conséquent, il y a un nombre fini d'indices $\lambda(1),\ldots,\lambda(n) \in \Lambda$ tels que $a_{\lambda(1)} \vee \ldots \vee a_{\lambda(n)} = 1$. Il s'ensuit que

$$s(a_{\lambda(1)}) \cup \ldots \cup s(a_{\lambda(n)}) = s(a_{\lambda(1)} \vee \ldots \vee a_{\lambda(n)}) = s(1) = \sigma B \quad ,$$

c'est-à-dire que nous avons trouvé un recouvrement fini de σB , extrait des $s(a_\lambda)$, $\lambda \in \Lambda$.

Puisque σB est compact, il en est de même des ouverts fermés $s(a)$, $a \in B$. Réciproquement, tout ouvert compact U de σB étant une réunion d'ouverts de base $s(a)$, U est même une réunion finie d'ouverts de base $s(a)$; puisque l'ensemble des $s(a)$, $a \in B$, est stable par réunions finies, U est en effet de la forme $s(a)$. De plus, $a \neq b$ entraîne $s(a) \neq s(b)$ d'après (10.3.4.iv). Donc $a \mapsto s(a)$ est une correspondance bijective entre B et l'ensemble des ouverts compacts de σB , ce qui achève la démonstration de la proposition.

10.3.6. PROPOSITION. *Si* B *est une algèbre de Boole complète* σB *est un espace compact extrêmement discontinu.*

En effet, soit U un ouvert de σB . Alors U est une réunion d'ouverts de base: $U = \bigcup_{\lambda \in \Lambda} s(a_\lambda)$. Soit $a = \bigvee_\lambda a_\lambda$. Puisque $a^\perp \wedge a_\lambda = 0$, on a $s(a^\perp) \cap s(a_\lambda) = \emptyset$ pour tout λ ; donc $s(a^\perp) \cap U = \emptyset$. Si b est un élément quelconque de B tel que $s(b) \cap U = \emptyset$, alors $\emptyset = s(b) \cap \cap s(a_\lambda) = s(b \wedge a_\lambda)$, donc $b \wedge a_\lambda = 0$ pour tout λ ; par conséquent, $b \wedge a = b \wedge \bigvee_\lambda a_\lambda = 0$, ce qui implique $b \leq a^\perp$. Ainsi nous avons démontré que $s(a^\perp)$ est le plus grand ouvert de σB disjoint de U ; donc $\sigma B \setminus s(a^\perp) = h(a^\perp) = s(a)$ est l'adhérence de U ; en particulier, $\bar{U}$ est ouvert.

Nous pouvons appliquer ces résultats à l'algèbre de Boole complète $P(A)$ des polaires d'un groupe réticulé A :

10.3.7. THEOREME. *Soit* A *un groupe réticulé (ou un f-anneau). Désignons par* $\sigma A = \sigma P(A)$ *l'ensemble des idéaux maximaux de l'algèbre de Boole complète* $P(A)$ *des polaires de* A *. Alors les ensembles*

$$s(P) = \{\chi \in \sigma A \mid P \in \chi\} \ , \quad P \in P(A) \quad ,$$

forment une base d'une topologie sur σA *; muni de cette topologie,* σA *est un espace compact extrêmement discontinu; et* $P \mapsto s(P)$ *est une correspondance bijective entre* $P(A)$ *et l'ensemble des ouverts compacts de* σA .

10.3.8. <u>DEFINITION</u>. L'ensemble σA des idéaux maximaux de $P(A)$ muni de la topologie du théorème (10.3.7) est appelé <u>espace de Stone</u> de A .

Pour tout $\chi\in\sigma A$, soit $k(\chi)$ la réunion des polaires P appartenant à l'idéal maximal χ .

10.3.9. <u>LEMME</u>. <u>Si</u> $k(\chi) \neq A$, <u>alors</u> $k(\chi)$ <u>est un sous-groupe premier de</u> A ; <u>si</u> A <u>est un f-anneau ou un groupe représentable</u>, $k(\chi)$ <u>est un</u> ℓ<u>-idéal irréductible</u>.

En effet, si $a\wedge b = 0$, alors $a^{\perp\perp}\cap b^{\perp\perp} = \{0\} \in \chi$, d'où $a^{\perp\perp}\in\chi$ ou $b^{\perp\perp}\in\chi$ d'après (10.3.2); donc $a\in k(\chi)$ ou $b\in k(\chi)$. Donc $k(\chi)$ est un sous-groupe premier. Dans un f-anneau ou dans un groupe représentable, les polaires sont des ℓ-idéaux; donc $k(\chi)$ est un ℓ-idéal irréductible.

Ainsi nous avons une application

$$k : \sigma A \to \mathrm{Spec}^*A$$

si l'on pose $\mathrm{Spec}^*A = \mathrm{Spec}\,A \cup \{A\}$. Nous munissons Spec^*A de la topologie suivante: Les ouverts de Spec^*A sont (1) les ouverts de Spec A et (2) Spec^*A tout entier.

10.3.10. <u>LEMME</u>. <u>Pour tout</u> $a\in A$, <u>on a</u> $k^{-1}(S(a)) = s(a^{\perp\perp})$.

En effet, si $a\in k(\chi)$, il existe une polaire $P\in\chi$ telle que $a\in P$ d'où $a^{\perp\perp}\subset P$ et, par suite, $a^{\perp\perp}\in\chi$. Réciproquement, si $a^{\perp\perp}\in\chi$, alors évidemment $a\in k(\chi)$.

10.3.11. <u>LEMME</u>. <u>L'application</u> $k : \sigma A \to \mathrm{Spec}^*A$ <u>est continue; son image est partout dense dans</u> Spec^*A <u>et, pour tout ouvert partout dense</u> V <u>de</u> Spec A , <u>l'ouvert</u> $k^{-1}(V)$ <u>est partout dense dans</u> σA .

La continuité de k résulte immédiatement du lemme précedent. Si $a\in k(\chi)$ pour tout $\chi\in\sigma A$, alors $a^{\perp\perp}\subset\chi$ pour tout $\chi\in\sigma A$; donc $a^{\perp\perp} = \{0\}$, c'est-à-dire que $a=0$. Ainsi

$$\cap\{k(\chi)\,|\,\chi\in\sigma A\} = \{0\} ,$$

ce qui entraîne que $k(\sigma A)$ est partout dense dans Spec^*A d'après (10.1.8). Soit V un ouvert partout dense de Spec A . Supposons que $k^{-1}(V)$ ne soit pas partout dense dans σA . Alors il existe $a\neq 0$ tel que $s(a^{\perp\perp})\cap k^{-1}(V) = \emptyset$. Puisque $s(a^{\perp\perp}) = k^{-1}(S(a))$ d'après le lemme précédent, on en déduit que

$$\emptyset = k^{-1}(S(a)) \cap k^{-1}(V) = k^{-1}(S(a) \cap V) \quad .$$

Donc $S(a) \cap V = \emptyset$ ce qui est impossible puisque V est dense.

10.4. Faisceaux de groupes et d'anneaux réticulés.

Dans cette section nous parlerons parallèlement de groupes et d'anneaux réticulés; pour cette raison, nous utiliserons la notation additive aussi pour les groupes non nécessairement commutatifs.

10.4.1. DEFINITION. Un faisceau d'ensembles est un triplet $F = \langle E, \eta, X \rangle$, où E et X sont des espaces topologiques et $\eta : E \to X$ un homéomorphisme local, c'est-à-dire une application surjective telle que pour tout élément $s \in E$, il existe des voisinages U et V de s et $\eta(s)$, respectivement, tels que $\eta | U$ soit un homéomorphisme de U sur V. Pour tout $x \in X$, l'ensemble $E_x = \eta^{-1}(x)$ est appelé fibre de F sur x.

Soit $F = \langle E, \eta, X \rangle$ un faisceaux d'ensembles.

10.4.2. DEFINITION. Si U est un ouvert de X, on appelle section locale sur U toute application continue $\sigma : U \to E$ telle que $\sigma(x) \in E_x$ pour tout $x \in U$. Dans le cas $X = U$ on parle de section de F. On désigne par ΓF l'ensemble de toutes les sections globales de F. On dira que le faisceau F est global si tout élément $s \in E$ est dans l'image d'une section globale.

On remarquera que tout élément $s \in E$ est dans l'image d'une section locale: Il suffit de prendre des voisinages homéomorphes U et V de s et $\eta(s)$, respectivement, et de considérer $\sigma = (\eta | U)^{-1} : V \to U$.

Les propriétés suivantes découlent immédiatement des définitions.

10.4.3. PROPRIETES. (i) La projection η est une application ouverte et continue. (ii) Toute section locale de F est une application ouverte. (iii) Si σ et τ sont des sections locales sur l'ouvert U, l'ensemble $\{x \in U | \sigma(x) = \tau(x)\}$ est ouvert.

10.4.4. DEFINITION. Soit $F = \langle E, \eta, X \rangle$ un faisceau d'ensembles. Supposons, de plus, que chaque fibre E_x porte une structure de groupe [d'anneau] réticulé. Posons

$$E\Delta E = \bigcup_{x\in X} E_x \times E_x \quad ,$$

et munissons $E\Delta E$ de la topologie induite de l'espace produit $E\times E$. Si $*$ désigne l'une quelconque des opérations $\vee,\wedge,+,-,\cdot$, l'application

$$(s,t) \to s*t : E\Delta E \to E$$

est bien définie. On dit que F est un <u>faisceau de groupes</u> [<u>d'anneaux</u>] <u>réticulés</u>, si ces applications sont continues.

Considérons un faisceau de groupes [d'anneaux] réticulés $F = \langle E,\eta,X\rangle$. Désignons par O_x l'élément neutre de la fibre E_x . On appelle <u>support</u> d'une section σ l'ensemble

$$\operatorname{supp}(\sigma) = \{x\in X \mid \sigma(x) \neq O_x\} \quad .$$

10.4.5. <u>LEMME</u>. <u>$x \mapsto O_x$ est une section de F ; et le support de toute section est fermé</u>.

En effet, soit $x\in X$. Soit $\sigma : U \to E$ une section locale telle que $\sigma(x) = O_x$. Si l'on définit $\tau : U \to E$ par $\tau(x) = \sigma(x) + \sigma(x)$, alors τ est aussi une section locale sur U ; en effet, τ est continue, puisque $(s,t) \mapsto s+t$ est continue. L'ensemble $W = \{y\in U \mid \sigma(y) = \tau(y)\}$ est ouvert d'après (10.4.3.). D'autre part, $W = \{y\in U \mid \sigma(y) = O_y\}$. Donc $x \mapsto O_x$ est continue en x . Le support de toute section globale σ est fermé, puisque $\operatorname{supp}(\sigma)$ est le complémentaire de $\{x\in X \mid \sigma(x) = O_x\}$ qui est ouvert d'après (10.4.3).

10.4.6. Soient σ et τ deux sections locales sur U . Si $*$ désig l'une des opérations $\vee,\wedge,+,-,\cdot$, définissons $\sigma*\tau$ par

$$(\sigma*\tau)(x) = \sigma(x)*\tau(x) \quad \text{pour tout } x\in X \ .$$

Puisque $(s,t) \to s*t : E\Delta E \to E$ est continue, $\sigma*\tau$ est aussi une section locale sur U . Ainsi, l'ensemble $\Gamma(U,F)$ des sections locales sur U est un groupe [anneau] réticulé, ℓ-sous-groupe [ℓ-sous-anneau] de $\prod_{x\in U} E_x$. En particulier, l'ensemble des sections globales de F est un groupe [anneau] réticulé.

Donnons une méthode générale de construction de faisceaux:

10.4.7. <u>CONSTRUCTION STANDARD</u>. Soit A un groupe [anneau] réticulé et X un espace topologique. Supposons que à tout élément x de X , on a associé un ℓ-idéal i_x de A de telle manière que

$$h(a) = \{x \in X \mid a \in i_x\}$$

soit ouvert dans X pour tout $a \in A$. On définit:

(a) Soit E la réunion <u>disjointe</u> des groupes [d'anneaux] réticulés quotient $A_x = A/i_x$, $x \in X$.

(b) Définissons $\eta : E \to X$ par $\eta(t) = x$ si $t \in A_x$.

(c) Pour tout élément a de A , définissons $\hat{a} : X \to E$ par $\hat{a}(x) = a+i_x \in A_x$. Soit $\hat{A} = \{\hat{a} \mid a \in A\}$.

(d) Munissons E de la topologie la plus fine qui rend continues toutes les applications $\hat{a}$, $a \in A$.

Alors on a les propriétés suivantes:

(i) Les ensembles de la forme $\hat{a}(U)$ constituent une base de la topologie de E lorsque U décrit les ouverts de X et a décrit A .

(ii) Le triplet $F = \langle E, \eta, X\rangle$ est un faisceau de groupes [d'anneaux] réticulés.

(iii) $a \mapsto \hat{a}$ est un homomorphisme de groupes [d'anneaux] réticulés de A dans ΓF , qui est injectif si, et seulement si,

$$\cap\{i_x \mid x \in X\} = \{0\} \quad .$$

(iv) F est un faisceau séparé, c'est-à-dire que E est un espace séparé si, et seulement si, h(a) est fermé pour tout $a \in A$ et X est séparé.

Démontrons (i): Soient $a,b \in A$ et U,V des ouverts de X . L'ensemble

$$\{x \in X \mid \hat{a}(x) = \hat{b}(x)\} = \{x \in X \mid a-b \in i_x\} = h(a-b)$$

est ouvert par hypothèse. Donc $W = h(a-b) \cap U \cap V$ est aussi ouvert. Observons que $\hat{a}(U) \cap \hat{b}(V) = \hat{a}(W) = \hat{b}(W)$. Donc les ensembles de la forme $\hat{a}(U)$, U ouvert, constituent une base d'une topologie T sur E . Par rapport à cette topologie T , les fonctions $\hat{a} : X \to E$ sont évidemment continues et ouvertes ce qui implique que $\eta : E \to X$ est un homéomorphisme local. Cela implique aussi que T est moins fine que la topologie la plus fine T' qui rend continues toutes les applications $\hat{a}$. Réciproquement, T' est moins fine que T ; car si V est un T'-voisinage ouvert de $t = \hat{a}(x) \in E$, alors $U = \hat{a}^{-1}(V)$ est un voisinage ouvert de x dans X ; par suite, $\hat{a}(U)$ est un T-voisinage ouvert de t contenu dans V . Donc $T = T'$.

(ii): Nous avons déjà vu que $\eta : E \to X$ était un homéomorphisme local. Montrons la continuité de $(s,t) \mapsto s*t$, si $*$ désigne l'une des opérations $\vee,\wedge,+,-,\cdot$: Soient $s = \hat{a}(x)$ et $t = \hat{b}(x)$ deux éléments de E appartenant à la même fibre A_x et soit V un voisinage de $s*t = (a*b)\hat{}(x)$. On peut supposer que $V = (a*b)\hat{}(U)$, où U est un voisinage ouvert de x . Alors l'ensemble des couples $(\hat{a}(u), \hat{b}(u))$, $u\in U$, est un voisinage de (s,t) dans $E\Delta E$ dont l'image par l'opération $*$ est contenue dans V puisque $\hat{a}(u)*\hat{b}(u) = (a*b)\hat{}(u) \in V$ pour tout $u\in U$.

(iii) est une conséquence immédiate des définitions.

(iv): Si l'espace E est séparé, X est aussi séparé puisque X est homéomorphe à $\sigma(Y)\subset E$ pour toute section σ de F ; de plus, le support de toute section est ouvert dans ce cas, ce qui implique que $h(a) = X\setminus\mathrm{supp}(\hat{a})$ est fermé. Supposons, réciproquement, que X est un espace séparé et que $h(a)$ est fermé pour tout $a\in A$. Soient s,t deux éléments distincts de E . Si $\eta(s) \neq \eta(t)$, alors $\eta(s)$ et $\eta(t)$ ont des voisinages disjoints U et V , respectivement; donc s et t ont des voisinages disjoints de la forme $\hat{a}(U)$ et $\hat{b}(V)$, respectivement. Si $\eta(s) = \eta(t) = x$, il existe des éléments distincts a et b de A tels que $s = \hat{a}(x)$ et $t = \hat{b}(x)$; puisque $h(a-b)$ est supposé fermé, $U = X\setminus h(a-b)$ est ouvert et $\hat{a}(U)$ et $\hat{b}(U)$ sont des voisinages disjoints de s et t , respectivement. Donc E est un espace séparé. Ainsi nous avons démontré les assertions.

10.4.8. <u>EXEMPLE</u>. Soit A un groupe réticulé représentable [un f-anneau] et σA l'espace de Stone de A (cf. 10.3.8). Dans (10.3.9) nous avons associé à tout $x\in\sigma A$, le sous-groupe premier $k(x)$ réunion des polaires $P\in x$. Dans un groupe réticulé représentable [dans un f-anneau les polaires sont des ℓ-idéaux; donc $k(x)$ est un ℓ-idéal. La famille des $k(x)$, $x\in\sigma A$, vérifie l'hypothèse de la construction standard; en effet,

$$h(a) = \{x\in\sigma A \mid a\in k(x)\} = \{x \mid a^{\perp\perp}\in x\} = s(a^{\perp})$$

est ouvert dans σA . Il y a donc un faisceau F^{σ} sur σA , dont les fibres sont les groupes [anneaux] totalement ordonnés $A/k(x)$, et il y a un homomorphisme de groupes [d'anneaux] réticulés $a \to \hat{a} : A \mapsto \Gamma F^{\sigma}$ Cet homomorphisme est injectif, puisque $\cap\{k(x) \mid x\in\sigma A\} = \{0\}$ d'après (10.3.11). Le faisceau F^{σ} est séparé, puisque $h(a) = s(a^{\perp})$ est aussi fermé. Ainsi nous avons démontré:

Pour tout groupe réticulé représentable A [pour tout f-anneau A], il y a un faisceau séparé F^σ de groupes [d'anneaux] totalement ordonnés sur l'espace de Stone σA tel que A soit isomorphe à un groupe réticulé [à un anneau réticulé] de sections de F^σ .

On peut démontrer que A est isomorphe à ΓF^σ tout entier si, et seulement si, toute polaire de A est un facteur direct.

10.5. ℓ-Idéaux germinaux.

Soit A un f-anneau.

Pour tout ℓ-idéal irréductible p de A , soit $E(p)$ l'ensemble des ℓ-idéaux irréductibles x comparables à p .

10.5.1. LEMME. $E(p)$ est une partie fermée de Spec A .

En effet, soit q un ℓ-idéal irréductible non comparable à p . D'après (10.1.11), p et q ont des voisinages disjoints $S(u)$ et $S(v)$, respectivement. Si x est un ℓ-idéal irréductible contenant p , alors $x \notin S(v)$, car $v \notin x$ impliquerait $v \notin p$; si x est contenu dans p , alors $x \notin S(v)$, puisque $u \notin p$ implique $u \notin x$. Ainsi nous avons montré que tout $q \notin E(p)$ possède un voisinage $S(v)$ ne rencontrant pas $E(p)$.

10.5.2. DEFINITION. Pour tout ℓ-idéal irréductible p , on appelle ℓ-idéal germinal associé à p le ℓ-idéal $v_p = \bigcup_{a \notin p} a^\perp$.

10.5.3. PROPOSITION. Le ℓ-idéal germinal v_p associé à un ℓ-idéal irréductible p possède les caractérisations suivantes:

(i) v_p est l'ensemble des $b \in A$ tels que $H(b)$ soit un voisinage de p .

(ii) v_p est l'intersection des ℓ-idéaux irréductibles minimaux contenus dans p .

(iii) v_p est l'unique ℓ-idéal de A tel que l'ensemble des ℓ-idéaux irréductibles contenant v_p soit justement $E(p)$.

(iv) v_p est le plus petit ℓ-idéal de A tel que A/v_p soit une lex-extension de p/v_p .

(i): Un élément b appartient à v_p si, et seulement si, il existe $a \notin p$ tel que $b \in a^{\perp}$. Dans ce cas, $b \in q$ pour tout ℓ-idéal irréductible q tel que $a \notin q$; donc $p \in S(a) \subset H(b)$, c'est-à-dire que $H(b)$ est un voisinage de p . Réciproquement, si $H(b)$ est un voisinage de p , il existe a tel que $p \in S(a) \subset H(b)$, d'où l'on tire $a \notin p$ et $b \in a^{\perp}$.

Puisque les ℓ-idéaux irréductibles minimaux de A sont exactement les sous-groupes premiers minimaux, la propriété (ii) n'est rien d'autre que (3.4.12).

(iii): D'après (ii), on a $\nu_p = \cap\{x \mid x \in E(p)\}$. D'après (10.1.7), l'ensemble des ℓ-idéaux irréductibles contenant ν_p est égal à la fermeture de $E(p)$. Mais $E(p)$ est fermé d'après (10.5.1).

(iv): D'après (iii), A/ν_p est en effet une lex-extension de p/ν_p et tout ℓ-idéal a strictement plus petit que ν_p est contenu dans un ℓ-idéal irréductible q non comparable à p , c'est à dire que A/a n'est pas une lex-extension de p/a .

10.5.4. <u>COROLLAIRE</u>. $p = \nu_p$ <u>si, et seulement si</u>, p <u>est un ℓ-idéal irréductible minimal</u>.

Soit m un idéal maximal de A . Un ℓ-idéal a de A est appelé m-<u>primaire</u> si $a \subset m$ et si tout ℓ-idéal propre c contenant a est contenu dans m .

10.5.5. <u>COROLLAIRE</u>. <u>Si</u> m <u>est un ℓ-idéal maximal, le ℓ-idéal</u> ν_m <u>est le plus petit ℓ-idéal m-primaire de</u> A .

10.5.6. <u>DEFINITION</u>. Pour tout ℓ-idéal irréductible p et pour tout élément a , la classe $a+\nu_p \in A/\nu_p$ est appelée <u>germe de</u> a <u>en</u> p , et l'anneau quotient $A_p = A/\nu_p$ est appelé <u>anneau des germes en</u> p .

10.5.7. <u>DEFINITION</u>. Un f-anneau A est dit <u>quasi-local</u> s'il possède un ℓ-idéal maximal qui contient tous les ℓ-idéaux propres de A .

De (10.5.4) et (10.5.5) on déduit:

10.5.8. <u>PROPOSITION</u>. <u>Si</u> m <u>est un ℓ-idéal irréductible minimal, l'anneau</u> A_m <u>des germes en</u> m <u>est totalement ordonné. Si</u> m <u>est un ℓ-idéal maximal,</u> A_m <u>est quasi-local</u>.

10.5.9. <u>EXEMPLE</u>. Soit X un espace topologique et $A = C(X)$ le f-anneau des fonctions continues réelles. Pour tout $x \in X$, l'ensemble

$m(x)$ des fonctions f telles que $f(x) = 0$ est un ℓ-idéal maximal de $C(X)$, et l'idéal germinal $\nu_{m(x)}$ n'est rien d'autre que l'ensemble des fonctions f qui s'annulent dans un voisinage de x . Dans ce cas, l'anneau $A_{m(x)}$ des germes en x est même un anneau local.

10.6. Représentation par des sections d'un faisceau.

Soit A un f-anneau. A l'aide de la construction standard (10.4.7), nous allons associer à A un faisceau sur Spec A .

10.6.1. LEMME. *Pour tout élément* a *de* A , *l'ensemble*

$$h(a) = \{p \in \text{Spec } A \mid a \in \nu_p\}$$

est ouvert dans Spec A .

En effet, soit $p \in h(a)$. Puisqu'alors $a \in \nu_p$, il y a d'après (10.5.3.i) un voisinage ouvert U de p tel que $a \in q$ pour tout $q \in U$; mais alors $a \in \nu_q$ pour tout $q \in U$, encore d'après (10.5.3.i). Donc p possède un voisinage contenu dans h(a) .

Ainsi, nous pouvons appliquer la construction standard (10.4.7) à la famille des ℓ-idéaux germinaux ν_p , $p \in \text{Spec } A$:

10.6.2. THEOREME. *Soit* A *un f-anneau. Pour tout ℓ-idéal irréductible* p *de* A , *soit* $A_p = A/\nu_p$ *l'anneau des germes en* p .

Soit E *la réunion disjointe des* A_p , $p \in \text{Spec } A$, *et* $\eta : E \to \text{Spec } A$ *la projection évidente* $a+\nu_p \mapsto p$. *Pour tout élément* a *de* A , *soit* $\hat{a} : \text{Spec } A \to E$ *défini par* $\hat{a}(p) = a+\nu_p$. *Munissons* E *de la topologie la plus fine qui rend continues toutes les applications* $\hat{a}$, $a \in A$.

Alors le triplet $G(A) = \langle E, \eta, \text{Spec } A\rangle$ *est un faisceau de f-anneaux qu'on pourra appeler faisceau des germes, et l'application* $a \mapsto \hat{a}$ *est un isomorphisme de* A *sur un sous-f-anneau* $\hat{A}$ *de* $\Gamma G(A)$ *tel que toute section* σ *de* $\Gamma G(A)$ *à support quasi-compact soit contenu dans* $\hat{A}$.

Il ne reste qu'à démontrer que, pour toute section σ de $G(A)$ à support quasi-compact, il existe $a \in A$ tel que $\hat{a} = \sigma$. Pour cela nous avons besoin de deux lemmes:

10.6.3. LEMME (théorème chinois). Soient $a_1,\dots,a_n$ des éléments et $c_1,\dots,c_n$ des ℓ-idéaux de A tels que

$$a_i \equiv a_j \text{ modulo } c_i + c_j \text{ quels que soient } i,j = 1,\dots,n .$$

Alors il existe $a \in A$ tel que

$$a \equiv a_i \text{ modulo } c_i \text{ pour tout } i = 1,\dots,n .$$

Le cas $n=1$ étant évident, supposons que le théorème soit démontré jusqu'à $n-1$. Soit alors

$$a_i \equiv a_j \text{ modulo } c_i + c_j \text{ pour } i,j = 1,\dots,n .$$

D'après l'hypothèse de récurrence, on peut trouver un $a' \in A$ tel que

$$a' \equiv a_i \text{ modulo } c_i \text{ pour } i = 1,\dots,n-1 .$$

A l'aide de $a_i \equiv a_n$ modulo $c_i + c_n$ on conclut que

$$a' \equiv a_n \text{ modulo } c_i + c_n \text{ pour } i = 1,\dots,n-1 ,$$

d'où

$$a' \equiv a_n \text{ modulo } \bigcap_{i=1}^{n-1} (c_i+c_n) = (\bigcap_{i=1}^{n-1} c_i) + c_n ,$$

c'est-à-dire que $a'-a_n \in (\bigcap_{i=1}^{n-1} c_i) + c_n$. Il existe donc des éléments $c \in \bigcap_{i=1}^{n-1} c_i$ et $c' \in c_n$ tels que $a'-a_n = c+c'$. Posons $a = a'-c = a_n+c'$. Alors

$$a = a'-c \equiv a' \equiv a_i \text{ modulo } c_i \text{ pour tout } i = 1,\dots,n-1$$

et

$$a = a_n+c' \equiv a_n \text{ modulo } c_n .$$

10.6.4. LEMME. Pour tout ℓ-idéal α de A, on a:

$$\alpha^{\perp} = \cap\{p \mid p \in S(\alpha)\} = \cap\{v_p \mid p \in S(\alpha)\} .$$

En effet, la première égalité résulte immédiatement de (3.4.2), la deuxième de (10.5.3.ii).

Pour démontrer le théorème (10.6.2), prenons une section σ de $G(A)$ à support quasi-compact. Pour tout $p \in \mathrm{supp}(\sigma)$, il y a un élément $a_p \in A$ tel que $\hat{a}_p(p) = \sigma(p)$. Des sections étant des applications ouvertes, il existe un voisinage ouvert U_p de p tel que $\hat{a}_p | U_p = \sigma | U_p$. Puisque le support de σ est quasi-compact, on peut extraire de la famille des U_p, $p \in \mathrm{supp}(\sigma)$, un recouvrement fini

$U_1,\dots,U_n$ de $\operatorname{supp}(\sigma)$, et il y a des éléments $a_1,\dots,a_n \in A$ tels que $\hat{a}_i|U_i = \sigma|U_i$, $i = 1,\dots,n$. Posons $U_o = \operatorname{Spec} A \backslash \operatorname{supp}(\sigma)$ et $a_o = 0$. Alors on a un recouvrement $U_o,U_1,\dots,U_n$ de Spec A et, quels que soient $i,j = 0,\dots,n$ on a:

(1) $$\hat{a}_i|U_i \cap U_j = \sigma|U_i \cap U_j = \hat{a}_j|U_i \cap U_j \quad .$$

D'après la définition de la topologie spectrale (cf. sec. 10.1), $U_i = S(\mathfrak{a}_i)$ pour un certain ℓ-idéal $\mathfrak{a}_i$, $i = 0,\dots,n$. Puisque $\operatorname{Spec} A = U_o \cup U_1 \cup \dots \cup U_n = S(\mathfrak{a}_o) \cup S(\mathfrak{a}_1) \cup \dots \cup S(\mathfrak{a}_n) = S(\mathfrak{a}_o + \dots + \mathfrak{a}_n)$, on peut conclure que

(2) $$\mathfrak{a}_o + \mathfrak{a}_1 + \dots + \mathfrak{a}_n = A \quad .$$

Et puisque $U_i \cap U_j = S(\mathfrak{a}_i) \cap S(\mathfrak{a}_j) = S(\mathfrak{a}_i \cap \mathfrak{a}_j)$, la relation (1) s'écrit

$$a_i \equiv a_j \text{ modulo } v_p \text{ pour tout } p \in S(\mathfrak{a}_i \cap \mathfrak{a}_j) \quad ,$$

d'où

$$a_i \equiv a_j \text{ modulo } \cap \{ v_p | p \in S(\mathfrak{a}_i \cap \mathfrak{a}_j) \} \quad ,$$

c'est-à-dire que

(3) $$a_i - a_j \in (\mathfrak{a}_i \cap \mathfrak{a}_j)^{\perp} \text{ quels que soient } i,j = 0,\dots,n \quad .$$

d'après le lemme (10.6.4). Posons $\mathfrak{a}_{ij} = (\mathfrak{a}_i \cap \mathfrak{a}_j)^{\perp}$. D'après (3), on a pour tout $h = 0,1,\dots,n$:

$$a_i - a_j = a_i - a_h + a_h - a_j \in \mathfrak{a}_{ih} + \mathfrak{a}_{hj} \quad ,$$

donc
$$\begin{aligned} a_i - a_j &\in \bigcap_{h=o}^{n} (\mathfrak{a}_{ih} + \mathfrak{a}_{hj}) \cap \sum_{k=o}^{n} \mathfrak{a}_k \quad \text{utilisant (2)} \\ &= \sum_{k=o}^{n} \bigcap_{h=o}^{n} (\mathfrak{a}_{ih} + \mathfrak{a}_{hj}) \cap \mathfrak{a}_k \quad \text{(distributivité)} \\ &\subset \sum_{k=o}^{n} (\mathfrak{a}_{ik} + \mathfrak{a}_{kj}) \cap \mathfrak{a}_k \\ &= \sum_{k=o}^{n} (\mathfrak{a}_{ik} \cap \mathfrak{a}_k) + \sum_{k=o}^{n} (\mathfrak{a}_{kj} \cap \mathfrak{a}_k) \\ &= c_i + c_j \quad , \end{aligned}$$

si l'on pose $c_h = \sum_{k=o}^{n} (\mathfrak{a}_{hk} \cap \mathfrak{a}_k)$ pour $h = 0,1,\dots,n$. D'après le lemme (10.6.3), il existe $a \in A$ tel que

$$a - a_i \in c_i \quad \text{pour } i = 0,1,\dots,n \quad .$$

Or, $c_i \cap a_i = \sum_{k=0}^{n} (a_{ik} \cap a_k) \cap a_i = \sum_{k=0}^{n} (a_{ik} \cap a_k \cap a_i) = \{0\}$; donc $c_i \subset a_i^{\perp}$, c'est-à-dire que

$$a-a_i \in a_i^{\perp} \quad \text{pour} \quad i = 0,1,\ldots,n \ .$$

Comme $a_i^{\perp} = \cap\{ \nu_p | p \in S(a_i)\}$, on en déduit que $a-a_i \in \nu_p$ pour tout $p \in S(a_i) = U_i$, c'est-à-dire que $\hat{a}|U_i = \hat{a}_i|U_i = \sigma|U_i$, et cela pour tout $i = 0,1,\ldots,n$. Donc $\hat{a}=\sigma$ ce qui achève la démonstration.

10.6.5. <u>COROLLAIRE</u>. <u>Si</u> A <u>admet une unité formelle</u>, A <u>est isomorphe au</u> f-<u>anneau</u> $\Gamma G(A)$ <u>de toutes les sections du faisceau</u> $G(A)$.

En effet, si A admet une unité formelle, Spec A est quasi-compact d'après (10.1.6) et, étant fermé, le support de toute section σ est aussi quasi-compact.

Soit X une partie quelconque de Spec A . Considérons $G(A)|X$, la restriction du faisceau $G(A)$ sur l'espace X . Plus explicitement $G(A)|X = \langle E_X, \eta_X, X\rangle$ avec $E_X = \eta^{-1}(X)$ et $\eta_X = \eta|E_X$. On a évidemment un homomorphisme $a \mapsto \hat{a}|X$ de A dans $\Gamma(G(A)|X)$. Si l'intersection des ν_p , $p \in X$, est nulle, cet homomorphisme est injectif. Mais en général les sections de $G(A)|X$ ne proviennent pas nécessairement d'éléments de A .

Considérons encore le cas d'un f-anneau A ayant une unité formelle. L'espace μA des ℓ-idéaux maximaux de A est compact et il y a une rétraction continue $M : \text{Spec } A \to \mu A$ (cf. 10.2.2 et 10.2.3). Pour tout $m \in \mu A$, l'anneau $A_m = A/\sigma_m$ est quasi-local (10.5.8). Donc les fibres du faisceau $G(A)|\mu A$ des germes sur μA sont quasi-locales. Nous voulons démontrer que A est isomorphe à l'anneau de toutes les sections de $G(A)|\mu A$. D'après le corollaire (10.6.5), il suffit de montrer que toute section $\tau : \mu A \to E_{\mu A}$ s'étend de manière unique en une section σ : Spec A $\to$ E .

Soit $\tau : \mu A \to E_{\mu A}$ donnée. Pour $p \in \text{Spec } A$, définissons $\sigma(p)$ de la manière suivante: Si $\tau(M(p)) = \hat{a}(M(p)) = a+\nu_{M(p)}$ pour un certain élément a de A , posons $\sigma(p) = \hat{a}(p) = a+\nu_p$. Alors σ est bien définie, car $p \subset M(p)$ implique $\nu_{M(p)} \subset \nu_p$; et σ est continue car il existe un ouvert V dans μA tel que $\tau|V = \hat{a}|V$, donc σ et $\hat{a}$ coïncident sur l'ouvert $M^{-1}(V)$ de Spec A . Par conséquent, σ est une section de $G(A)$ telle que $\sigma|\mu A = \tau$. L'unicité de σ provient du fait que $\nu_{M(p)} \subset \nu_p$ pour tout $p \in \text{Spec } A$. Nous avons:

10.6.6. THEOREME. *Si le f-anneau A admet une unité formelle, il y a un faisceau F de f-anneaux quasi-locaux sur l'espace compact μA des ℓ-idéaux maximaux tel que A soit isomorphe au f-anneau de toutes les sections de F.*

Pour les groupes réticulés commutatifs cela donne:

10.6.7. COROLLAIRE. *Si le groupe réticulé commutatif A possède une unité forte, A peut être représenté par le groupe réticulé de toutes les sections d'un faisceau de groupes réticulés quasi-locaux sur un espace compact.*

10.6.8. EXEMPLE. Si A est le f-anneau de toutes les fonctions réelles continues définies sur un espace compact X , alors le faisceau $G(A)|\mu A$ n'est rien d'autre que le faisceau des germes des fonctions réelles continues au sens habituel.

Note du Chapitre 10

Les deux sujets traités dans ce chapitre - le spectre et le faisceau des germes associés à un f-anneau ou à un groupe réticulé commutatif - sont inspirés des développements correspondants dans la théorie des anneaux.

C'est surtout le premier sujet, celui des espaces topologiques associés à des groupes et des anneaux réticulés qui a attiré beaucoup d'attention. La façon dont ce sujet a été traité dans la littérature est le reflet de courants que l'on trouve dans les mathématiques en général. Dans les années 1940 l'intérêt portait sur la question des représentations par des fonctions numériques continues, et pour ces représentations, on avait besoin d'espaces topologiques pour y définir les fonctions. (On consultera aussi les notes du chapitre 13). Les travaux de M.H. STONE des années 1936 à 1940 sur les représentations des algèbres de Boole d'une part [1], sur l'espace des ℓ-idéaux maximaux des groupes et f-anneaux archimédiens qui admettent une unité forte d'autre part [2], ont eu une influence considérable. Les deux espaces en question - l'espace de Stone σA et l'espace μA - ainsi que l'espace des valeurs d'une famille orthogonale maximale ont été utilisés par beaucoup d'autres dans des situations plus ou moins générales; citons H. NAKANO, dont les travaux sur les espaces vectoriels et les f-anneaux σ-complets des années 1940 à 1950 sont rassemblés dans [6], K. YOSIDA [1], T. OGASAWARA [1], I. AMEMIYA [1], D.G. JOHNSON [2], D.G. JOHNSON et J. KIST [1], S.J. BERNAU [6]. Signalons que JOHNSON et KIST ont établi le lien étroit qui existe entre les "fonctions spectrales" de NAKANO et AMEMIYA et les ℓ-idéaux premiers.

Il semble que c'est P. JAFFARD [10], en 1959, qui a été le premier à considérer le spectre, c'est-à-dire l'espace des sous-groupes premiers, dans sa totalité, en s'inspirant de l'algèbre commutative. P. RIBENBOIM [3], en 1960, a étudié l'espace des sous-groupes premiers minimaux. En 1963/64, F. ŠIK [9], [10], [11] a fait une étude détaillée de divers espaces structurels pour les groupes non nécessairement commutatifs. Tous les trois, et surtout F. ŠIK, ont établi des liens entre les propriétés topologiques de certains sous-espaces du spectre et des représentations sous-directes. Les liens entre l'espace de Stone et les espaces appartentés ont été développés par F. FIALA [1], [2], [3].

Des aspects de fonctorialité du spectre ont guidé les travaux de M. HENRIKSEN et J.R. ISBELL [1], J.R. ISBELL [1] et J.R. ISBELL et J.T. MORSE [1].

L'utilisation des faisceaux dans la théorie des groupes et des anneaux réticulés est due à KEIMEL [1], [4], [5]. Dans la démonstration du théorème (10.6.2), nous avons utilisé une idée de A. WOLF. Pour la relation avec la théorie des anneaux on consultera le mémoire de K.H. HOFMANN [1]. L'utilité des faisceaux dans ce contexte peut être illustrée par le fait que divers constructions, par exemple celles de l'enveloppe projetable, de l'enveloppe fortement projetable (= enveloppe Stonienne), de l'orthocomplété (cf. I. AMEMIYA [1], R.D. BLEIER [1], S.J. BERNAU [3], D.A. CHAMBLESS [3], P. CONRAD [15], A.I. VEKSLER [1]) peuvent être exécutées à l'aide de faisceaux (cf. KEIMEL [4]).

C'est aussi à ce contexte qu'appartient un travail de J. DAUNS [1], où l'on donne une représentation des f-anneaux S-semisimples par des sections d'un "champ" de f-anneaux ℓ-simples.

Dans cet ouvrage nous nous sommes bornés à ne considérer que les f-anneaux et les groupes réticulés commutatifs. Une bonne partie des résultats reste valable si Spec A désigne

a) l'ensemble des sous-groupes premiers propres d'un groupe réticulé quelconque,
b) l'ensemble des ℓ-idéaux premiers propres d'un groupe réticulé représentable,
c) l'ensemble des ℓ-idéaux irréductibles d'un groupe ou d'un anneau réticulé quelconque.

Plus précisément, dans les cas a) et b) tous les résultats des sections

(10.1) et (10.2) restent valables; dans le cas c), on ne peut plus affirmer (10.1.11) ni (10.1.12) ni tout ce qui concerne la section (10.2). Un exposé unifiant ces divers aspects se trouve dans KEIMEL [4].

C'est ici qu'il convient de signaler quelques résultat obtenus dans la théorie des modèles en ce qui concerne les f-anneaux. En utilisant les représentations par faisceaux, McINTYRE a démontré que la théorie des f-anneaux commutatifs réguliers formellement réels clos sans éléments idempotents minimaux est la théorie modèle-complétée de la théorie des f-anneaux commutatifs réguliers. (Les f-anneaux en question sont représentés par des faisceaux de corps formellement réels clos sur des espaces booléens sans points isolés.) Cela généralise le fait que la théorie des corps formellement réels clos est la théorie modèle-complétée de la théorie des corps ordonnés. L. LIPSHITZ [1] a démontré que tout f-anneau commutatif régulier admet une clôture réelle unique ce qui généralise le théorème correspondant sur les corps ordonnés. On retrouve des considérations semblables dans une publication de WEISSPENNIG [1].

Chapitre 11.

GROUPES ARCHIMEDIENS ET GROUPES COMPLETS

Un groupe réticulé G est dit archimédien si, quels que soient $a,b \in G$, $a^n \leq b$ pour tout entier n positif entraîne $a \leq e$. Un anneau réticulé est dit archimédien si le groupe additif sous-jacent est archimédien.

Au Chapitre 2, nous avons démontré le théorème de Hölder, qui affirme que les groupes totalement ordonnés archimédiens sont isomorphes à des sous-groupes de $\mathbb{R}$. En général, tout groupe réticulé de fonctions à valeurs réelles sur un ensemble quelconque est archimédien. Nous examinerons au Chapitre 13 dans quelles conditions un groupe archimédien peut être représenté sous cette forme. Dans ce chapitre, nous allons donner un certain nombre de propriétés simples de ces groupes, qui peuvent être démontrées independamment des théorèmes de représentation.

11.1. Propriétés générales.

Nous allons donner d'abord quelques définitions équivalentes à celle que nous avons adoptée.

11.1.1. PROPOSITION. Pour un groupe réticulé G, les conditions suivantes sont équivalentes:

1) G est archimédien.

2) Si $a,b \in G$ et $a^n \leq b$ pour tout $n \in \mathbb{Z}$, alors $a=e$.

3) Si $a,b \in G_+$ et $a^n \leq b$ pour tout $n \in \mathbb{N}$, alors $a=e$.

1) implique 2): On a $a^n \leq b$ pour tout $n \in \mathbb{N}$, donc $a \leq e$ et

aussi $(a^{-1})^n \leq b$ pour tout $n \in \mathbb{N}$, donc $a^{-1} \leq e$. Par conséquent, $a=e$.

2) implique 3): Pour $n \leq 0$, on a $a^n \leq e \leq b$. Par conséquent, $a^n \leq b$ pour tout $n \in \mathbb{Z}$, et donc $a=e$.

3) implique 1): On supposons que $a^n \leq b$ pour tout $n \in \mathbb{N}$. Alors, pour tout $n \in \mathbb{N}$, $(a_+)^n = (a^n)_+ \leq b_+$. On a donc $a_+ = e$, c'est-à-dire $a \leq e$.

11.1.2. <u>COROLLAIRE</u>. <u>Dans un groupe archimédien, tout lex-sous-groupe est facteur direct</u>.

En effet, la condition 2) montre que tout sous-groupe borné supérieurement est réduit à $\{e\}$. Le corollaire résulte alors de (7.1.9).

11.1.3. <u>THEOREME</u>. <u>Tout groupe réticulé archimédien est commutatif</u>.

Soient $a,b \in G_+$. Nous allons montrer d'abord que $ab \leq b^2a^2$. Considérons $c = ba^{-2}b^{-2}a$. Il est clair que $c \leq a,b$. Par récurrence, supposons $c^{n-1} \leq a,b$. On a alors: $c^n = c^{n-1}c \leq bc =$
$= b^2a^{-2}b^{-2}a \leq b^2b^{-2}a = a$ et $c^n = cc^{n-1} \leq ca = ba^{-2}b^{-2}a^2 \leq ba^{-2}a^2 = b$. Comme G est archimédien, on a $c \leq e$, donc $ab \leq b^2a^2$. En appliquant maintenant (4.3.10), on voit que $a^{-1}b^{-1}ab \ll |a| \vee |b|$, pour tout $a,b \in G$. Il vient par conséquent $a^{-1}b^{-1}ab \leq e$, donc $ab \leq ba$. Comme a et b sont quelconques, ceci établit le Théorème.

Dorénavant, dans ce chapitre et aussi dans les suivants, nous utiliserons toujours la notation additive pour les groupes archimédiens.

11.1.4. <u>LEMME</u>. <u>Soit</u> G <u>un groupe archimédien</u>. <u>Alors, quels que soient</u> $a,b \in G$, $a^{\perp}$ <u>est l'intersection des valeurs</u> M <u>de</u> a <u>telles que</u> $b \in M^*$.

On peut évidemment supposer $a,b \geq 0$. En remplaçant b par $a \vee b$, on peut supposer $a \leq b$. Soit $0 < x \notin a^{\perp}$. On a $d = x \wedge a > 0$. Il existe un $n \geq 0$ tel que $nd \nleq b$. On a $b = (nd \wedge b) + h$ et $nd =$
$= (nd \wedge b) + g$, avec $g > 0$. Soit P une valeur de g . On a $b \notin P$, car sinon nd et $nd \wedge b$ seraient dans P . Soit M une valeur de b contenant P . On a $h \in g^{\perp} \subset P \subset M$. Par suite, $nd \wedge b \notin M$, donc $x \wedge a = d \notin M$. Il en résulte d'une part que $x \notin M$ et d'autre par que M est une valeur de a car $a \notin M$ et $a \in M^*$.

11.1.5. PROPOSITION. Un groupe à valeurs normales est archimédien si et seulement si, pour tout a, $a^{\perp}$ est l'intersection des valeurs de a.

La condition est nécessaire d'après le Lemme précédent. Montrons qu'elle est suffisante. Soient $0<a\leq b$. On a $a\notin b^{\perp}$, donc il existe une valeur M de b telle que $a\notin M$. Or $M \lhd M^{*}$ et M^{*}/M est un groupe réel. Il existe un $n>0$ tel que, dans M^{*}/M on ait $M+b < M+na$. Ainsi, $na \nleq b$.

11.1.6. PROPOSITION. Soient G un groupe archimédien et K une partie quelconque de G. Si $0 \leq b \in K^{\perp\perp}$, alors $b = \bigvee_{\substack{n\in\mathbb{N}\\ c\in K}} (b\wedge n|c|)$.

En effet, supposons par l'absurde que $b\wedge n|c| \leq t < b$ quels que soient n et c. On a $0 < b-t \leq b$, donc $b-t \notin K^{\perp}$. Il existe $c\in K$ tel que $d = (b-t)\wedge|c| > 0$. On a $d\leq b$. Supposons $(n-1)d \leq b$. Comme $(n-1)d \leq (n-1)|c|$ on a $(n-1)d \leq b\wedge(n-1)|c| \leq t$. D'autre part, $d \leq b-t$, donc on a $nd = d+(n-1)d \leq b-t+t = b$. Par récurrence, on obtient $nd \leq b$ pour tout n, donc $d=0$, ce qui est contradictoire.

11.1.7. COROLLAIRE. Si G archimédien admet une base, tout élément $b\geq 0$ est borne supérieure d'éléments basiques.

11.1.8. THEOREME. Un groupe réticulé G est archimédien si et seulement si pour tout $a,b\in G_{+}$, on a $b = \bigvee_{n\in\mathbb{N}} [b\wedge n(nb-a)]$.

La condition est évidemment suffisante car $nb \leq a$ implique $b\wedge n(nb-a) \leq 0$. Si $nb \leq a$ pour tout n, on a donc $b\leq 0$.

Pour démontrer qu'elle est suffisante, on va appliquer (11.1.6) à $K = \{(nb-a)\vee 0 \mid n\in\mathbb{N}\}$. On va montrer que $b\in K^{\perp\perp}$.

Soit $0 \leq g \in K^{\perp}$. Pour tout n, on a:

$$n(b\wedge g)-a \leq ng\wedge(nb-a) \leq ng\wedge[(nb-a)\vee 0] = 0 \quad ,$$

c'est-à-dire $n(b\wedge g) \leq a$. Il en résulte que $b\wedge g = 0$. En appliquant (11.1.6), il vient:

$$b = \bigvee_{m,n} [b\wedge m[(nb-a)\vee 0]] \quad .$$

Si $s = \sup(m,n)$, nous avons $b\wedge m[(nb-a)\vee 0] \leq b\wedge s[(sb-a)\vee 0] \leq b$. Par conséquent,

$$b = \bigvee_s [b\wedge s[(sb-a)\vee 0]] = \bigvee_s [b\wedge[s(sb-a)\vee 0]] = \bigvee_s [b\wedge s(sb-a)]\vee 0 \quad .$$

On en déduit immédiatement le résultat annoncé.

11.1.9. <u>COROLLAIRE</u>. *Si G est archimédien et si N est un ℓ-idéal stable pour les bornes supérieures dénombrables, G/N est archimédien.*

Soient $0 \le b \le a$ tels que $N+nb \le N+a$ quel que soit n. On a $(nb-a)\vee 0 \in N$ pour tout n. D'après la démonstration du Théorème (11.1.8), $b = \bigvee_n [b\wedge n[(nb-a)\vee 0]] \in N$. Il en résulte $N+b = N$.

Cette propriété n'est pas vraie pour un ℓ-idéal quelconque, comme on le voit en prenant $G = \mathbb{R}^{\mathbb{N}}$ et $N = \mathbb{R}^{(\mathbb{N})}$ (ℓ-idéal constitué par les fonctions à support fini).

11.1.10. <u>THEOREME</u>. *Un groupe réticulé G est archimédien si et seulement si tout sous-groupe fermé est une polaire.*

Suppposons d'abord G archimédien et soit I un ℓ-sous-groupe fermé. Si $b \in I_+^{\perp\perp}$, on a, d'après (11.1.6), $b = \bigvee_{\substack{0\le c\le b \\ c\in I}} c$, donc $b\in I$.

Réciproquement, supposons que tout sous-groupe fermé est une polaire. Si C est un sous-groupe solide, le sous-groupe fermé qu'il engendre $\bar{C}$, est nécessairement la polaire $C^{\perp\perp}$.

Supposons $g\ge 0$ et $ng\le c$ pour tout n. Considérons $K = C(g)$. Si $0\le y\in K$, $y+g \in K$, donc $y+g \le c$ et $y \le c-g$. Soit $0 \le x \in K^{\perp}$ tel que $x\le c$. On a $x+g-c \le x$ et $x+g-c = g+x-c \le g$, donc $x+g-c \le$ $\le x\wedge g = 0$, c'est-à-dire $x \le c-g$. Par conséquent, $x+y = x\vee y <$ $\le c-g \le c$. Or $c \in G = (K+K^{\perp})^{\perp\perp} = \overline{(K+K^{\perp})}$, donc c est la borne supérieure des $x+y$ avec $0 \le x+y \le c$, $x\in K^{\perp}$ et $y\in K$. On a donc $c-g = c$, c'est-à-dire $g=0$.

11.1.11. <u>PROPOSITION</u>. *Soit $\Omega(a)$ la borne supérieure des valeurs de $a \neq 0$. Dans un groupe archimédien G, $G = \Omega(a) + C(a)$.*

En effet, soit $0<x\in G$. Il existe un n tel que $na\not\ge x$. Posons $x = (na\wedge x)+u$ et $na = (na\wedge x)+v$. On a $x\wedge na \in C(a)$. D'autre part, $0<v\le na$ implique $u \in v^{\perp} \subset \Omega(v) \subset \Omega(na) = \Omega(a)$, donc $x \in C(a)+\Omega(a)$. Si $a\in\Omega(a)$, on a donc $\Omega(a) = G$. Si $a\notin\Omega(a)$, a est spécial et $\Omega(a)$ est son unique valeur. De plus, $\Omega(a)$ est maximal: Si I con-

tient $\Omega(a)$ strictement, $a\in I$, donc $G = \Omega(a)+C(a) \subset I$.

11.1.12. THEOREME. *Soient G un groupe archimédien et M un ℓ-idéal. Les conditions suivantes sont équivalentes:*

1) *M est spécial.*

2) *M est premier fermé.*

3) *M est une polaire maximale.*

4) *M est maximal et facteur direct.*

1) implique 2) par (6.1.13). 2) implique 3) par (11.1.10). 3) implique 4): M est premier donc G/M est totalement ordonné. D'autre part, G/M est archimédien par (11.1.9). C'est donc un groupe réel. Par (11.1.2), $M^{\perp}$ est facteur direct, donc M également. 4) implique 1): Tout d'abord, il est clair que M est une polaire maximale. Soit $0<a\in M^{\perp}$. On a $a^{\perp} = M$. Si N est une valeur de a , on a donc $M\subset N$ et comme M est maximal, $M=N$. Ainsi, M est l'unique valeur de a .

11.1.13. COROLLAIRE. *Dans un groupe archimédien, tout élément spécial est basique.*

11.1.14. DEFINITION. Soient H un groupe réticulé et G un ℓ-sous-groupe de H . On dit que G est *large* dans H , ou que H est une *extension essentielle* de G si pour tout $C \in \mathcal{C}(H)$, $C\cap G = \{e\}$ implique $C = \{e\}$.

Si G est dense dans H ou si H est une extension archimédienne de G , G est large dans H . Si G est large dans H et H large dans K , alors G est large dans K .

11.1.15. THEOREME. *Soient H un groupe archimédien et G un ℓ-sous-groupe de H . Les conditions suivantes sont équivalentes:*

1) *G est large dans H .*

2) *Si C est une polaire de H , $C\cap G = 0$ implique $C=0$.*

3) *L'application $C \overset{I}{\mapsto} C\cap G$ est un isomorphisme de l'algèbre des polaires de H sur l'algèbre des polaires de G .*

1) implique 2) est évident. 2) implique 3): Soit C une polaire de H . Montrons $C^{\perp}\cap G = (C\cap G)^{\perp}\cap G$. On a d'abord $C^{\perp} \subset (C\cap G)^{\perp}$ donc $C^{\perp}\cap G \subset (C\cap G)^{\perp}\cap G$. Si $0<x\notin C^{\perp}$, il existe un $a\in C$ avec $x\wedge a > 0$,

donc $(x\wedge a)^{\perp\perp}\cap G \neq 0$. Soit $0 < g \in G\cap(x\wedge a)^{\perp\perp}$. On a $g \in a^{\perp\perp} \subset C$ donc $g \in C\cap G$. Mais $g \in x^{\perp\perp}$ implique $g \notin x^{\perp}$ donc $x \notin g^{\perp}$ et à fortiori $x \notin (C\cap G)^{\perp}$.

L'égalité ainsi établie montre que la trace sur G d'une polaire de H est une polaire de G . Elle montre d'autre part que τ préserve la complémentation. Comme τ préserve l'intersection, c'est un homomorphisme d'algèbres de Boole. Il est surjectif car, pour toute polaire A de G , $A = A^{\perp\perp}\cap G$. Enfin il est injectif grace à la condition 2).

Il est évident que 3) implique 2). 2) implique 1): Soit $C \in \mathcal{C}(H)$. Si $C\neq 0$, prenons $0<h\in C$. On a $h^{\perp\perp} \neq 0$, donc $h^{\perp\perp}\cap G \neq 0$. Soit $0 < b \in h^{\perp\perp}\cap G$. On a $0 < b\wedge h$. Soit n un entier tel que $n(b\wedge h) \nleq b$. On a donc: $z = (n(b\wedge h)-b)_+ > 0$. Soit $0 < g \in z^{\perp\perp}\cap G$. Posons $t = g\wedge b \in G$. Alors $t>0$ car sinon $0 \leq g\wedge z \leq g\wedge nb = 0$, donc $g\in z^{\perp}$ ce qui est impossible. De plus, on a:

$$(t-n(b\wedge h))_+ \leq (b-n(b\wedge h))_+ = (n(b\wedge h)-b)_- \in z^{\perp} , \quad (t-n(b\wedge h))_+ \leq g \in z^{\perp\perp},$$

et par conséquent $(t-n(b\wedge h))_+ = 0$. Ceci entraine $t \leq n(b\wedge h) \leq nh$, donc $0 < t \in C\cap G$.

On notera que 2) et 3) sont équivalents dans n'importe quel groupe réticulé.

11.2. Groupes réticulés complets et groupes singuliers.

11.2.1. DEFINITION. Un groupe réticulé G est dit *complet* (resp. *σ-complet*) sit toute partie (resp. partie dénombrable) non-vide et majorée de G admet une borne supérieure.

Il revient évidemment au même de dire que toute partie non-vide et minorée admet une borne inférieure. Un groupe ordonné filtrant, dont toute partie non-vide et majorée admet une borne supérieure, est un groupe réticulé complet.

11.2.2. PROPOSITION. *Tout groupe σ-complet, à fortiori tout groupe complet, est archimédien.*

En effet, si pour $a,b\in G$ et pour tout entier n , $e < a^n < b$, l'ensemble des a^n , quoique majoré, n'admet pas de borne supérieure; car si l'on avait $c = \bigvee_n a^n$, il viendrait $ca = c$ d'où $a=e$.

Suivant la convention établie après le (11.1.3), nous utiliserons la notation additive pour les groupes σ-complets et complets.

11.2.3. PROPOSITON. Tout groupe σ-complet est projetable.

En effet, soit G un groupe σ-complet et $g \in G_+$. Montrons que $G = g^{\perp\perp} + g^{\perp}$. Pour cela, soit $b \in G_+$. En posant $K = \{g\} \cup g^{\perp}$ dans la proposition (11.1.6), il vient

$$b = \bigvee_{\substack{n \in \mathbb{N} \\ c \in K}} (b \wedge n|c|) = \bigvee_{\substack{n \in \mathbb{N} \\ c \in g^{\perp}}} [(b \wedge n|c|) \vee (b \wedge ng)]$$

$$= \bigvee_{\substack{n \in \mathbb{N} \\ c \in g^{\perp}}} [(b \wedge n|c|) + (b \wedge ng)] \quad ,$$

puisque $b \wedge n|c|$ et $b \wedge ng$ sont orthogonaux. Comme $\bigvee_{n \in \mathbb{N}} [(b \wedge n|c|) + (b \wedge ng$ existe dans le groupe σ-complet G , on en déduit que

$$b = \bigvee_{c \in g^{\perp}} \bigvee_{n \in \mathbb{N}} [(b \wedge n|c|) + (b \wedge ng)] \quad ,$$

d'où

$$b - \bigvee_{n \in \mathbb{N}} (b \wedge ng) = \bigvee_{c \in g^{\perp}} \bigvee_{n \in \mathbb{N}} (b \wedge n|c|) \quad .$$

Or, les polaires étant fermées (cf. 6.1.9), on a:

$$\bigvee_{n \in \mathbb{N}} (b \wedge ng) \in g^{\perp\perp} \quad \text{et} \quad \bigvee_{c \in g^{\perp}} \bigvee_{n \in \mathbb{N}} (b \wedge n|c|) \in g^{\perp} \quad .$$

Donc $b \in g^{\perp\perp} + g^{\perp}$.

Une démonstration analogue, mais plus simple, nous donne:

11.2.4. THEOREME. Dans un groupe complet, toute polaire est un facteur direct.

Ainsi toute partie S d'un groupe complet G détermine une décomposition de G en facteurs directs complets: $G = S^{\perp} \oplus S^{\perp\perp}$.

Un exemple important de groupes complets est fourni par les groupes d'homomorphismes.

Soient F et G des groupes réticulés commutatifs. On peut ordonner le groupe $\mathrm{Hom}(F,G)$ des homomorphismes de groupe de F dans G en posant $\varphi \leq \psi$ si, et seulement si, $\varphi(a) \leq \psi(a)$ pour tout $a \in F_+$

Autrement dit, on prend comme cône positif l'ensemble $\mathrm{Hom}_+(F,G)$ des homomorphismes croissants. Un homomorphisme $\varphi : F \to G$ est dit <u>borné</u> si, pour tout $x\in F_+$, l'ensemble $\varphi([0,x])$ est majoré dans G. Tout homomorphisme croissant est borné. On désigne par $\mathrm{Hom}_b(F,G)$ l'ensemble des homomorphismes bornés qui est un sous-groupe de $\mathrm{Hom}(F,G)$.

11.2.5. <u>THEOREME</u>. <u>Si</u> F <u>est un groupe réticulé commutatif et</u> G <u>un groupe réticulé complet,</u> $\mathrm{Hom}_b(F,G)$ <u>est aussi un groupe réticulé complet</u>.

Montrons d'abord que $\mathrm{Hom}_b(F,G)$ est réticulé. D'après (1.2.9), il suffit de montrer que $\varphi \vee 0$ existe pour tout $\varphi\in\mathrm{Hom}_b(F,G)$. Pour cela définissons $\bar\varphi : F_+ \to G$ par

$$\bar\varphi(x) = \bigvee_{0\le y\le x} \varphi(y) \quad \text{pour tout } x\in F_+ .$$

La borne supérieure en question existe, puisque $\varphi([0,x])$ est majoré dans G. $\bar\varphi$ est un homomorphisme de demi-groupe; car pour $x_1,x_2\in F_+$, on a:

$$\bar\varphi(x_1+x_2) = \bigvee_{0\le z\le x_1+x_2} \varphi(z) .$$

Or, z peut s'écrire $z = y_1+y_2$ avec $0 \le y_1 \le x_1$ et $0 \le y_2 \le x_2$ d'après (1.2.17). Donc

$$\bar\varphi(x_1+x_2) = \bigvee_{\substack{0\le y_1\le x_1\\ 0\le y_2\le x_2}} \varphi(y_1+y_2) = \bigvee_{\substack{0\le y_1\le x_1\\ 0\le y_2\le x_2}} \varphi(y_1)+\varphi(y_2)$$

$$= \bigvee_{0\le y_1\le x_1} \varphi(y_1) + \bigvee_{0\le y_2\le x_2} \varphi(y_2) = \bar\varphi(x_1)+\bar\varphi(x_2) .$$

Il y a un prolongement unique de $\bar\varphi$ en un homomorphisme de F dans G (1.1.7). Pour tout $x\in F_+$, on a $\bar\varphi(x) \ge \varphi(x)$ et $\bar\varphi(x) \ge \varphi(0) = 0$. Donc $\bar\varphi$ majore φ et 0. Si d'autre part un homomorphisme ψ majore φ et 0, alors on a pour tout $x\in F_+$ et tout y tel que $0\le y\le x$, $\psi(x) \ge \psi(y) \ge \varphi(y)$, d'où l'on tire que $\psi(x) \ge \bigvee_{0\le y\le x} \varphi(y) = \bar\varphi(x)$, c'est à dire que $\psi\ge\bar\varphi$. Ainsi nous avons démontré que $\bar\varphi = \varphi\vee 0$.

Pour montrer que $\mathrm{Hom}_b(F,G)$ est complet, il suffit de montrer que toute famille filtrant supérieurement $(\varphi_\lambda)_\lambda$ dans $\mathrm{Hom}_b(F,G)$, majorée par un homomorphisme φ, admet une borne supérieure. Pour cela on posera $\bar\varphi(x) = \bigvee_\lambda \varphi_\lambda(x)$ pour tout $x\in F_+$. La borne supérieure en question existe, puisque $\varphi_\lambda(x)$ est majoré par $\varphi(x)$ pour tout λ. On vérifie que $\bar{\varphi}$ est un homomorphisme additif sur F_+ :

$$\bar{\varphi}(x)+\bar{\varphi}(y) = \bigvee_\lambda \varphi_\lambda(x) + \bigvee_\mu \varphi_\mu(y) = \bigvee_{\lambda,\mu} (\varphi_\lambda(x)+\varphi_\mu(y)) \ ;$$

la famille des φ_λ étant filtrante, il existe, pour tout couple λ,μ, un indice ν tel que φ_ν majore φ_λ et φ_μ ; donc

$$\bar{\varphi}(x)+\bar{\varphi}(y) = \bigvee_\nu (\varphi_\nu(x)+\varphi_\nu(y)) = \bigvee_\nu \varphi_\nu(x+y) = \bar{\varphi}(x+y) \ .$$

On peut prolonger $\bar{\varphi}$ en un homomorphisme de F dans G. De la définition de $\bar{\varphi}$ il résulte immédiatement que $\bar{\varphi} = \bigvee \varphi_\lambda$.

11.2.6. COROLLAIRE. L'anneau $\mathrm{End}_b(G)$ des endomorphismes bornés d'un groupe réticulé complet G est un anneau réticulé complet.

Pour mieux connaître les groupes complets, nous avons besoin de la notion d'élément sigulier que l'on peut considérer d'abord dans un groupe réticulé G quelconque, noté multiplicativement.

11.2.7. DEFINITION. Un élément s de G est dit singulier, si $s>e$ et si $s = tu$ avec $t,u \geq e$ implique $t\wedge u = e$.

Par exemple, si G est un produit sous-direct de groupes isomorphes à $\mathbb{Z}$, les éléments singuliers de G sont les éléments non-nuls dont chaque composante est égale soit à 0 soit à 1. La vérification de ce fait est particulièrement simple, si l'on utilise la condition (iii) de la proposition suivante:

11.2.8. PROPOSITION. Soit G un groupe réticulé, s un élément strictement positif de G. Les conditions suivantes sont équivalentes:

(i) Pour tout sous-groupe premier M, qui ne contient pas s, sM couvre M dans $G(M)$.

(ii) s est singulier.

(iii) Pour tout $t \in G_+$, $s\wedge t^2 \leq t$.

(i) implique (ii): En effet, si $s = tu$ avec $t\wedge u > e$, il existe un sous-groupe premier minimal M qui ne contient pas $t\wedge u$, et $sM > tM > M$.

(ii) implique (iii): En effet, si s est singulier et $t \in G_+$,

on a: $e = s(s\wedge t)^{-1} \wedge (s\wedge t) = s(s^{-1}\vee t^{-1})\wedge(s\wedge t) = (e\vee st^{-1})\wedge(s\wedge t) =$
$= (e\wedge s\wedge t)\vee(st^{-1}\wedge s\wedge t) = e\vee(st^{-1}\wedge t)$. Ainsi $st^{-1}\wedge t \leq e$, d'où $s\wedge t^2 \leq t$.

(iii) implique (i): En effet, s'il existe un sous-groupe premier M et $t\in G_+$ tels que $sM > tM > M$, alors $t^2M > tM$, et $(s\wedge t^2)M =$
$= \inf(sM,t^2M) > tM$ ce qui contredit la condition (iii).

11.2.9. <u>COROLLAIRE</u>. <u>Tout minorant strictement positif d'un élément singulier est singulier</u>.

11.2.10. <u>COROLLAIRE</u>. <u>Toute borne supérieure d'éléments singuliers est singulière</u>.

Les deux corollaires précédents découlent de la condition (iii) de la proposition (11.2.8). Le corollaire suivant est une conséquence de la condition (i):

11.2.11. <u>COROLLAIRE</u>. <u>Toute valeur d'un élément singulier est un sous-groupe premier minimal</u>.

Avant de retourner aux groupes complets, démontrons un lemme:

11.2.12. <u>LEMME</u>. <u>Soit</u> G <u>un groupe réticulé, et</u> g <u>un élément strictement positif de</u> G , <u>qui ne majore aucun élément singulier. Alors, pour tout entier</u> n , <u>il existe</u> $h>e$ <u>tel que</u> $h^n < g$.

Il suffit de montrer que, si g n'est pas singulier, il existe $h>e$, tel que $h^2 \leq g$. Or, si g n'est pas singulier, on a forcément $g = uv$ avec $u\wedge v > e$, et $h = u\wedge v$ répond à la question.

11.2.13. <u>THEOREME</u>. <u>Pour un groupe réticulé complet</u> G , <u>les conditions suivantes sont équivalentes</u>:

(i) G <u>ne contient pas d'élément singulier</u>;

(ii) G <u>est divisible</u>.

Il est évident qu'un groupe qui contient des éléments singuliers n'est pas divisible. Supposons donc que G ne contient pas d'élément singulier. Soient $g\in G_+$ et n un entier positif, et posons $h = \bigvee\{x\in G_+ | nx \leq g\}$. Nous prétendons que $g = nh$. Sinon, on aurait, d'après le lemme, un $x>0$ tel que $nx < g-nh$. Mais alors $h+x$ appartiendrait à l'ensemble dont h est la borne supérieure, ce qui est absurde.

11.2.14. DEFINITION. On appelle groupe singulier un groupe réticulé dont chaque élément strictement positif majore un élément singulier.

11.2.15. THEOREME. Tout groupe réticulé complet est la somme directe d'un groupe divisible et d'un groupe singulier.

En effet, si S est l'ensemble des éléments singuliers du groupe complet G, la décomposition $G = S^{\perp} \oplus S^{\perp\perp}$ répond à la question.

Il est clair que cette décomposition est unique et que les facteurs sont des groupes complets.

Les espaces vectoriels ordonnés dépassent le cadre de cet ouvrage. Ici il convient de faire une remarque à leur égard.

Soit K un sous-corps de $\mathbb{R}$. Un espace vectoriel ordonné sur K est un espace vectoriel V sur K muni d'une relation d'ordre qui en fait un groupe ordonné et qui est tel que $\alpha x \geq 0$ quels que soient $\alpha \in K_+$ et $x \in V_+$. Si, de plus, l'ordre sur V est réticulé, on parle d'espace vectoriel réticulé.

Tout groupe réticulé commutatif divisible est de manière canonique un espace vectoriel réticulé sur les rationnels. En effet, le groupe réticulé G étant sans torsion, G est un espace vectoriel rationnel, et si $x \geq 0$, alors $\frac{1}{n}x \geq 0$ pour tout entier positif n, donc $qx \geq 0$ pour tout rationnel positif q.

11.2.16. PROPOSITION. Tout groupe réticulé divisible et σ-complet est un espace vectoriel réticulé sur $\mathbb{R}$.

Pour $\alpha \in \mathbb{R}_+$ et $g \in G_+$, on définit $\alpha g = \bigvee_{0 \leq q \leq \alpha} qg$, où q parcourt les rationnels.

11.3. Complétion de Dedekind d'un groupe réticulé.

Le procédé de Dedekind pour la construction des nombres réels à partir des rationnels peut être utilisé pour compléter n'importe quel groupe réticulé archimédien. C'est ce que nous ferons explicitement dans cette section.

11.3.1. <u>DEFINITION</u>. Soit G un groupe réticulé. On appelle <u>complété de</u> G et on note: $\hat{G}$, tout groupe réticulé vérifiant les conditions suivantes:

1) $\hat{G}$ est complet;

2) G est un ℓ-sous-groupe de $\hat{G}$;

3) tout élément de $\hat{G}$ est la borne supérieure d'une famille d'éléments de G .

La condition 3) admet les conséquences suivantes: Premièrement, tout élément x de $\hat{G}$ majore un élément de G que l'on peut choisir strictement positif si x est strictement positif; par passage de x à x^{-1} , on démontre que tout élément x de $\hat{G}$ est aussi la borne inférieure d'une famille d'éléments de G et que, par suite, x est aussi majoré par un élément de G .

Pour qu'un groupe réticulé G possède un complété, il est nécessaire qu'il soit archimédien; car tout groupe réticulé complet est archimédien (11.2.2). Cette condition est aussi suffisante.

11.3.2. <u>THEOREME</u>. <u>Tout groupe réticulé archimédien</u> G <u>admet un complété</u> $\hat{G}$ <u>qui est unique à un isomorphisme près qui laisse</u> G <u>fixé</u>.

Pour la construction de $\hat{G}$ nous avons besoin de quelques notations: Soit M l'ensemble des parties non vides majorées et N l'ensemble des parties non vides minorées de G . On a deux opérateurs

$$U : M \to N \quad , \quad L : N \to M \quad ,$$

U(X) étant l'ensemble des majorants de X et L(Y) l'ensemble des minorants de Y . Pour $X \in M$, on note

$$X^* = LU(X) \quad .$$

Les propriétés suivantes, pour X et X_1 dans M , Y et Y_1 dans N , découlent immédiatement des définitions:

(1) $X \subset X_1 \Rightarrow U(X) \supset U(X_1)$,
$Y \subset Y_1 \Rightarrow L(Y) \supset L(Y_1)$;

(2) $X \subset X_1 \Rightarrow X^* \subset X_1^*$;

(3) $X \subset LU(X) = X^*$, $Y \subset UL(Y)$;

(4) $ULU(X) = U(X)$;

(5) $X^{**} = X^*$.

Soit $\hat{G}$ l'ensemble des parties de G de la forme X^* avec

$X \in M$. Ordonné par inclusion, $\hat{G}$ est un $\vee$-demi-treillis conditionnellement complet. $\hat{G}$ est en effet filtrant supérieurement; car si X et X_1 sont majorés par g et g_1 respectivement, $X \cup X_1$ est majoré par $g \vee g_1$, donc $(X \cup X_1)^*$ est un majorant pour X^* et X_1^* . Si, d'autre part, $(X_\lambda)_\lambda$ est une famille non vide de parties $X_\lambda \in M$ telle que $X_\lambda^* \subset X^*$ pour tout λ et un certain $X \in M$, alors

$$\sup_G X_\lambda^* = (\cup X_\lambda)^* \ ;$$

puisque $\cup X_\lambda$ est majoré par $U(X)$, on a en effet $(\cup X_\lambda)^* \in \hat{G}$, et pour $X_1 \in M$, on a: $X_\lambda^* \subset X_1^*$ pour tout λ si, et seulement si, $\cup X_\lambda \subset X_1^*$ si, et seulement si, $(\cup X_\lambda)^* \subset X_1^*$.

On définit une loi de composition dans $\hat{G}$ par

$$X^* \dot{+} X_1^* = (X+X_1)^* \quad \text{pour} \quad X, X_1 \in M \ .$$

(Si X et X_1 sont majorés par g et g_1 respectivement, $X+X_1$ est majoré par $g+g_1$; donc $(X+X_1)^*$ appartient effectivement à $\hat{G}$.)

Muni de cette loi de composition, $\hat{G}$ devient un groupe: L'associativité se vérifie facilement; $\{0\}^*$ devient élément neutre. Finalement, tout $X^* \in \hat{G}$ admet un inverse Y^* . En effet, X étant non vide et majoré, $-X$ est non vide et minoré; posons $Y = L(-X)$. On voit facilement que $X^* \dot{+} Y^* \subset \{0\}^*$; car si $x \in X$ et $y \in Y$, alors $y \leq -x$, donc $x+y \leq x-x = 0$, c'est-à-dire que $X+Y \subset L(\{0\}) = \{0\}^*$ d'où l'assertion. Pour démontrer l'égalité $X^* \dot{+} Y^* = \{0\}^*$, supposons par l'absurde qu'il existe un majorant $g \in G$ de $X+Y$ tel que $g<0$. Alors $x+y \leq g$ et, par suite, $y-g \leq -x$ pour tout $x \in X$ et tout $y \in Y = L(-X)$. Cela veut dire que $Y-g \subset L(-X) = Y$. Par récurrence, on obtient $Y-ng \subset Y$ pour tout entier naturel n . On en déduit que pour tout $x \in X$ et $y \in Y$, on a: $x+(y-ng) \leq g$ d'où $x+y < (n+1)g$ pour tout $n \in \mathbb{N}$. Puisque $g<0$, cela est absurde, G étant archimédien. (C'est seulement ici qu'on utilise cette hypothèse.)

Observons que l'addition dans $\hat{G}$ est isotone par rapport à la relation d'ordre; en effet, si $X_1^* \subset X_2^*$, alors $X^* \dot{+} X_1^* = (X+X_1)^* \subset$ $\subset (X+X_2)^* = X^* \dot{+} X_2^*$. Ainsi $\hat{G}$ est un groupe ordonné; étant ordonné en $\vee$-demi-treillis conditionnellement complet, $\hat{G}$ est donc un groupe réticulé complet.

Montrons que $\hat{G}$ est en effet un complété de G au sens de (11.3.1). Puisque $\{g\}^*$ n'est rien d'autre que l'ensemble des minorants de g , on peut identifier G à un sous-ensemble de $\hat{G}$: l'ensemble des $\{g\}^*$, $g \in G$. De cette manière, G devient un ℓ-sous-groupe de $\hat{G}$; en effet, $\{g\}^* \dot{+} \{g_1\}^* = \{g+g_1\}^*$ et $\sup_{\hat{G}} (\{g\}^*, \{g_1\}^*)$ $= \{g, g_1\}^* = \{g \vee g_1\}^*$. Finalement, tout élément de $\hat{G}$ est la borne supérieure d'éléments de G ; en effet, $X^* = \sup_{g \in X}\{g\}^*$.

Il reste à démontrer l'unicité du complété. Pour cela, soit G^* un autre groupe réticulé, complété de G . On peut définir une application $\phi : \hat{G} \to G^*$ par $\phi(X^*) = \sup_{G^*}(X)$ pour tout $X \in \mathcal{M}$. Cette application est un homomorphisme de groupes réticulés; car quels que soient $X, X_1 \in \mathcal{M}$, on a: $\phi(X^* \dot{+} X_1^*) = \phi((X+X_1)^*) = \sup_{G^*}(X+Y) = \sup_{G^*}(X) + \sup_{G^*}(Y) = \phi(X^*) + (X_1^*)$ et $\phi(X^* \vee \{0\}^*) = \phi((X \cup \{0\})^*) = \sup_{G^*}(X \cup \{0\}) = \sup_{G^*}(X) \vee 0 = \phi(X^*) \vee 0$. Elle est surjective, puisque tout élément du complété G^* est la borne supérieure d'une partie non vide majorée de G . Elle est injective; en effet, si X^* est strictement positif dans $\hat{G}$, il existe un élément strictement positif g dans G majoré par X^* , d'où $0 < g = \phi(g) \leq \phi(X^*)$. Donc ϕ est un isomorphisme de groupes réticulés. Cela achève la démonstration du théorème (11.3.2).

Nous examinons maintenant sous quelles conditions un groupe réticulé complet H est le complété de l'un de ses ℓ-sous-groupes G . Les deux proposition suivantes, qui sont évidentes, nous donnent des conditions nécessaires:

11.3.3. *PROPOSITION*. *Tout sous-groupe solide d'un groupe complet est complet*. $\hat{G}$ *est engendré par* G , *en tant que sous-groupe solide*.

Rappelons qu'un ℓ-sous-groupe G d'un groupe réticulé H est dit *dense* dans H , si tout élément strictement positif de H majore un élément strictement positif de G (7.6.5).

11.3.4. *PROPOSITION*. G *est dense dans* $\hat{G}$.

Soit G un ℓ-sous-groupe du groupe réticulé H . Les bornes supérieures infinies dans G ne sont pas nécessairement des bornes supérieures dans H : Soit par exemple $H = \mathbb{R}^{[0,1]}$ et $G = C([0,1])$ le ℓ-sous-groupe des fonctions réelles continues sur l'interval réel $[0,1]$. Soit $f_n(x) = \sqrt[n]{x}$ pour $x \in [0,1]$. Alors la borne supérieure dans G des f_n , $n \in \mathbb{N}$, est la fonction constante 1 ; dans H la borne supérieure des f_n est la fonction $f(0) = 0$, $f(x) = 1$ pour $x \neq 0$. Cela ne peut pas se produire si G est un sous-groupe dense de H (ou un sous-groupe large, comme nous le verrons dans (12.1.12)):

11.3.5. *LEMME*. *Soit* G *un* ℓ-*sous-groupe dense du groupe réticulé* H .

Alors toutes les bornes supérieures et inférieures qui existent dans G *existent également dans* H *et ont la même valeur.*

Nous ne considérerons que les bornes supérieures. Soit $x = \bigvee g_\lambda$ dans G, et supposons qu'il existe $y \in H$, qui majore tous les g_λ et qui ne majore pas x. Alors $x > x \wedge y$, et il existe $g \in G$, tel que $0 < g \leq x-(x \wedge y)$. Mais alors, pour tout λ, $x-g \geq x \wedge y \geq g_\lambda$, ce qui est absurde.

11.3.6. LEMME. *Soit* G *un* ℓ*-sous-groupe dense d'un groupe archimédien* H. *Alors tout élément* $x \geq 0$ *de* H *est la borne supérieure des éléments de* G *majorés par* x.

Soit M l'ensemble des $g \in G$ tels que $g \leq x$, et supposons la conclusion du lemme fausse. Alors il existe $y \in H$ majorant M tel que $y < x$. G étant dense, il existe $g_0 \in G$ tel que $0 < g_0 \leq x-y$. On en déduit que $g_0+g \leq g_0+y \leq x$ pour tout $g \in M$, c'est à dire que $g_0+M \subset M$. Par récurrence, on en déduit que $ng_0+M \subset M$ et, par suite que $ng_0+g \leq x$ pour tout $g \in M$ et tout entier naturel n. Par hypothèse, M contient au moins un élément g_1. Donc $ng_0 \leq x-g_1$ pour tout n, ce qui est absurde dans un groupe archimédien.

11.3.7. THEOREME. *Pour un* ℓ*-sous-groupe* G *d'un groupe réticulé complet* H, *les propriétés suivantes sont équivalentes:*

(i) H *est un complété de* G ;

(ii) *Tout élément strictement positif de* H *est compris entre deux éléments strictement positifs de* G ;

(iii) G *est dense dans* H *et engendre* H *en tant que sous-groupe solide;*

(iv) G *est dense dans* H, *et aucun* ℓ*-sous-groupe propre et complet de* H *ne contient* G.

En effet, (i) implique (ii) d'après la définition d'un complété. Il est évident que (ii) et (iii) sont équivalentes. (iii) implique (iv): Un ℓ-sous-groupe complet K de H qui contient G est forcément un sous-groupe solide. En effet, soit $0 \leq x \leq y$ avec $y \in K$. Puisque G est dense dans H, x est la borne supérieure des éléments de G majorés par x (cf. lemme 11.3.6). K étant complet, ces éléments ont aussi une borne supérieure dans K. Puisque K est dense dans H, cette borne supérieure est égale à x d'après le lemme

(11.3.5). Donc $x \in K$. Il est clair que (iv) implique (iii). Finalement, (iii) implique (i) en vertu du lemme (11.3.6).

11.3.8. COROLLAIRE. *Soit* G *un* ℓ-*sous-groupe dense d'un groupe réticulé complet* H . *Alors le sous-groupe solide de* H , *engendré par* G , *est un complété de* G .

Note du Chapitre 11

Des groupes archimédiens ont été les premiers groupes réticulés étudiés. Il s'agit des groupes de fonctions numériques ou d'opérateurs bornés, sujet qui dépasse largement le cadre de cet ouvrage. Notons seulement la célèbre conjecture de KRULL selon laquelle un groupe archimédien serait un produit sous-direct de groupes réels, émise dans les années 1930 et refutée vingt ans plus tard par JAFFARD [8]. La solution du problème de la représentation des groupes archimédiens n'a trouvé sa forme définitive qu'en 1962 et 1965 dans les travaux de PAPERT et BERNAU (voir Note du Chapitre 13).

L'attention des analystes s'est naturellement portée sur les groupes complets. Ainsi c'est RIESZ [1] qui a établi les importants Théorèmes (11.2.4) et (11.2.5). IWASAWA [1] le premier a étudié la structure d'un groupe complet, démontrant en particulier le (11.2.15). Malheureusement il a cru pouvoir démontrer que tout groupe singulier complet est un produit sous-direct de copies de $\mathbb{Z}$, erreur corrigée par CONRAD et McALISTER [1], qui ont également démontré le (11.3.7). La structure des groupes complets continue de susciter des recherches intéressantes, dont celles de JAKUBIK [17], [20], [21], [28]. Dans la ligne de la proposition (11.2.3) qui affirme que tout groupe σ-complet est projetable on notera le résultat récent de BERNAU [10] que la même conclusion peut être tirée pour tout groupe archimédien latéralement complet.

Il existe sur les espaces vectoriels réels réticulés archimédiens une littérature importante, dont beaucoup des résultats seraient à leur place ici, restant valables pour les groupes réticulés archimédiens en général. On pourrait consulter à ce sujet les ouvrages de VULIKH [2] et de LUXEMBOURG et ZAANEN [1]. Ces derniers démontrent, par exemple, dans ce cadre le théorème (11.1.10); l'extension aux groupes a été remarquée par BIGARD [3], [5], à qui on doit également les autres caractérisations des groupes archimédiens figurant dans ce paragraphe.

Le problème de la commutativité des groupes réticulés archimédiens, posé par BIRKHOFF dans son mémoire de 1942, fut résolu par OGASAWARA [2], mais sa démonstration est incommode: elle repose sur la possibilité de plonger un groupe archimédien, non supposé commutatif, dans un groupe complet. (C'est notre 11.3.2, théorème dont la paternité est difficile à déterminer; EVERETT et ULAM [1] semblent fournir la première démonstration vraiment rigoureuse.) La première démonstration directe est due à BERNAU [2]. Nous reproduisons celle de WOLFENSTEIN [6].

Les deux principaux procédés de complétion, ceux de DEDEKIND et de CAUCHY, donnent le même résultat quand on les applique aux nombres rationnels. Il en est tout autrement dans le cas général: les topologies ou les notions de convergence que l'on peut choisir ne sont pas aussi intimément liées à l'ordre du groupe. Les travaux de BANASCHEWSK [2], CONRAD [23], EVERETT [1], KENNY [1] sont consacrés à l'étude de complétions au sens de CAUCHY.

Chapitre 12.

ORTHOMORPHISMES ET f-ANNEAUX ARCHIMEDIENS

12.1. Endomorphismes d'un groupe réticulé commutatif.

Soit G un groupe réticulé commutatif. Soit $End(G)$ l'anneau des endomorphismes du groupe G. Si $f \in End(G)$, nous dirons que f est positif si f est croissant, c'est-à-dire si $f(G_+) \subset G_+$. On définit ainsi une relation d'ordre: Si f et $-f$ sont croissants, on a $f(G_+) \subset G_+ \cap -G_+ = 0$, $f(G_+) = 0$, donc $f(G) = f(G_+) - f(G_+) = 0$.

Nous dirons que $\varphi \in End(G)$ est un ℓ-orthomorphisme si $x \wedge y = 0$ implique $x \wedge \varphi(y) = 0$.

On voit que $x \wedge y = 0$ implique $\varphi(x) \wedge \varphi(y) = 0$, donc φ est un ℓ-endomorphisme (1.4.4). Si $n \geq 0$, l'application $x \mapsto nx$ est un ℓ-orthomorphisme. Dans un groupe totalement ordonné, tout endomorphisme croissant est un ℓ-orthomorphisme.

12.1.1. PROPOSITION. *Si φ est un endomorphisme croissant de G, les conditions suivantes sont équivalentes:*

1) *φ est un ℓ-orthomorphisme.*

2) *Pour toute polaire C de G, $\varphi(C) \subset C$.*

3) *Pour tout sous-groupe premier minimal P de G, $\varphi(P) \subset P$.*

1) est équivalent à 2): Si $0 \leq x \in C$ et $0 \leq y \in C^{\perp}$, on a $x \wedge y = 0$ donc $\varphi(x) \wedge y = 0$. Par suite, $\varphi(x) \in C^{\perp\perp} = C$. La réciproque est immédiate. 2) est équivalent à 3) car tout premier minimal est réunion de polaires et toute polaire est intersection de premiers minimaux.

Soit $Orth(G)$ le sous-groupe de $End(G)$ engendré par les ℓ-orthomorphismes. Les éléments de $Orth(G)$ sont appelés *orthomorphismes*.

12.1.2. <u>Si</u> $L(G)$ <u>désigne l'ensemble des ℓ-orthomorphismes, on a:</u> $Orth(G) = L(G)-L(G)$ <u>et</u> $L(G) = Orth(G)\cap End(G)_+$.

Pour prouver la première égalité il suffit de montrer que φ, $\psi\in L(G)$ entraîne $\varphi+\psi \in L(G)$. Si $x\wedge y = 0$, on a $x\wedge\varphi(y) = 0$ et $x\wedge\psi(y) = 0$, donc $x\wedge(\varphi(y)+\psi(y)) = 0$.

Prenons $\varphi,\psi \in L(G)$ et montrons que $\varphi-\psi \in End(G)_+$ implique $\varphi-\psi \in L(G)$. Si $x\wedge y = 0$, on a $\varphi(y),\psi(y) \in x^{\perp}$, donc $0 \leq (\varphi-\psi)(y) = \varphi(y)-\psi(y) \in x^{\perp}$. Finalement, $x\wedge(\varphi-\psi)(y) = 0$.

12.1.3. <u>PROPOSITION</u>. <u>Orth(G) est le plus grand sous-anneau filtrant de End(G) contenant l'identité I et tel que ses éléments positifs soient des ℓ-endomorphismes.</u>

Si $\varphi,\psi \in L(G)$ et $x\wedge y = 0$, on a $x\wedge\varphi(y) = 0$ et $x\wedge\psi\varphi(y) = 0$. Par suite, $\psi\varphi\in L(G)$. On en déduit aisément que $Orth(G)$ est un sous-anneau. Soit R un sous-anneau filtrant de $End(G)$ possédant les propriétés indiquées. Prenons $0\leq\varphi\in R$ et $x\wedge y = 0$. Alors

$$0 \leq x\wedge\varphi(y) \leq (\varphi+I)(x)\wedge(\varphi+I)(y) = 0 .$$

Par conséquent, $R = R_+-R_+ \subset Orth(G)$.

On notera que $Orth(G)$ est un sous-anneau convexe de $End(G)$. Appelons <u>projecteur</u> de G tout endomorphisme de G qui est la projection sur un ℓ-idéal facteur direct. On a:

12.1.4. <u>PROPOSITION</u>. <u>Les projecteurs sont les orthomorphismes idempotents compris entre</u> 0 <u>et</u> I .

Il est clair que tout projecteur est compris entre 0 et I . Par convexité, on en déduit que c'est un orthomorphisme. Inversement, soit ε un orthomorphisme tel que $\varepsilon^2 = \varepsilon$ et $0\leq\varepsilon\leq I$. Alors $(I-\varepsilon)G = Ker(\varepsilon)$ et $\varepsilon(G) = Ker(I-\varepsilon)$ sont des ℓ-idéaux. Si $x \in Ker(\varepsilon)\cap Ker(I-\varepsilon)$, on a $x = \varepsilon(x)+(I-\varepsilon)(x) = 0$. De plus, $G = \varepsilon(G)+(I-\varepsilon)(G)$. Ainsi, $\varepsilon(G)$ est facteur direct et ε est la projection sur $\varepsilon(G)$.

12.1.5. <u>PROPOSITION</u>. <u>Soit</u> J <u>un ℓ-idéal de</u> G <u>et</u> φ <u>un orthomorphisme. Si</u> J <u>est stable par</u> φ , φ <u>induit un orthomorphisme</u> $\bar{\varphi}$ <u>de</u> G/J .

On peut se limiter au cas où φ est un ℓ-orthomorphisme. Posons $\bar{\varphi}(x+J) = \varphi(x)+J$. Ceci est cohérent car $x+J = z+J$ implique $\varphi(x)-\varphi(z) = \varphi(x-z) \in J$, donc $\varphi(x)+J = \varphi(z)+J$. Si $(x+J)\wedge(y+J) = J$, écrivons $x = (x\wedge y)+u$ et $y = (x\wedge y)+v$. Comme $u\wedge v = 0$, $u\wedge\varphi(v) = 0$, donc $(x+J)\wedge\bar{\varphi}(y+J) = (u+J)\wedge\bar{\varphi}(v+J) = (u+J)\wedge(\varphi(v)+J) = J$.

12.1.6. LEMME. *Soit* M *une valeur de* a *et soit* M^* *le* ℓ-*idéal qui le couvre. Si* φ *est un* ℓ-*orthomorphisme tel que* $\varphi(a)\in M^*$, *alors* M *et* M^* *sont stables par* φ .

Soit P un premier minimal contenu dans M . Comme P est stable par φ la proposition précédente montre que φ induit un ℓ-orthomorphisme de G/P . Par conséquent, il n'est pas restrictif de supposer G totalement ordonné. Alors $C(a) = M^*$, donc il existe un n avec $\varphi(a) \le na$. Si $0 \le z \in M^* = C(a)$, il existe un m avec $z\le ma$, donc $0 \le \varphi(z) \le m\varphi(a) \le mna$. Ainsi $\varphi(z) \in M^*$. Prenons $0\le x\in M$. Si $\varphi(x)\notin M$, alors $M^* = C(\varphi(x))$. Il existe un m tel que $\varphi(a) < m\varphi(x) = \varphi(mx)$. Comme $mx<a$, on a une contradiction.

12.1.7. PROPOSITION. *Un* ℓ-*idéal maximal est stable par tout orthomorphisme*.

Ceci est une conséquence immédiate du lemme.

12.1.8. PROPOSITION. *Si* $0 \le \varphi \in End(G)$, *les propriétés suivantes sont équivalentes*:

1) *Pour tout* $x\ge 0$, *il existe un* n *tel que* $\varphi(x) \le nx$.

2) *Pour tout* $C\in\mathcal{C}(G)$, *on a* $\varphi(C) \subset C$.

3) *Pour tout sous-groupe premier* P , $\varphi(P) \subset P$.

La vérification est laissée au lecteur. On appelle ℓ-*contracteur* tout endomorphisme φ qui satisfait à ces propriétés. On dit qu'un ℓ-contracteur φ est *homogène* s'il existe un n tel que $\varphi(x) \le nx$ pour tout $x\ge 0$. On appelle *contracteur* (resp. *contracteur homogène*) tout endomorphisme qui est différence de deux ℓ-contracteurs (resp. de deux ℓ-contracteurs homogènes). La proposition suivante est pratiquement évidente:

12.1.9. PROPOSITION. *Les contracteurs (resp. les contracteurs homogènes) constituent un sous-anneau convexe filtrant de* $Orth(G)$.

12.1.10. PROPOSITION. Tout ℓ-contracteur homogène conserve les bornes supérieures et inférieures qui existent dans G.

Supposons que $0 \leq \varphi(x) \leq nx$ pour tout $x \geq 0$. Si $\bigwedge_{i \in I} x_i = 0$, on a $0 = n \bigwedge_{i \in I} x_i = \bigwedge_{i_1,\ldots,i_n \in I} (x_{i_1} + \ldots + x_{i_n})$. Si $0 \leq z \leq \varphi(x_i)$ pour tout i, il vient $nz \leq \varphi(x_{i_1}) + \ldots + \varphi(x_{i_n}) \leq nx_{i_1} + \ldots + nx_{i_n} =$ $= n(x_{i_1} + \ldots + x_{i_n})$, donc $z \leq x_{i_1} + \ldots + x_{i_n}$, quels que soient $i_1,\ldots,i_n$. On a donc $z=0$.

12.1.11. COROLLAIRE. Dans un groupe réticulé commutatif, si $\bigvee_{i \in I} x_i$ existe, $\bigvee_{i \in I} nx_i = n \bigvee_{i \in I} x_i$ pour tout $n \geq 0$.

12.1.12. COROLLAIRE. Soit H commutatif et extension essentielle de G. Si x est la borne supérieure des x_i dans G, alors x est la borne supérieure des x_i dans H.

En effet, supposons que 0 est la borne inférieure des x_i ($i \in I$) dans G. S'il existe $0 < z \in H$ tel que $z \leq x_i$ pour tout i, on a $C(z) \neq 0$, donc $C(z) \cap G \neq 0$. Prenons $0 < g \in C(z) \cap G$. Il existe un n tel que $g \leq nz \leq nx_i$. Comme $\bigwedge_{i \in I} nx_i = 0$, on en déduit $g=0$ ce qui est contradictoire.

Ce résultat a été généralisé au cas non commutatif par BLEIER et CONRAD [2].

12.2. Orthomorphismes d'un groupe archimédien.

Nous allons d'abord caractériser les orthomorphismes d'un groupe archimédien totalement ordonné G. D'après le théorème de Hölder, G est isomorphe à un sous-groupe de $\mathbb{R}$, auquel nous allons l'identifier. Soit $0 \leq r \in \mathbb{R}$. L'homothétie $x \mapsto rx$ est un homomorphisme croissant. Inversement:

12.2.1. THEOREME. Si $G \subset \mathbb{R}$, tout homomorphisme croissant de G dans $\mathbb{R}$ est une homothétie. Par suite, $\mathrm{Orth}(G)$ est un anneau réel.

Soit φ un homomorphisme croissant. Comme $\mathrm{Ker}(\varphi)$ est un sous-groupe convexe, on a $\mathrm{Ker}(\varphi) = G$ ou $\mathrm{Ker}(\varphi) = 0$. Dans le premier cas, la propriété est triviale. Supposons donc φ injectif. Fixons $0 < a_o \in G$. On a $\varphi(a_o) > 0$ et $r = \frac{\varphi(a_o)}{a_o} > 0$. Si $0<a\in G$, supposons $\frac{\varphi(a)}{a} \neq r$, par exemple $\frac{\varphi(a)}{a} < r$. Alors $\frac{\varphi(a)}{\varphi(a_o)} < \frac{a}{a_o}$. Prenons un rationnel $\frac{m}{n}$ tel que $\frac{\varphi(a)}{\varphi(a_o)} < \frac{m}{n} < \frac{a}{a_o}$ $(m,n>0)$. Il vient $ma_o < na$ et $m\varphi(a_o) > n\varphi(a)$, ce qui contredit le fait que φ est croissante. On a donc $\varphi(a) = ra$ pour tout $a\in G$.

On voit que $\mathrm{Orth}(G)$ s'identifie avec un sous-anneau de $\mathbb{R}$.

12.2.2. THEOREME. Si G est un groupe réticulé archimédien, $\mathrm{Orth}(G)$ est un f-anneau archimédien unitaire et on a:

$$(\varphi\vee\psi)(x) = \varphi(x)\vee\psi(x) \quad \text{et} \quad (\varphi\wedge\psi)(x) = \varphi(x)\wedge\psi(x) \quad \text{pour tout } x\geq 0 .$$

Soient $0 \leq \varphi,\psi \in \mathrm{Orth}(G)$. Pour $x\geq 0$, définissons $(\varphi\vee\psi)(x) = \varphi(x)\vee\psi(x)$. Nous allons montrer d'abord que pour $a,b\geq 0$, on a:

$$(\varphi\vee\psi)(a+b) = (\varphi\vee\psi)(a)+(\varphi\vee\psi)(b) .$$

Soit $(M_i)_{i\in I}$ l'ensemble des valeurs de a telles que $b\vee\varphi(a)\vee\psi(a) \in M_i^*$. Par (12.1.6), M_i^* et M_i sont stables par φ et ψ. Par suite, φ (resp. ψ) induit un orthomorphisme φ_i (resp. ψ_i) de M_i^*/M_i. Identifions M_i^*/M_i à un sous-groupe de $\mathbb{R}$. Alors φ_i (resp. ψ_i) s'identifie à une homothètie de rapport r_i (resp. s_i). Si on note x_i l'image de $x\in M_i^*$ dans M_i^*/M_i, on a:

$$\begin{aligned}
(\varphi_i\vee\psi_i)(a_i+b_i) &= \varphi_i(a_i+b_i)\vee\psi_i(a_i+b_i)\\
&= r_i(a_i+b_i)\vee s_i(a_i+b_i)\\
&= (r_i\vee s_i)(a_i+b_i)\\
&= (r_i\vee s_i)a_i+(r_i\vee s_i)b_i\\
&= (\varphi_i\vee\psi_i)(a_i)+(\varphi_i\vee\psi_i)(b_i) .
\end{aligned}$$

Ceci prouve que $(\varphi\vee\psi)(a+b)-(\varphi\vee\psi)(a)-(\varphi\vee\psi)(b) \in \bigcap_{i\in I} M_i = a^{\perp}$, d'après (11.1.4). Comme $a^{\perp\perp}$ est stable par tout orthomorphisme, φ (resp. ψ) induit un orthomorphisme φ_o (resp. ψ_o) de $G/a^{\perp\perp}$. En notant x_o l'image de x dans $G/a^{\perp\perp}$, on a:

$$(\varphi_o\vee\psi_o)(a_o+b_o) = \varphi_o(a_o+b_o)\vee\psi_o(a_o+b_o)$$

$$= \varphi_o(b_o) \vee \psi_o(b_o)$$
$$= (\varphi_o \vee \psi_o)(b_o)$$
$$= (\varphi_o \vee \psi_o)(b_o) + (\varphi_o \vee \psi_o)(a_o) .$$

On a donc $(\varphi\vee\psi)(a+b)-(\varphi\vee\psi)(a)-(\varphi\vee\psi)(b) \in a^{\perp\perp} \cap a^{\perp} = 0$, d'où l'égalité annoncée. Maintenant, définissons pour tout $x \in G$:

$$(\varphi\vee\psi)(x) = (\varphi\vee\psi)(x_+) - (\varphi\vee\psi)(x_-) .$$

On vérifie immédiatement que $\varphi\vee\psi \in \mathrm{End}(G)$. Si $x \wedge y = 0$, il vient: $x\wedge(\varphi\vee\psi)(y) = x\wedge(\varphi(y)\vee\psi(y)) = (x\wedge\varphi(y))\vee(x\wedge\psi(y)) = 0$. On voit que $\varphi\vee\psi \in \mathrm{Orth}(G)$. En appliquant (1.2.11), on en déduit que Orth(G) es un groupe réticulé dans lequel, pour tout $x \geq 0$, $(\varphi\vee\psi)(x) = \varphi(x)\vee\psi(x)$ et $(\varphi\wedge\psi)(x) = \varphi(x)\wedge\psi(x)$. Pour montrer que Orth(G) est un f-anneau supposons $\varphi\wedge\psi = 0$, $\tau \geq 0$. Pour tout $x \geq 0$, $\varphi(x)\wedge\psi(x) = 0$, donc $\varphi(x)\wedge\tau\psi(x) = 0$ et $0 \leq \varphi(x)\wedge\psi(\tau x) \leq \varphi(x\vee\tau x)\wedge\psi(x\vee\tau x) = 0$. Par suite, $\varphi\wedge\tau\psi = \varphi\wedge\psi\tau = 0$. On vérifie aisement que Orth(G) est archimédien.

La démonstration du théorème précédent devient très simple si on utilise la représentation d'un groupe archimédien et de ses orthomorphismes par des fonctions numériques continues "presque finies" établi dans le chapitre 13 (cf. en particulier 13.3.1). Nous avons préféré donner ici une démonstration directe.

12.2.3. COROLLAIRE. Dans un groupe archimédien, les projecteurs sont les orthomorphismes idempotents.

En effet, les idempotents d'un f-anneau sont compris entre 0 e I d'après (9.4.17). Il suffit donc d'appliquer (12.1.4).

12.2.4. COROLLAIRE. Dans un groupe archimédien, les contracteurs (resp les contracteurs homogènes) constituent un sous-f-anneau convexe de Orth(G) .

12.2.5. PROPOSITION. Dans un groupe archimédien, tout ℓ-orthomorphisme est borne supérieure de contracteurs homogènes.

Soit A l'anneau des contracteurs homogènes. Montrons que $A^{\perp\perp} = \mathrm{Orth}(G)$. Si $0 \leq \varphi \in A^{\perp}$, on a $\varphi\wedge I = 0$. Pour tout $x \geq 0$, $\varphi(x)\wedge x = 0$, donc $\varphi(x)\wedge\varphi(x) = 0$, et par suite $\varphi = 0$. Il suffit maintenant d'appliquer (11.1.6).

12.2.6. LEMME. Si $\varphi \in Orth(G)$, $Ker(\varphi) = Ker(\varphi_+) \cap Ker(\varphi_-)$.

Si $x \in Ker(\varphi_+) \cap Ker(\varphi_-)$, on a $\varphi(x) = \varphi_+(x) - \varphi_-(x) = 0$, donc $x \in Ker(\varphi)$. Réciproquement, supposons $\varphi(x) = 0$. Alors $\varphi(x_+) = = \varphi(x_-) \in (x_+)^{\perp\perp} \cap (x_+)^{\perp} = 0$. On a donc: $\varphi_+(x) = \varphi_+(x_+) - \varphi_+(x) = = (\varphi(x_+) \vee 0) - (\varphi(x_-) \vee 0) = 0$. De même, $\varphi_-(x) = 0$.

12.2.7. THEOREME. Si φ est un orthomorphisme d'un groupe archimédien, on a $Ker(\varphi) = \varphi(G)^{\perp}$.

Supposons d'abord $\varphi \geq 0$. Soient $0 \leq c \in Ker(\varphi)$ et $\varphi(a) \in \varphi(G)$ avec $a \geq 0$. Posons $b = c \wedge \varphi(a)$. Si n est un entier positif, on peut écrire: $nb = (nb \wedge a) + u$ et $a = (nb \wedge a) + v$, avec $u \wedge v = 0$. On a:

$$b \leq \varphi(a) = \varphi(nb \wedge a) + \varphi(v) = \varphi(v) \in v^{\perp\perp} .$$

Comme $u \leq nb$, il en résulte que $u \in v^{\perp\perp}$. Mais $u \in v^{\perp}$, donc $u=0$. Par suite, on a $nb \leq a$, pour tout n , d'où $b=0$. On a ainsi établi que $Ker(\varphi) \subset \varphi(G)^{\perp}$. Dans le cas général, si $x \in Ker(\varphi) = = Ker(\varphi_+) \cap Ker(\varphi_-)$, on a pour tout y , $\varphi_+(y) \in x^{\perp}$ et $\varphi_-(y) \in x^{\perp}$, d'où $\varphi(y) = \varphi_+(y) - \varphi_-(y) \in x^{\perp}$. Ceci montre que $x \in \varphi(G)^{\perp}$. Inversement, si $x \in \varphi(G)^{\perp}$, il vient $\varphi(x) \in x^{\perp}$. Mais $\varphi(x) \in x^{\perp\perp}$, donc $\varphi(x) = 0$, et par conséquent $x \in Ker(\varphi)$.

12.2.8. COROLLAIRE. Un orthomorphisme φ est injectif si et seulement si $\varphi(G)^{\perp\perp} = G$. En particulier, tout orthomorphisme surjectif est un automorphisme.

12.2.9. COROLLAIRE. Si deux orthomorphismes coïncident sur une partie A vérifiant $A^{\perp\perp} = G$, ils sont égaux.

En effet, soient φ et ψ ces deux orthomorphismes. On a $A \subset Ker(\varphi - \psi)$. Comme $Ker(\varphi - \psi)$ est une polaire, $G = A^{\perp\perp} \subset Ker(\varphi - \psi)$.

En particulier, si G admet une base, ou une unité faible (voir 12.3.19), un orthomorphisme est déterminé par les valeurs qu'il prend sur cette base, ou sur cette unité faible.

12.2.10. COROLLAIRE. Dans un groupe archimédien, tout ℓ-orthomorphisme conserve les bornes supérieures et les bornes inférieures qui existent.

Comme $Ker(\varphi)$ est fermé, l'homomorphisme φ de G sur $\varphi(G)$

conserve les bornes supérieures et inférieures (6.1.5). Il suffit maintenant de montrer que l'injection canonique de $\varphi(G)$ dans $\varphi(G)^{\perp\perp}$ conserve les sup et les inf (car $\varphi(G)^{\perp\perp}$ est un ℓ-idéal). D'après (12.1.12), il suffit de monter que $\varphi(G)$ est large dans $\varphi(G)^{\perp\perp}$.

Soit $0 < z \in \varphi(G)^{\perp\perp}$. On a $z \notin \varphi(G)^{\perp} = \mathrm{Ker}(\varphi)$. Par suite, il vient: $0 < \varphi(z) \in z^{\perp\perp} \cap \varphi(G)$. On conclut en appliquant (11.1.15).

12.2.11. PROPOSITION. Si φ et ψ sont deux ℓ-orthomorphismes, on a: $\mathrm{Ker}(\varphi \vee \psi) = \mathrm{Ker}(\varphi) \cap \mathrm{Ker}(\psi)$; $\mathrm{Ker}(\varphi \wedge \psi) = \mathrm{Ker}(\varphi\psi) = \mathrm{Ker}(\varphi) \vee \mathrm{Ker}(\psi)$. (Ce dernier $\vee$ est pris dans l'algèbre de Boole des polaires.)

En effet, $0 \leq x \in \mathrm{Ker}(\varphi \vee \psi)$ équivaut à $\varphi(x) \vee \psi(x) = 0$, donc à $\varphi(x) = \psi(x) = 0$, d'où la première égalité.

Montrons que $\mathrm{Ker}(\varphi \wedge \psi) \subset \mathrm{Ker}(\varphi) \vee \mathrm{Ker}(\psi)$. Soient $0 \leq x \in \mathrm{Ker}(\varphi \wedge \psi)$ et $0 \leq z \in (\mathrm{Ker}\ \varphi)^{\perp} \cap (\mathrm{Ker}\ \psi)^{\perp}$. Pour tous $a, b \geq 0$, on a:

$$x \wedge \varphi(a) \wedge \psi(b) \leq x \wedge \varphi(a \vee b) \wedge \psi(a \vee b) = 0 , \quad \text{car} \quad x \in (\varphi \wedge \psi)(G)^{\perp} .$$

Donc on a $x \wedge \varphi(a) \wedge \psi(b) = 0$. Il en résulte que $x \wedge \varphi(a) \in \psi(G)^{\perp} = \mathrm{Ker}\ \psi$, donc $x \wedge \varphi(a) \wedge z = 0$. On en déduit $x \wedge z \in \varphi(G)^{\perp} = \mathrm{Ker}\ \varphi$, donc $x \wedge z = 0$. On voit que $x \in ((\mathrm{Ker}\ \varphi)^{\perp} \cap (\mathrm{Ker}\ \psi)^{\perp})^{\perp} = \mathrm{Ker}\ \varphi \vee \mathrm{Ker}\ \psi$

Il est clair que $\mathrm{Ker}\ \psi \subset \mathrm{Ker}(\varphi\psi)$. On a aussi $\mathrm{Ker}\ \varphi \subset \mathrm{Ker}(\varphi\psi)$ En effet, si $x \in \mathrm{Ker}\ \varphi$, $\psi(x) \in \mathrm{Ker}\ \varphi$, car $\mathrm{Ker}\ \varphi$ est une polaire On a donc $\mathrm{Ker}\ \varphi \vee \mathrm{Ker}\ \psi \subset \mathrm{Ker}(\varphi\psi)$.

Finalement, $\varphi\psi(x) = 0$ implique $\psi(x) \in \mathrm{Ker}\ \varphi = \varphi(G)^{\perp}$, donc $\psi(x) \wedge \varphi(x) = 0$. Ainsi, $\mathrm{Ker}\ \varphi\psi \subset \mathrm{Ker}(\varphi \wedge \psi)$, ce qui achève la démonstration.

Supposons maintenant que G soit la somme directe d'une famille $(G_\lambda)_{\lambda \in \Lambda}$ de ℓ-idéaux. Pour tout $\varphi \in \mathrm{Orth}(G)$, la restriction φ_λ de φ à G_λ est un orthomorphisme de G_λ. L'application $\varphi \mapsto (\varphi_\lambda)_\lambda$ est un homomorphisme de f-anneaux de $\mathrm{Orth}(G)$ dans $\prod_{\lambda \in \Lambda} \mathrm{Orth}(G_\lambda)$. Il est évidemment injectif. Pour montrer qu'il est surjectif, prenons $(\varphi_\lambda)_\lambda$ dans $\prod_\lambda \mathrm{Orth}(G_\lambda)$. On peut poser $\varphi((a_\lambda)_\lambda) = (\varphi_\lambda(a_\lambda))_\lambda$. Il est clair que φ est un orthomorphisme de G dont la restriction à G_λ est φ_λ.

De la même facon, si G est le produit direct des G_λ, on peut montrer que $\mathrm{Orth}(G)$ est isomorphe à $\prod_{\lambda \in \Lambda} \mathrm{Orth}(G_\lambda)$. Par conséquent:

12.2.12. PROPOSITION. Si les G_λ sont des groupes archimédiens, on a:

$$\mathrm{Orth}(\prod_{\lambda\in\Lambda}^{*} G_\lambda) = \mathrm{Orth}(\prod_{\lambda\in\Lambda} G_\lambda) = \prod_{\lambda\in\Lambda} \mathrm{Orth}(G_\lambda) \quad .$$

Un grand nombre de propriétés de G sont héritées par Orth(G) . Nous en rassemblons quelques unes dans la proposition suivante:

12.2.13. PROPOSITION. Les propriétés suivantes sont vérifiées par Orth(G) si elles sont vérifiées par G : (i) basique, (ii) projetable, (iii) complet, (iv) produit sous-direct de groupes réels.

(i) Si $(a_\lambda)_{\lambda\in\Lambda}$ est une base de G , chaque $a_\lambda^{\perp\perp}$ est facteur direct (11.1.2). Si π_λ est la projection sur $a_\lambda^{\perp\perp}$, on voit facilement que les π_λ forment une base de Orth(G) .

(ii) se vérifie sans aucune difficulté. Pour démontrer (iii), on remarque que Orth(G) est un ℓ-idéal du groupe des endomorphismes bornés, qui est complet si G est complet (11.2.6).

Pour démontrer (iv), supposons qu'il existe une famille $(M_\lambda)_{\lambda\in\Lambda}$ de ℓ-idéaux maximaux telle que $\bigcap_\lambda M_\lambda = 0$. Comme chaque M_λ est stable pour un orthomorphisme φ (12.1.7), φ induit un orthomorphisme φ_λ de G/M_λ . L'application $\varphi \mapsto (\varphi_\lambda)_\lambda$ est un homomorphisme injectif de Orth(G) dans $\prod_{\lambda\in\Lambda} \mathrm{Orth}(G/M_\lambda)$. Mais chaque $\mathrm{Orth}(G_\lambda)$ est un anneau réel (12.2.1).

12.2.14. PROPOSITION. Soient G un groupe archimédien, A l'anneau des contracteurs de G et Γ l'ensemble des sous-groupes réguliers de G . Il existe un homomorphisme injectif de A dans $\mathbb{R}^\Gamma$.

Pour tout $M\in\Gamma$, identifions M^*/M avec un sous-groupe de $\mathbb{R}$. Si φ est un contracteur, M^* et M sont stables par φ , donc φ induit un contracteur de M^*/M qui est nécessairement une homothétie. Soit $\tau_M(\varphi)$ le rapport de cette homothétie. Il est clair que l'application $\varphi \mapsto (\tau_M(\varphi))_M$ est un homomorphisme de A dans $\mathbb{R}^\Gamma$. Montrons qu'il est injectif. Si $\varphi\neq 0$, il existe un a tel que $\varphi(a) \neq 0$, donc $\varphi(a) \notin a^\perp$. Comme $a^\perp$ est l'intersection des valeurs de a (11.1.4), il existe une valeur M de a telle que $\varphi(a)\notin M$. Par suite, $\tau_M(\varphi) \neq 0$.

Nous avons ainsi un théorème de représentation pour les contracteurs. Nous verrons au Chapitre 13 comment représenter tous les orthomorphismes.

12.3. f-Anneaux archimédiens.

Soit A un f-anneau archimédien. Pour tout élément a de A, l'homothétie à gauche $\lambda_a : x \mapsto ax$ est un orthomorphisme du groupe réticulé additif sous-jacent de A . Nous utiliserons les résultats sur les orthomorphismes pour démontrer les propriétés remarquables des f-anneaux archimédiens.

D'après le théorème de Hölder (2.6.3), tout groupe totalement ordonné archimédien est un groupe réel. Un résultat semblable peut être démontré pour les anneaux:

12.3.1. THEOREME. *Soit A un anneau totalement ordonné archimédien. Si A n'est pas réduit, on a $A^2 = \{0\}$. Si A est réduit, il y a un isomorphisme croissant unique de A sur un sous-anneau de $\mathbb{R}$.*

Si A n'est pas réduit, l'ensemble $\ell_2(A) = \{a \in A \mid a^2 = 0\}$ est un idéal convexe non nul de A, d'où $\ell_2(A) = A$. D'après (9.2.2), on conclut $A^2 = \{0\}$. Maintenant soit A réduit. En associant à tout élément a l'homothétie λ_a , on obtient un homomorphisme croissant injectif de l'anneau A dans Orth(A) . Puisque Orth(A) est un anneau réel d'après (12.2.1), il en est de même de A . Pour démontrer l'unicité, considérons un homomorphisme croissant $\varphi \neq 0$ d'un sous-anneau A de $\mathbb{R}$ dans $\mathbb{R}$. D'après (12.2.1), il y a un nombre réel r tel que $\varphi(a) = ra$ pour tout $a \in A$. En particulier, $r^2a^2 = \varphi(a)^2 = \varphi(a^2) = ra^2$, d'où $r=1$ ce qui achève la démonstration.

Dans (11.1.3) nous avons démontré la commutativité d'un groupe réticulé archimédien. Démontrons maintenant:

12.3.2. THEOREME. *Tout f-anneau archimédien est commutatif.*

En effet, soit $a \in A$. L'homothétie à gauche λ_a ainsi que l'homothétie à droite $\rho_a : x \mapsto xa$ s'annulent sur $a^\perp$ et $\lambda_a(a) = a^2 = \rho_a(a)$. Les orthomorphismes λ_a et ρ_a coincident donc sur $M = \{a\} \cup a^\perp$. Puisque $M^{\perp\perp} = A$, le corollaire (12.2.9) montre que $\lambda_a = \rho_a$, d'où la commutativité de A .

12.3.3. COROLLAIRE. *Les orthomorphismes d'un groupe réticulé archimédien commutent.*

En effet, les orthomorphismes d'un groupe réticulé archimédien forment un f-anneau archimédien d'après (12.2.2).

12.3.4. COROLLAIRE. Pour tout élément a et tout orthomorphisme φ d'un f-anneau archimédien A, on a $\varphi\lambda_a = \lambda_{\varphi(a)}$.

En effet, quel que soit $b \in A$, on a: $(\varphi\lambda_a)(b) = \varphi(ab) = \varphi(ba) = (\varphi\lambda_b)(a) = (\lambda_b\varphi)(a) = b\varphi(a) = \varphi(a)b = \lambda_{\varphi(a)}(b)$, d'où l'égalité voulue.

12.3.5. LEMME. Tout élément nilpotent d'un f-anneau archimédien A est un annulateur.

En effet, si a est nilpotent, alors $a^2 \ll a$, donc $a^2 = 0$. Mais alors λ_a annule l'ensemble $M = \{a\} \cup a^\perp$. Puisque $M^{\perp\perp} = A$, le corollaire (12.2.9) montre que $\lambda_a = 0$.

12.3.6. PROPOSITION. Pour un ℓ-idéal $\mathfrak{a}$ d'un f-anneau archimédien A, les conditions suivantes sont équivalentes:

(i) $\mathfrak{a}$ annule A.

(ii) Tout élément de $\mathfrak{a}$ est nilpotent.

(iii) $\mathfrak{a}$ est un ℓ-idéal infinitésimal.

Il est clair que (i) implique (ii) et (iii). D'après le lemme précédent, (ii) implique (i). Finalement, (iii) implique (ii) puisqu'on a $x^2 \ll |x|$ pour tout élément x d'un f-anneau infinitésimal d'après (9.4.4).

12.3.7. COROLLAIRE. Tout f-anneau archimédien infinitésimal est un zéro-anneau.

12.3.8. THEOREME. Pour un f-anneau archimédien A, les conditions suivantes sont équivalentes:

(i) A est réduit.

(ii) A est S-semi-simple.

(iii) A possède localement des éléments dominants.

(iv) $a \mapsto \lambda_a$ est un homomorphisme injectif du f-anneau A dans $\mathrm{Orth}(A)$.

(v) A peut être plongé dans un f-anneau archimédien unitaire comme *ℓ-sous-anneau large*.

Remarquons que tout f-anneau archimédien peut être plongé dans un f-anneau unitaire suivant (9.7). Mais l'extension unitaire ne peut être archimédienne que si A est réduit.

La condition (i) du théorème implique (iv): On vérifie en effet facilement que dans un f-anneau archimédien quelconque A, l'application λ qui à tout élément a de A associe l'homothétie λ_a est un homomorphisme du f-anneau A dans Orth(A). Si A est réduit, on a $\lambda_a \neq 0$ pour tout $a \neq 0$. Donc λ est injectif. (iv) implique (v): Puisque Orth(A) est un f-anneau archimédien unitaire, il suffit de montrer que $\{\lambda_a | a \in A\}$ est large dans Orth(A). Soit φ un orthomorphisme positif non nul. Il existe $a \in A$ tel que $\varphi(a) \neq 0$. Puisque Orth(A) est un f-anneau, on a $\varphi\lambda_a \in \varphi^{\perp\perp}$; or, $\varphi\lambda_a = \lambda_{\varphi(a)}$ d'après (12.3.4); donc $\lambda_{\varphi(a)} \in \varphi^{\perp\perp}$. D'après (11.1.15), cela implique que $\{\lambda_a | a \in A\}$ est large dans Orth(A).

Un f-anneau archimédien unitaire n'admet pas d'annulateur, donc pas d'élément nilpotent non nul d'après (12.3.5), ce qui montre que (v) implique (i).

Dans n'importe quel f-anneau. (ii) implique (i) et (iii). Si A est réduit, alors A n'admet pas de ℓ-idéal infinitésimal d'après (12.3.6); donc A est S-semi-simple d'après (9.6.3). Ainsi (i) implique (ii). Finalement, (iii) implique (ii). En effet, A étant archimédien, il ne peut pas y avoir de ℓ-idéal non nul majoré dans A. Donc A est S-semi-simple d'après (9.6.3).

12.3.9. COROLLAIRE. *Tout f-anneau archimédien unitaire est réduit*.

Cela résulte immédiatement de l'équivalence de (v) et (i).

12.3.10. COROLLAIRE. *Aucun orthomorphisme non nul d'un groupe réticulé archimédien n'est nilpotent*.

En effet, Orth(G) est un f-anneau archimédien unitaire.

12.3.11. THEOREME. *Les éléments nilpotents d'un f-anneau archimédien A forment une polaire d qui annule A. De plus, A/d est S-semi-simple et $A/d^{\perp}$ un zéro-f-anneau archimédien*.

En effet, soit d la polaire de A qui est l'intersection de tous les ℓ-idéaux dominés de A (cf. 9.5.7). D'après (11.1.9), A/d est archimédien; puisque A/d possède localement des éléments dominants, A/d est S-semi-simple d'après (12.3.8). Puisque d est infinitésimal, d annule A d'après (12.3.6). D'autre part, tout élément nilpotent de A est contenu dans d puisque A/d est S-semi-simple. De plus, $A/d^{\perp}$ est infinitésimal d'après (9.5.7), donc un zéro-anneau d'après (12.3.7).

12.3.12. THEOREME. Tout orthomorphisme d'un f-anneau archimédien unitaire est une homothétie.

En effet, soit e l'élément unité de A et φ un orthomorphisme du groupe réticulé archimédien sous-jacent de A . Alors $\varphi = \varphi\lambda_e = \lambda_{\varphi(e)}$ d'après (12.3.4).

12.3.13. COROLLAIRE. Un f-anneau archimédien A est isomorphe à Orth(A) si, et seulement si, A est unitaire.

En effet, Orth(A) est toujours unitaire. Si réciproquement A est unitaire, alors $\lambda : A \to \mathrm{Orth}(A)$ est un isomorphisme de f-anneaux d'après (12.3.8) et le théorème précédent.

12.3.14. COROLLAIRE. Deux f-anneaux archimédiens unitaires, dont les groupes réticulés sous-jacents sont isomorphes, sont des f-anneaux isomorphes.

En effet, un f-anneau archimédien unitaire A est isomorphe à Orth(A) et la multiplication de A n'intervient pas dans la définition de Orth(A).

De ces derniers résultats on peut déduire le critère suivant: Un groupe réticulé archimédien A peut être muni d'une multiplication qui en fait un f-anneau unitaire si, et seulement si, A admet une unité faible e telle que pour tout élément $a>0$, il existe un orthomorphisme φ vérifiant $\varphi(e) = a$.

12.3.15. LEMME. Les éléments positifs inversibles d'un f-anneau archimédien unitaire A forment un groupe réticulé archimédien.

En effet, soient a et b des éléments positifs inversibles de A . Alors ab^{-1} est inversible, et ab^{-1} est positif puisque cela est vrai dans toute image homomorphe totalement ordonnée de A . De même, $a^{-1} \wedge b^{-1}$ est l'inverse de $a \vee b$ dans toute image homomorphe totalement ordonnée de A ; donc $a^{-1} \wedge b^{-1}$ est l'inverse de $a \vee b$ dans A . Les éléments positifs inversibles forment donc un groupe réticulé. Supposons que l'on ait $1 < a$ et $a^n < b$. Posons $a' = a-1$. Alors

$$0 < na' < (1+a')^n = a^n < b \quad .$$

Puisque A est archimédien, on ne peut pas avoir $1 < a^n < b$ pour tout entier positif n . Cela implique que le groupe réticulé des éléments positifs inversibles est archimédien.

12.3.16. PROPOSITION. Les automorphismes positifs conservant les polaires d'un groupe réticulé archimédien forment un groupe réticulé archimédien.

Cette proposition résulte immédiatement du lemme précédent, puisque les automorphismes en question sont exactement les éléments positifs inversibles de Orth(A) .

Pour démontrer que tout f-anneau archimédien possède un complété, nous avons besoin du lemme suivant:

12.3.17. LEMME. Dans un f-anneau archimédien A , on a, pour tout $b \geq 0$, $(\bigvee a_\lambda)\cdot b = \bigvee (a_\lambda \cdot b)$ et $(\bigwedge a_\lambda)\cdot b = \bigwedge (a_\lambda \cdot b)$ pourvu que $\bigvee a_\lambda$ et $\bigwedge a_\lambda$, respectivement, existent dans A .

L'homothétie de rapport b est en effet un orthomorphisme positif et les orthomorphismes positifs coservent les bornes supérieures et inférieures qui existent dans A (cf. 12.2.10).

Soit A un f-anneau. Un f-anneau $\hat{A}$ est dit complété de A , si A est un sous-f-anneau de $\hat{A}$ et si $\hat{A}$ est un complété du groupe réticulé sous-jacent de A .

12.3.18. THEOREME. Tout f-anneau archimédien A possède un complété, unique à un isomorphisme près.

En effet, soit $\hat{A}$ le groupe réticulé complété de A (cf. sec. 11.3). Nous allons munir $\hat{A}$ d'une multiplication qui en fait un f-anneau. Soient d'abord a et b deux éléments positifs de $\hat{A}$. Rappelons qu'il existe des familles $(a_\lambda)_\lambda$ et $(b_\mu)_\mu$ d'éléments positifs de A tels que $a = \bigvee_\lambda a_\lambda$ et $b = \bigvee_\mu b_\mu$. Posons

$$ab = \bigvee_{\lambda,\mu} a_\lambda \cdot b_\mu \ .$$

Notons que la borne supérieure en question existe dans le groupe complet $\hat{A}$; car a et b étant majorés par certains éléments g et h de A , respectivement, la famille $(a_\lambda \cdot b_\mu)_{\lambda,\mu}$ est majorée par gh . De plus, le produit ab ainsi défini est indépendent de la représentation de a et b comme borne supérieure d'éléments de A . Si, par exemple, on a aussi $a = \bigvee_{\lambda'} a'_{\lambda'}$ pour des éléments $a'_{\lambda'}$ de A , alors $ab_\mu = \bigvee_\lambda (a_\lambda \cdot b_\mu) = \bigvee_{\lambda'} (a'_{\lambda'} \cdot b_\mu)$ pour tout μ d'après le lemme précédent, d'où

$$\bigvee_{\lambda,\mu}(a_\lambda \cdot b_\mu) = \bigvee_\mu (\bigvee_\lambda a_\lambda \cdot b_\mu) = \bigvee_\mu (\bigvee_{\lambda'} a'_{\lambda'} \cdot b_\mu) = \bigvee_{\lambda',\mu}(a'_{\lambda'} \cdot b_\mu) \ .$$

Ainsi, nous avons bien défini une multiplication dans $\hat{A}_+$ qui de toute évidence prolonge la multiplication dans A_+ . On vérifie facilement que cette multiplication est associative et distributive par rapport à l'addition. En définissant le produit de deux éléments quelconques a et b de $\hat{A}$ par $ab = a_+b_+ - a_-b_+ - a_+b_- + a_-b_-$, $\hat{A}$ devient un anneau réticulé. C'est même un f-anneau. En effet, si a,b,c sont des éléments positifs de $\hat{A}$ tels que $b \wedge c = 0$, disons $a = \bigvee_\lambda a_\lambda$, $b = \bigvee_\mu b_\mu$, $c = \bigvee_\nu c_\nu$ avec a_λ , b_μ , c_ν dans A_+ , alors $b_\mu \wedge c_\nu = 0$, donc $a_\lambda \cdot b_\mu \wedge c_\nu = 0$, puisque A est un f-anneau, ce qui en utilisant (6.1.2) implique que

$$ab \wedge c = \bigvee_{\lambda,\mu}(a_\lambda \cdot b_\mu) \wedge \bigvee_\nu c_\nu = \bigvee_{\lambda,\mu,\nu}(a_\lambda \cdot b_\mu \wedge c_\nu) = 0 \ .$$

L'unicité du complété résulte d'une part du fait que le complété du groupe archimédien A est unique (cf. sec. 11.3) et d'autre part du lemme (12.3.17) qui implique que le produit de deux éléments positifs ne peut être défini autrement que ci-dessus.

Par terminer cette section, nous donnerons des conditions suffisantes pour qu'un anneau réticulé unitaire soit un f-anneau. L'hypothèse de l'existence d'un élément unité positif n'est pas suffisante comme le montre l'exemple de l'anneau $M_n(\mathbb{R})$ des matrices carrées réelles (cf. 8.1.8), qui n'est pas un f-anneau.

12.3.19. <u>DEFINITION</u>. Un élément positif u d'un groupe réticulé est appelé <u>unité faible</u>, si u n'est orthogonal à aucun élément différent de l'élément neutre.

Dire qu'un élément $u \geq 0$ d'un groupe réticulé G est une unité faible revient à dire que $u^{\perp\perp} = G$, ou encore que u n'appartient à aucun sous-groupe premier minimal de G .

Dans un f-anneau unitaire A , l'élément unité est toujours une unité faible. (Il n'en est pas ainsi dans l'anneau réticulé $M_n(\mathbb{R})$.) Plus généralement, si un f-anneau A admet une unité formelle (10.1.5), celui-ci est un unité faible; en effet, une unité formelle u n'est contenue dans aucun ℓ-idéal propre de l'anneau A et, par suite, on a $u^{\perp\perp} = A$.

Réciproquement, on a:

12.3.20. <u>PROPOSITION</u>. *Soit A un anneau réticulé unitaire, dont l'élément unité est une unité faible. Si A n'admet pas d'élément nilpotent positif, alors A est un f-anneau.*

En effet, soient a,b,x des éléments positifs de A tels que $a \wedge b = 0$. Posons $g = e \wedge a \wedge bx$ et $h = e \wedge gb$. Alors $h^2 \leq hgb \leq$ $\leq (e \wedge b)(e \wedge a)b \leq (a \wedge b)b = 0$, d'où $h=0$, ce qui implique $gb = 0$. Il en résulte que $g^2 \leq gbx = 0$, d'où $g=0$. Puisque e est une unité faible, on en déduit que $a \wedge bx = 0$.

12.3.21. <u>THEOREME</u>. *Un anneau réticulé archimédien unitaire A est un f-anneau si, et seulement si, l'élément unité e est une unité faible*

En effet, soit l'élément unité e une unité faible de A . D'après la proposition précédente, il suffit de montrer que A ne possède pas d'élément nilpotent strictement positif. Si a est un élément nilpotent strictement positif, il en est de même de $b = e \wedge a$. Or, si $0 < b \leq e$, l'homothétie λ_b est un orthomorphisme non nul de A . Aucun orthomorphisme d'un groupe archimédien n'est nilpotent (12.3.10); donc b n'est pas nilpotent.

Note du Chapitre 12

La notion d'orthomorphisme a été rencontrée par NAKANO, sous le nom de dilatateurs, dans les espaces σ-complets [6]. Ces dilatateurs peuvent être définis seulement sur un sous-espace dense. Un autre cas particulier a été considéré par LANGFORD [1].

La théorie que nous avons exposée a été dégagée simultanément dans BIGARD et KEIMEL [1] et CONRAD et DIEM [1]. Ces deux articles contiennent également un théorème de représentation, que nous exposerons en (13.3).

On trouvera dans BIGARD [6], des développements complémentaires, notamment sur les orthomorphismes d'un espace archimédien.

Le théorème (12.3.1) est du à PICKERT [1] et HION [1]. La théorie des f-anneaux archimédiens peut difficilement être dissociée de celle des anneaux de fonctions continues, comme on le voit dans les travaux originaux de NAKANO [1] et AMEMIYA [1]. Ce dernier donne le théorème (12.3.20). Il démontre la commutativité au moyen d'un théorème de représentation. Une démonstration plus directe a été donnée par BIRKHOFF et PIERCE [1]. Elle s'appuie sur le fait que dans tout f-anneau, on a $n|ab-ba| \leq a^2+b^2$ pour tout entier n. La démonstration que nous avons donnée en (12.3.2) nous a été suggérée par A.C. Zaanen. L'associativité, si elle n'est pas présupposée, peut également être déduite de la propriété archimédienne. (Voir BIRKHOFF et PIERCE [1] et BERNAU [1]).

La relation avec la S-semi-simplicité, et notamment le théorème (12.3.11) a été dégagé par HENRIKSEN et ISBELL [1].

Enfin, la théorie de la complétion est due à D.G. JOHNSON [3]. La complétion de $C(X)$ a été étudiée par J.E. MACK et D.G. JOHNSON [1]. On peut également construire, comme on le fait pour $\mathbb{Q}$, une complétion au sens de Cauchy. Ce point de vue a été adopté par MORSE [1] et par ARMSTRONG [1].

Chapitre 13.

REPRESENTATION
PAR DES FONCTIONS NUMERIQUES CONTINUES

En ce qui concerne la théorie des groupes archimédiens, aucune question n'a attiré tant d'attention que la question de la représentation par des groupes de fonctions numériques continues. Dans le chapitre 10, nous avons associé certains espaces topologiques à des f-anneaux et des groupes réticulés commutatifs. Dans ce chapitre, ces espaces nous serviront à représenter des groupes et des f-anneaux archimédiens par des fonctions numériques continues "presque finies", définies sur ces espaces. Dans la première section nous donnerons quelques propriétés des groupes réticulés de fonctions numériques continues "presque finies" qui nous serviront dans la suite.

13.1. Groupes et anneaux réticulés de fonctions continues.

Dans cette section, X désignera toujours un espace topologique

13.1.1. $C(X)$: Désignons par $C(X)$ l'ensemble des fonctions continues $f : X \to \mathbb{R}$ comme dans (1.7.1). En définissant $f+g$, $f\vee g$, $f\wedge g$ comme d'habitude par:

$$(f+g)(x) = f(x) + g(x) ,$$
$$(f\vee g)(x) = \sup(f(x),g(x)) ,$$
$$(f\wedge g)(x) = \inf(f(x),g(x)) ,$$

$C(X)$ devient un groupe réticulé archimédien. Muni, en plus, de la multiplication

$$(fg)(x) = f(x)\cdot g(x)$$

$C(X)$ devient un f-anneau archimédien réduit.

L'ensemble $C_b(X)$ des fonction continues bornées $f : X \to \mathbb{R}$ est un sous-groupe solide de $C(X)$.

13.1.2. $E(X)$: Désignons par $E(X)$ l'ensemble des fonctions réelles continues définies sur des ouverts partout denses de X , c'est-à-dire que $E(X)$ est la réunion des ensembles $C(U)$, où U décrit les ouverts partout denses de X . Deux fonctions dans $E(X)$, disons $f : U \to \mathbb{R}$ et $g : V \to \mathbb{R}$, sont identifiées si $f(x) = g(x)$ pour tout $x \in U \cap V$. Cette identification étant compatible avec l'addition, la multiplication et les opérations de treillis, $E(X)$ est un groupe réticulé archimédien et même un f-anneau.(1)

13.1.3. $D(X)$: Soit $\overline{\mathbb{R}} = \mathbb{R} \cup \{+\infty, -\infty\}$ la droite réelle achevée. Considérons l'ensemble $D(X)$ des fonctions continues $g : X \to \overline{\mathbb{R}}$ telles que l'ouvert

$$U_g = \{x \in X \mid |g(x)| < +\infty\}$$

soit partout dense dans X ; ces fonctions seront appelées <u>fonctions numériques continues presque finies</u>.

Il y a un plongement canonique de $D(X)$ dans $E(X)$ donné par $g \mapsto g|U_g$. Ainsi on peut identifier $D(X)$ à un sous-ensemble de $E(X)$, et on a les inclusions suivantes:

$$C_b(X) \subset C(X) \subset D(X) \subset E(X) \quad .$$

$D(X)$ est toujours un sous-treillis de $E(X)$. Mais en général, $D(X)$ n'est ni additivement ni multiplicativement stable. Si l'on a, par exemple, $f(x) = +\infty$ et $g(x) = -\infty$ pour un $x \in X$ et deux fonctions $f, g \in D(X)$, il se peut que la fonction $f+g$ - qui est bien définie sur $U_f \cap U_g$ - ne puisse pas être prolongée en une fonction numérique continue en x .

On appelle <u>groupe réticulé de fonctions numériques continues</u>

(1) $E(X)$ peut être construit aussi de la manière suivante: l'ensemble $\mathcal{U}$ des ouverts partout denses de X est filtrant à droite; car l'intersection de deux ouverts partout denses est encore un ouvert partout dense. Chaque fois que $V \subset U$, on a un homomorphisme injectif de f-anneaux

$$\rho_V^U : C(U) \to C(V) \quad ,$$

à savoir la restriction $\rho_V^U(f) = f|V$. Si $W \subset V \subset U$, on a évidemment $\rho_W^V \circ \rho_V^U = \rho_W^U$, de manière que $(C(U), \rho_V^U)$ pour $V \subset U$ et $U, V \in \mathcal{U}$ est un système inductif de f-anneaux archimédiens. En formant la limite inductive, on obtient justement $E(X)$:

$$E(X) = \varinjlim_{\mathcal{U}} C(U) \quad .$$

<u>presque finies</u> tout sous-ensemble G de $\mathcal{D}(X)$ qui est un sous-groupe réticulé de $E(X)$ lorsqu'on identifie $\mathcal{D}(X)$ à un sous-ensemble de $E(X)$ comme ci-dessus.

13.1.4. <u>DEFINITION</u>. Soit U un ouvert partout dense de X et $f : U \to \mathbb{R}$ une application continue. On appelle <u>support strict de</u> f l'ensemble

$$s(f) = \{x \in U \mid f(x) \neq 0\} \quad .$$

L'adhérence de $s(f)$ dans X est appelée <u>support de</u> f, notée $\mathrm{supp}(f)$.

Ces deux notions nous serviront pour caractériser la polaire $f^{\perp}$ et la bipolaire $f^{\perp\perp}$ d'une fonction f dans $E(X)$:

13.1.5. <u>PROPOSITION</u>. <u>Pour tout</u> $f \in E(X)$, <u>on a</u>:

$$f^{\perp} = \{h \in E(X) \mid \mathrm{supp}(f) \cap s(h) = \emptyset\} \quad ,$$

$$f^{\perp\perp} = \{g \in E(X) \mid \mathrm{supp}(g) \subset \mathrm{supp}(f)\} \quad .$$

Dans ce qui suit, U,V et W désigneront des ouverts partout denses de X. Soit $f : U \to \mathbb{R}$ donné. Pour une application continue $h : W \to \mathbb{R}$, on a $|f| \wedge |h| = 0$ si et seulement si $s(f) \cap s(h) = \emptyset$. Puisque $s(h)$ est ouvert, on en déduit que $h \in f^{\perp}$ si et seulement si $\mathrm{supp}(f) \cap s(h) = \emptyset$.

Soit $g : V \to \mathbb{R}$ une application continue. Si $\mathrm{supp}(g) \subset \mathrm{supp}(f)$ alors $\mathrm{supp}(g) \cap s(h) = \emptyset$, ou encore $|g| \wedge |h| = 0$ pour tout $h \in f^{\perp}$ et par conséquent $g \in f^{\perp\perp}$. Réciproquement, soit $g \in f^{\perp\perp}$. Posons $Q = s(f) \cup (X \setminus \mathrm{supp}(f))$. Alors Q est un ouvert partout dense de X. Définissons $h' : Q \to \mathbb{R}$ par

$$h'(x) = \begin{cases} 0 & \text{pour tout } x \in s(f) \quad , \\ 1 & \text{pour tout } x \notin \mathrm{supp}(f) \quad . \end{cases}$$

Alors $h' \in E(X)$ et $s(h') = X \setminus \mathrm{supp}(f)$. Cela entraîne que $h' \in f^{\perp}$ et, par suite, $|g| \wedge |h'| = 0$. On en déduit que $\mathrm{supp}(g) \cap s(h') = \emptyset$, c'est-à-dire que $\mathrm{supp}(g) \subset \mathrm{supp}(f)$.

13.1.6. <u>COROLLAIRE</u>. <u>Un ℓ-sous-groupe</u> G <u>est large dans</u> $E(X)$ <u>si, et seulement si, pour tout ouvert</u> U <u>de</u> X, <u>il y a une fonction non nulle</u> $g \in G$ <u>telle que</u> $\mathrm{supp}(g) \subset \bar{U}$.

Cela résulte immédiatement du théorème (11.1.15) à l'aide de la proposition précédente.

Les espaces extrêmement discontinus, c'est-à-dire les espaces topologiques dans lesquels l'adhérence de tout ouvert est aussi ouverte, ont des propriétés particulièrement agréables en ce qui concerne les fonctions réelles continues:

13.1.7. THEOREME. Soit X un espace topologique extrêmement discontinu. Alors toute application continue $f : U \to \mathbb{R}$, où U est un ouvert de X , admet un prolongement continu $\bar{f} : X \to \overline{\mathbb{R}}$. Par conséquent, $\mathcal{E}(X) = \mathcal{D}(X)$. En outre, $C_b(X)$, $C(X)$ et $\mathcal{E}(X)$ sont complets et $\mathcal{E}(X)$ est latéralement complet.

En effet, soit $f : U \to \mathbb{R}$ une application continue définie sur l'ouvert U de X . En posant $f(x) = 0$ pour tout $x \in X \setminus \bar{U}$, on peut supposer que $\bar{U} = X$. Pour tout nombre réel r , soit l'ouvert U_r défini par:

$$U_r = \{x \in U \mid f(x) < r\} \quad .$$

Définissons $\bar{f} : X \to \overline{\mathbb{R}}$ par:

$$\bar{f}(x) = \begin{cases} \inf \{r \mid x \in \overline{U_r}\} & \text{s'il existe } r \text{ tel que } x \in \overline{U_r} \;, \\ +\infty & \text{sinon} \;. \end{cases}$$

Pour tout $x \in U$, on a $\bar{f}(x) = f(x)$; car si $f(x) = t$, alors $x \in U_r$ pour tout $r > t$, et $x \notin \overline{U_r}$ pour tout $r < t$. Donc $\bar{f}$ prolonge f . Pour tout $t \in \overline{\mathbb{R}}$, on a:

$$\{x \in X \mid \bar{f}(x) < t\} = \bigcup_{r<t} \overline{U_r} \;.$$

Puisque X est supposé extrêmement discontinu, $\overline{U_r}$ est ouvert pour tout $r \in \mathbb{R}$, ce qui entraîne que $\{x \in X \mid \bar{f}(x) < t\}$ est ouvert. En outre,

$$\{x \in X \mid \bar{f}(x) \le t\} = \bigcap_{r>t} \overline{U_r}$$

est fermé en tant qu'intersection d'ensembles fermés. Cela entraîne que $\bar{f}$ est continue. Ainsi l'assertion $\mathcal{D}(X) = \mathcal{E}(X)$ du théorème est démontrée.

Démontrons que $\mathcal{D}(X)$ est complet. Pour cela, soit $(f_\lambda)_{\lambda \in \Lambda}$ une famille de fonctions non-négatives de $\mathcal{D}(X)$ majorée par $g \in \mathcal{D}(X)$. Pour tout nombre réel r , considérons l'ouvert

$$U_r = \bigcup_{\lambda} \{x \in X \mid f_\lambda(x) > r\} \quad .$$

Pour tout $x \in X$, posons

$$f(x) = \sup \{r \in \mathbb{R} \mid x \in \overline{U_r}\} \;.$$

La continuité de f résulte du fait que, pour tout $t \in \mathbb{R}$, l'ensemble

$$\{x \in X \mid f(x) > t\} = \bigcup_{r>t} \overline{\overline{U}_r}$$

est ouvert, puisque l'adhérence de tout ouvert est ouverte et que l'ensemble

$$\{x \in X \mid f(x) \geq t\} = \bigcap_{r<t} \overline{U}_r$$

est fermé. De la définition de $f(x)$, il résulte que $f_\lambda \leq f$ quel que soit λ ; en effet, on a $x \in U_r$ pour tout $r < f_\lambda(x)$ et par conséquent $f(x) = \sup\{r \mid x \in \overline{U}_r\} \geq f_\lambda(x)$. Donc f majore toutes les f_λ. Soit réciproquement $f_1 : X \to \overline{\mathbb{R}}$ une application continue majorant toutes les f_λ. Considérons $y \in X$. Pour tout $t > t_1 = f_1(y)$, on a:

$$U_t = \bigcup_\lambda \{x \mid f_\lambda(x) > t\} \subset \{x \mid f_1(x) \geq t\} \subset \{x \mid f_1(x) > t_1\} .$$

L'ensemble $\{x \mid f_1(x) \geq t\}$ étant fermé, on conclut que

$$\overline{U_t} \subset \{x \mid f_1(x) > t_1\} .$$

Puisque $f_1(y) = t_1$, on déduit que $y \notin \overline{U_t}$. Par conséquent, $f(y) = \sup\{r \mid y \in \overline{U_r}\} \leq t$ pour tout $t > t_1 = f_1(y)$, d'où $f(y) \leq f_1(y)$. Cela étant vrai pour tout y dans X, nous avons démontré que $f \leq f_1$ Par conséquent, $f = \bigvee_\lambda f_\lambda$. On en déduit aussi que f appartient à $\mathcal{D}(X)$; car en appliquant le raisonnement ci-dessus au majorant g des f_λ à la place de f_1, on trouve $f \leq g \in \mathcal{D}(X)$.

Puisque $C_b(X)$ et $C(X)$ sont des sous-groupes solides de $\mathcal{D}(X)$ on conclut qu'ils sont aussi complets.

Démontrons finalement que $E(X)$ est latéralement complet. Soien $f_\lambda : U_\lambda \to \mathbb{R}$ des fonctions continues deux à deux orthogonales, où les U_λ sont des ouverts partout denses de X. On a alors $s(f_\lambda) \cap s(f_\mu) = \emptyset$ chaque fois que $\lambda \neq \mu$. Soit

$$U = \bigcup_\lambda s(f_\lambda) \cup (X \setminus \overline{\bigcup_\lambda s(f_\lambda)}) .$$

Alors U est un ouvert partout dense de X, et la fonction $f : U \to \mathbb{R}$ définie par

$$f(x) = \begin{cases} f_\lambda(x) & \text{si } x \in s(f_\lambda) , \\ 0 & \text{si } x \in X \setminus \overline{\bigcup_\lambda s(f_\lambda)} , \end{cases}$$

est continue et l'on a $f = \bigvee_\lambda f_\lambda$. Par conséquent, $E(X)$ est latéralement complet.

On remarquera que la démonstration du fait que $E(X)$ est latéralement complet reste valable pour n'importe quel espace topologique X .

13.1.8. REMARQUE. On peut s'assurer sans trop de peine que pour $X = [0,1]$, le groupe réticulé $E(X)$ n'admet pas de sous-groupe solide maximal, c'est-à-dire que $E(X)$ n'admet pas d'homomorphisme réticulé non nul dans $\mathbb{R}$. A fortiori, $E(X)$ n'est pas un produit sous-direct de groupes réels.

13.1.9. REMARQUE. Rappelons qu'une partie fermée A d'un espace topologique X est dit régulière si A est l'adhérence d'un ouvert de X . A toute polaire P de $E(X)$ on peut associer un fermé régulier A_P : l'adhérence de $\bigcup_{f\in P} s(f)$. Réciproquement, l'ensemble $P_A = \{f\in E(X) \mid \text{supp}(f) \subset A\}$ est une polaire de $E(X)$ pour tout fermé régulier A de X . Des raisonnements semblables à ceux dans (13.1.5) montrent qu'on a établi une correspondance bijective entre les polaires de $E(X)$ et les fermés reguliers de X. D'après (11.1.15) cela reste valable si l'on remplace $E(X)$ par n'importe quel de ses ℓ-sous-groupes larges.

Si X est extrêmement discontinu, les fermés reguliers sont exactement les fermés ouverts. Dans ce cas on a donc une correspondance bijective entre les polaires de $E(X)$ et les ouverts fermés dans X .

13.2. Représentation d'un groupe archimédien par des fonctions numériques continues presque finies.

Soit A un groupe réticulé archimédien.

Nous utiliserons l'espace Spec A des sous-groupes premiers de A et certains de ses sous-espaces pour représenter A par des fonctions continues.

Comme d'habitude nous prolongeons l'ordre total sur $\mathbb{R}$ à la droite réelle achevée $\overline{\mathbb{R}} = \mathbb{R} \cup \{+\infty, -\infty\}$ en définissant

$$-\infty \leq r \leq +\infty \quad \text{quel que soit} \quad r\in\overline{\mathbb{R}} ,$$

et nous étendons l'addition partiellement en posant

$$r+(+\infty) = +\infty \quad \text{pour tout} \quad r > -\infty ,$$
$$r+(-\infty) = -\infty \quad \text{pour tout} \quad r < +\infty .$$

13.2.1. DEFINITION. On appelle caractère du groupe réticulé A toute application $\xi : A \to \overline{\mathbb{R}}$ telle que

$\xi(a \vee b) = \xi(a) \vee \xi(b)$ quels que soient $a, b \in A$ et

$\xi(a+b) = \xi(a)+\xi(b)$ chaque fois que $\xi(a)+\xi(b)$ est défini dans $\overline{\mathbb{R}}$.

13.2.2. LEMME. *Soit a un élément strictement positif de A et p une valeur de a. Il existe un caractère unique ξ de A tel que $\xi(a) = 1$ et $p = \ker \xi$.*

Pour démontrer l'existence d'un tel caractère ξ, on observe qu'il existe un isomorphisme φ de p^*/p dans $\mathbb{R}$ d'après (2.6.6), où p^* désigne le sous-groupe premier couvrant p. Puisque $0 < a \in p^* \setminus p$, on a $\varphi(a+p) \neq 0$. En multipliant φ par un nombre réel convenable, on peut supposer que $\varphi(a+p) = 1$. En définissant

$$\varphi(x+p) = \begin{cases} +\infty & \text{si } x>0 \pmod{p^*} \\ -\infty & \text{si } x<0 \pmod{p^*} \end{cases},$$

on a prolongé φ en un caractère de A/p. L'application ξ composée de l'application canonique $A \to A/p$ et du caractère $\varphi : A/p \to \overline{\mathbb{R}}$ est un caractère de A ayant les propriétés voulues. L'unicité de ξ résulte du fait que tout isomorphisme croissant entre deux sous-groupes de $\mathbb{R}$ est induit par une homothétie (12.2.1).

13.2.3. CONSTRUCTION. A l'aide de l'axiome de Zorn choisissons une famille orthogonale maximale $(e_\lambda)_{\lambda\in\Lambda}$, c'est-à-dire une famille maximale parmi les familles d'éléments de A strictement positifs et deux à deux orthogonaux.

Pour tout λ, soit X_λ l'espace $\mathrm{val}(e_\lambda)$ des valeurs de e_λ. Soit $X = \bigcup_{\lambda\in\Lambda} X_\lambda$. Puisque les e_λ, $\lambda\in\Lambda$, sont deux à deux orthogonaux, les X_λ, $\lambda\in\Lambda$, sont deux à deux disjoints. Chaque X_λ est compact d'après (10.2.5) et ouvert dans X, puisque $X_\lambda = X \cap S(e_\lambda)$. Par conséquent, X est un espace localement compact.

Pour tout $x \in X_\lambda$, soit ξ_x l'unique caractère de A tel que $\xi_x(e_\lambda) = 1$ et $\ker \xi_x = x$ (cf. 13.2.2).

Pour tout élément a de A, définissons $\hat{a} : X \to \overline{\mathbb{R}}$ par

$$\hat{a}(x) = \xi_x(a) \quad \text{quel que soit } x \in X.$$

Notons que $\hat{e}_\lambda$ est la fonction caractéristique de X_λ. On a:

13.2.4. THEOREME. Pour tout élément a de A , l'ensemble

$$U_a = \{\chi\in X \mid \hat{a}(\chi)\in \mathbb{R}\}$$

est un ouvert partout dense de X et l'application $\hat{a} : X \to \overline{\mathbb{R}}$ est continue. L'application

$$a \mapsto \hat{a} : A \to \mathcal{D}(X) \subset \mathcal{E}(X)$$

est un isomorphisme de A sur un groupe réticulé $\hat{A}$ de fonctions numériques continues presque finies. De plus $\hat{A}$ est un sous-groupe large de $\mathcal{E}(X)$, et l'application $a \mapsto \hat{a} : A \to \mathcal{E}(X)$ conserve les bornes supérieures et inférieures quelconques qui existent dans A .

La démonstration du théorème procède par étapes:

(a) Pour tout élément a de A et tout entier positif n , l'ensemble

$$U_{n,\lambda}(a) = \{\chi\in X_\lambda \mid a < ne_\lambda \pmod{\chi}\}$$

est ouvert dans X .

En effet, $U_{n,\lambda}(a) = X_\lambda \cap S((ne_\lambda - a)_+)$. Donc $U_{n,\lambda}(a)$ est ouvert dans X_λ . Puisque X_λ est ouvert dans X , il en est de même de $U_{n,\lambda}(a)$.

(b) L'ensemble U_a défini dans l'énoncé du théorème est ouvert dans X puisque U_a n'est rien d'autre que $\bigcup_{n,\lambda} U_{n,\lambda}(a)$. De plus, U_a est partout dense dans Spec A . En effet, U_a contient toutes les valeurs χ de e_λ telles que $a\in\chi^*$. L'intersection de la famille de ces valeurs étant $e_\lambda^\perp$ d'après (11.1.4), on en déduit que $\cap\{\chi \mid \chi\in U_a\} \subset e_\lambda^\perp$. Cela étant vrai pour tout $\lambda\in\Lambda$ et l'intersection de la famille des $e_\lambda^\perp$, $\lambda\in\Lambda$, étant nulle, on a $\cap\{\chi \mid \chi\in U_a\} = \{0\}$; donc U_a est partout dense dans Spec A (cf. 10.1.8).

(c) La fonction $\hat{a} : X \to \overline{\mathbb{R}}$ est continue. Pour cela il suffit de montrer que pour tout nombre rationnel $q = \frac{n}{m}$, les ensembles

$$V = \{\chi\in X \mid \hat{a}(\chi) < q\} \quad \text{et} \quad W = \{\chi\in X \mid \hat{a}(\chi) > q\}$$

sont ouverts. Posons $V_\lambda = V\cap X_\lambda = \{\chi\in X_\lambda \mid \hat{a}(\chi) < q\}$. Notons que pour tout $\chi\in X_\lambda$, la relation $\hat{a}(\chi) < \frac{n}{m}$ peut s'écrire $m\xi_\chi(a) < n\xi_\chi(e_\lambda)$, ou encore $\xi_\chi(ma) < \xi_\chi(ne_\lambda)$. Mais cela est équivalent à $ma < ne_\lambda \pmod{\chi}$. Donc:

$$V_\lambda = \{\chi\in X_\lambda \mid ma < ne_\lambda \pmod{\chi}\} = U_{n,\lambda}(ma) \quad ,$$

et ce dernier ensemble est ouvert dans X d'après la partie (a) de la démonstration. Donc $V = \bigcup_\lambda V_\lambda$ est ouvert dans X . De la même manière on démontre que W est ouvert.

(d) L'application $a \mapsto \hat{a}$ est un homomorphisme du groupe réticulé A dans $E(X)$, car quels que soient $a,b \in A$ et $\chi \in U_a \cap U_b$, on a:

$$(a+b)^\frown(\chi) = \xi_\chi(a+b) = \xi_\chi(a)+\xi_\chi(b) = \hat{a}(\chi)+\hat{b}(\chi) ,$$

$$(a \vee b)^\frown(\chi) = \xi_\chi(a \vee b) = \xi_\chi(a) \vee \xi_\chi(b) = \hat{a}(\chi) \vee \hat{b}(\chi) ;$$

donc $(a+b)^\frown = \hat{a}+\hat{b}$ et $(a \vee b)^\frown = \hat{a} \vee \hat{b}$.

L'application $a \mapsto \hat{a}$ est injective; car si $\hat{a}=0$, alors $\hat{a}(\chi) = \xi_\chi(a) = 0$ pour tout $\chi \in U_a$, c'est-à-dire que $a \in \chi$ pour tout $\chi \in U_a$. Or, U_a étant partout dense dans Spec A d'après (b), on en déduit que $a=0$.

(e) Finalement, $\hat{A} = \{\hat{a} | a \in A\}$ est un sous-groupe large de $E(X)$ En effet, pour tout ouvert U de X, il existe un élément a dans A tel que $S(a) \cap X \subset U$; si pour un $\chi \in X$, on a $\hat{a}(\chi) \neq 0$, alors $\xi_\chi(a) \neq 0$, c'est-à-dire que $a \notin \chi$ et, par suite, $\chi \in S(a) \cap X$. Donc $\text{supp}(\hat{a}) \subset \bar{U}$. D'après (13.1.6) cela implique l'assertion.

A l'aide de (12.1.12) on voit maintenant que l'application $a \mapsto \hat{a} : A \to E(X)$ conserve les bornes supérieures et inférieures quelconques qui existent dans A.

Cela achève la démonstration du théorème.

13.2.5. <u>COROLLAIRE</u>. *Soit A un groupe réticulé archimédien possédant une unité faible e. Soit X l'espace compact des valeurs de e. Alors A est isomorphe à un groupe réticulé $\hat{A} \subset \mathcal{D}(X)$ de fonctions numériques continues presque finies définies sur X, de sorte que la fonction constante égale à 1 corresponde à e.*

En effet, l'unité faible e constitue à elle seul une famille orthogonale maximale. Le corollaire est donc une conséquence immédiate du théorème (13.2.4); la fonction constante $\hat{e}=1$ correspond à l'unité faible e.

Si e est même une unité forte, les valeurs de A sont exactement les ℓ-idéaux maximaux. Pour tout élément a de A, il y a un entier positif n tel que $|a| < n \cdot e$; par conséquent, lâ fonction $\hat{a}$ associée à l'élément a est bornée en valeur absolue par n. Ainsi nous avons:

13.2.6. <u>COROLLAIRE</u>. *Soit A un groupe réticulé archimédien qui admet une unité forte. Soit μA l'espace compact des ℓ-idéaux maximaux de A. Alors A est isomorphe à un sous-groupe large contenant la fonc-*

<u>tion constante</u> 1 <u>du groupe réticulé</u> $C(\mu A)$ <u>des fonctions réelles continues définies sur</u> μA .

Maintenant nous allons déduire du théorème (13.2.4) une représentation de A comme sous-groupe large de $E(\text{Spec } A)$: Prenons les hypothèses et les notations de la construction (13.2.3), et posons $Y = \bigcup_\lambda S(e_\lambda)$. Les $S(e_\lambda)$ étant ouverts dans Spec A , il en est de même de Y . Puisque $X_\lambda = \text{val}(e_\lambda) \subset S(e_\lambda)$, on a $X \subset Y$. Rappelons que, pour tout λ , on a une rétraction continue $M_\lambda : S(e_\lambda) \to \text{val}(e_\lambda) = X_\lambda$ qui à tout $y \in S(e_\lambda)$ associe l'unique valeur $x = My$ de e_λ qui contient y (cf. 10.2.5). Puisque les $S(e_\lambda)$ sont des ouverts deux à deux disjoints, la réunion de ces applications M_λ donne une rétraction continue $M : Y \to X$. Ainsi nous pouvons associer à tout élément a de A , l'ouvert

$$V_a = M^{-1}(U_a)$$

et la fonction réelle continue

$$\tilde{a} = \hat{a} \circ M : V_a \to \mathbb{R} \quad .$$

Puisque M est une rétraction, on a $U_a \subset V_a$. D'après (13.2.4), U_a est partout dense dans Spec(A) ; à fortiori V_a est partout dense dans Spec A . Cela montre que $\tilde{a}$ appartient à $E(\text{Spec } A)$. En utilisant le fait que $a \mapsto \hat{a}$ est un homomorphisme injectif d'après (13.2.4), on vérifie facilement que $a \mapsto \tilde{a}$ est un homomorphisme injectif du groupe réticulé A dans $E(\text{Spec } A)$. Il reste à montrer que $\tilde{A} = \{\tilde{a} \mid a \in A\}$ est large dans $E(\text{Spec } A)$. Pour cela prenons un ouvert non vide U de Spec A . Alors $U \cap X$ est un ouvert de X qui n'est pas vide puisque X est partout dense dans Spec A . Puisque $\hat{A}$ est large dans $E(X)$, il y a un élément $0 \neq a \in A$ tel que $\text{supp}(\hat{a})$ soit contenu dans l'adhérence de $U \cap X$ par rapport à X . Il s'ensuit que le support de $\tilde{a}$ est contenu dans l'adhérence de l'ouvert $M^{-1}(U \cap X)$ de Spec A . Or, $M^{-1}(U \cap X) \subset U$ puisque U est ouvert. Donc $\text{supp}(\tilde{a}) \subset \bar{U}$. D'après (13.1.6.), cela démontre que A est large dans $E(\text{Spec } A)$. Nous avons:

13.2.7. <u>PROPOSITION</u>. <u>Tout groupe réticulé archimédien</u> A <u>est isomorphe à un</u> ℓ-<u>sous-groupe large du groupe réticulé</u> $E(\text{Spec } A)$.

13.3. Représentation des orthomorphismes et des f-anneaux archimédiens par des fonctions numériques continues.

Le théorème suivant montre qu'une représentation d'un groupe réticulé archimédien par des fonctions numériques continues comme dans la section 13.2 s'accompagne d'une représentation des orthomorphismes d'un tel groupe. Il montre aussi que dans un certain sens, tout orthomorphisme est une homothétie, généralisant ainsi le fait que tout orthomorphisme d'un sous-groupe de $\mathbb{R}$ est une homothétie (12.2.1). En plus, ce théorème fournit une nouvelle démonstration du théorème (12.2.2) qui affirme que les orthomorphismes forment un f-anneau archimédien.

13.3.1. THEOREME. *Soit X un espace topologique et A un ℓ-sous-groupe large de $E(X)$. Soit*

$$R = \{g \in E(X) \mid g \cdot A \subset A\} \quad .$$

Alors R est un ℓ-sous-anneau de $E(X)$; pour tout $g \in R$, l'homothétie $\eta_g : f \mapsto g \cdot f$ est un orthomorphisme de A, et tout orthomorphisme de A est de cette forme. L'application $g \mapsto \eta_g$ est un isomorphisme de R sur le f-anneau $\mathrm{Orth}(A)$ des orthomorphismes de A.

Puisque $E(X)$ est un f-anneau, toutes les assertions du théorème sont immédiates à l'exception de l'injectivité et de la surjectivité de $g \mapsto \eta_g$. Pour démontrer l'injectivité, prenons un élément $g>0$ de R. Puisque A est large dans $E(X)$, le sous-groupe solide de $E(X)$ engendré par g contient un élément non nul de A, c'est-à-dire qu'il existe $f>0$ dans A et un entier n tel que $f<ng$. Il s'ensuit que $\eta_g(f) = g \cdot f \neq 0$ et, par suite, $\eta_g \neq 0$.

Il reste à montrer que, pour un orthomorphisme positif φ de A arbitrairement choisi, il existe une fonction $\hat{\varphi} \in E(X)$ telle que $\varphi = \eta_{\hat{\varphi}}$. Pour cela choisissons à l'aide de l'axiome de Zorn une famille orthogonale maximale $(e_\lambda)_{\lambda \in \Lambda}$ dans A. Désignons par U_λ et V_λ des ouverts partout denses de X sur lesquels les fonctions e_λ et $\varphi(e_\lambda)$ sont définies, respectivement. Pour tout $\lambda \in \Lambda$, soit

$$s(e_\lambda) = \{x \in U_\lambda \mid e_\lambda(x) \neq 0\} \quad .$$

Les $s(e_\lambda)$ sont des ouverts deux à deux disjoints puisque les e_λ sont mutuellement orthogonaux. La réunion des $s(e_\lambda)$ est partout dense dans X ; en effet, si U était un ouvert non vide de X disjoint de tous les $s(e_\lambda)$, il y aurait d'après (13.1.6) une fonction non nulle $f \in A_+$ telle que $\mathrm{supp}(f) \subset \bar{U}$ et cette fonction f serait orthogonale à tous les e_λ , ce qui est contraire à la maximalité de la famille orthogonale $(e_\lambda)_\lambda$.

Posons $w(e_\lambda) = V_\lambda \cap s(e_\lambda)$. Alors $w(e_\lambda)$ est un ouvert partout dense de $s(e_\lambda)$. La réunion

$$W = \bigcup_{\lambda \in \Lambda} w(e_\lambda)$$

est un ouvert partout dense de X d'après le raisonnement précédent. Maintenant nous pouvons définir

$$\hat{\varphi} : W \to \mathbb{R}$$

de la manière suivante: Pour tout $x \in w(e_\lambda)$ soit

$$(*) \qquad \hat{\varphi}(x) = \frac{\varphi(e_\lambda)(x)}{e_\lambda(x)}$$

$\hat{\varphi}$ est continue; car sur chaque ouvert $w(e_\lambda)$ la fonction $\hat{\varphi}$ est le quotient des fonctions continues $\varphi(e_\lambda)$ et e_λ , la deuxième n'étant pas nulle. Donc $\hat{\varphi} \in E(X)$.

Vérifions que pour tout λ , on a $\varphi(e_\lambda)(x) = \hat{\varphi}(x) \cdot e_\lambda(x)$ presque partout sur W . Si $x \in w(e_\lambda)$, ceci est vrai d'après la définition (*). Si $x \in W \setminus \overline{w(e_\lambda)}$, on a d'une part $e_\lambda(x) = 0$ et d'autre part $\varphi(e_\lambda)(x) = 0$ puisque $\varphi(e_\lambda) \in e_\lambda^{\perp\perp}$. Ainsi nous avons $\varphi(e_\lambda) = \eta_{\hat{\varphi}}(e_\lambda)$ pour tout λ . D'après (12.2.9) on peut conclure que les deux orthomorphismes φ et $\eta_{\hat{\varphi}}$ de A sont égaux.

13.3.2. <u>ADDENDUM</u>. (a) Si la fonction constante 1 appartient à A , cette fonction à elle seule forme une famille orthogonale maximale. En prenant $e_\lambda = 1$ dans la formule (*) de la démonstration précédente, on voit que la fonction $\hat{\varphi}$ représentant un orthomorphisme φ est donnée par $\hat{\varphi} = \varphi(1)$.

(b) Si, en plus des hypothèses de (13.3.1), on suppose que $A \subset D(X)$ [resp. $A \subset C(X)$] et que pour tout $x \in X$, il existe $f \in A$ tel que $f(x) \neq 0$, alors $\mathrm{Orth}(A) \subset D(X)$ [resp. $\mathrm{Orth}(A) \subset C(X)$] .•

Démontrons l'assertion (b) dans le cas où $A \subset C(X)$: Soit φ un orthomorphisme positif de A . Pour n'importe quel élément x de X nous pouvons choisir $f \in A_+$ tel que $f(x) > 0$. On peut trouver une famille orthogonale maximale $(f_\lambda)_\lambda$ contenant f . En faisant la construction de la fonction $\hat{\varphi}$ avec la famille $(f_\lambda)_\lambda$ à la place des e_λ dans (13.3.1), on trouve que $\hat{\varphi}$ est bien définie et continue en x.

(c) La preuve de (13.3.1) démontre en effet l'assertion suivante: Soit G un sous-groupe large de $E(X)$, et $\varphi : G \to E(X)$ un homomorphisme tel que $f \wedge h = 0$ implique $f \wedge \varphi(h) = 0$ quels que soient $f, h \in G$. Alors il existe $g \in E(X)$ tel que $\varphi(f) = g \cdot f$ pour tout $f \in G$.

Nous appliquons le théorème (13.3.1) à la représentation des f-anneaux archimédiens.

13.3.3. LEMME. Soit A un f-anneau archimédien ayant un élément unité e. Soit X un espace topologique et $a \mapsto \hat{a}$ un isomorphisme du groupe réticulé sous-jacent de A sur un ℓ-sous-groupe large $\hat{A}$ de $E(X)$ tel que $\hat{e}$ soit la fonction constante égale à 1. Alors $\hat{A}$ est un ℓ-sous-anneau de $E(X)$ et $a \mapsto \hat{a}$ est un isomorphisme de f-anneaux.

En associant à tout élément a de A l'homothétie $\lambda_a : b \mapsto ab$ de A, on a un isomorphisme des f-anneaux A et $\mathrm{Orth}(A)$ d'après (12.3.13). Tout orthomorphisme φ de A induit un orthomorphisme de $\hat{A}$ que nous désignerons aussi par φ : $\varphi(\hat{a}) = \widehat{\varphi(a)}$. D'après (13.3.1) il y a un isomorphisme de $\mathrm{Orth}(A)$ sur un ℓ-sous-anneau R de $E(X)$ D'après (13.3.2.a) la fonction $\hat{\varphi}$ représentant l'orthomorphisme φ est égale à $\varphi(1) = \varphi(\hat{e}) = \widehat{\varphi(e)}$. Pour $\varphi = \lambda_a$ on obtient $\widehat{\lambda_a} = \widehat{\lambda_a(e)} = \widehat{ae} = \hat{a}$. Ainsi nous avons démontré que l'application $a \mapsto \hat{a}$ est l'application composée des isomorphismes de f-anneaux:

$$A \xrightarrow{a \mapsto \lambda_a} \mathrm{Orth}(A) \cong \mathrm{Orth}(\hat{A}) \xrightarrow{\varphi \mapsto \hat{\varphi}} \hat{A}$$

Ceci achève la démonstration du lemme.

13.3.4. THEOREME. Soit A un f-anneau archimédien unitaire et X l'espace compact des valeurs de l'élément unité. Alors A est isomorphe à un anneau réticulé $\hat{A} \subset \mathcal{D}(X)$ de fonctions numériques continues presque finies sur X de sorte que $\hat{A}$ soit large dans $E(X)$.

En effet, l'élément unité e de l'anneau A est une unité faible du groupe réticulé sous-jacent. D'après (13.2.5) il y a un isomorphisme du groupe réticulé A sur un sous-groupe réticulé $\hat{A} \subset \mathcal{D}(X)$ tel que la fonction représentant e soit égale à la fonction constante 1; de plus, $\hat{A}$ est large dans $E(X)$. D'après le lemme (13.3.3), $\hat{A}$ est un sous-anneau de $E(X)$ et l'isomorphisme de A sur $\hat{A}$ est un isomorphisme de f-anneaux.

13.3.5. COROLLAIRE. Tout f-anneau archimédien réduit A peut être représenté par un f-anneau de fonctions numériques continues presque finies, définies sur un espace compact X ; de plus, X peut être choisi de manière que $\hat{A}$ soit large dans $\mathcal{E}(X)$.

En effet, A peut être considéré comme un sous-anneau large d'un f-anneau archimédien unitaire (cf. 12.3.8).

Le lemme suivant montre que l'espace X de valeurs de l'élément unité dans (13.3.4) peut être remplacé par l'espace μA des ℓ-idéaux maximaux de A .

13.3.6. LEMME. Pour un f-anneau unitaire A (non nécessairement archimédien) l'espace μA des ℓ-idéaux maximaux est homéomorphe à l'espace X des valeurs de l'élément unité e .

D'après (10.2.5), l'application M qui à tout sous-groupe premier p ne contenant pas l'élément unité e associe l'unique valeur $x = Mp$ de e qui contient p est une rétraction continue. Aucun ℓ-idéal maximal ne contient e ; la restriction $M|_{\mu A}$ est donc une application continue de μA dans X . Si p et p' sont des ℓ-idéaux maximaux distincts, alors $p+p' = A$; il n'y donc aucune valeur de e contenant à la fois p et p' ; donc $Mp \neq Mp'$. D'autre part, si x est une valeur de e , il y a un sous-groupe premier minimal p contenu dans x . Puisque p est aussi un ℓ-idéal d'après (9.1.2), il y a un ℓ-idéal maximal m contenant p . On a nécessairement $m \subset x$, donc $Mm = x$. Ainsi nous avons démontré que l'application continue $M|_{\mu A} : \mu A \to X$ est bijective. Puisque μA et X sont compacts, elle est un homéomorphisme.

13.3.7. PROPOSITION. Tout f-anneau archimédien unitaire A est isomorphe à un ℓ-sous-anneau large de $\mathcal{E}(\mathrm{Spec}\ A)$.

En effet, d'après (13.3.4) et (13.3.6) on a un isomorphisme $a \mapsto \hat{a}$ de A sur un ℓ-sous-anneau large de $\mathcal{E}(\mu A)$. D'après (10.2.3), on a une rétraction continue $M : \mathrm{Spec}\ A \to \mu A$. Si U_a désigne l'ouvert partout dense de μA sur lequel la fonction réelle $\hat{a}$ est définie, on pose $V_a = M^{-1}U_a$, et on définit $\tilde{a} : V_a \to \mathbb{R}$ par $\tilde{a} = \hat{a} \circ M$. On démontre de la même manière que dans (13.2.7) que $a \mapsto \tilde{a}$ est un homomorphisme du f-anneau A sur un sous-anneau large de $\mathcal{E}(\mathrm{Spec}\ A)$.

13.4. Représentation sur l'espace de Stone.

Soit A un groupe réticulé ou un f-anneau réduit archimédien et σA son espace de Stone, c'est-à-dire l'espace des idéaux maximaux de l'algèbre de Boole des polaires de A (cf. 10.3.7 et 8). L'espace σA est extrêmement discontinu. D'après (13.1.7), on a $E(\sigma A) = D(\sigma A)$, c'est-à-dire que toute fonction continue $f : U \to \mathbb{R}$, où U est un ouvert partout dense de σA, peut être prolongée en une fonction continue $\bar{f} : \sigma A \to \overline{\mathbb{R}}$. De plus, $D(\sigma A)$ est un groupe (et un f-anneau) complet et latéralement complet. Par ces propriétés il est souhaitable de représenter A dans $D(\sigma A)$. Cela s'accomplit à l'aide de la fonction continue $k : \sigma A \to \mathrm{Spec}^* A$ du lemme (10.3.11). Le résultat donne, en fait, une nouvelle démonstration de l'existence du complété d'un groupe archimédien (cf. sec. 11.3).

13.4.1. THEOREME. Pour tout groupe réticulé archimédien A [pour tout f-anneau archimédien réduit A], il existe un isomorphisme $a \mapsto \check{a}$ de A sur un ℓ-sous-groupe [un ℓ-sous-anneau] large $\check{A}$ du groupe réticulé [du f-anneau] $D(\sigma A)$ des fonctions numériques continues presque finies sur l'espace de Stone σA.

Soit d'abord A un groupe réticulé archimédien ou un f-anneau archimédien unitaire. D'après les propositions (13.2.7) et (13.3.7), il y a un isomorphisme $a \mapsto \tilde{a}$ de A sur un ℓ-sous-groupe [ℓ-sous-anneau] large A de $E(\mathrm{Spec}\ A)$. Pour tout $a \in A$, soit V_a un ouvert partout dense de Spec A sur lequel la fonction réelle $\tilde{a}$ est définie. Posons

$$W_a = k^{-1}(V_a) \quad .$$

D'après le lemme (10.3.11), W_a est un ouvert partout dense de σA. Définissons

$$\check{a} : W_a \to \mathbb{R} \quad \text{par} \quad \check{a} = \tilde{a} \circ k \quad .$$

Puisque $\tilde{a}$ et k sont continues, il en est de même de $\check{a}$; par conséquent, $\check{a}$ appartient à $E(\sigma A)$ et nous avons une application

$$a \mapsto \check{a} : A \to E(\sigma A) \quad .$$

On vérifie facilement que cette application est un homomorphisme de groupes réticulés [un homomorphisme de f-anneaux]. Pour l'injectivité, montrons que $\check{a} \neq 0$ pour tout $a \neq 0$. En effet, si $a \neq 0$, alors $\tilde{a} \neq 0$, c'est-à-dire que l'ensemble $s(\tilde{a})$ des $p \in V_a$ tels que $\tilde{a}(p) \neq 0$ est un ouvert non vide de Spec A . Puisque $k(\sigma A)$ est partout dense dans Spec^*A , on a $k(\sigma A)\cap s(\tilde{a}) \neq \emptyset$, et pour tout $x\in\sigma A$ tel que $k(x) \in s(\tilde{a})$, on a $\check{a}(x) = \tilde{a}(k(x)) \neq 0$.

Il reste à démontrer que $\check{A} = \{\check{a} | a\in A\}$ est large dans $E(\sigma A)$. Soit donc W un ouvert non vide de σA ; on peut supposer que $W = s(a^{\perp\perp})$. D'après (13.1.6), il suffit de montrer que $\mathrm{supp}(\check{a}) \subset \bar{W}$. Or, $a^{\perp\perp}$ appartient à x pour tout $x\notin W$; donc $a\in k(x)$ pour tout $x\notin W$ et, par suite $\check{a}(x) = \tilde{a}(k(x)) = 0$ pour tout $x\notin W$. Donc $\mathrm{supp}(\check{a}) \subset \bar{W}$.

Ainsi nous avons démontré que A est isomorphe à un ℓ-sous-groupe [un ℓ-sous-anneau] large de $E(\sigma A)$.

Il reste à considérer le cas d'un f-anneau archimédien réduit non unitaire. Alors A peut être plongé comme ℓ-sous-anneau large dans un f-anneau archimédien unitaire A' d'après (12.3.8) et celui-ci peut être représenté comme ℓ-sous-anneau large de $E(\sigma A')$ d'après ce qui précède. Or, si A est large dans A' , les algèbres de Boole de A et A' respectivement, sont isomorphes d'après (11.1.15). Donc σA et $\sigma A'$ sont homéomorphes. Cela achève la démonstration du théorème.

Donnons une application du théorème précédent aux groupes complets. Soit d'abord A un groupe archimédien divisible. Comme dans le théorème précédent, on peut représenter A par un ℓ-sous-groupe large A de $\mathcal{D}(X)$, où X est un espace compact extrêmement discontinu. Tout sous-groupe solide non réduit à zéro de $\mathcal{D}(X)$, en particulier tout sous-groupe solide engendré par une fonction $f>0$, $f\in\mathcal{D}(X)$, contient donc un élément strictement positif g de A . Il y a donc un entier n tel que $g\leq nf$, ou encore $\frac{1}{n}g \leq f$. Puisque A est divisible, $\frac{1}{n}g \in A$. Ainsi nous avons démontré que A est dense dans $\mathcal{D}(X)$. D'après (13.1.7), $\mathcal{D}(X)$ est complet. D'après (11.3.8), on peut trouver un complété de A en prenant le sous-groupe solide de $\mathcal{D}(X)$ engendré par A . Si A est déjà complet, A est donc un sous-groupe solide de $\mathcal{D}(X)$. Ainsi nous avons démontré:

13.4.2. <u>COROLLAIRE</u>. <u>Un groupe réticulé divisible est complet si, et seulement si, il est isomorphe à un sous-groupe solide de</u> $\mathcal{D}(X)$ <u>pour un certain espace compact extrêmement discontinu</u> X .

Soit maintenant A divisible, complet et latéralement complet. Représentons A comme sous-groupe solide large A de $\mathcal{D}(X)$, où X est un espace compact extrêmement discontinu. Montrons que $A = \mathcal{D}(X)$.

Soit $f \in \mathcal{D}(X)_+$ quelconque. Choisissons une famille orthogonale (g_λ) dans A maximale parmi les familles orthogonales (g_λ) telles que $g_\lambda(x) = f(x)$ ou $g_\lambda(x) = 0$ pour tout x, quel que soit λ. Soit $g = \bigvee g_\lambda$. Puisque A est latéralement complet, on a $g \in A$. Supposons que $g < f$. Posons $h = f - g > 0$. Pour tout x, on a $h(x) = f(x) - g(x) = f(x)$ ou $= 0$. Puisque A est dense dans $\mathcal{D}(X)$, on peut trouver un $a \in A$ tel que $0 < a \leq h$. Il y a un n tel que l'ouvert $U = \{x \in X \mid 0 < h(x) < na(x)\}$ soit non vide. Soit V un ouvert compact contenu dans U et posons

$$b(x) = \begin{cases} 0 & \text{si } x \notin V, \\ h(x) = f(x) & \text{si } x \in V. \end{cases}$$

Alors $b \leq na$. Donc $b \in A$, puisque A est solide. Puisque b est orthogonal à tous les g_λ, la famille (g_λ) n'était pas maximale dans le sens voulu contrairement à l'hypothèse. Donc $f = g \in A$. Ainsi nous avons:

13.4.3. <u>COROLLAIRE</u>. <u>Un groupe réticulé divisible est complet et latéralement complet si, et seulement si, il est isomorphe à</u> $\mathcal{D}(X)$ <u>pour un certain espace compact extrêmement discontinu</u> X.

Un groupe archimédien A est dit <u>essentiellement fermé</u> s'il n'admet pas d'extension essentielle archimédienne propre. Puisque $\mathcal{D}(\sigma A)$ est une extension essentielle de A d'après (13.4.1), un groupe archimédien essentiellement fermé A est isomorphe à $\mathcal{D}(\sigma A)$. Réciproquement, soit X un espace compact extrêmement discontinu. Montrons que $\mathcal{D}(X)$ est essentiellement fermé. En effet, soit A une extension essentielle archimédienne de $\mathcal{D}(X)$. Puisque $\mathcal{D}(\sigma A)$ est une extension essentielle de A, $\mathcal{D}(\sigma A)$ est aussi une extension essentielle de $\mathcal{D}(X)$. Puisque $\mathcal{D}(X)$ est complet, latéralement complet et divisible, le raisonnement précédent (13.4.3) démontre, que $\mathcal{D}(X)$ est égal à $\mathcal{D}(\sigma A)$, d'où l'on tire que A est isomorphe à $\mathcal{D}(\sigma A)$. Ainsi nous avons:

13.4.4. <u>COROLLAIRE</u>. <u>Un groupe archimédien est essentiellement fermé si, et seulement si, il est isomorphe à</u> $\mathcal{D}(X)$ <u>pour un espace compact extrêmement discontinu</u> X.

13.4.5. La représentation sur l'espace de Stone est unique dans le sens suivant: Soit A un groupe réticulé archimédien. Soient X et Y deux espaces compacts extrêmement discontinus et $a \mapsto a^\alpha$, $a \mapsto a^\beta$

deux homomorphismes injectifs de A sur des sous-groupes larges de $\mathcal{D}(X)$ et $\mathcal{D}(Y)$, respectivement. Alors il existe un homéomorphisme $\eta : X \to Y$ et $f \in \mathcal{D}(X)$ tels que, pour tout $a \in A$:

$$a^{\beta}(\eta x) = f(x) \cdot a^{\alpha}(x)$$

pour tous les $x \in X$ pour lesquels le produit $f(x) \cdot a^{\alpha}(x)$ est défini. Si, de plus, A est un f-anneau et si $a \mapsto a^{\alpha}$ et $a \mapsto a^{\beta}$ sont des homomorphismes de f-anneaux, alors

$$a^{\beta}(\eta x) = a^{\alpha}(x)$$

quels que soient $x \in X$ et $a \in A$.

Nous ne donnerons pas la démonstration de ce résultat. Elle résulte de deux observations: Puisque A est isomorphe à un sous-groupe large de $\mathcal{D}(X)$ et de $\mathcal{D}(Y)$, l'algèbre de Boole $P(A)$ des polaires est isomorphe à $P(\mathcal{D}(X))$ et à $P(\mathcal{D}(Y))$ d'après (11.1.15). Donc $P(\mathcal{D}(X))$ et $P(\mathcal{D}(Y))$ sont isomorphes. Or, $P(\mathcal{D}(X))$ est isomorphe à l'algèbre de Boole des ouverts fermés de X d'après (13.1.9). Donc $X \cong \sigma P(\mathcal{D}(X)) \cong \sigma P(\mathcal{D}(Y)) \cong Y$. Deuxièmement ou utilise (13.3.2c).

13.5. Représentation des groupes archimédiens singuliers.

Dans cette section nous montrons que tout groupe archimédien singulier (pour la définition voir la section 11.2) peut être représenté par des fonctions continues à valeurs dans $\overline{\mathbb{Z}}$, où

$$\overline{\mathbb{Z}} = \mathbb{Z} \cup \{-\infty, +\infty\} \subset \overline{\mathbb{R}} .$$

Fixons d'abord quelques notations: Soit X un espace topologique. Désignons par $E(X,\mathbb{Z})$ le ℓ-sous-groupe de $E(X)$ formé par les fonctions continues $f : U_f \to \mathbb{Z}$ définies sur un ouvert dense U_f de X. Par $\mathcal{D}(X,\mathbb{Z})$ on désigne l'ensemble des fonctions $f \in E(X,\mathbb{Z})$ qui admettent un prolongement continu $\bar{f} : X \to \overline{\mathbb{Z}}$. Finalement, $C(X,\mathbb{Z})$ désigne le groupe réticulé des fonctions continues $f : X \to \mathbb{Z}$ et $C_k(X,\mathbb{Z})$ celui des fonctions continues $f : X \to \mathbb{Z}$ à supports compacts. Dans tous ces groupes réticulés, les fonctions qui ne prennent que les valeurs 0 et 1 sont des éléments singuliers. Ainsi on a:

13.5.1. PROPOSITION. *$E(X,\mathbb{Z})$, $C(X,\mathbb{Z})$ et $C_k(X,\mathbb{Z})$ sont des groupes singuliers.*

Soit, réciproquement, A un groupe réticulé archimédien singulier et S l'ensemble des éléments singuliers de A . Soit X l'ensemble des valeurs des éléments singuliers:

$$X = \bigcup_{s \in S} \mathrm{val}(s) .$$

Alors X est un sous-espace de Spec A .

13.5.2. PROPOSITION. *L'espace* $X = \bigcup_{s\in S} \mathrm{val}(s)$ *admet une base d'ouverts compacts; plus précisément, les ouverts compacts de* X *sont exactement les ensembles de la forme* val(s) , $s \in S$.

En effet, d'après (10.2.5), val(s) est compact. D'autre part, tout sous-groupe premier ne contenant pas un élément singulier s est premier minimal (11.2.11). Donc val(s) = S(s) , et S(s) est ouvert dans Spec A et, par suite, dans X . Montrons que les ensembles de la forme val(s) avec $s \in S$ forment une base de l'espace X . On sait que les ensembles de la forme $S_X(a) = S(a) \cap X$, $a \in A_+$, forment une base de X . Or,

$$S(a) \cap X = \bigcup_{s\in S} (S(a) \cap \mathrm{val}(s)) = \bigcup_{s\in S} (S(a) \cap S(s)) =$$

$$= \bigcup_{s\in S} S(a \wedge s) \quad \text{d'après (10.1.1.v).}$$

Si $a \wedge s$ est différent de 0 , alors $a \wedge s$ est singulier, puisque majoré par l'élément singulier s . Cela établit l'assertion.

Finalement soit K un ouvert compact de X . Alors K est la réunion d'une famille d'ouverts de base, $K = \bigcup_{s\in T} \mathrm{val}(s)$, où T est une certaine partie de S . Puisque K est compact, T peut être choisi fini. Donc $K = \bigcup_{s\in T} \mathrm{val}(s) = \bigcup_{s\in T} S(s) = S(\bigvee_{s\in T} s)$. Comme $t = \bigvee_{s\in T} s$ est aussi singulier, on a bien K = val(t) avec $t \in S$.

13.5.3. THEOREME. *Soit* A *un groupe réticulé archimédien singulier. Il y a un espace topologique* X *qui possède une base d'ouverts compacts et un isomorphisme* $a \mapsto \hat{a}$ *sur un groupe réticulé* $\hat{A} \subset \mathcal{D}(X,\mathbb{Z})$ *de fonctions continues* $f : X \to \overline{\mathbb{Z}}$, *presque finies, de sorte qu'aux éléments singuliers de* A *correspondent exactement les fonctions caractéristiques des ouverts compacts de* X ; *en particulier,* $C_k(X,\mathbb{Z}) \subset \hat{A}$

Soit X l'espace des valeurs des éléments singuliers de A comme dans la prosposition précédente. Pour tout $x \in X$, choisissons un élément singulier $s \notin \chi$. Soit ξ_χ l'unique caractère de A tel que $\ker \xi_\chi = \chi$ et $\xi_\chi(s) = 1$ (cf. 13.2.2). Puisque $s+\chi$ couvre χ dans A/χ d'après (11.2.8), ξ_χ ne prend que des valeurs dans $\mathbb{Z}$. De plus, ξ_χ ne dépend pas de l'élément singulier s . En effet, si t est un autre élément singulier non contenu dans χ , alors $t+\chi$ couvre aussi χ dans A/χ , d'où $s+\chi = t+\chi$.

A tout élément $a \in A$, on associe une fonction $\hat{a} : X \to \mathbb{Z}$ en définissant $\hat{a}(\chi) = \xi_\chi(a)$ quel que soit $\chi \in X$.

De la construction, il découle immédiatement que pour tout élément singulier s , la fonction $\hat{s}$ est la fonction caractéristique de l'ouvert compact val(s) . Puisque tout ouvert compact de X est de cette forme, les fonctions caractéristiques des ouverts compacts de X sont toutes de la forme $\hat{s}$ avec $s \in S$.

Nous omettons les démonstrations du fait que $\hat{a} \in \mathcal{D}(X,\mathbb{Z})$ et que $a \mapsto \hat{a}$ est un homomorphisme injectif de groupes réticulés. Ces démonstrations sont pratiquement identiques aux démonstrations correspondantes du théorème (13.2.4).

13.5.4. <u>COROLLAIRE</u>. <u>Un groupe réticulé</u> A <u>est engendré par ses éléments singuliers en tant que sous-groupe solide si, et seulement si, il existe un espace topologique ayant une base d'ouverts compacts tel que</u> A <u>soit isomorphe à</u> $C_k(X,\mathbb{Z})$.

La condition est évidemment suffisante. Montrons qu'elle est nécessaire. D'après le théorème précédent il suffit de montrer qu'un groupe réticulé engendré par ses éléments singuliers en tant que sous-groupe solide est archimédien. Supposons par l'absurde qu'il existe des éléments a et b dans A tels que $e < a^n < b$ pour tout $n>0$. (A n'étant pas supposé commutatif à priori, nous adoptons la notation multiplicative.) Puisque A est singulier, il existe un élément singulier s majoré par a , et puisque A est engendré par ses éléments singuliers en tant que sous-groupe solide, il existe un élément singulier t tel que $b<t^k$ pour un certain k . Donc $s^n < t^k$ pour tout entier n . Soit M un sous-groupe premier ne contenant pas s . D'après (11.2.8), sM couvre M dans $G(M)$; de même, tM couvre M . Donc $tM = sM$ et $t^kM < s^{k+1}M$ ce qui est absurde.

Cette section se termine par une caractérisation des groupes singuliers complets.

13.5.5. <u>LEMME</u>. <u>Si le groupe archimédien singulier</u> A <u>est complet,</u>

l'espace X des valeurs des éléments singuliers est extrêmement discontinu.

En effet, soit U un ouvert de X et montrons que $\bar{U}$ est aussi ouvert. Remarquons que $U = \bigcup_{t\in T} \mathrm{val}(t)$ pour une certaine partie T de S. Soit

$$V = \bigcup_{t\in T^{\perp}\cap S} \mathrm{val}(t) \ , \quad W = \bigcup_{t\in T^{\perp\perp}\cap S} \mathrm{val}(t) \ .$$

Puisque $T^{\perp}$ et $T^{\perp\perp}$ sont orthogonaux, V et W sont des ouverts disjoints. Pour un élément singulier quelconque s on a $s = v+w$ avec $v\in T^{\perp}$ et $w\in T^{\perp\perp}$. De plus, v et w sont singuliers (ou nuls) puisqu'ils sont majorées par s. Donc $\mathrm{val}(s) = S(s) = S(v)\cup S(w) = \mathrm{val}(v)\cup\mathrm{val}(w) \subset V\cup W$. Il s'ensuit que $X = V\cup W$. D'autre part $U\subset W$, puisque $T \subset T^{\perp\perp}\cap S$; et V est le plus grand ouvert de X disjoint de U, d'où $\bar{U} = X\setminus V = W$.

13.5.6. THEOREME. Pour un groupe réticulé A, les propriétés suivantes sont équivalentes:

(i) A est singulier et complet.

(ii) Il y a un espace localement compact extrêmement discontinu X tel que A soit isomorphe à un sous-groupe solide de $\mathcal{D}(X,\mathbb{Z})$ qui contient $C_k(X,\mathbb{Z})$.

(iii) Il y a un espace topologique extrêmement discontinu X tel que A soit isomorphe à un sous-groupe solide de $\mathcal{D}(X,\mathbb{Z})$.

Toute fonction $f\in C_k(X,\mathbb{Z})$ est une combinaison linéaire à coéfficients entiers d'éléments singuliers. Donc (i) implique (ii) d'après le lemme précédent et le théorème (13.5.3). Evidemment, (ii) implique (iii). Finalement, (iii) implique (i), puisque $\mathcal{D}(X,\mathbb{Z})$ est singulier et stable pour les bornes supérieures et inférieures dans $\mathcal{D}(X)$, et puisque $\mathcal{D}(X)$ est complet pour X extrêmement discontinu.

Note du Chapitre 13

Les débuts de la théorie des espaces vectoriels réticulés et, par suite, de la théorie des groupes réticulés ont été très fortement marqués par les théories spectrales de l'analyse. Il nous semble indiqué de donner un aperçu de ce point de départ:

Soit H un espace de Hilbert et T un opérateur auto-adjoint sur H. D'après un théorème classique, l'opérateur T possède une <u>résolution spectrale</u>; il s'agit là d'une famille $(E_\lambda)_{\lambda\in\mathbb{R}}$ de projecteurs de H qui satisfait les conditions suivantes:

$$(*)\qquad \begin{aligned} &E_\lambda E_\mu = E_\lambda \quad \text{si} \quad \lambda\leq\mu , \\ &E_\mu = \lim_{\lambda\to\mu-0} E_\lambda , \quad \lim_{\lambda\to-\infty} E_\lambda = 0 , \quad \lim_{\lambda\to+\infty} E_\lambda = I , \end{aligned}$$

où I désigne l'opérateur identique. Et pour T on a la représentation intégrale suivante:

$$T = \int \lambda dE_\lambda .$$

On s'était posé la question de savoir quel était le cadre axiomatique approprié qui permettait de démontrer ce théorème spectral et, plus généralement, de développer le calcul des opérateurs. Simultanément, en 1936, H. FREUDENTHAL et S.W.P. STEEN ont proposé des solutions semblables dont l'idée clef est la suivante:

Soit A une algèbre réelle complètement réticulée qui admet un élément unité I qui de plus est une unité faible. Sur A on introduit une notion de convergence en définissant qu'une suite (T_n) converge vers T, s'il existe $R\in A$ tel que pour tout $\varepsilon>0$ il existe un entier naturel N de manière que $|T_n-T| < \varepsilon R$ pour tout $n\geq N$. Pour $T\in A$, on pose:

$$E_\lambda = \bigvee_{n\in\mathbb{N}} (I\wedge n(T-\lambda I))$$

quel que soit $\lambda\in\mathbb{R}$. Alors la famille des E_λ vérifie les propriétés (*) et on a la représentation intégrale

$$T = \int \lambda dE_\lambda$$

comme auparavant. Ici l'intégrale est définie comme l'intégrale de Riemann-Stieltjes en utilisant la notion de convergence définie ci-dessus.

Ce théorème implique le théorème de représentation intégrale des opérateurs sur un espace de Hilbert. En effet, si T est un opérateur borné auto-adjoint, l'algèbre d'opérateurs A engendrée par T, fermée pour la topologie forte, est complètement réticulée, le cône positif de A étant formé par les opérateurs positifs. Si T n'est pas borné, un raisonnement auxiliaire donne le résultat. On trouvera un exposé détaillé de ce sujet dans le livre de VULIKH [2].

Bientôt, M.H. STONE [2], H. NAKANO [6] et d'autres ont remarqué que la résolution spectrale (*) d'un élément T d'une algèbre réticulée peut être décrite aussi par une fonction numérique définie sur un espace topologique convenablement choisi. Si l'on choisit comme espace topologique un sous-espace du spectre, la fonction numérique f représentant T est donnée par $f(x) = \sup\{\lambda \mid E_\lambda \notin x\}$. Il s'est avéré que la représentation par des fonctions numériques continues était mieux adaptée aux besoins de la théorie des groupes et anneaux réticulés que la représentation intégrale. Un grand nombre de travaux sur cette question suivirent.

Signalons les travaux de YOSIDA [1], NAKANO [6], OGASAWARA [3], MAEDA et OGASAWARA [1], AMEMIYA [1], D.G. JOHNSON et KIST [1] sur la représentation des espaces vectoriels archimédiens; on trouvera une présentation très détaillée de la question dans le livre de LUXEMBURG et ZAANEN [1]. En ce qui concerne les algèbres réelles archimédiennes, citons YOSIDA et NAKAYAMA [1], VERNIKOFF, KREIN et TOVBIN [1], NAKANO [5], BRAINERD [1, 2, 4, 6]. PAPERT [1] a donné un théorème de représentation pour les groupes archimédiens en général. Pour les f-anneaux archimédiens, D.G. JOHNSON [2] et J. KIST [1] ont utilisé l'espace des ℓ-idéaux maximaux. Une discussion détaillée de la représentation sur l'espace de Stone et de son unicité aussi bien pour les groupes que pour les f-anneaux archimédiens est présentée par BERNAU [2]. La représentation des orthomorphismes par des fonctions numériques continues est due à CONRAD et DIEM [1], ainsi qu'à BIGARD et KEIMEL [1]. La représentation des groupes archimédiens singuliers a été étudiée par WOLFENSTEIN [7], [8].

L'utilisation de caractères dans la démonstration du théorème de représentation pour les groupes archimédiens est suggérée implicitement par CHAMBLESS [2], explicitement par SCHAEFER [1].

Sur les propriétés de groupes de fonctions continues $\mathcal{C}(X)$, $\mathcal{D}(X)$ et $\mathcal{E}(X)$ il y a une vaste bibliographie qui dépasse le cadre de ce livre. On pourra consulter le livre de GILLMAN et JERISON [1] à ce sujet. Indiquons seulement que NAKANO [4] et STONE [3] indépendamment ont caractérisé les espaces topologiques X pour lesquels $\mathcal{C}(X)$ est complet ou σ-complet.

Chapitre 14.

GROUPES HYPER-ARCHIMEDIENS ET SOMMES DIRECTES DE GROUPES REELS

Dans ce chapitre, nous appliquons une bonne partie de la théorie des groupes et anneaux réticulés et de leurs représentations, exposée dans cet ouvrage, afin de décrire certaines classes de groupes et d'anneaux réticulés qui ont une structure particulièrement agréable. Il s'agit d'une part des groupes et anneaux réticulés dont toute image homomorphe est archimédienne, d'autre part des groupes réticulés sommes directes de groupes réels. Nous terminons par une caractérisation des groupes factoriels que l'on rencontre comme groupes de divisibilité des anneaux factoriels.

14.1. Groupes hyper-archimédiens.

Une image homomorphe d'un groupe réticulé archimédien n'est pas archimédienne, en général. Considérons par exemple $A = C(\mathbb{R})$; l'ensemble $H = C_k(\mathbb{R})$ des fonctions à supports compacts est un sous-groupe solide; mais A/H n'est pas archimédien, puisque, pour tout n, $nx < x^2$ en dehors d'un certain compact.

14.1.1. DEFINITION. Un groupe réticulé A est dit hyper-archimédien, si toute image homomorphe de A est archimédienne.

Le théorème suivant montre que les groupes hyper-archimédiens ont une structure assez particulière:

14.1.2. THEOREME. Pour un groupe réticulé A les propriétés suivantes sont équivalentes:

(i) A est hyper-archimédien.

(ii) Tout sous-groupe premier de A est maximal (et par suite aussi minimal).

(iii) Tout sous-groupe solide de A est l'intersection d'une famille de sous-groupes solides maximaux.

(iv) Tout sous-groupe solide principal est un facteur direct.

(v) A est isomorphe à un groupe réticulé $\hat{A}$ de fonctions réelles définies sur un ensemble X tel que, quels que soient $0 \leq$ $\leq f,g \in A$, il existe n de façon que $g(x) \leq nf(x)$ pour tout x tel que $f(x) \neq 0$.

(vi) Quels que soient $f,g \in A_+$, il existe $n>0$ tel que $nf \wedge g = (n+1)f \wedge g$.

(i) implique (ii). En effet, soit p un sous-groupe premier de A. Puisque A/p est un groupe totalement ordonné archimédien, il n'admet pas de sous-groupe solide propre non nul. Donc p est maximal (ii) implique (iii), puisque tout sous-groupe solide est l'intersection des sous-groupes premiers le contenant. Inversement, (iii) implique (ii), puisqu'un sous-groupe premier quelconque est contenu dans un sous-groupe premier maximal au plus. (ii) implique (iv): Il suffit de montrer que, pour tout $f \in A$, on a $C(f) + f^{\perp} = A$, où $C(f)$ désigne le sous-groupe solide engendré par f. Or, si $C(f) + f^{\perp} \neq A$, il existe un sous-groupe premier p contenant $C(f) + f^{\perp}$; mais p est premier minimal d'après (ii), et aucun sous-groupe premier minimal ne contient à la fois f et $f^{\perp}$ (cf. 3.4.13).

(iv) implique (vi): Soient $f,g \in A_+$. En vertu de (iv), on peut écrire $g = g_1+g_2$ avec $g_1 \in C(f)$ et $g_2 \in f^{\perp}$. Il existe un entier n tel que $g_1 \leq nf$. On en déduit que $nf \wedge g = nf \wedge (g_1+g_2) = ((nf-g_1) \wedge g_2)+g_1$ $= g_1$, puisque $0 \leq nf-g_1 \in C(f)$ et $g_2 \in f^{\perp}$. De même $(n+1)f \wedge g = g_1$ d'où l'égalité voulue.

(vi) implique (i): Tout groupe réticulé vérifiant (vi) est archimédien; car si $mf \leq g$ pour tout m, alors $nf = nf \wedge g = (n+1)f \wedge g =$ $= (n+1)f$, d'où $f=0$. Puisque la propriété (vi) est héritée par tou image homomorphe, elle implique bien la propriété (i).

Il est clair que (v) implique (vi): L'entier n de (v) satisfait la condition (vi). Réciproquement, (vi) implique (v): Puisque nou avons déjà démontré que (vi) est équivalent à (i) et (iii), nous savon que A est archimédien, donc commutatif, et que l'intersection des sous-groupes premiers maximaux est nulle, ce qui implique que A est un produit sous-direct de groupes réels. On peut donc supposer que A est un groupe réticulé de fonctions réelles. Pour des éléments positifs f,g de A, on peut trouver un n tel que $nf \wedge g = (n+1)f \wedge g$. Si $f(x) > 0$, cela signifie que $nf(x) \geq g(x)$.

Cela achève la démonstration du théorème.

En utilisant la propriété (v), on démontre facilement les propriétés suivantes:

14.1.3. COROLLAIRE. *Tout ℓ-sous-groupe d'un groupe hyper-archimédien est hyper-archimédien.*

14.1.4. COROLLAIRE. *Soit A un groupe réticulé de fonctions réelles dont chacune n'admet qu'un nombre fini de valeurs. Alors A est hyper-archimédien.*

Soit en particulier $L(X)$ le groupe réticulé des fonctions réelles localement constantes à supports compacts, définies sur un espace localement compact X. Alors $L(X)$ est hyper-archimédien. Mais il y a des exemples de groupes hyper-archimédiens qui ne sont pas du type décrit dans le corollaire précédent.

Comme tout groupe archimédien, un groupe hyper-archimédien peut être représenté par des fonctions réelles continues. Une autre représentation très satisfaisante peut être obtenue par l'utilisation des faisceaux.

14.1.5. PROPOSITION. *Le spectre, c'est-à-dire l'espace des sous-groupes premiers, d'un groupe hyper-archimédien A, est séparé et possède une base d'ouverts compacts; plus précisément, les ensembles de la forme S(f), $f \in A$, sont exactement les ouverts compacts de Spec A.*

En effet, les sous-groupes premiers de A étant tous maximaux, Spec A est séparé d'après (10.2.2). Pour le reste il suffit d'appliquer (10.1.4).

14.1.6. THEOREME. *Un groupe réticulé A est hyper-archimédien si, et seulement si, A est isomorphe au groupe réticulé $\Gamma_k F$ de toutes les sections à supports compacts d'un faisceau de groupes réels, dont l'espace de base possède une base d'ouverts compacts.*

Soit d'abord A un groupe hyper-archimédien. Considérons le faisceau $G(A)$ des germes sur $\mathrm{Spec}\,A$ (cf. 10.6.2). Tout sous-groupe premier étant à la fois premier minimal et maximal, on a $v_p = p$ pour tout $p \in \mathrm{Spec}\,A$, et les fibres $A_p = A/v_p = A/p$ sont des groupes réels. D'après le théorème (10.6.2), on a un homomorphisme injectif $a \mapsto \hat{a}$ de A dans $\Gamma G(A)$ tel que toute section à support quasi-compact soit de la forme $\hat{a}$. Dans notre cas, toute section de la forme $\hat{a}$ est à support compact d'après la proposition précédente; car $\mathrm{supp}(\hat{a}) = \{p \in \mathrm{Spec}\,A \mid a \notin v_p = p\} = S(a)$. Donc A est isomorphe à $\Gamma_k G(A)$.

Réciproquement, soit $F = \langle E, \eta, X \rangle$ un faisceau de groupes réels. Alors $\Gamma_k F$ est un groupe réticulé de fonctions réelles σ dont le support strict $s(\sigma) = \{x \in X \mid \sigma(x) \neq 0\} = \mathrm{supp}(\sigma)$ est compact. L'assertion résulte alors de la proposition suivante:

14.1.7. PROPOSITION. Un groupe réticulé A est hyper-archimédien si, et seulement si, il peut être représenté par des fonctions réelles à supports stricts compacts définies sur un espace séparé.

On remarquera que les fonctions réelles en question ne sont pas nécessairement continues. Pour la démonstration, notons que la condition du lemme est nécessaire, puisque nous avons déjà démontré qu'un groupe hyper-archimédien peut être représenté par les sections à supports compacts d'un faisceau de groupes réels. La condition est aussi suffisante. En effet, soit A un groupe réticulé de fonctions réelles f sur un espace séparé X telles que le support strict $s(f) = \{x \in X \mid f(x) \neq 0\}$ soit compact. Montrons que A vérifie la propriété (v) du théorème (14.1.2). Soient f et g dans A_+. Posons $V_n = \{x \in s(f) \mid nf(x) \geq g(x)\} = s(f) \cap (X \setminus s((g-nf)_+))$. On voit que V_n est ouvert dans $s(f)$ car $s((g-nf)_+)$ est compact, donc fermé. De plus, $s(f) = \bigcup_n V_n$. Puisque $s(f)$ est compact et puisque la famille des V_n est croissante, il existe un n tel que $s(f) = V_n$. Cela signifie que $nf(x) \geq g(x)$ pour tout x tel que $f(x) \neq 0$.

Les groupes hyper-archimédiens complets seront entièrement caractérisés dans la section 14.4. Ici nous traitons le cas singulier:

14.1.8. THEOREME. Un groupe réticulé est hyper-archimédien, singulier et complet si, et seulement si, il est isomorphe à $C_k(X, \mathbb{Z})$ pour un certain espace localement compact extrêmement discontinu X.

$C_k(X,\mathbb{Z})$ est en effet hyper-archimédien, parce que les fonctions $f \in C_k(X,\mathbb{Z})$ n'ont qu'un nombre fini de valeurs. Si X est extrêmement discontinu, $C_k(X,\mathbb{Z})$ est complet en tant que ℓ-sous-groupe fermé de $\mathcal{D}(X)$. Réciproquement, soit A hyper-archimédien, singulier et complet. D'après le corollaire (13.5.4), il suffit de montrer que A est engendré par ses éléments singuliers en tant que sous-groupe solide. Soit $a \in A_+$. Soit t la borne supérieure des éléments singuliers majorés par a. D'après (11.2.10), t est aussi singulier. On va montrer que $a \in C(t)$: Comme A est hyper-archimédien, $C(t) = t^{\perp\perp}$. Si $a \notin t^{\perp\perp}$, il existe $0 < x \in t^{\perp}$ avec $a \wedge x > 0$. Si s est un élément singulier majoré par $a \wedge x$, on a $s \leq t$, donc $s = s \wedge t = 0$ ce qui est absurde.

14.2. f-Anneaux hyper-archimédiens.

Considérons maintenant un f-anneau hyper-archimédien A. Observons d'abord que tout sous-groupe solide de A est un idéal de l'anneau A. En effet, tout sous-groupe solide principal est un facteur direct, donc une polaire, et toute polaire d'un f-anneau est un ℓ-idéal.

14.2.1. PROPOSITION. Tout f-anneau hyper-archimédien A est la somme directe d'un f-anneau réduit et d'un zéro anneau, les deux facteurs étant hyper-archimédiens.

D'après (12.3.11), les éléments nilpotents de A sont des annulateurs et ils forment une polaire d. Il suffit donc de montrer que tout élément positif g de A peut s'écrire $g = a+b$, où a est nilpotent et b orthogonal à d. Puisque A est hyper-archimédien, on peut dire que $g = a+b$ avec $a \in (g^2)^{\perp}$ et $b \in C(g^2)$. On montre d'abord que $a^2 = 0$; en effet, $a^2 \in (g^2)^{\perp}$, et $0 \leq a \leq g$ implique $0 \leq a^2 \leq g^2$. Puisque a est nilpotent et, par suite, annulateur, on conclut $g^2 = b^2$. Puisque $b \in C(g^2) = C(b^2)$, il existe n tel que $b \leq nb^2$; par conséquent, $nb \leq (nb)^2$, c'est à dire que nb est un élément dominant dans $C(b)$. Donc $C(b)$ est réduit d'après (12.3.8). Il s'ensuit que b est orthogonal à d ; car si $h \geq 0$ est nilpotent, $b \wedge h$ est un élément nilpotent dans $C(b)$, d'où $b \wedge h = 0$.

14.2.2. THEOREME. Pour qu'un f-anneau A soit hyper-archimédien et

<u>réduit, il faut et il suffit que</u> A <u>soit isomorphe à un anneau réticulé de fonctions réelles bornées</u> f <u>définies sur un ensemble</u> X , <u>telles que</u> $\inf\{|f(x)|\,|\,f(x)\neq 0\}>0$.

La condition est suffisante, car elle implique la condition (v) du théorème (14.1.2). Elle est aussi nécessaire: Soit A un anneau hyper-archimédien réduit. Soit p un ℓ-idéal irréductible minimal de A . Alors A est un idéal premier de l'anneau A et un sous-groupe premier du groupe réticulé A . D'après le théorème (14.1.2), p est un sous-groupe premier maximal. Donc A/p est un anneau totalement ordonné archimédien réduit, c'est-à-dire un sous-anneau de $\mathbb{R}$. Par conséquent, A est un produit sous-direct d'anneaux réels. On peut donc représenter A comme anneau de fonctions réelles. Soit $0\leq f\in A$. D'après (14.1.2.vi), il existe n tel que $nf^2\wedge f=(n+1)f^2\wedge f$. Pour tout x tel que $f(x)>0$, on a donc $nf(x)^2\geq f(x)$, d'où $f(x)\geq\frac{1}{n}$ De même, il existe m tel que $mf\wedge f^2=(m+1)f\wedge f^2$, d'où $mf\geq f^2$ ou encore $m\geq f(x)$ pour tout $x\in X$.

En modifiant légèrement la démonstration du théorème (14.1.6), on obtient:

14.2.3. <u>THEOREME</u>. <u>Un f-anneau est hyper-archimédien et réduit si, et seulement si, il est isomorphe au f-anneau de toutes les sections à supports compacts d'un faisceau d'anneaux réels, dont l'espace de base possède une base d'ouverts compacts</u>.

Comme pour les treillis de Boole, on peut établir une dualité entre les espaces compacts ayant une base d'ouverts compacts et les f-anneaux hyper-archimédiens singuliers unitaires [resp. les f-algèbres réelles hyper-archimédiennes et unitaires].

Considérons d'abord un f-anneau hyper-archimédien réduit A quelconque. Spec A est un espace séparé qui admet une base d'ouverts compacts. De plus, il y a un faisceau séparé $G(A)=\langle E,\eta,\text{Spec }A\rangle$ d'anneaux réels sur Spec A tel que A soit isomorphe au f-anneau $\Gamma_k G(A)$ de toutes les sections à supports compacts de $G(A)$. Pour tout $p\in\text{Spec }A$, soit φ_p l'unique homomorphisme injectif de la fibre $A_p=A/p$ dans $\mathbb{R}$. Soit $\varphi:E\to\mathbb{R}$ l'application qui sur chaque fibre A_p coïncide avec φ_p. Montrons que φ est continue. En effet, soit $q=\frac{n}{m}$ un nombre rationnel quelconque. Soit t un élément de E tel que $\varphi(t)<q$. Soient $\sigma\in\Gamma_k G(A)$ et $p\in\text{Spec }A$ tels que $\sigma(p)=t$. Pour $q\in\text{Spec }A$, on a $0\neq\varphi\sigma(q)<q=\frac{n}{m}$ si, et seulement si, $\varphi(n\sigma(q)-m\sigma^2(q))>0$, c'est-à-dire si, et seulement si, q appartient au support de $(n\sigma - m\sigma^2)_+$. Puisque ce support est un ouvert compact U, il y a un voisinage V de t dans E tel que $\varphi(s)<q$ pour tout $s\in V$, à savoir $V = \sigma(U)$.

Ainsi, si l'on pose $\tilde{\sigma} = \varphi\sigma$, on obtient un isomorphisme $\sigma \mapsto \tilde{\sigma}$ de $\Gamma_k G(A)$ sur un ℓ-sous-anneau de $C(\text{Spec } A)$; de plus, le support strict de toute fonction $\tilde{\sigma}$ est compact. En tenant compte de (14.1.7), cela montre:

Un f-anneau est hyper-archimédien et réduit si, et seulement si, il est isomorphe à un f-anneau de fonctions réelles continues à supports stricts compacts définies sur un espace séparé.

Le théorème de dualité s'énonce comme suit:

14.2.4. THEOREME. A. Soit A un f-anneau hyper-archimédien singulier unitaire [resp. une f-algèbre réelle hyper-archimédienne unitaire]. Alors l'espace Spec A des ℓ-idéaux premiers de A est compact et admet une base d'ouverts compacts; de plus, A est isomorphe au f-anneau $L(\text{Spec } A, \mathbb{Z})$ [resp. $L(\text{Spec } A, \mathbb{R})$] des fonctions localement constantes définies sur Spec A, à valeurs dans $\mathbb{Z}$ [resp. $\mathbb{R}$].

B. Réciproquement, si X est un espace compact qui admet une base d'ouverts compacts, alors $L(X,\mathbb{Z})$ [resp. $L(X,\mathbb{R})$] est un f-anneau hyper-archimédien singulier unitaire [resp. une f-algèbre réelle hyper-archimédienne unitaire] telle que X soit homéomorphe à $\text{Spec}(L(X,\mathbb{Z}))$ [resp. $\text{Spec}(L(X,\mathbb{R}))$].

En effet, soit A un f-anneau hyper-archimédien singulier unitaire. Nous savons qu'alors Spec A est compact. Chaque fibre $A_p = A/p$ est un anneau réel unitaire qui, d'après (11.2.8), possède un élément strictement positif minimum; donc A_p est isomorphe à $\mathbb{Z}$. De la continuité de l'application $\varphi : E \to \mathbb{Z}$ il résulte que $E = \mathbb{Z}\times\text{Spec } A$. Par conséquent, $A \cong \Gamma_k G(A) \cong C(\text{Spec } A,\mathbb{Z}) = L(\text{Spec } A,\mathbb{Z})$.

Si A est une f-algèbre réelle hyper-archimédienne unitaire, on montre facilement que $\varphi : E \to \mathbb{R}$ reste continue, si l'on munit $\mathbb{R}$ de la topologie discrète. En effet, $\varphi^{-1}(1)$ est égal à (l'image de) la section unité, donc ouvert; et par suite, $\varphi^{-1}(r) = r\varphi^{-1}(1)$ est ouvert dans E pour tout $r\in\mathbb{R}$. On en déduit que $A \cong L(\text{Spec } A,\mathbb{R})$ comme dans le cas précédent.

Ainsi nous avons démontré la partie A. du théorème. La partie réciproque est facile.

14.3. f-Anneaux quasi-réguliers.

D'après le théorème (9.6.3), les f-anneaux S-semi-simples A sont caractérisés par la propriété que, quels que soient $a,b \in A_+$, $a \neq 0$, il existe $x \in A_+$ tel que $ax \nleq b$. Cette propriété rappelle la propriété archimédienne. Il n'est pas étonnant que les f-anneaux S-semi-simples ont des propriétés semblables aux propriétés des groupes archimédiens, dont voici un exemple:

14.3.1. DEFINITION. Un f-anneau A est dit *quasi-régulier*, si toute image homomorphe de A est S-semi-simple.

14.3.2. THEOREME. *Pour un f-anneau A , les propriétés suivantes sont équivalentes:*

(i) *A est quasi-régulier.*

(ii) *Tout ℓ-idéal irréductible de A est un ℓ-idéal maximal premier.*

(iii) *Toute image homomorphe totalement ordonnée de A est ℓ-simple.*

(iv) *Tout ℓ-idéal de A est l'intersection d'une famille de ℓ-idéaux maximaux premiers.*

(v) *A est isomorphe au f-anneau $\Gamma_k F$ de toutes les sections à supports compacts d'un faisceau F d'anneaux totalement ordonnés ℓ-simples, dont l'espace de base X possède une base d'ouverts compacts.*

(vi) *Tout ℓ-idéal principal de A est engendré par un élément suridempotent.*

(vii) *Tout ℓ-idéal principal de A est idempotent et un facteur direc de A .*

(viii) *Tout ℓ-idéal de A est idempotent.*

(ix) *Tout ℓ-idéal de A est semipremier, c'est-à-dire que toute imag homomorphe de A est réduite.*

On vérifie aisément que les propriétés (i), (ii), (iii) et (iv) sont équivalentes. Comme dans la proposition (14.1.5), on en déduit que Spec A possède une base d'ouverts compacts, et comme dans (14.1. on déduit de ces propriétés la représentation dans (v).

(v) implique (vi): Soit $F = \langle E,\eta,X\rangle$ un faisceau d'anneaux ℓ-simples sur l'espace X ayant une base d'ouverts compacts. Soit

$0 \leq \sigma \in \Gamma_k F$. Montrons que le ℓ-idéal principal $<\sigma>$ de Γ_k est engendré par un élément suridempotent. Les fibres A_x de F sont ℓ-simples. Pour tout $x \in X$ tel que $\sigma(x) \neq 0$, on peut trouver un élément $a_x \in A_x$ tel que $\sigma(x) a_x$ soit un élément suridempotent majorant $\sigma(x)$. L'élément a_x de A_x se trouve sur une section locale α_x ; l'espace X possède une base d'ouverts compacts. On peut donc supposer que α_x est définie sur un ouvert compact U_x . En définissant $\alpha_x(y) = 0$ pour tout $y \notin U_x$, on a une section α_x à support compact. Puisque $\sigma\alpha_x$ est suridempotent et majore σ dans le point x , il y a tout un voisinage V_x de x , où la même chose est vraie. Par compacité, on peut recouvrir le support de σ par un nombre fini $V_{x_1}, \ldots, V_{x_n}$ de ces ouverts compacts. En choisissant $\alpha = \alpha_{x_1} \vee \ldots \vee \alpha_{x_n}$, on obtient que $\sigma\alpha$ est suridempotent et majore σ . Ce dernier fait implique $\sigma \in <\sigma\alpha>$; puisque évidemment $\sigma\alpha \in <\sigma>$, on a bien $<\sigma> = <\sigma\alpha>$ ce qui était à démontrer.

(vi) implique (vii), puisque tout ℓ-idéal engendré par un élément suridempotent est idempotent et un facteur direct d'après (9.4.13). Si tout ℓ-idéal principal est idempotent, il en est de même pour tout ℓ-idéal; donc (vii) implique (viii): Il est clair que (viii) implique (ix). Finalement, (ix) implique (iv). En effet, soit p un ℓ-idéal semi-maximal de A ; disons que p est un ℓ-idéal maximal parmi les ℓ-idéaux ne contenant pas un certain élément a de A . Le ℓ-idéal p est semipremier d'après l'hypothèse. D'après (9.4.10), A/p est ℓ-simple. Donc p est un ℓ-idéal maximal. Puisque tout ℓ-idéal de A est l'intersection d'une famille de ℓ-idéaux semimaximaux, il s'ensuit que tout ℓ-idéal est l'intersection d'une famille de ℓ-idéaux maximaux ce qui termine la démonstration du théorème.

14.4. Sommes directes de groupes réels.

Rappelons que, pour un ensemble Λ , on désigne par $\mathbb{R}^{(\Lambda)}$ et $\mathbb{Z}^{(\Lambda)}$ les sommes directes de Λ exemplaires de $\mathbb{R}$ et $\mathbb{Z}$ respectivement, c'est-à-dire les sous-groupes des produits directs $\mathbb{R}^\Lambda$ et $\mathbb{Z}^\Lambda$ qui sont formés des éléments dont toutes les composantes à l'exception d'un nombre fini sont nulles. La caractérisation de ces groupes est le but de cette section. Mais d'abord nous nous demanderons quels groupes réticulés admettent une représentation complète dans un produit direct $\mathbb{R}^\Lambda$. Rappelons qu'une représentation sous-directe $\varphi : G \to \Pi G_\lambda$ est dite complète, si φ conserve les bornes supérieures et inférieures quelconques qui existent dans G .

14.4.1. THEOREME. *Soit* G *un groupe réticulé archimédien. Les propriétés suivantes sont équivalentes:*

(i) G *est complètement distributif.*

(ii) G *peut être représenté dans un produit direct de groupes réels* R_λ , *tel que* $\oplus R_\lambda \subset G \subset \Pi R_\lambda$.

(iii) G *admet une base.*

(iv) G *possède une représentation complète dans un* $\mathbb{R}^\Lambda$.

(i) implique (ii): Soit $(M_\lambda)_\lambda$ la famille des sous-groupes premiers fermés de G . D'après (11.1.12), chaque M_λ est premier maximal et facteur direct. Par conséquent, $R_\lambda = G/M_\lambda$ est un groupe réel et, si l'on considère la représentation sous-directe canonique $\varphi : G \to \Pi R_\lambda$, on voit que $\oplus R_\lambda \subset \varphi(G) \subset \Pi R_\lambda$. Il est clair que (ii) implique (iii). Dans n'importe quel groupe réticulé, (iii) implique (i) d'après (7.3.6).

Puisque $\oplus R_\lambda$ est large dans ΠR_λ , l'injection canonique de tout groupe réticulé compris entre $\oplus R_\lambda$ et ΠR_λ conserve les bornes supérieures et inférieures quelconques qui existent dans G , d'après (12.1.12). Donc (ii) implique (iv). Finalement, (iv) implique (i), puisque tout produit direct d'ensembles totalement ordonnés est complètement distributif (cf. 6.3.1 et 2).

Rappelons que le radical distributif $D(G)$ est l'intersection des premiers fermés $(M_\lambda)_\lambda$ de G . Puisque chaque M_λ est un facteur direct de G , $M_\lambda/D(G)$ est un facteur direct de $G/D(G)$. Par suite $M_\lambda/D(G)$ est un premier fermé de $G/D(G)$. On en déduit que $D(G/D(G))$ est réduit à l'élément neutre. D'après (6.3.3), $G/D(G)$ est complètement distributif. Le théorème précédent permet alors d'affirmer:

14.4.2. COROLLAIRE. *Soit* G *un groupe archimédien. Alors* $G/D(G)$ *admet une représentation complète dans un* $\mathbb{R}^\Lambda$.

Le sujet central de cette section est abordé dans le théorème suivant qui est une spécialisation du théorème (7.5.7) sur les groupes réticulés produits directs restreints de groupes totalement ordonnés.

14.4.3. THEOREME. *Pour un groupe réticulé* G , *les propriétés suivantes sont équivalentes:*

(i) G *est une somme directe de groupes réels.*

(ii) G *est archimédien et ortho-fini.*

(iii) G *est archimédien et valué-fini.*

(iv) G *est archimédien et tout sous-groupe premier minimal est fermé.*

(v) *Tout sous-groupe solide de* G *est une polaire.*

(vi) *Tout sous-groupe solide de* G *est un facteur direct.*

Il est clair que (i) implique (ii). Tout groupe ortho-fini est valué-fini d'après (7.4.4); donc (ii) implique (iii). Puisque d'après (6.4.5) tout sous-groupe solide d'un groupe valué-fini est fermé, (iii) implique (iv).

(iv) implique (v): Tout sous-groupe premier fermé d'un groupe archimédien est maximal et un facteur direct d'après (11.1.12). Si (iv) est vérifie, tout sous-groupe premier est un facteur direct, donc en particulier une polaire. Tout sous-groupe solide étant une intersection de sous-groupes premiers, est donc une polaire.

(v) implique (vi): Si tout sous-groupe solide est une polaire, les sous-groupes solides forment une algèbre de Boole. Le complément d'un sous-groupe solide dans ce treillis de Boole est un complément direct. Finalement, (vi) implique (i): D'après le théorème (7.5.7), G est un produit direct restreint de groupes totalement ordonnés G_λ . Si un des G_λ n'était pas archimédien, il contiendrait un sous-groupe solide propre non nul et celui-ci ne serait pas un facteur direct de G .

D'autres caractérisations des sommes directes de groupes réels utilisent des conditions comme σ-complet ou latéralement complet:

14.4.4. THEOREME. *Pour un groupe réticulé* G *les propriétés suivantes sont équivalentes:*

(i) G *est la somme directe d'un nombre fini de groupes réels.*

(ii) G *est hyper-archimédien et latéralement complet.*

(iii) G *est archimédien et toute famille orthogonale de* G *est finie.*

Il est clair que (i) implique (ii). Montrons que (ii) implique (iii): Supposons par l'absurde que G admette une suite orthogonale infinie $(a_k)_{k\in\mathbb{N}}$. Posons $a = \bigvee_k a_k$ et $b = \bigvee_k ka_k$. Ces bornes supérieures existent, puisque G est latéralement complet. Puisque G est hyper-archimédien, il existe un entier positif n tel que $na \wedge b =$ $= (n+1)a \wedge b$ d'après (14.1.2.vi). Donc $na \wedge b \wedge (n+1)a_{n+1} =$ $= (n+1)a \wedge b \wedge (n+1)a_{n+1}$. En calculant les deux cotés de cette égalité, on trouve $na_{n+1} = (n+1)a_{n+1}$ ce qui est absurde puisque $a_{n+1} \neq 0$. Finalement (iii) implique (i) d'après le théorème précédent.

14.4.5. THEOREME. Pour un groupe réticulé divisible G les propriétés suivantes sont équivalentes:

(i) G est une somme directe de groupes isomorphes à $\mathbb{R}$.

(ii) G est σ-complet et hyper-archimédien.

(iii) G est σ-complet et tout sous-groupe premier minimal de G est stable pour les bornes supérieures dénombrables.

Il est évident que (i) implique (iii). Si (iii) est vérifie, G/P est archimédien pour tout sous-groupe premier minimal P d'après (11.1.9); donc P est premier maximal. Il s'ensuit que G est hyper-archimédien d'après (14.1.2), et nous avons démontré la propriété (ii) Montrons que (ii) implique (i): Supposons que G contient une suite orthogonale infinie $(a_k)_{k \in \mathbb{N}}$, majorée par un élément de G . Poson $a = \bigvee_k a_k$ et $b = \bigvee_k \frac{1}{k} a_k$. Ici nous avons utilisé le fait que G est divisible et σ-complet. Puisque G est hyper-archimédien, il existe un entier n tel que $nb \wedge a = (n+1)b \wedge a$. Comme dans la démonstration du théorème précédent, on montre que cela est absurde. Donc G est ortho-fini. D'après le théorème (14.4.3), G est donc une somm directe de groupes réels R_λ . Puisque G est σ-complet et divisible il en est de même de chaque facteur R_λ . Par conséquent, chaque R_λ est isomorphe à $\mathbb{R}$.

14.4.6. COROLLAIRE. Tout groupe hyper-archimédien complet est la somme directe de groupes isomorphes à $\mathbb{R}$ et d'un groupe isomorphe à $C_k(X, \mathbb{Z})$ pour un certain espace localement compact extrêmement discontinu X .

En effet, un groupe complet G est la somme directe d'un groupe complet divisible et d'un groupe complet singulier. Si G est hyper-archimédien, les deux facteurs le sont aussi. Il suffit donc d'appliquer le théorème précédent et (14.1.8).

14.5. Groupes factoriels.

Pour terminer ce chapitre, nous caractérisons les groupes réticulés isomorphes à une somme directe $\mathbb{Z}^{(\Lambda)}$.

14.5.1. DEFINITION. Un groupe réticulé est appelé factoriel, s'il est isomorphe à une somme directe $\mathbb{Z}^{(\Lambda)}$ pour un certain ensemble Λ .

14.5.2. THEOREME. Pour un groupe réticulé archimédien, les conditions suivantes sont équivalentes:

(i) G est factoriel.

(ii) Toute partie M de G telle que $\bigwedge\{x \mid x \in M\} = 0$ contient un nombre fini d'éléments $x_1, \ldots, x_n$ tels que $x_1 \wedge \ldots \wedge x_n = 0$.

(iii) Tout ultrafiltre (au sens de 3.4.3) de G est principal.

(iv) Tout ℓ-sous-groupe de G est fermé.

Il est clair que (i) implique (ii). Si (ii) est vérifié, la borne supérieure (si elle existe) de n'importe quelle partie M de G est déjà borne supérieure d'une partie finie de M . Donc (ii) implique (iv). Si (iv) est vérifié, tout sous-groupe premier minimal est fermé et le théorème (14.4.3) permet de conclure que G est une somme directe de groupes réels R_λ . De plus, tout sous-groupe de R_λ doit être fermé ce qui implique que R_λ est isomorphe à $\mathbb{Z}$. Donc (iv) implique (i).

Dans n'importe quel groupe réticulé, (ii) et (iii) sont équivalentes. En effet, si (ii) est vérifié et si U est un ultrafiltre non principal de G , alors $\{x \mid x \in U\} = 0$, donc U contient un nombre fini d'éléments $u_1, \ldots, u_n$ tels que $u_1 \wedge \ldots \wedge u_n = 0$, ce qui est absurde puisque $u_1 \wedge \ldots \wedge u_n \in U$. Donc (ii) implique (iii). D'autre part, (iii) implique (ii): Soit M une partie de G_+ . Si la borne inférieure d'aucun sous-ensemble fini de M n'est nulle, M est contenu dans un ultrafiltre U . Celui-ci est principal. Si u est le plus petit élément de U , alors $u \leq x$ pour tout $x \in M$. La borne inférieure de M ne peut donc pas être zéro.

14.5.3. THEOREME. Un groupe réticulé G est factoriel si, et seulement si, son cône positif G_+ vérifie la condition minimale.

Evidemment, le cône positif de $\mathbb{Z}^{(\Lambda)}$ vérifie la condition minimale. Soit, réciproquement, G un groupe réticulé dont le cône positif G_+ vérifie la condition minimale. Un raissonement standard montre qu'alors toute partie majorée de G possède des éléments maximaux. Puisque, pour tout $a>0$, l'ensemble $\{a,a^2,a^3, \dots\}$ n'a pas d'élément maximal, il ne peut pas être majoré ce qui implique que G est archimédien. Soit U un ultrafiltre de G. D'après l'hypothèse, U possède un élément minimal. Donc U est principal. Maintenant le théorème précédent permet de conclure que G est un groupe factoriel.

14.5.4 <u>REMARQUE</u>. Un élément a d'un treillis T est dit <u>compact</u> si toute famille (a_λ) d'éléments de T telle que $a \leq \bigvee a_\lambda$, contient une sous-famille finie $a_{\lambda_1}, \dots, a_{\lambda_n}$ telle que $a \leq a_{\lambda_1} \vee \dots \vee a_{\lambda_n}$. Si un groupe réticulé G contient un élément compact, tout élément de G est compact, puisque la translation $x \mapsto xa^{-1}b$ est un isomorphisme du treillis G qui transporte a sur b.

Supposons que l'élément neutre de G est compact. Le passage $x \mapsto x^{-1}$ permet de voir que G vérifie alors la condition (ii) du théorème (14.5.2). Ainsi on peut conclure que les groupes factoriels sont exactement les groupes réticulés archimédiens dont le treillis sous-jacent possède un élément compact. En particulier, si G est un groupe archimédien, dont le treillis sous-jacent est algébrique - c'est-à-dire que tout élément de G est borne supérieure d'éléments compacts - , alors G est factoriel.

14.5.5. <u>REMARQUE</u>. On appelle <u>atome</u> tout élément a d'un groupe réticulé G qui couvre l'élément neutre; c'est donc un élément strictement positif de G tel qu'il n'y a pas d'autre élément compris entre l'élément neutre et a. Le groupe réticulé G est appelé <u>discret</u>, si tout élément strictement positif majore un atome.

Un somme directe de groupes réels R_λ est discret si, et seulement si, chaque R_λ est isomorphe à $\mathbb{Z}$. En ajoutant l'hypothèse "G discret" à chacune des conditions (ii) à (vi) du théorème (14.4.3), on obtient donc des caractérisations des groupes factoriels.

<u>Note du Chapitre 14</u>

Dans ce chapitre nous avons pu appliquer un grand nombre de techniques développées auparavant. Nombreux sont les auteurs qui ont contribué à la caractérisation des groupes hyper-archimédiens. Citons

AMEMIYA [1], BAKER [1], BIGARD [3, 5], LUXEMBURG et MOORE [1] et BIGARD, CONRAD et WOLFENSTEIN [1]. Les représentations des groupes hyper-archimédiens par des fonctions réelles ont été étudiées par BIGARD [3, 5] et, dans le cas des groupes hyper-archimédiens singuliers, par WOLFENSTEIN [7], [8]. L'application des mêmes idées aux f-anneaux hyper-archimédiens est due à KEIMEL [4]. Dans un mémoire récent de CONRAD [26] on trouvera un exposé complet et détaillé avec des résultats supplémentaires sur les groupes et anneaux hyper-archimédiens.

Parmi les conditions caractérisant les groupes hyper-archimédiens il y avait la suivante: Tout sous-groupe solide principal est un facteur direct. Il est donc naturel de considérer les f-anneaux dont tout ℓ-idéal principal est un facteur direct, ce qui a été fait par CHAMBLESS [1] et KEIMEL [5]. Ces f-anneaux s'apparentent aux anneaux commutatifs réguliers au sens de von Neumann.

Le théorème (14.4.1) caractérisant les groupes archimédiens complètement distributifs est dû à WEINBERG [1]. Dans le cas des espaces vectoriels, il avait été précédé par THOMA [1]. Dans la présentation des diverses caractérisations des groupes réticulés sommes directes de groupes réels, nous avons suivi BIGARD [5].

Les groupes factoriels ont été parmi les premiers exemples de groupes réticulés à surgir dans la théorie de la divisibilité. L'important théorème (14.5.3), caractérisant les groupes factoriels par la condition minimale pour leur cône positif, a été démontré par BIRKHOFF [1] dans toute sa généralité. Un théorème de WARD [1] constitue une version équivalente énoncée pour les demi-groupes réticulés. Les caractérisations des groupes factoriels rassemblées dans (14.5.2) sont dues indépendamment à ŠIK [17] et à BIGARD, CONRAD et WOLFENSTEIN [1]. Chez ces derniers on trouve aussi des caractérisations des groupes réticulés à génération compacte. Dans le cas archimédien, ces groupes se réduisent justement aux groupes factoriels. Dans le cas des groupes complets ou σ-complets, cela avait déjà été démontré par JAKUBIK [12] et ŠIK [8].

Appendice

GROUPES RETICULES LIBRES

A.1. Groupes réticulés commutatifs libres.

A.1.1. DEFINITION. Soit I un ensemble. On appelle groupe réticulé [commutatif] libre sur I tout couple (F,k) , où F est un groupe réticulé [commutatif] et $k : I \to F$ une application injective telle que, pour toute application f de I dans un groupe réticulé [commutatif] H , il y ait un homomorphisme de groupes réticulés $\bar{f} : F \to H$ et un seul qui vérifie $f = \bar{f} \circ k$.

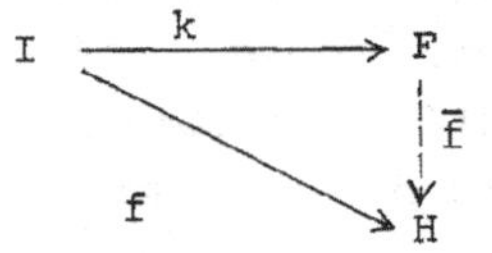

Par abus de langage, F est aussi appelé groupe réticulé [commutatif] libre sur I .

Plus généralement, soit K une classe de groupes réticulés. Un groupe réticulé $F \in K$ avec une application $k : I \to F$ est appelé K-libre sur I si pour toute application f de I dans un $H \in K$ il existe un homomorphisme de groupes réticulés $\bar{f} : F \to H$ et un seul qui vérifie $f = \bar{f} \circ k$.

Un théorème d'algèbre universelle permet d'affirmer que dans toute classe primitive K de groupes réticulés il existe des groupes réticulés K-libres sur tout ensemble I , et ces groupes K-libres sur I sont uniques à un isomorphisme près (cf. COHN [2], p. 134). Il existe en particulier des groupes réticulés [commutatifs] libres. Pour connaître la structure d'un groupe réticulé [commutatif] libre il est souhaitable d'avoir des constructions aussi simples que possible des groupes réticulés [commutatifs] libres. Pour le cas non-commutatif nous donnerons quelques indications dans la section A.2 et dans la Note de l'appendice. Dans cette section nous donnerons une représentation des groupes réticulés commutatifs libres par des fonctions à valeurs dans $\mathbb{Z}$.

Notre construction est motivée par un procédé d'algèbre universelle (cf. COHN [2], p. 176): Soit A une algèbre universelle. Considérons l'algèbre produit $B = A^{A^I}$ de toutes les fonctions $y : A^I \to A$. Les projections canoniques $x_i : A^I \to A$, $i \in I$, sont des éléments de B . La sous-algèbre F de B engendrée par les x_i , $i \in I$, est l'algèbre K-libre sur I dans la classe primitive K engendrée par A .

Nous considérons le cas $A = \mathbb{Z}$. Soit $M = \mathbb{Z}^I$ l'ensemble de toutes les familles $\underline{m} = (m_i)_{i \in I}$ d'entiers m_i . Considérons le groupe réticulé produit $\mathbb{Z}^M$ de toutes les applications $y : M = \mathbb{Z}^I \to \mathbb{Z}$. Les projections canoniques $\underline{m} \mapsto m_i : \mathbb{Z}^I \to \mathbb{Z}$ sont notées x_i , $i \in I$. Soit F le ℓ-sous-groupe de $\mathbb{Z}^M$ engendré par les projections x_i , $i \in I$.

La théorie générale permettrait d'affirmer que F est libre dans la classe primitive de groupes réticulés engendrée par $\mathbb{Z}$. Nous allons démontrer que F est libre dans la classe de tous les groupes réticulés commutatifs (ce qui montre en même temps que la classe primitive de tous les groupes réticulés commutatifs est engendrée par $\mathbb{Z}$ et que par suite cette classe est la plus petite classe primitive non-triviale de groupes réticulés).

A.1.2. THEOREME. Soit F le ℓ-sous-groupe de $\mathbb{Z}^{\mathbb{Z}^I}$ engendré par les projections canoniques $x_i : \mathbb{Z}^I \to \mathbb{Z}$, $i \in I$; soit $k : I \to F$ l'application $i \mapsto x_i$. Alors (F,k) est le groupe réticulé commutatif libre sur I .

Pour démontrer le théorème, nous utiliserons trois lemmes. Auparavant il convient de caractériser les fonctions $y : \mathbb{Z}^I \to \mathbb{Z}$ qui appartiennent à F : Soit d'abord G le sous-groupe de $\mathbb{Z}^M$ engendré par les x_i , $i \in I$. Tout $y \in G$ s'écrit de manière unique sous la forme

(*) $$y = \sum_{i \in I} m_i x_i$$

où $m_i \in \mathbb{Z}$ et $m_i = 0$ sauf pour un nombre fini d'indices $i \in I$. On remarquera que G n'est rien d'autre que le groupe $\mathrm{Hom}(\mathbb{Z}^I, \mathbb{Z})$ des homomorphismes de groupe $y : \mathbb{Z}^I \to \mathbb{Z}$. De plus, G est le groupe commutatif libre sur I et isomorphe à $\mathbb{Z}^{(I)}$. Considérons les fonctions $y : \mathbb{Z}^I \to \mathbb{Z}$ de la forme

$$(**) \qquad y = \bigvee_{\alpha \in A} \bigwedge_{\beta \in B} y_{\alpha\beta}$$

où $(y_{\alpha,\beta})_{\alpha \in A, \beta \in B}$ est une famille <u>finie</u> de fonctions $y_{\alpha,\beta} \in G$. D'après (2.1.4), F n'est rien d'autre que l'ensemble des fonctions de la forme (**) que l'on pourrait appeler "linéaires par morceaux".

A.1.3. <u>LEMME. Soient F et H des groupes réticulés et G un sous-groupe de F tel que tout élément y de F admette une représentation de la forme:</u>

(i) $y = \bigvee_{\alpha} \bigwedge_{\beta} y_{\alpha\beta}$, <u>où $(y_{\alpha\beta})_{\alpha,\beta}$ est une famille finie d'éléments de G.</u>

<u>Alors tout homomorphisme de groupes $g : G \to H$ tel que</u>

(ii) $\bigvee_{\alpha} \bigwedge_{\beta} y_{\alpha\beta} = e$ <u>implique</u> $\bigvee_{\alpha} \bigwedge_{\beta} g(y_{\alpha\beta}) = e$,

<u>peut être prolongé en un homomorphisme de groupes réticulés $\bar{g} : F \to H$</u>

En effet, pour un élément $y \in F$ écrit sous la forme (i), nous posons $\bar{g}(y) = \bigvee_{\alpha} \bigwedge_{\beta} g(y_{\alpha\beta})$. L'hypothèse (ii) assure que $\bar{g}$ est une application bien définie. Un calcul technique, mais simple, montre que $\bar{g}$ est un homomorphisme de groupes réticulés.

A.1.4. <u>LEMME. Soit $(z_\beta)_\beta$ une famille finie d'éléments d'un groupe réticulé commutatif H telle que $\bigwedge_{\beta} z_\beta \nleq 0$. Alors il existe un homomorphisme de groupes $\varphi : H \to \mathbb{Q}$ tel que</u> $\bigwedge_{\beta} \varphi(y_\beta) > 0$.

Pour la démonstration du lemme, nous pouvons supposer que H est divisible, c'est-à-dire un espace vectoriel rationnel (cf. 1.6.9). Puisque $\bigwedge_{\beta} z_\beta \nleq 0$, on peut trouver une valeur P de $\bigwedge_{\beta} z_\beta$ telle que l'image de $\bigwedge_{\beta} z_\beta$ soit strictement positive dans H/P. En remplacant H par H/P nous pouvons supposer que H est totalement ordonné. Puisque le sous-espace vectoriel de H engendré par les z_β est un facteur direct de H, on peut supposer que H est engendré par les z_β.

Appelons <u>combinaison linéaire positive</u> des z_β tout élément de H de la forme $\sum_\beta q_\beta z_\beta$, où les q_β sont des rationnels non-négatifs. Soit K le cône engendré par les z_β , c'est-à-dire l'ensemble des combinaisons linéaires positives des z_β . On a $0 \notin K$ puisque $z_\beta > 0$ pour tout β .

Soit V un sous-espace vectoriel maximal parmi les sous-espaces vectoriels de H ne rencontrant pas K .

Alors $\bar{K} = K + V$ est un cône dans $\bar{H} = H/V$, engendré par les $\overline{z_\beta} = z_\beta + V$ et ne contenant pas 0 . Si nous montrons que $\bar{H}$ est isomorphe à $\mathbb{Q}$, l'application canonique $\varphi : H \to \bar{H}$ possède les propriétés voulues.

Supposons par l'absurde que $\dim \bar{H} \geq 2$. Puisque $\bar{H}$ est engendré par les $\overline{z_\beta}$, nous pouvons trouver γ, δ tels que $\overline{z_\gamma} - \overline{z_\delta} \neq 0$. De plus nous pouvons supposer que $\overline{z_\gamma}$ et $\overline{z_\delta}$ sont extrêmaux dans le cône $\bar{K}$, c'est-à-dire que ni $\overline{z_\gamma}$ ni $\overline{z_\delta}$ ne peuvent être représentés comme combinaison linéaire positive des autres $\overline{z_\beta}$. Alors $(\overline{z_\gamma} - \overline{z_\delta})\mathbb{Q}$ est un sous-espace vectoriel non nul de $\bar{H}$ ne rencontrant pas $\bar{K}$. On en déduit que $V + (z_\gamma - z_\delta)\mathbb{Q}$ est un sous-espace vectoriel de H ne rencontrant pas K strictement plus grand que V , ce qui est absurde.

A.1.5. <u>LEMME</u>. <u>Soient</u> G <u>le sous-groupe de</u> $\mathbb{Z}^M$ <u>engendré par les projections</u> x_i , $i \in I$, <u>et</u> $h : G \to \mathbb{Q}$ <u>un homomorphisme de groupes</u>. <u>Si</u> $(y_\beta)_\beta$ <u>est une famille finie d'éléments de</u> G <u>tels que</u> $\bigwedge_\beta h(y_\beta) > 0$, <u>alors</u> $\bigwedge_\beta y_\beta \not\leq 0$.

En effet, chaque y_β est une somme finie

$$y_\beta = \sum_{i \in I_\beta} m_{i\beta} x_i \ , \quad m_{i\beta} \in \mathbb{Z} \quad .$$

Donc,

$$0 < \bigwedge_\beta h(y_\beta) = \bigwedge_\beta \sum_{i \in I_\beta} m_{i\beta} h(x_i) \quad .$$

Il existe un entier positif n tel que $n_i = nh(x_i) \in \mathbb{Z}$ quel que soit $i \in \bigcup_\beta I_\beta$. Alors

$$0 < \bigwedge_\beta \sum_{i \in I_\beta} m_{i\beta} n_i \quad .$$

Pour $i \in I \setminus \bigcup_\beta I_\beta$, posons $n_i = 0$. L'élément $\underline{n} = (n_i)_{i \in I}$ de M vérifie alors:

$$(\bigwedge_\beta y_\beta)(\underline{n}) = \bigwedge_\beta \sum_{i \in I_\beta} m_{i\beta} x_i(\underline{n}) = \bigwedge_\beta \sum_{i \in I_\beta} m_{i\beta} n_i > 0 \ ,$$

d'où $\bigwedge_{\beta} y_{\beta} \nleq 0$.

<u>Démonstration du théorème</u> (A.1.2): Considérons une application f quelconque de l'ensemble I dans un groupe réticulé commutatif H .

Soit G le sous-groupe de $\mathbb{Z}^M$ engendré par les projections x_i , $i \in I$. Pour $y = \sum_{i \in I} m_i x_i \in G$, définissons $g(y) = \sum_{i \in I} m_i f(i)$. Par cela nous avons prolongé l'application $f : I \to H$ en un homomorphisme de groupes $g : G \to H$.

Tout élément $y \in F$ peut s'écrire sous la forme

$$(**) \qquad y = \bigvee_{\alpha \in A} \bigwedge_{\beta \in B} y_{\alpha\beta} \quad ,$$

où $(y_{\alpha\beta})_{\alpha \in A, \beta \in B}$ est une famille finie d'éléments de G . Pour montrer que l'homomorphisme de groupe $g : G \to H$ peut être prolongé en un homomorphisme de groupes réticulés $\bar{f} : F \to H$, il suffit de vérifier la condition (ii) du lemme (A.1.3).

Soit donc $(y_{\alpha\beta})_{\alpha \in A, \beta \in B}$ une famille finie d'éléments de G telle que

$$0 = \bigvee_{\alpha \in A} \bigwedge_{\beta \in B} y_{\alpha\beta} \quad .$$

Pour tout α , on a alors $\bigwedge_{\beta} y_{\alpha\beta} \leq 0$. Supposons que $\bigwedge_{\beta} g(y_{\alpha\beta}) \nleq 0$ pour un α . En posant $z_{\beta} = g(y_{\alpha\beta})$ dans le lemme (A.1.4), on obtient l'existence d'un homomorphisme de groupes $\varphi : H \to \mathbb{Q}$ tel que $\bigwedge_{\beta} \varphi g(y_{\alpha\beta}) > 0$. En posant $h = \varphi g$, le lemme (A.1.5) nous dit que $\bigwedge_{\beta} y_{\alpha\beta} \nleq 0$ ce qui est absurde. Donc $\bigwedge_{\beta} g(y_{\alpha\beta}) \leq 0$ pour tout α et, par suite

$$\bigvee_{\alpha \in A} \bigwedge_{\beta \in B} g(y_{\alpha\beta}) \leq 0 \quad .$$

D'autre part,

$$0 = \bigvee_{\alpha \in A} \bigwedge_{\beta \in B} y_{\alpha\beta} = \bigwedge_{\sigma \in B^A} \bigvee_{\alpha \in A} y_{\alpha\sigma(\alpha)} \quad .$$

Pour tout $\sigma \in B^A$, on a alors $\bigvee_{\alpha} y_{\alpha\sigma(\alpha)} \geq 0$. Un raisonnement par l'absurde comme ci-dessus montre qu'alors $\bigvee_{\alpha} g(y_{\alpha\sigma(\alpha)}) \geq 0$. Donc

$$\bigvee_{\alpha \in A} \bigwedge_{\beta \in B} g(y_{\alpha\beta}) = \bigwedge_{\sigma \in B^A} \bigvee_{\alpha \in A} g(y_{\alpha\sigma(\alpha)}) \geq 0 \quad .$$

Ainsi nous avons bien l'égalité (ii) voulue; et le théorème (A.1.2) est démontré.

Une conséquence immédiate du théorème est la suivante:

A.1.6. <u>COROLLAIRE. Tout groupe réticulé commutatif libre est un produit sous-direct de groupes isomorphes à</u> $\mathbb{Z}$.

Tout groupe réticulé [commutatif] H est l'image homomorphe d'un groupe réticulé [commutatif] libre. En effet, soit F le groupe réticulé [commutatif] libre sur l'ensemble sous-jacent de H ; l'application identique sur H se prolonge en un homomorphisme de F sur H . On a donc:

A.1.7. <u>COROLLAIRE. Tout groupe réticulé commutatif est une image homomorphe d'un produit sous-direct de groupes isomorphes à</u> $\mathbb{Z}$.

Le groupe réticulé commutatif libre à un générateur peut être identifié à $\mathbb{Z}^2$, un générateur libre étant $x = (-1,1)$. L'utilité de la construction du groupe réticulé commutatif libre est mise en évidence par la proposition suivante:

A.1.8. <u>PROPOSITION. Un groupe réticulé commutatif libre</u> F <u>- bien que groupe de fonctions à valeurs entières - n'admet pas d'élément singulier.</u>

En effet, d'après la remarque précédent le (11.2.), les éléments singuliers sont les fonctions $y \in F$ ne prenant que les valeurs 0 et 1 . Or, la représentation (**) montre que tout $y \in F$ est positivement homogène, c'est-à-dire que $y(na) = ny(a)$ pour tout entier $n \geq 0$.

D'une manière semblable on peut construire l'espace vectoriel réel réticulé libre F_I sur I : c'est le sous-espace vectoriel réticulé de $\mathbb{R}^{\mathbb{R}^I}$ engendré par les projections canoniques $x_i : \mathbb{R}^I \to \mathbb{R}$. Plus explicitement: le sous-espace vectoriel de $\mathbb{R}^{\mathbb{R}^I}$ engendré par les x_i est l'ensemble des formes linéaires $f : \mathbb{R}^I \to \mathbb{R}$; les éléments de F_I sont les fonctions $g : \mathbb{R}^I \to \mathbb{R}$ "linéaires par morceaux" c'est-à-dire que g peut s'écrire sous la forme $g = \bigvee_\alpha \bigwedge_\beta f_{\alpha\beta}$, où les $f_{\alpha\beta}$ sont des fonctions linéaires en nombre fini. Il s'ensuit que tout espace vectoriel réticulé est image homomorphe d'un espace vectoriel réticulé de fonctions réelles.

A.2. Groupes réticulés universels (libres) sur un groupe ordonné.

Soit G un groupe ordonné.

A.2.1. DEFINITION. On appelle groupe réticulé universel sur le groupe ordonné G tout couple (U,k), où U est un groupe réticulé et $k : G \to U$ un homomorphisme croissant tel que pour tout homomorphisme croissant f de G dans un groupe réticulé H, il existe un homomorphisme de groupes réticulés $\bar{f} : U \to H$ et un seul qui vérifie $\bar{f} \circ k = f$.

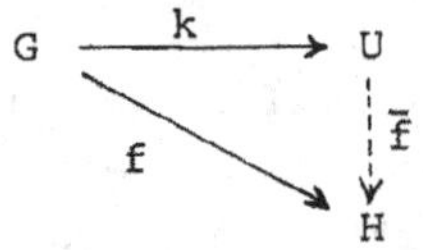

Par abus de langage, U est aussi appelé groupe réticulé universel sur G.

A.2.2. THEOREME. Sur tout groupe ordonné G, il existe un groupe réticulé universel (U,k), unique à un isomorphisme près. L'applicatio $k : G \to U$ est injective si, et seulement si, G admet un ordre total à gauche contenant G_+.

L'unicité du groupe réticulé universel - s'il existe - résulte immédiatement de la définition.

Pour démontrer son existence, désignons par $T(G)$ le treillis distributif libre engendré par l'ensemble sous-jacent de G, et par $i : G \to T(G)$ l'injection canonique. (En ce qui concerne les treillis distributifs libres, on consultera Birkhoff [4].) Soit $(H_\alpha)_\alpha$ la fami le de tous les treillis quotients de $T(G)$ qui peuvent être munis d'un structure de groupe qui en fait un groupe réticulé de manière que l'ap plication

$$k_\alpha = \pi_\alpha \circ i : G \to H_\alpha$$

soit un homomorphisme croissant. Ici π_α désigne l'application canonique $T(G) \to H_\alpha$. La structure de groupe sur H_α est uniquement déterminée par cette condition, puisque l'opération de groupe est distributive par rapport à $\vee$ et $\wedge$ dans un groupe réticulé. On obtient un homomorphisme croissant

$$k = (k_\alpha) : G \to \prod_\alpha H_\alpha .$$

Soit U le ℓ-sous-groupe de $\prod_\alpha H_\alpha$ engendré par $k(G)$. Montrons que (U,k) est le groupe réticulé universel sur G .

En effet, soit f un homomorphisme croissant de G dans un groupe réticulé H . D'après (2.1.4), le ℓ-sous-groupe H' de H engendré par f(G) est égal au sous-treillis de H engendré par f(G). Puisque T(G) est le treillis libre sur l'ensemble G , H' est isomorphe à un treillis quotient de T(G) . Il y a donc un α tel que H_α soit isomorphe à H' en tant que groupe réticulé. L'homomorphisme composé $\bar{f}$:

$$U \hookrightarrow \prod_\alpha H_\alpha \xrightarrow{pr_\alpha} H_\alpha = H'$$

vérifie bien $\bar{f}\circ k = f$, ce qui était à démontrer.

Si G admet un ordre à gauche total contentant G_+ , il y a un homomorphisme injectif croissant f de G dans un certain groupe réticulé (4.5.4.i). Puisque $f = \bar{f}\circ k$, l'application k doit être injective aussi. Réciproquement, si k est injectif, G admet un ordre à gauche total contenant G_+ également d'après (4.5.4.i).

A.2.3. <u>DEFINITION</u>. Soit G un groupe ordonné et (U,k) le groupe réticulé universel sur G . On dit que (U,k) est le <u>groupe réticulé libre sur</u> G si k est un plongement, c'est-à-dire un isomorphisme de groupes ordonnés $G \to k(G)$.

A.2.4. <u>THEOREME</u>. <u>Sur un groupe ordonné</u> G <u>on peut trouver un groupe réticulé libre</u> (U,k) <u>si, et seulement si,</u> G_+ <u>est l'intersection d'une famille d'ordres à gauche totaux</u>.

Si G_+ est l'intersection d'une famille d'ordres à gauche totaux, G_+ peut être considéré comme sous-groupe ordonné d'un groupe réticulé H . Il y a donc un homomorphisme de groupes réticulés $\bar{f} : U \to H$ tel que $\bar{f}\circ k$ soit l'injection canonique $G \to H$. Il s'ensuit que, pour tout élément g de G tel que $g \ngtr e$, on a $\bar{f}\circ k(g) \ngtr e$ et, par suite, $k(g) \ngtr e$. Donc G et k(G) sont isomorphes en tant que groupes ordonnés. Si, réciproquement, cela est le cas, G est un sous-groupe ordonné d'un groupe réticulé; donc G_+ est l'intersection d'une famille d'ordres à gauche totaux (4.5.4.ii).

A.2.5. <u>COROLLAIRE</u>. <u>Le groupe réticulé libre sur un ensemble</u> I <u>existe; il contient le groupe libre engendré par</u> I <u>comme sous-groupe trivialement ordonné</u>.

En effet, tout groupe libre L peut être totalement ordonné. (Pour une démonstration on consultera Fuchs [6], p. 78.) Donc L peut être plongé dans un groupe réticulé en tant que sous-groupe trivialement ordonné (cf. 4.5.5).

A.2.6. COROLLAIRE. Sur un groupe ordonné commutatif G le groupe réticulé libre existe si, et seulement si, G_+ est isolé.

Cela résulte du théorème (A.2.4) compte tenu de (4.5.6). Notons que le groupe réticulé libre sur un groupe ordonné commutatif est lui-même commutatif, s'il existe.

Note de l'appendice

Le premier à étudier systématiquement les groupes réticulés commutatifs libres fut WEINBERG [2, 3]. Il a démontré en particulier que les groupes réticulés commutatifs libres sont des produits sous-directs de groupes isomorphes à $\mathbb{Z}$. Une démonstration de ce fait est aussi contenue dans le mémoire antérieur de HENRIKSEN et ISBELL [1]. Le résultat analogue pour les espaces vectoriels se trouve déjà chez AMEMIYA [1]. D'autres développements en ce qui concerne les groupes réticulés commutatifs libres sont dûs à BERNAU [4], CONRAD [18] et HILL [1]. La situation est très semblable dans la théorie des espaces vectoriels réticulés libres. On consultera TOPPING [1], BAKER [1], CONRAD [18], BLEIER [2, 5] à ce sujet. Nos connaissances en ce qui concerne les groupes réticulés non-commutatifs libres reposent sur les travaux de BERNAU [5], CONRAD [16] et BLEIER [5].

La question du plongement d'un groupe ordonné commutatif G dans un groupe réticulé avait été traitée par LORENZEN [4], DIEUDONNE [1] et JAFFARD [7], [11]. Le groupe réticulé libre sur G fournit une solution universelle à la question.

CONRAD [16] a donné une construction du groupe réticulé libre sur un groupe ordonné G , différente de la nôtre: On se place dans l'hypothèse où G_+ est l'intersection d'une famille d'ordres à gauche P_α . Pour tout α , on a un homomorphisme croissant $u_\alpha : G \to \mathrm{Aut}(G_\alpha)$ comme dans la démonstration du théorème (4.5.4). On obtient un homomorphisme croissant

$$u = (u_\alpha) : G \to \prod_\alpha \mathrm{Aut}(G_\alpha) .$$

Soit U le ℓ-sous-groupe de $\prod_\alpha \mathrm{Aut}(G_\alpha)$ engendré par $u(G)$. Alors

(U,u) est le groupe réticulé libre sur G .

Dans ce qui précède nous avons considéré la notion de liberté seulement dans la classe des groupes réticulés commutatifs et dans la classe de tous les groupes réticulés. Si $\mathcal{C}$ est une classe primitive quelconque de groupes réticulés, on voit facilement de quelle manière on définit la notion de groupe réticulé $\mathcal{C}$-libre sur un ensemble I ou sur un groupe ordonné G . On peut, par exemple, considérer la classe primitive des groupes réticulés représentables (cf. sec. 4.2). Dans ce cas, on peut affirmer que le groupe réticulé représentable libre sur un groupe ordonné G existe si, et seulement si, G_+ est l'intersection d'une famille d'ordres totaux (compatibles à gauche et à droite). Pour la démonstration on utilise une simplification de la méthode de Conrad: Soit $(P_\alpha)_\alpha$ la famille des ordres totaux sur G qui contiennent G_+ . Désignons par G_α le groupe G totalement ordonné par P_α . On plonge G canoniquement sur la diagonale de $\prod_\alpha G_\alpha$. Le ℓ-sous-groupe de $\prod_\alpha G_\alpha$ engendré par la diagonale est le groupe réticulé représentable libre sur G . Le groupe réticulé représentable libre sur un ensemble I contient le groupe libre sur I comme sous-groupe trivialement ordonné.

Cela donne aussi une construction du groupe réticulé commutatif libre sur un ensemble I différente de celle que nous avons donnée dans A.1: Soit $G = \mathbb{Z}^{(I)}$ le groupe commutatif libre sur I . Soit $(P_\alpha)_\alpha$ la famille de tous les ordres totaux de G ; soit G_α le groupe G totalement ordonné par P_α . On plonge G canoniquement sur la diagonale de $\prod_\alpha G_\alpha$. Le ℓ-sous-groupe de $\prod_\alpha G_\alpha$ engendré par la diagonale est le groupe réticulé commutatif libre sur I .

C'est ici qu'il convient de signaler les travaux sur les produits libres de groupes réticulés et les produits amalgamés. C'est MARTINEZ [5], [7], HOLLAND et SCRIMGER [1] qui se sont occupés des produits libres. Plusieurs publications de K.R. PIERCE [1], [2], [4] sont consacrés aux produits amalgamés.

BIBLIOGRAPHIE

A

AMEMIYA, I.:

1. A general spectral theory in semi-ordered linear spaces, J.Fac.Sci. Hokkaido Univ. Ser. I, 12 (1953), 111-156.

ANDERSON, F.W.:

1. On f-rings with the ascending chain condition, Proc.Amer.Math.Soc. 13 (1962), 715-721.
2. Lattice-ordered rings of quotients, Canad.J.Math. 17 (1965), 434-448.

ANTONOVSKII, M.Ja. et A.V. MIRONOV:

1. K teorii topologičeskich ℓ-grupp (en Russe; La théorie des ℓ-groupes topologiques), Dokl.Akad.Nauk UzSSR n° 6 (1967), 6-8.

ARMSTRONG, K.W.:

1. A Cauchy completion for function rings, Math.Z. 113 (1970), 145-153

B

BAKER, K.A.:

1. Free vector lattices, Canad.J.Math. 20 (1968), 58-66.

BALL, R.N.:

1. Full convex ℓ-subgroups and the existence of a*-closures of lattice ordered groups, Pacific J.Math. 61 (1975), 7-16.

BANASCHEWSKI, B.:

1. Totalgeordnete Moduln, Arch.Math. 7 (1957), 430-440.
2. Über die Vervollständigung geordneter Gruppen, Math.Nachr. 16 (1957 51-71.
3. On lattice-ordered groups, Fund.Math. 55 (1964), 113-123.

BERMAN, J.:

1. Homogeneous lattices and lattice-ordered groups, Colloquium Math. 32 (1974), 13-24.

BERNAU, S.J.:

1. On semi-normal lattice rings, Proc.Camb.Phil.Soc. 61 (1965), 613-616.
2. Unique representation of archimedean lattice groups and normal archimedean lattice rings, Proc.London Math.Soc. (3) 15 (1965), 599-631.
3. Orthocompletions of lattice groups, Proc.London Math.Soc. (3)16 (1966), 107-130.
4. Free abelian lattice groups, Math.Ann. 180 (1969), 48-59.
5. Free non-abelian lattice groups, Math.Ann. 186 (1970), 249-262.
6. Topologies on structure spaces of lattice groups, Pacific J.Math. 42 (1972), 557-568.
7. Hyper-archimedean vector lattices, Indag.Math. 36 (1974), 40-43.
8. Lateral completion for arbitrary lattice groups, Bull.Amer.Math. Soc. 80 (1974), 334-336.
9. The lateral completion of an arbitrary lattice group, J.Austral. Math.Soc. 19 (1975), 263-289.

(Bernau, S.J.):
10. Lateral and Dedekind completion of archimedean lattice groups, J. London Math.Soc. (2), 12 (1976), 320-322.
BETTAZZI, Teoria delle Grandezze, Pisa (1890).
BIGARD, A.:
1. Etude de certaines réalisations des groupes réticulés, C.R.Acad.Sc. Paris 262 (1966), A853-A855.
2. Propriétés des produits filtrés de groupes totalement ordonnés, C.R.Acad.Sc.Paris 264 (1967), A341-A343.
3. Groupes archimédiens et hyper-archimédiens, Séminaire Dubreil-Pisot: Algèbre et théorie des nombres, 21e année (1967-1968), n° 2.
4. Sur les z-sous-groupes d'un groupe réticulé, C.R.Acad.Sc.Paris 266 (1968), A261-A262.
5. Contribution à la théorie des groupes réticulés, Thèse sci.math., Paris (1969).
6. Les orthomorphismes d'un espace réticulé archimédien, Nederl.Akad. Wetensch.Proc. A 75 (1972), 236-246.
7. Théories de torsion et f-modules, Séminaire Dubreil, 26e année 1972/73, n° 5.
BIGARD, A., P. CONRAD et S. WOLFENSTEIN:
1. Compactly generated lattice-ordered groups, Math.Z. 107 (1968), 201-211.
BIGARD, A. et K. KEIMEL:
1. Sur les endomorphismes conservant les polaires d'un groupe réticulé archimédien, Bull.Soc.Math.France 97 (1970), 81-96.
BIRKHOFF, G.:
1. Lattice-ordered groups, Ann.of Math. 43 (1942), 298-331.
2. Lattice-ordered Lie groups, Festschrift zum 60. Geburtstag von Prof.Dr.A.Speiser, Zürich (1945), 209-217.
3. Groupes réticulés, Ann.Inst.Poincaré 11 (1949), 241-250.
4. Lattice theory, 3rd edition, Amer.Math.Soc.Coll.Publ. 25, New York (1968).
BIRKHOFF, G. et R.S. PIERCE:
1. Lattice-ordered rings, Anais Acad.Brasil.Ci. 28 (1956), 41-69.
BLEIER, R.D.:
1. Minimal vector lattice covers, Bull.Austral.Math.Soc. 5 (1971), 331-335.
2. Free vector lattices, Trans.Amer.Math.Soc. 176 (1973), 73-87.
3. The S-P-hull of a lattice-ordered group, Canad.J.Math. 26 (1974), 868-878.
4. Archimedean vector lattices generated by two elements, Proc.Amer. Math.Soc. 39 (1973), 1-9.
5. Free ℓ-groups and vector lattices, J.Austral.Math.Soc. 19 (1975), 337-342.
6. The orthocompletion of a lattice-ordered group, Indag. Math. 38 (1976), 1-7.
BLEIER, R.D. et P.F. CONRAD:
1. The lattice of closed ideals and a^*-extensions of an abelian ℓ-group, Pacific J.Math. 47 (1973), 329-340.
2. a^*-closures of lattice-ordered groups, Trans.Amer.Math.Soc. 209 (1975), 367-387.
BOURBAKI, N.:
1. Algèbre, Ch.VI: Groupes et corps ordonnés, Hermann, Paris (1952).
2. Algèbre, Chap. 1: Structures algébriques, Hermann, Paris (1970).
BRAINERD, B.:
1. On a class of lattice-ordered rings I, Proc.Amer.Math.Soc. 8 (1957), 673-683.
2. On a class of lattice-ordered rings II, Indag.Math. 19 (1957), 541-547.

(Brainerd, B.):
3. On the embedding of vector lattices in F-rings, Trans.Amer.Math. Soc. 93 (1959), 132-144.
4. F-rings of continuous functions, Canad.J.Math. 11 (1959), 80-86.
5. A construction for the normalizer of a ring with local unit with applications to the theory of L-algebras, Trans.Amer.Math.Soc. 97 (1960), 237-253.
6. On a class of Φ-algebras with zerodimensional structure spaces, Arch.Math. 12 (1961), 290-297.
7. On the normalizer of an f-ring, Proc.Japan Acad. 38 (1962), 438-443.

BREWER, J.W., P.F. CONRAD and P.R. MONTGOMERY:
1. Lattice-ordered groups and a conjecture for adequate domains, Proc. Amer.Math.Soc. 43 (1974), 31-35.

BUŠUEV, V.F.:
1. Kompaktno poroždennye polnye F-kol'tsa (En Russe; F-anneaux à génération compacte), Ivanov.Gos.Ped.Inst.Učen.Zap. 61 (1969), 132-135.

BUSULINI, B.:
1. Sulla relazione triangolare in un ℓ-gruppo, Rend.Sem.Mat.Univ. Padova 28 (1958), 68-70.

BYRD, R.D.:
1. Lattice-ordered groups, Thesis, Tulane University (1966).
2. Complete distributivity in lattice-ordered groups, Pacific J.Math. 20 (1967), 423-432.
3. M-polars in lattice-ordered groups, Czechoslovak Math.J. 18 (1968), 230-239.
4. Archimedean closures in lattice-ordered groups, Canad.J.Math. 21 (1969), 1004-1012.

BYRD, R.D., P. CONRAD et J.T. LLOYD:
1. Characteristic subgroups of lattice-ordered groups, Trans.Amer.Math Soc. 158 (1971), 339-371.

BYRD, R.D. et J.T. LLOYD:
1. Closed subgroups and complete distributivity in lattice-ordered groups, Math.Z. 101 (1967), 123-130.
2. A note on lateral completions in lattice-ordered groups, J.London Math.Soc. (2) 1 (1969), 258-262.
3. Kernels in lattice-ordered groups, Proc.Amer.Math.Soc. 57 (1976), 16-18.

C

CARTAN, H.:
1. Un théorème sur les groupes ordonnés, Bull.Sci.Math. 63 (1939), 201-205.

ČERNÁK, S.:
1. Completely subdirect products of lattice-ordered groups, Acta Fac. Rer.natur.Univ.Comen., 26 (1972), 121-128.
2. The Cantor extension of a lexicographic product of ℓ-groups, Mat. Časopis 23 (1973), 97-102.

CHAMBLESS, D.A.:
1. The representation and structure of lattice-ordered groups and f-rings, Thesis, Tulane University (1971).
2. Representation of ℓ-groups by almost finite quotient maps, Proc. Amer.Math.Soc. 28 (1971), 59-62.
3. Representation of the projectable and strongly projectable hulls of a lattice-ordered group, Proc.Amer.Math.Soc. 34 (1972), 346-350.

CHANG, C.C. et A. EHRENFEUCHT:
1. A characterization of abelian groups of automorphisms of a simple ordering relation, Fund.Math. 51 (1962/63), 141-147.

CHEHATA, C.G.:
1. An algebraically simple ordered group, Proc.London Math.Soc. (3) 2 (1952), 183-197.

(Chehata, C.G.):
2. On a theorem on ordered groups, Proc.Glasgow Math.Assoc. 4 (1958), 16-21.
CHOE, T.-H.:
1. Notes on lattice-ordered groups, Kyungpook Math.J. 1 (1958), 37-42. (Erratum: ibid. 2 (1959), 73).
2. The interval topology of a lattice-ordered group, Kyungpook Math.J. 1 (1958), 69-74.
3. Lattice-ordered commutative groups of the second kind, Kyungpook Math.J. 3 (1960), 43-48.
CLIFFORD, A.H.:
1. Partially ordered abelian groups, Ann.Math. (2) 41 (1940), 465-473.
2. Note on Hahn's theorem on ordered abelian groups, Proc.Amer.Math. Soc. 5 (1954), 860-863.
COHEN, L.W. et C. GOFFMANN:
1. The topology of ordered abelian groups, Trans.Amer.Math.Soc. 67 (1949), 310-319.
COHN, P.M.:
1. Groups of order automorphisms of ordered sets, Mathematika 4 (1957), 41-50.
2. Universal algebra, Harper & Row, London (1965).
COLVILLE, P.D.:
1. Discrete structure spaces of lattices, J.Austral.Math.Soc. 18 (1974), 104-110.
2. Characterising f-rings, Glasgow Math.J. 16 (1975), 88-90.
CONRAD, P.F.:
1. Embedding theorems for abelian groups with valuations, Amer.J.Math. 75 (1953), 1-29.
2. The group of order preserving automorphisms of an ordered abelian group, Proc.Amer.Math.Soc. 9 (1958), 382-389.
3. Right-ordered groups, Michigan Math.J. 6 (1959), 267-275.
4. The structure of a lattice-ordered group with a finite number of disjoint elements, Michigan Math.J. 7 (1960), 171-180.
5. Some structure theorems for lattice-ordered groups, Trans.Amer. Math.Soc. 99 (1961), 212-240.
6. The relationship between the radical of a lattice-ordered group and complete distributivity, Pacific J.Math. 14 (1964), 493-499.
7. The lattice of all convex ℓ-subgroups of a lattice-ordered group, Czechoslovak.Math.J. 15 (1965), 101-123.
8. Representation of partially ordered abelian groups as groups of real valued functions, Acta Math. 116 (1966), 199-221.
9. Archimedean extensions of lattice-ordered groups, J.Indian Math. Soc. 30 (1966), 131-160.
10. Subdirect sums of integers and reals, Proc.Amer.Math.Soc. 19 (1968), 1176-1182.
11. Introduction à la théorie des groupes réticulés, Paris, Sécrétariat mathématique (1967).
12. A characterization of lattice-ordered groups by their convex ℓ-subgroups, J.Austral.Math.Soc. 7 (1967), 145-159.
13. Lex-subgroups of lattice-ordered groups, Czechoslovak.Math.J. 18 (1968), 86-103.
14. Lifting disjoint sets in vector lattices, Canad.J.Math. 20 (1968), 1362-1364.
15. The lateral completion of a lattice-ordered group, Proc.London Math.Soc. (3) 19 (1969), 444-480.
16. Free lattice-ordered groups, J.Algebra 16 (1970), 191-203.
17. The essential closure of an archimedean lattice-ordered group, Duke Math.J. 38 (1971), 151-160.
18. Free abelian ℓ-groups and vector lattices, Math.Ann. 190 (1971), 306-312.

(Conrad, P.F.):
19. Minimal vector lattice covers, Bull.Austral.Math.Soc. 4 (1971), 35-39.
20. On ordered division rings, Proc.Amer.Math.Soc. 5 (1954), 323-328.
21. Lattice-ordered groups, Lecture Notes, Tulane University (1970).
22. The hulls of representable ℓ-groups and f-rings, J.Austral.Math. Soc. 16 (1973), 385-415.
23. The topological completion and the linearly compact hull of an abelian ℓ-group, Proc.London Math.Soc. (3) 28 (1974), 457-482.
24. The additive group of an f-ring, Canad.J.Math. 26 (1974), 1036-1049.
25. Countable vector lattices, Bull.Austral.Math.Soc. 10 (1974), 371-376.
26. Epi-archimedean groups, Czechoslovak.Math.J. 24 (1974), 1-27.
27. Changing the scalar multiplication on a vector lattice, J.Austral. Math.Soc. 20 (1975), 332-347.

CONRAD, P.F. et A.H. CLIFFORD:
1. Lattice-ordered groups having at most two disjoint elements, Proc. Glasgow Math.Assoc. 4 (1960), 111-113.

CONRAD, P.F. et J. DAUNS:
1. An embedding theorem for lattice-ordered fields, Pacific J.Math. 30 (1969), 385-398.

CONRAD, P.F. et J.E. DIEM:
1. The ring of polar preserving endomorphisms of an abelian lattice-ordered group, Illinois J.Math. 15 (1971), 222-240.

CONRAD, P.F., J. HARVEY et C. HOLLAND:
1. The Hahn embedding theorem for lattice-ordered groups, Trans.Amer. Math.Soc. 108 (1963), 143-169.

CONRAD, P.F. et D. McALISTER:
1. The completion of a lattice-ordered group, J.Austral.Math.Soc. 9 (1969), 182-208.

CONRAD, P.F. et P. McCARTHY:
1. The structure of f-algebras, Math.Nachr. 58 (1973), 169-191.

CONRAD, P.F. et Ph. MONTGOMERY:
1. Lattice-ordered groups with rank one components, Czechoslovak.Math. J. 25 (1975), 445-453.

CORNISH, W.H.:
1. Abelian Rickart semirings, Thesis, Flinders University of South Australia (1970).

COTLAR, M. et E. ZARANTONELLO:
1. Semiordered groups and Riesz-Birkhoff L-ideals, Fac.Ci.Univ.Nac. Litoral.Publ.Inst.Mat. 8 (1948), 105-192.

CRISTESCU, R.:
1. Ordered vector spaces and linear operators, Editura Academiei, Bucuresti (1976).

D

DAUNS, J.:
1. Representation of ℓ-groups and f-rings, Pacific J.Math. 31 (1969), 629-654.

DAVIS, G.:
1. Compatible tight Riesz orders on groups of integer valued functions Bull.Austral.Math.Soc. 12 (1975), 383-390.

DAVIS, G. et C.D. FOX:
1. Compatible tight Riesz orders on the group of automorphisms of an O-2-homogeneous set, Canad.J.Math. 28 (1976), 1076-1081.

DEDEKIND, R.:
1. Über Zerlegungen von Zahlen durch ihre größten gemeinsamen Teiler, Ges.Werke, Vol.2, Braunschweig (1931), 103-148.

DIEM, J.E.:
1. A radical for lattice-ordered rings, Pacific J.Math. 25 (1968), 71-82.
DIEUDONNE, J.:
1. Sur la théorie de la divisibilité, Bull.Soc.Math.France 69 (1941), 133-144.
DOMRAČEVA, G.I.:
1. Nekotorye zamečanija o strukturno-uporjadočennych algebrach i ich idealach (en Russe; Remarques sur les algèbres réticulées et leurs idéaux), Novgord.Golovn.Gos.Ped.Inst.Učen.Zap. 7, (1966), 3-16.
2. Rasširenie idealov v strukturno-uporjadočennych algebrach (En Russe; Extensions d'idéaux dans les algèbres réticulées), Leningrad.Gos. Ped.Inst.Učen.Zap. 440, Vysš.Mat. i Metodiki Prepodav.Mat. (1969), 3-11.
DREVEŇÁK, O.:
1. Strukturno uporjadočennye distributivnye Ω-gruppy s bazisom (en Russe; Ω-groupes réticulés distributifs ayant une base), Mat.Časopis 25 (1975), 11-21.
DREVEŇÁK, O. et J. JAKUBIK:
1. Lattice-ordered groups with a basis, Math.Nachr. 53 (1972), 217-236.
DUBREIL, P. et M.-L. DUBREIL-JACOTIN:
1. Leçons d'algèbre moderne, Dunod, Paris (1961).
DUBREIL-JACOTIN, M.-L., L. LESIEUR et R. CROISOT:
1. Leçons sur la théorie des treillis, des structures algébriques ordonnés et des treillis géometriques, Gauthier-Villars, Paris (1953).
DUBUC, S.:
1. Algèbres ordonnées et matrices symétriques, Arch.Math. 24 (1973), 30-33.

E

EISENBUD, D.:
1. Groups of order automorphisms of certain homogeneous ordered sets, Michigan Math.J. 16 (1969), 59-63.
ELLIS, J.:
1. Group topological convergence in completely distributive lattice-ordered groups, Thesis, Tulane University, New Orleans (1968).
EVERETT, C.J.:
1. Sequence completion of lattice moduls, Duke Math.J. 11 (1944), 109-119.
EVERETT, C.J. et S. ULAM:
1. On ordered groups, Trans.Amer.Math.Soc. 57 (1945), 208-216.

F

FIALA, F.:
1. Verbandsgruppen mit O-kompakten Komponentenverbänden, Arch.Math. (Brno) 3 (1967), 177-184.
2. Über einen gewissen Ultraantifilterraum, Math.Nachr. 33 (1967), 231-249.
3. Standard-Ultraantifilter im Verband aller Komponenten einer ℓ-Gruppe, Acta math.Acad.Sci.Hungar. 19 (1968), 405-412.
FINE, N.J., L. GILLMAN et J. LAMBEK:
1. Rings of quotients and rings of functions, McGill Univ.Press, Montreal (1965).
FLEISCHER, I.:
1. Functional representation of partially ordered groups, Ann.of Math. 64 (1956), 260-263.
2. Remarks on real representations and comments on Conrad's paper, Norske Vid.Selsk.Skr. (Trondheim) (1972), no. 10, 4 p.
FREMLIN, D.H.:
1. Topological Riesz spaces and measure theory, Cambridge University Press (1974).

FREUDENTHAL, H.:
1. Teilweise geordnete Moduln, Nederl.Akad.Wetensch.Proc. 39 (1936), 641-651.

FRIED, E.:
1. Representation of partially ordered groups, Acta Sci.Math.Szeged. 26 (1965), 15-18.

FUCHS, L.:
1. Riesz groups, Annali Scuola Norm.Sup.Pisa (3) 19 (1965), 1-34.
2. On partially ordered vector spaces with the Riesz interpolation property, Publ.Math.Debrecen 12 (1965), 335-343.
3. Approximation of lattice-ordered groups, Annales Univ.Sci.Budapest 8 (1965), 187-203.
4. Riesz vector spaces and Riesz algebras, Queen's Papers in Pure and Applied Math.No 1, Kingston (1966).
5. Riesz rings, Math.Ann. 166 (1966), 24-33.
6. Teilweise geordnete algebraische Strukturen, Akademiai Kiado, Budapest (1966).

G

GAVALČOVÁ, T.:
1. Decomposition of a complete ℓ-group into an M-product of an M-atomi and an M-nonatomic ℓ-subgroup, Acta Fac.Rer.Natur.Univ.Comen.Math. Publ. 28 (1972), 91-97.
2. α-kompaktnost' v ℓ-gruppach (En Russe; α-compacité dans les ℓ-groupes), Mat.Časopis 24 (1974), 21-30.

GEORGOUDIS, J.:
1. Torsion theories and f-rings, Thesis, McGill University, Montreal (1972).

GILLMAN, L. et M. JERISON:
1. Rings of continuous functions, van Nostrand, Princeton (1960).

GLASS, A.M.W.:
1. Interpolation groups, Thesis, University of Wisconsin (1971).
2. Which abelian groups can support a directed interpolation order?, Proc.Amer.Math.Soc. 31 (1972), 395-400.
3. Polars and their applications in directed interpolation groups, Trans.Amer.Math.Soc. 166 (1972), 1-25.
4. An application of ultraproducts to lattice-ordered groups, J.London Math.Soc. (2) 4 (1972), 533-540.
5. Archimedean extensions of directed interpolation groups, Pacific J. Math. 44 (1973), 515-521.
6. ℓ-simple lattice-ordered groups, Proc.Edinburgh Math.Soc. 19 (1974) 133-138.
7. Results on partially ordered groups, Communications Algebra 3 (197 749-761.
8. The word problem for lattice-ordered groups, Proc.Edinburgh Math. Soc. 19 (1975), 217-219.
9. Ordered permutation groups, Bowling Green State University (1976), xvi + 483 pp.
10. Compatible tight Riesz orders, Canad.J.Math. 28 (1976), 186-200.

GLASS, A.M.W. et W.C. HOLLAND:
1. A characterisation of normal valued lattice ordered groups, Notices Amer.Math.Soc. 20 (1973), A-563.

GLASS, A.M.W., W.Ch. HOLLAND et S.H. McCLEARY:
1. a*-closures of completely distributive lattice-ordered groups, Pacific J.Math. 59 (1975), 43-67.
Corrections: ibid. 61 (1975), 606.

GLASS, A.M.W. et S.H. McCLEARY:
1. Some ℓ-simple pathological lattice-ordered groups, Proc.Amer.Math. Soc. 57 (1976), 221-226.

GOFFMAN, C.:
1. Remarks on lattice-ordered groups and vector lattices. I. Carathéodory functions, Trans.Amer.Math.Soc. 88 (1958), 107-120.
2. A lattice homomorphism of a lattice-ordered group, Proc.Amer.Math. Soc. 8 (1957), 547-550.
3. A class of lattice-ordered algebras, Bull.Amer.Math.Soc. 64 (1958), 170-173.
GRAVETT, K.A.H.:
1. Ordered Abelian groups, Quarterly J.Math.Oxford (2) 7 (1956), 57-63.
GUREVIČ, Ju.Š.:
1. K elementarnoi teorii strukturno uporjadočennych abelevych grupp i K-linealov, (En Russe; On the elementary theory of lattice-ordered abelian groups and K-lineals), Dokl.Akad.Nauk.SSSR 175 (1967), 1213-1215.

H

HAHN, H.:
1. Über die nichtarchimedischen Größensysteme, Sitz.ber.K.Akad.der Wiss., Math.Nat.Kl. IIa 116 (1907), 601-655.
HAUSNER, M. et J.G. WENDEL:
1. Ordered vector spaces, Proc.Amer.Math.Soc. 3 (1952), 977-982.
HAYES, A.:
1. Additive functionals on groups, Proc.Cambridge Phil.Soc. 58 (1962), 196-205.
2. A characterisation of f-rings without non-zero nilpotent elements, J.London Math.Soc. 39 (1964), 706-707 .
3. Indecomposable positive additive functionals, J.London Math.Soc. 41 (1966), 318-322.
4. A representation theory for a class of partially ordered rings, Pacific J.Math. 14 (1964), 957-968.
HENRIKSEN, M.:
1. On difficulties in embedding lattice-ordered integral domains in lattice-ordered fields, Proc.3rd Prague Top.Symp. 1971 (1972), 183-185.
HENRIKSEN, M. et J.R. ISBELL:
1. Lattice-ordered rings and function rings, Pacific Math.J. 12 (1962), 533-565.
HENRIKSEN, M., J.R. ISBELL et D.G. JOHNSON:
1. Residue class fields of lattice ordered algebras, Fund.Math. 50 (1961), 107-117.
HENRIKSEN, M. et D.G. JOHNSON:
1. On the structure of a class of archimedean lattice ordered algebras, Fund.Math. 50 (1961), 73-93.
HILL, P.D.:
1. On free abelian ℓ-groups, Proc.Amer.Math.Soc. 38 (1973), 53-58.
HILL, P.D. et J.L. MOTT:
1. Embedding theorems and generalized discrete ordered abelian groups, Trans.Amer.Math.Soc. 175 (1973), 283-297.
HION, Ja.V.:
1. Archimedovski uporjadočennye kol'tsa (En Russe; Anneaux ordonnés archimédiens), Uspechi Mat.Nauk 9, N° 4 (1954), 237-242.
2. Uporjadočennye assotsiativnye kol'tsa (En Russe; Anneaux associatifs ordonnés), Dokl.Akad.Nauk.SSSR 101 (1955), 1005-1007.
HÖLDER, O.:
1. Die Axiome der Quantität und die Lehre vom Maß, Ber.Verh.Sächs.Ges. Wiss.Leipzig, Math.-Phys.Cl. 53 (1901), 1-64.
HOFMANN, K.H.:
1. Representation of algebras by continuous sections, Bull.Amer.Math. Soc. 78 (1972), 291-373.

HOLLAND, Ch.:
1. A totally ordered integral domain with a convex left ideal which is not an ideal, Proc.Amer.Math.Soc. 11 (1960), 703.
2. The lattice-ordered group of automorphisms of an ordered set, Michigan Math.J. 10 (1963), 399-408.
3. Transitive lattice-ordered permutation groups, Math.Z. 87 (1965), 420-433.
4. The interval topology of a certain ℓ-group, Czechoslovak.Math.J. 15 (1965), 311-314.
5. A class of simple lattice-ordered groups, Proc.Amer.Math.Soc. 16 (1965), 326-329.
6. The characterization of generalized wreath products, J.Algebra 13 (1969), 152-172.
7. Ordered permutation groups, "Permutations", Actes Coll.Univ.René Descartes 1972 (1974), 57-64.
8. Outer automorphisms of ordered permutation groups, Proc.Edinburgh Math.Soc. 19 (1974/75), 331-344.
9. The largest proper variety of lattice ordered groups, Proc.Amer. Math.Soc. 57 (1976), 25-28.

HOLLAND, Ch. et S. McCLEARY:
1. Wreath products of ordered permutation groups, Pacific J.Math. 31 (1969), 703-716.

HOLLAND, Ch. et E. SCRIMGER:
1. Free products of lattice-ordered groups, Algebra Universalis 2 (1972), 247-254.

HOLLEY, F.K.:
1. The ideal and new interval topologies on ℓ-groups, Fund.Math. 79 (1973), 187-197.

HOLLISTER, H.A.:
1. Contributions to the theory of partially ordered groups, Thesis, Univ.of Michigan (1965).

HUNTINGTON, E.V.:
1. A complete set of postulates for the theory of absolutely continuous magnitude, Trans.Amer.Math.Soc. 3 (1901), 264-279.

I

ISBELL, J.R.:
1. A structure space for certain lattice-ordered groups and rings, J. London Math.Soc. 40 (1965), 63-71.
2. Embedding two ordered rings in one ordered ring, I., J.Algebra 4 (1966), 341-364.
3. Notes on ordered rings, Alg.Universalis 1 (1972), 393-399.

ISBELL, J.R. et J.T. MORSE:
1. Structure spaces of lattices, Fund.Math. 66 (1970), 301-306.

ISLAMOV, A.B. et A.V. MIRONOV:
1. O konečnomernosti topologičeskich strukturno uporjadočennych grupp (En Russe; On finitely based topological lattice-ordered groups), Dokl.Akad.Nauk.UzSSR (1972), N° 8, 3-5.

IWASAWA, K.:
1. On the structure of conditionally complete lattice groups, Jap.J. Math. 18 (1943), 777-789.

J

JAFFARD, P.:
1. Théorie des filets dans les groupes réticulés, C.R.Acad.Sc.Paris, 230 (1950), 1024-1025.
2. Applications de la théorie des filets, C.R.Acad.Sc.Paris, 230 (1950 1125-1126.
3. Nouvelles applications de la théorie des filets, C.R.Acad.Sc.Paris, 230 (1950), 1631-1632.

(Jaffard, P.):
4. Groupes archimédiens et para-archimédiens, C.R.Acad.Sc.Paris, 231 (1950), 1278-1280.
5. Contribution à l'étude des groupes ordonnés, J.Math.Pure Appl. 32 (1953), 203-280.
6. Extension des groupes réticulés et applications, Publ.Sci.Univ. Alger., Sér A, 1 (1954), 197-222.
7. Sur les groupes réticulés associés à un groupe ordonné, Publ.Sc. Univ.Alger., Sér A, 2 (1957), 173-203.
8. Théorie algébrique de la croissance, Séminaire Dubreil-Pisot: Algèbre et Théorie des Nombres, 9e année 1955/56, N° 24.
9. Réalisation des groupes complètement réticulés, Bull.Soc.Math.France 84 (1956), 295-305.
10. Sur le spectre d'un groupe réticulé et l'unicité des réalisations irréductibles, Ann.Univ.Lyon, Sect. A, 22 (1959), 43-47.
11. Les systèmes d'idéaux, Dunod, Paris (1960).
12. Solution d'un problème de Krull, Bull.Sci.Math. 85 (1961), 127-135.

JAKUBIK, J.:
1. Konvexe Ketten in ℓ-Gruppen, Časopis Pěst.Mat. 84 (1959), 53-63.
2. Ob odnom klasse strukturno uporjadočennych grupp, (En Russe; Sur une classe de groupes réticulés), Časopis Pěst.Mat. 84 (1959), 150-161.
3. O glavnych idealach v strukturno uporjadočennych gruppach, (En Russe; Sur les idéaux principaux d'un groupe réticulé), Czechoslovak. Math.J. 9 (1959), 528-543.
4. Ob odnom svoistve strukturno uporjadočennych grupp, (En Russe; Sur une propriété des groupes réticulés), Časopis Pěst.Mat. 85 (1960), 51-59.
5. Über eine Klasse von ℓ-Gruppen, Acta Fac.Nat.Univ.Comenianae 6 (1961), 267-273.
6. Über Teilbünde der ℓ-Gruppen, Acta Sci.Math.Szeged. 23 (1962), 249-254.
7. The interval topology of an ℓ-group, Mat.-Fyz.Časopis Slov.Akad. Vied 12 (1962), 209-211.
8. Über ein Problem von P. Jaffard, Arch.Math. 14 (1963), 16-21.
9. Interval topology of an ℓ-group, Colloq.Math. 11 (1963), 65-72.
10. Predstavlenie i rasširenie ℓ-grupp, (En Russe; Représentations et extensions des ℓ-groupes), Czechoslovak.Math.J. 13 (1963), 267-283.
11. Über Verbandsgruppen mit zwei Erzeugenden, Czechoslovak.Math.J. 14 (1964), 444-454.
12. Kompakt erzeugte Verbandsgruppen, Math.Nachr. 30 (1965), 193-201.
13. Die Dedekindschen Schnitte im direkten Produkt von halbgeordneten Gruppen, Mat.-Fyz.Časopis Slov.Akad.Vied 16 (1966), 329-336.
14. Higher degrees of distributivity in lattices and lattice-ordered groups, Czechoslovak.Math.J. 18 (1968), 356-376.
15. On some problems concerning disjointness in ℓ-groups, Acta Fac.Nat. Univ.Comenian.Math.Publ. 22 (1969), 47-56.
16. ℓ-subgroups of a lattice-ordered group, J.London Math.Soc. (2) 2 (1970), 366-368.
17. Homogeneous lattice-ordered groups, Czechoslovak.Math.J. 22 (1972), 325-337.
18. Distributivity in lattice-ordered groups, Czechoslovak.Math.J. 22 (1972), 108-125.
19. Cantor-Bernstein theorem for lattice-ordered groups, Czechoslovak. Math.J. 22 (1972), 159-175.
20. Cardinal properties of lattice-ordered groups, Fund.Math. 74 (1972), 85-98.
21. On σ-complete lattice-ordered groups, Czechoslovak.Math.J. 23 (1973), 164-174.
22. Lattice-ordered groups with a basis, Math.Nachr. 53 (1972), 217-236.

(Jakubik, J.):
23. Lattice-ordered groups of finite breadth, Colloq.Math. 27 (1973), 13-20.
24. Splitting properties of lattice-ordered groups, Czechoslovak.Math. J. 24 (1974), 257-269.
25. Normal prime filters of a lattice-ordered group, Czechoslovak.Math. J. 24 (1974), 91-96.
26. Cardinal sums of linearly ordered groups, Czechoslovak.Math.J. 25 (1975), 568-575.
27. Products of torsion classes of lattice-ordered groups, Czechoslovak.Math.J. 25 (1975), 576-585.
28. Conditionally orthogonally complete ℓ-groups, Math.Nachr. 65 (1975) 153-162.
29. Strongly projectable lattice-ordered groups, Czechoslovak.Math.J. 26 (1976), 642-652.
30. Principal projection bands of a Riesz space, Colloq.Math. 36 (1976) 195-203.

JAKUBÍKOVÁ, M.:
1. O nekotorych podgruppach ℓ-grupp (En Russe; Sur certains sous-groupes des groupes réticulés), Mat.-Fyz.Časopis Slov.Akad.Vied 12 (1962), 97-107.
2. Abgeschlossene vollständige ℓ-Untergruppen der Verbandsgruppen, Mat. Časopis 23 (1973), 55-63.

JOHNSON, D.G.:
1. A structure theory for a class of lattice-ordered rings, Acta Math. 104 (1960), 163-215.
2. On a representation theory for a class of archimedean lattice-ordered rings, J.London Math.Soc. (3) 12 (1962), 207-225.
3. The completion of an archimedean f-ring, J.London Math.Soc. 40 (1965), 493-496.

JOHNSON, D.G. et J.E. KIST:
1. Prime ideals in vector lattices, Canad.J.Math. 14 (1962), 517-528.

K

KADISON, R.V.:
1. A representation theory for commutative topological algebra, Memoirs Amer.Math.Soc. 7 (1951).

KALMAN, J.A.:
1. An identity for ℓ-groups, Proc.Amer.Math.Soc. 7 (1956), 931-932.
2. Triangle inequality in ℓ-groups, Proc.Amer.Math.Soc. 11 (1960), 395

KAPPOS, D.A. et N. KEHAYOPULU:
1. Some remarks on the representation of lattice-ordered groups, Math. Balkanica 1 (1971), 142-143.

KEIMEL, K.:
1. Représentation d'anneaux réticulés dans des faisceaux, C.R.Acad.Sc. Paris 266 (1968), A124-A127.
2. Anneaux réticulés quasi-réguliers et hyper-archimédiens, C.R.Acad. Sc.Paris 266 (1968), A524-A525.
3. Le centroïde et le bicentroïde de certains anneaux réticulés, C.R. Acad.Sc.Paris 267 (1968), A589-A591.
4. Représentation de groupes et d'anneaux réticulés par des sections dans des faisceaux, Thèse Sci.math., Paris (1970).
5. The representation of lattice-ordered groups and rings by sections in sheaves, Lecture Notes in Math., Springer-Verlag, 248 (1971), 1-96.
6. Radicals in lattice-ordered rings, Proc.Coll.Math.Soc.J.Bolyai, 6, Rings, Modules and Radicals (1973), 237-254.

KENNY, G.O.:
1. The completion of an abelian ℓ-group, Canad.J.Math. 27 (1975), 980-985.

KHISAMIEV, N.G.:
1. Universalnaja teorija strukturno uporjadočennych abelevych grupp, (En Russe; Théorie universelle des groupes abéliens réticulés), Algebra i Logika 5, n° 3 (1966), 71-76.
KHUON, D.:
1. Groupes réticulés doublement transitifs, C.R.Acad.Sc.Paris 270 (1970), A708-A709.
2. Cardinal des groupes réticulés, C.R.Acad.Sc.Paris 270 (1970), A1150-A1153.
3. Extension archimédienne des groupes réticulés, Thèse, Paris (1970).
KIST, J.:
1. Representations of archimedean function rings, Illinois J.Math. 7 (1963), 269-278.
KOKORIN, A.I.:
1. K klassy strukturno uporjadočennych grupp, (En Russe; Sur une classe de groupes réticulés), Mat.Zap.Uralsk.Univ. 3, N° 3, (1962), 37-38.
2. Sposoby strukturnogo uporjadočenija svobodnoĭ abelevoi gruppy s konečnyim čislom obrazujušich, (En Russe; Méthodes pour munir d'un ordre réticulé un groupe abélien libre à un nombre fini de générateurs), Mat.Zap.Uralsk.Univ. 4, N° 1, (1963), 45-48.
KOKORIN, A.I. et N.G. KHISAMIEV:
1. Elementarnaja klassifikacija strukturno uporjadočennych abelevych grupp s konečnym čislom nitei, (En Russe; Classification élémentaire des groupes réticulés abéliens à un nombre fini de filets), Algebra i Logika 5, N° 1 (1966), 41-50.
KOKORIN, A.I. et V.M. KOPYTOV:
1. Lineino uporjadočennye gruppy, (En Russe; Groupes totalement ordonnés), Moscou (1972). Traduction anglaise: Fully ordered groups, Jerusalem (1974).
KOKORIN, A.I. et G.T. KOZLOV:
1. Rasširennaja elementarnaja klassifikacija strukturno uporjadočennych abelevych grupp s konečnym čislom nitei, (En Russe; Théorie élémentaire extensive élargie des groupes réticulés à un nombre fini de filets), Algebra i Logika 7 (1968), 91-103.
KONTOROVIČ, P.G.:
1. Questions on fully ordered and lattice-ordered groups, Spisy Přir. Fak.Univ.Brne 9 (1964), 472-473.
KONTOROVIČ, P.G. et K.M. KUTYEV:
1. K teorii strukturno uporjadočennych grupp, (En Russe; Sur la théorie des groupes réticulés), Izv.Vysš.Učebnich.Zaved.Mat. (1959), N° 3 (10), 112-120.
KOPYTOV, V.M.:
1. O rešetočno uporjadočennych lokalno nilpotentnych gruppach, (En Russe; Groupes réticulés localement nilpotents), Algebra i Logika 14 (1975), 407-413.
KOŠEVNIKOVA, I.G.:
1. Nekotorye voprosy hodimosti v topologičeskich ℓ-gruppach, (En Russe; Quelques problèmes dans les ℓ-groupes topologiques), Taškentsk. Politechn.Inst.Naučn.Trudy N° 43 (1967), 39-51.
KRULL, W.:
1. Zur Theorie der Bewertungen mit nichtarchimedisch geordneter Wertgruppe und der nichtarchimedisch geordneten Körper, Coll.Algèbre Sup.Bruxelles (1956), 45-77.
2. Über die Endomorphismen von total geordneten archimedischen abelschen Gruppen, Math.Z. 74 (1960), 81-90.
KUDLÁČEK, V.:
1. Sur quelques classes d'anneaux réticulés, (en Tcheque) Sbornik vysok.Učeni tech.v.Brne (1962), 179-181.
KUTYEV, K.M.:
1. O reguljarnych strukturno uporjadočennych gruppach, (En Russe; Sur

(Kutyev, K.M.):
les groupes réticulés réguliers), Uspechi Mat.Nauk 11, N° 1 (1956), 256.
2. K teorii strukturno uporjadočennych grupp, (En Russe; Sur la théorie des groupes réticulés), Uspechi Mat.Nauk. 13, N° 3 (1958), 238-239.
3. SL-Izomorfizm strukturnogo uporjadočennoi gruppy, (En Russe; Les SL-isomorphismes d'un groupe réticulé), Dokl.Akad.Nauk SSSR 179 (1968), 775-778 (Traduction Anglaise dans: Soviet Math.Dokl. 9 (1968), 446-450).
4. PS-Izomorfizm strukturnogo uporjadočennoi gruppy, (En Russe; Les PS-isomorphismes d'un groupe réticulé), Mat.Zametki 7 (1970), 537-544. (Traduction Anglaise: Math.Notes 7 (1970), 326-329).

L

LANGFORD, E.:
1. Some results on linear operators on lattice groups, Amer.Math. Monthly 72 (1965), 841-846.
LEVI, F.W.:
1. Arithmetische Gesetze im Gebiet diskreter Gruppen, Rend.Palermo Vol. 35 (1913), 225-236.
2. Ordered groups, Proc.Indian Acad.Sci. 16 (1942), 256-263.
LINÉS ESCARDÓ, E. et R. MALLOL BALMAÑA:
1. On ℓ-groups (en Espagnol), Revista Mat.Hisp.-Amer. 12 (1952), 129-136.
LIPSHITZ, L.:
1. The real closure of a commutative regular f-ring, Fund.Math. 94 (1977), 173-176.
LLOYD, J.T.:
1. Lattice-ordered groups and o-permutation groups, Thèse, Tulane University (1964).
2. Representations of lattice-ordered groups having a basis, Pacific J.Math. 15 (1965), 1313-1317.
3. Complete distributivity in certain infinite permutation groups, Michigan Math.J. 14 (1967), 393-400.
LOCI, E.:
1. Compatible tight Riesz orders on C(X), J.Austral.Math.Soc. 22 (1976) 371-379.
LOONSTRA, F.:
1. Discrete groups, Indag.Math. 13 (1951), 162-168.
2. The classes of partially ordered groups, Compositio Math. 9 (1951), 130-140.
LORENZ, K.:
1. Über Strukturverbände von Verbandsgruppen, Acta Math.Acad.Sci.Hungar 13 (1962), 55-67.
LORENZEN, P.:
1. Abstrakte Begründung der multiplikativen Idealtheorie, Math.Z. 45 (1939), 533-553.
2. Über halbgeordnete Gruppen, Arch.Math. 2 (1949), 66-70.
3. Über halbgeordnete Gruppen, Math.Z. 52 (1949), 483-526.
4. Die Erweiterung halbgeordneter Gruppen zu Verbandsgruppen, Math.Z. 58 (1953), 15-24.
LOY, R.J. et J.B. MILLER:
1. Tight Riesz groups, J.Austral.Math.Soc. 13 (1972), 224-240.
LUXEMBURG, W.A.J. et L.C. MOORE:
1. Archimedean quotient Riesz spaces, Duke Math.J. 34 (1967), 725-739.
LUXEMBURG, W.A.J. et A.C. ZAANEN:
1. Riesz spaces, I., North Holland, Amsterdam (1971).

M

MACINTYRE, A.:
1. Model-completeness for sheaves of structures, Fund.Math. 81 (1973), 73-89.

MACK, J.E. et D.G. JOHNSON:
1. The Dedekind completion of C(X), Pacific J.Math. 20 (1967), 231-243.

MADELL, R.L.:
1. Topological lattice-ordered groups, Thèse, University of Wisconsin (1968).
2. Embeddings of topological lattice-ordered groups, Trans.Amer.Math. Soc. 146 (1969), 447-455.
3. Chains which are coset spaces of tℓ-groups, Proc.Amer.Math.Soc. 25 (1970), 755-759.

MAEDA, F. et T. OGASAWARA:
1. Representation of vector lattices (en Japonais), J.Sci.Hiroshima Univ. 12 (1942), 17-35.

MARTINEZ, J.:
1. Approximation by Archimedean lattice cones, Pacific J.Math. 26 (1971), 427-437.
2. Essential extensions of partial orders on groups, Trans.Amer.Math. Soc. 162 (1971), 35-61.
3. Tensor products of partially ordered groups, Pacific J.Math. 41 (1972), 771-789.
4. Hereditary properties and maximality with respect to essential extensions of lattice-orders, Trans.Amer.Math.Soc. 166 (1972), 339-350.
5. Free products in varieties of lattice-ordered groups, Czechoslovak. Math.J. 22 (1972), 535-553.
6. Some pathology involving pseudo ℓ-groups of divisibility, Proc. Amer.Math.Soc. 40 (1973), 333-340.
7. Free products of abelian ℓ-groups, Czechoslovak.Math.J. 23 (1973), 349-361.
8. A Hom-functor for lattice-ordered groups, Pacific J.Math. 48 (1973), 169-184.
9. Archimedean lattices, Algebra Universalis 3 (1973), 247-260.
10. Archimedean-like classes of lattice-ordered groups, Trans.Amer. Math.Soc. 186 (1974), 33-50.
11. The hyper-archimedean kernel sequence of a lattice-ordered group, Bull.Austral.Math.Soc. 10 (1974), 337-350.
12. Varieties of lattice-ordered groups, Math.Z. 137 (1974), 265-284.
13. Torsion theory for lattice-ordered groups I, II, Czechoslovak.Math. J. 25 (1975), 284-299; 26 (1976), 93-100.
14. Doubling chains, singular elements and hyper-Z-ℓ-groups, Pacific J. Math. 61 (1975), 502-506.

MASTERSON, J.J.:
1. Structure spaces of a vector lattice and its Dedekind completion, Nederl.Akad.Wetensch.Proc., Ser.A, 71 (1968), 468-478.

McALISTER, D.B.:
1. On multilattice groups, Proc.Cambridge Philos.Soc. 61 (1965), 621-638.
2. On multilattice groups II, Proc.Cambridge Philos.Soc. 62 (1966), 149-164.
3. Multilattice groups with a lexico basis, Proc.Roy.Irish Acad.Sect. A. 71 (1971), 53-72.

McCLEARY, S.H.:
1. Orbit configurations of ordered permutation groups, Thèse, University of Wisconsin (1967).
2. The closed prime subgroups of permutation groups, Pacific J.Math. 31 (1969), 745-753.

(McCleary, S.H.):
3. Pointwise suprema of order preserving permutations, Illinois J.Math. 16 (1972), 69-75.
4. Closed subgroups of lattice-ordered permutation groups, Trans.Amer. Math.Soc. 173 (1972), 303-314.
5. O-primitive ordered permutation groups, Pacific J.Math. 40 (1972), 349-372.
6. The lattice-ordered group of automorphisms of an α-set, Pacific J. Math. 49 (1973), 417-424.
7. O-2-transitive ordered permutation groups, Pacific J.Math. 49 (1973) 425-429.
8. O-primitive ordered permutation groups II, Pacific J.Math. 49 (1973) 431-443.
9. The structure of intransitive ordered permutation groups, Algebra Universalis 6 (1976), 231-255.

MICHIURA, T.:
1. On a definition of lattice-ordered groups, I,II, J.Osaka Inst.Sci. Techn. 1 (1949), 27, 117-119.
2. Lattice-ordered rings and ordered characterisations of integers, J. Osaka Inst.Sci.Techn. 1 (1949), 29-31.
3. Sur les groupes semi-ordonnés, C.R.Acad.Sc.Paris 231 (1950), 1403-1404.

MIHALEV, A.V. et M.A. ŠATALOVA:
1. Svobodnye f-moduli (En Russe; f-modules libres), Mat.Zametki 17 (1975), 873-885.

MILLER, J.B.:
1. A characterization of weak projectability, Bull.Austral.Math.Soc. 8 (1973), 205-209.
2. Quotient groups and realisations of tight Riesz groups, J.Austral. Math.Soc. 16 (1973), 416-430.
3. Tight Riesz groups, J.Austral.Math.Soc. 13 (1972), 224-240.

MIRONOV, A.V.:
1. K častično uporjadočennym topologičeskim gruppam (En Russe; Groupes topologiques ordonnés), Taškentsk.Politechn.Inst.Naučn.Trudy N° 29 (1965), 81-89.
2. O vloženii strukturno-diskretnych topologičeskich abelevych ℓ-grupp (En Russe; Le plongement de groupes topologiques abéliens discrètement réticulés), Taškent Politechn.Inst.Naučn.Trudy (N.S.) N° 37 (1966), 11-29.
3. K opredeleniju umnoženija v tichonovskich ℓ-gruppach (En Russe; Déterminer des multiplications dans les groupes réticulés de Tychonov), Taškentsk.Politechn.Inst.Naučn.Trudy N° 43 (1967), 52-63
4. The structure of lattice-ordered nilpotent compactly generated topological groups. Basic results. Soviet Math.Dokl. 17 (1976), 717-720.

MORSE, J.T.:
1. Cauchy completions of f-rings, Notices Amer.Math.Soc. 15 (1968), 759.

MOTT, J.L.:
1. Generalised discrete ℓ-groups, J.Austral.Math.Soc. 20 (1975), 281-289.

MÜLLER, D.:
1. Verbandsgruppen und Durchschnitte allgemeiner Bewertungsringe, Thèse Bonn (1960).
2. Verbandsgruppen und Durchschnitte endlich vieler Bewertungsringe, Math.Z. 77 (1961), 45-62.

N

NAKAMURA, M.:
1. Partially ordered rings, Tôhoku Math.J. 47 (1940), 251-254.

NAKANO, H.:
1. Teilweise geordnete Algebra, Proc.Imp.Acad.Tokyo 16 (1940), 437-441.
2. Teilweise geordnete Algebra, Jap.J.Math. 17 (1941), 425-511.
3. Eine Spektraltheorie, Proc.Phys.-Math.Soc.Japan 23 (1941), 485-511.
4. Über das System aller stetigen Funktionen auf einem topologischen Raum, Proc.Imp.Acad.Tokyo 17 (1941), 308-310.
5. On the product of relative spectra, Ann.of Math. 49 (1948), 281-315.
6. Modern Spectral Theory, Maruzen, Tokyo (1950).
7. Linear lattices, Wayne State University Press, Detroit (1966).

NAKANO, T.:
1. A theorem on lattice-ordered groups and its application to valuation theory, Math.Z. 83 (1964), 140-146.

NAKAYAMA, T.:
1. Note on lattice-ordered groups, Proc.Imp.Acad.Tokyo 18 (1942), 1-4.
2. On Krull's conjecture concerning completely integrally closed integrity domains I,II, Proc.Imp.Acad.Tokyo 18 (1942), 185-187, 233-236.
3. On Krull's conjecture concerning completely integrally closed integrity domains III, Proc.Japan Acad. 22 (1946), 249-250.

NARASIMHA SWAMY, K.L.:
1. Autometrized lattice-ordered groups I, Math.Ann. 154 (1964), 406-412.

O

OGASAWARA, T.:
1. Theory of vector lattices (en Japonais), J.Sci.Hiroshima Univ.Ser. A, I. 12 (1942), 37-100, II. 13 (1944), 41-161.
2. Commutativity of Archimedean semiordered groups (en Japonais), J. Sci.Hiroshima Univ.Ser. A, 12 (1943), 249-254.
3. Remarks on the representation of vector lattices (en Japonais), J. Sci.Hiroshima Univ.Ser.A, 12 (1943), 217-234.

P

PAPADOPOULOU, S.:
1. Remarks on the completion of commutative lattice-groups with respect to order convergence, Bull.Soc.Math.Grèce (N.S.) 9 (1968), 138-142.

PAPANGELOU, F.:
1. Order-convergence and topological completion of commutative lattice-groups, Math.Ann. 155 (1964), 81-107.
2. Some considerations on convergence in abelian lattice-groups, Pacific J.Math. 15 (1965), 1347-1365.

PAPERT, D.:
1. A representation theory for lattice-groups, Proc.London Math.Soc. (3) 12 (1962), 100-120.

PEDERSEN, F.D.:
1. Contributions to the theory of regular and prime subgroups of lattice-ordered groups, Thèse, Tulane University (1967).
2. A representation for a class of lattice-ordered groups, Trans.Amer. Math.Soc. 140 (1969), 117-126.
3. Implications between conditions on ℓ-groups, Canad.J.Math. 22 (1970), 1-6.
4. Spitz in ℓ-groups, Czechoslovak.Math.J. 24 (1974), 254-256.
5. Epimorphisms in the category of ℓ-groups, Proc.Amer.Math.Soc. 53 (1975), 311-317.

PERESSINI, A.L.:
1. Ordered topological vector spaces, Harper & Row, New York (1967).

PICKERT, G.:
1. Einführung in die höhere Algebra, Vandenhoeck & Ruprecht, Göttingen (1951).

PIERCE, K.R.:
1. Amalgamating Abelian ordered groups, Pacific J.Math. 43 (1972), 711-723.

(Pierce, K.R.):
2. Amalgamations of lattice-ordered groups, Trans.Amer.Math.Soc. 172 (1973), 249-260.
3. The structure of a lattice-ordered group as determined by its prime subgroups, Proc.Amer.Math.Soc. 40 (1973), 407-412.
4. Amalgamated sums of abelian ℓ-groups, Pacific J.Math. 65 (1976), 167-174.

PIERCE, R.S.:
1. Homomorphisms of semi-groups, Ann.of Math. 59 (1954), 287-291.
2. Radicals in function rings, Duke Math.J. 23 (1956), 253-261.

R

READ, J.A.:
1. Nonoverlapping lattice-ordered groups, Thèse, University of Wisconsin (1971).
2. L-sous-groupes compressibles du groupe réticulé A(S), Séminaire Dubreil: Algèbre, 25e année (1973), n° 6.
3. Wreath products of nonoverlapping lattice-ordered groups, Canad.Math Bull. 17 (1975), 713-722.

REDFIELD, R.H.:
1. A topology for a lattice-ordered group, Trans.Amer.Math.Soc. 187 (1974), 103-125.
2. The generalised interval topology on distributive lattices, Pacific J.Math. 58 (1975), 219-242.
3. Archimedean and basic elements in completely distributive lattice-ordered groups, Pacific J.Math. 63 (1976), 247-253.
4. Bases in completely distributive lattice-ordered groups, Michigan Math.J. 22 (1976), 301-307.

REILLY, N.R.:
1. Some applications of wreath products and ultraproducts in the theory of lattice-ordered groups, Duke Math.J. 36 (1969), 825-834.
2. Permutational products of lattice-ordered groups, J.Austral.Math. Soc. 13 (1972), 25-34.
3. Compatible tight Riesz orders and prime subgroups, Glasgow Math.J. 14 (1973), 145-160.
4. Representation of ordered groups with compatible tight Riesz orders, J.Austral.Math.Soc. 20 (1975), 307-322.

REMA, P.S.:
1. On a class of topologies in lattice-ordered groups, J.Madras Univ. B 35-36 (1965/66), 19-26.

RIBENBOIM, P.:
1. Sur quelques constructions de groupes réticulés et l'équivalence logique entre l'affinement de filtres et d'ordres, Summa Brasil. Math. 4 (1958), 65-89.
2. Sur les groupes totalement ordonnés et l'arithmétique des anneaux de valuation, Summa Brasil.Math. 4 (1958), 1-64.
3. Un théorème de réalisation des groupes réticulés, Pacific J.Math. 10 (1960), 305-308.
4. Théorie des groupes ordonnés, Universidad Nacional del Sur, Bahia Blanca (1963).

RICE, N.M.:
1. Multiplication in vector lattices, Canad.J.Math. 20 (1968), 1136-1149.

RIESZ, F.:
1. Sur quelques notions fondamentales dans la théorie générale des opérateurs linéaires, Ann.of Math. 41 (1940), 174-206.

ROTKOVIČ, G.Ja.:
1. O σ-polnych resetočno uporjadočennych gruppach (En Russe; Groupes réticulés σ-complets), Czechoslovak.Math.J. 25 (1975), 279-281.

S

ŠATALOVA, M.A.:
1. Nekotorye voprosy teorii strukturno uporjadočennych kolets (En Russe; Certaines questions de la théorie des anneaux réticulés), Uspechi Mat.Nauk 21 (1966), N° 5 (131), 267-268.
2. ℓ_A- i ℓ_I-kolets (En Russe; ℓ_A- et ℓ_I-anneaux), Sibirsk.Mat.Ž. 7 (1966), 1383-1399, (Trad.Angl.: Siber.Math.J. 7 (1966), 1084-1095.)
3. Neprivodimye razloženija strukturno uporjadočennych kolets (En Russe; Décompositions irreductibles des anneaux réticulés), Sibirsk.Mat.Ž. 8 (1967), 406-414, (Traduction Anglaise: Siber.Math.J. 8 (1967), 296-301).
4. Ob odnom klasse strukturno uporjadočennych kolets (En Russe; Sur une classe d'anneaux réticulés), Moskov.Oblast.Ped.Inst.Učen.Zap. 185 (1967), 125-134.
5. K teorii radikalov v strukturno uporjadočennych koltsach (En Russe; La théorie des radicaux dans les anneaux réticulés), Mat.Zametki 4 (1968), 639-648 (Trad.Anglaise: Math.Notes 4 (1968), 875-880).

SCHAEFER, H.H.:
1. On the representation of Banach lattices by continuous numerical functions, Math.Z. 125 (1972), 215-232.
2. Banach lattices and positive operators, Springer Verlag, Berlin-Heidelberg-New York (1974).

SCHILLING, O.F.G.:
1. The theory of valuations, Amer.Math.Soc.Surveys IV, New York (1950).

SCRIMGER, E.B.:
1. A large class of small varieties of lattice-ordered groups, Proc. Amer.Math.Soc. 51 (1975), 301-306.

SHERMAN, B.F.:
1. Cauchy completion of an abelian tight Riesz group , J.Austral.Math. Soc. 19 (1975), 62-73.

SHYR, H.J. et T.M. VISWANATHAN:
1. On the radicals of lattice-ordered rings, Pacific J.Math. 54 (1974), 257-260.

ŠIK, F.:
1. K teorii strukturno uporjadočennych grupp (En Russe; Sur la théorie des groupes réticulés), Czechoslovak.Math.J. 6 (1956), 1-25.
2. Über Summen einfach geordneter Gruppen, Czechoslovak.Math.J. 8 (1958), 22-53.
3. Automorphismen geordneter Mengen, Časopis Pěst.Mat. 83 (1958), 1-22.
4. Über subdirekte Summen geordneter Gruppen, Czechoslovak.Math.J. 10 (1960), 400-424.
5. Erweiterung teilweise geordneter Gruppen, Spisy Přírod.Fak.Univ. Brno Nr. 410 (1960), 65-80.
6. Über die algebraische Charakterisierung der Gruppen von reellen Funktionen, Ann.Mat.Pura Appl. 54 (1961), 295-300.
7. Über die Beziehungen zwischen eigenen Spitzen und minimalen Komponenten einer ℓ-Gruppe, Acta Math.Acad.Sci.Hungar. 13 (1962), 171-178.
8. Kompakt erzeugte vollständige ℓ-Gruppen, Bul.Inst.Politechn.Iaşi 8 N° 3-4 (1962), 5-8.
9. Compacidad de ciertos espacios de ultraantifiltros (en Espagnol) Mem.Fac.Ci.Univ.La Habana, Ser.Mat. 1, N° 1, (1963/64), 19-25.
10. Estrutura y realisaziones de grupos reticulados. I. Topologia inducida por la realizacion de un grupo reticulado (en Espagnol), Mem.Fac.Ci.Univ. La Habana, Ser.Mat., 1, N° 3, (1964), 1-11.
11. Estrutura y realizaciones de grupos reticulados. II. Algunas realizaciones concretas (en Espagnol), Mem.Fac.Ci.Univ.La Habana, Ser. Mat. 1, N° 3, (1964), 11-29.

(Šik, F.):
12. Sous-groupes simples et idéaux simples des groupes réticulés, C.R. Acad.Sc. Paris 261 (1965), 2791-2793.
13. Types spéciaux de réalisations des groupes réticulés, C.R.Acad.Sc. Paris 261 (1965), 4948-4949.
14. Struktur und Realisierung von Verbandsgruppen, III Einfache Untergruppen und einfache Ideale, Mem.Fac.Ci.Univ.La Habana, Ser.Mat. 1, N° 4 (1966), 1-20.
15. Struktur und Realisierung von Verbandsgruppen, V. Schwache Einheiten in Verbandsgruppen, Math.Nachr. 33 (1967), 221-229.
16. Struktur und Realisierung von Verbandsgruppen, IV Spezielle Typen von Realisierungen, Mem.Fac.Ci.Univ.La Habana, Ser.Mat. 1, N° 7 (1968), 19-44.
17. Archimedische kompakt erzeugte Verbandsgruppen, Math.Nachr. 38 (1968), 323-340.
18. Verbandsgruppen deren Komponentenverband kompakt erzeugt ist, Arch. Math. (Brno) 3, VII (1971), 101-121.
19. Closed and open sets in topologies induced by lattice-ordered vector groups, Czechoslovak.Math.J. 23 (98) (1973), 139-150.

ŠIRŠOVA, E.E.:
1. O psevdostrukturno-uporjadočennych gruppach (En Russe; Groupes quasi-réticulés), dans: Groupes et Modules, théorie des jeux, Moskov Oblast.Ped.Inst., Moscou (1973), 10-18.

ŠMARDA, B.:
1. Topologies in ℓ-groups, Arch.Math. (Brno) 3 (1967), 69-81.
2. Some types of topological ℓ-groups, Spisy Přírod.Fak.Univ.Brno Nr. 507 (1969), 341-351.
3. The lattice of topologies of topological ℓ-groups, Czechoslovak. Math.J. 26 (1976), 128-136.

SMIRNOW, D.M.:
1. Dravouporjadočennye gruppy (En Russe; Groupes ordonnés à droite), Algebra i Logika 5 (1966), 41-59.

SPEED, T.P. et E. STRZELECKI:
1. A note on commutative ℓ-groups, J.Austral.Math.Soc. 12 (1971), 69-74

SPIRASON, G.T. et E. STRZELECKI:
1. A note on P_t-ideals, J.Austral.Math.Soc. 14 (1972), 304-310.

STANKOVIĆ, B.:
1. Complétion d'un groupe réticulé, Acad.Serbe Sci.Publ.Inst.Math. 14 (1960), 115-122.

STEEN, S.W.P.:
1. An Introduction to the theory of Operators: I. Real operators. Modulus, Proc.London Math.Soc. (2) 41 (1936), 361-392.

STEINBERG, S.A.:
1. Lattice-ordered rings and modules, Thèse, University of Illinois (1970).
2. Lattice-ordered injective hulls, Trans.Amer.Math.Soc. 169 (1972), 365-388.
3. An embedding theorem for commutative lattice-ordered domains, Proc. Amer.Math.Soc. 31 (1972), 409-416.
4. Finitely-valued f-modules, Pacific J.Math. 40 (1972), 723-737.
5. Quotient rings of a class of lattice-ordered rings, Canad.J.Math. 25 (1973), 627-645.
6. On lattice-ordered rings in which the square of every element is positive, J.Austral.Math.Soc. 22 (1976), 362-370.

STONE, M.H.:
1. Applications of the theory of Boolean rings to general topology, Trans.Amer.Math.Soc. 41 (1937), 375-481.
2. A general theory of spectra, Proc.Nat.Acad.Sci.USA I. 26 (1940), 280-283. II. 27 (1941), 83-87.

(Stone, M.H.):
3. Boundedness properties in function-lattices, Canad.J.Math. 1 (1949), 176-186.
SUBRAMANIAN, H.:
1. ℓ-prime ideals in f-rings, Bull.Soc.Math.France 95 (1967), 193-203.
2. Kaplansky's theorem for f-rings, Math.Ann. 179 (1968), 70-73.
3. Integer-valued continuous functions, Bull.Soc.Math.France 97 (1969), 275-283.

T

TEH, H.H.:
1. A note on ℓ-groups, Proc.Edinburgh Math.Soc. 13 (1962), 123-124.
TELEMAN, S.:
1. La représentation des automorphismes des réseaux vectoriels, Rev. Roum.Math.Pures Appl. 13 (1968), 95-105.
TELLER, J.R.:
1. On the extensions of lattice-ordered groups, Pacific J.Math. 14 (1964), 709-718.
2. A theorem on Riesz groups, Trans.Amer.Math.Soc. 130 (1968), 254-264.
THIERRIN, G.:
1. Sur les anneaux partiellement ordonnés, Canad.Math.Bull. 5 (1962), 123-128.
THOMA, E.:
1. Darstellung von vollständigen Vektorverbänden durch vollständige Funktionenverbände, Arch.Math. 7 (1956), 11-22.
TOPPING, D.:
1. Some homological pathology in vector lattices, Canad.J.Math. 17 (1965), 411-428.
TREVISAN, G.:
1. Sulla equivalenza archimedea relativa alle gruppo-strutture, Rend. Sem.Mat.Univ.Padova 20 (1951), 425-429.
TSUNG-P'AN, Y. et T. K'Ō-CH'ENG.:
1. Deux théorèmes sur les anneaux réticulés (en Chinois), Acta Math. Sinica 15 (1965), 574-581 (Traduction Anglaise: Chinese Math.-Acta 7 (1965), 296-303).
TUCKER, C.T.:
1. Sequentially relatively uniformly complete Riesz spaces and Vulikh algebras, Canad.J.Math. 24 (1972), 1110-1113.

V

VAIDA, D.:
1. Sur les sous-groupes isolés d'un groupe réticulé non commutatif (en Roumain), Com.Acad.R.P.Romîne 10 (1960), 935-939.
2. Un problème de G.Birkhoff, C.R.Acad.Bulgare Sci. 15 (1962), 801-803.
VAN METER, K.:
1. Sur les groupes réticulés et leur extension archimédienne, Bull.Sc. Math. 95 (1971), 59-64.
2. Les groupes quasi-réticulés, Thèse 3ème cycle, Univ.Paris VI (1973).
VEKSLER, A.I.:
1. O častičnoi uporjadočivaemosti kolets i algebr (En Russe; Anneaux et algèbres qui peuvent être ordonnés), Dokl.Akad.Nauk SSSR 190 (1970), 756-759 (Traduction Angl.: Soviet Math.Dokl. 11 (1970), 175-179).
2. O novoi konstruktsii dedekindova popolnenija vektornych struktur i ℓ-grupp s deleniem (En Russe; Une construction nouvelle du complété de Dedekind des espaces vectoriels réticulés et des ℓ-groupes divisibles), Sib.Mat.Ž. 10 (1969), 1206-1213 (Traduction Anglaise: Siber.Math.J. 10 (1969), 891-896).
3. Realizacionnye častičnye umnoženija v lineinych strukturach (En Russe; Multiplications partielles réalisables dans des espaces vec-

(Veksler, A.I.:
toriels réticulés), Izv.Akad.Nauk SSSR 31 (1967), 1203-1228.
4. Princip Archimeda v gomomorfnych obrazach ℓ-grupp i vektornych struktur (En Russe; Le principe d'Archimède dans les images homomorphes d'un ℓ-groupe et d'un espace réticulé), Izv.Vysš.Učebn.Zaved.Mat. (1966), N° 5 (10), 33-38.
5. O strukturnoi uporjadočivaemosti algebr i kolets (En Russe; Algèbres et anneaux admettant un ordre réticulé), Dokl.Akad.Nauk SSSR 164 (1965), 259-264 (Traduction Anglaise: Soviet Math.Dokl. 6 (1965), 1201-1204).

VERNIKOFF, I., S. KREIN et A. TOVBIN:
1. Sur les anneaux semi-ordonnés, C.R.(Doklady) Akad.Sci.URSS (N.S.) 30 (1941), 785-787.

VINOGRADOV, A.A.:
1. Nelokalnost' klassa rešetočno-uporjadočivaemych assotsiativnych algebr i kolets (En Russe; Pour les algèbres et les anneaux la propriété d'être réticulable n'est pas locale), Sibirsk.Mat.Ž. 16 (1975), 182-185.

VINOGRADOV, And. et Anat. VINOGRADOV:
1. Nelokalnost' rešetočno uporjadočivaemych grupp (En Russe; La propriété d'un groupe d'être réticulable n'est pas locale), Algebra i Logika 8, N° 6 (1969), 636-639.

VISWANATHAN, T.M.:
1. Ordered modules of fractions, J.Reine Angew.Math. 235 (1969), 78-107

VULIKH, B.Z.:
1. Multiplications dans les espaces ordonnés et applications à la théorie des opérateurs (en Russe), Mat.Sbornik 22 (64), (1948), I: 27-78, II: 267-317.
2. Introduction to the theory of partially ordered spaces, Wolters-Noordhoff, Groningen (1967).

W

WARD, M.:
1. Residuated distributive lattices, Duke Math.J. 6 (1940), 641-651.

WEINBERG, E.C.:
1. Completely distributive lattice-ordered groups, Pacific J.Math. 12 (1962), 1131-1137.
2. Free lattice-ordered abelian groups, Math.Ann. 151 (1963), 187-199.
3. Free lattice-ordered abelian groups II, Math.Ann. 159 (1965), 217-222.
4. On the scarcity of lattice-ordered matrix rings, Pacific J.Math. 19 (1966), 561-571.
5. Embedding in a divisible lattice-ordered group, J.London Math.Soc. 42 (1967), 504-506.
6. Lectures on ordered groups and rings, Lecture notes, University of Illinois, Urbana (1968).

WEISSPFENNIG, V.:
1. Model-completeness and elimination of quantifiers for subdirect products of structures, J.Algebra 36 (1975), 252-277.

WILSON, R.R.:
1. Lattice orderings on the real field, Pacific J.Math. 63 (1976), 571-577.

WIRTH, A.:
1. Compatible tight Riesz orders, J.Austral.Math.Soc. 15 (1973), 105-111.

WOLFENSTEIN, S.:
1. Sur les groupes réticulés archimédiennement complets, C.R.Acad.Sc. Paris 262 (1966), A813-A816.
2. Extensions archimédiennes non-commutatives de groupes réticulés

(Wolfenstein, S.):
commutatifs, C.R.Acad.Sc.Paris 264 (1967), A1-A4.
3. Valeurs normales dans un groupe réticulé, Atti Accad.Naz.Lincei 44 (1968), 337-342.
4. Extensions archimédiennes des groupes réticulés transitifs, Bull. Soc.Math.France 98 (1970), 193-200.
5. Complétés archimédiens des groupes réticulés à valeurs finies, C.R. Acad.Sc.Paris 267 (1968), A592-A595.
6. Contribution à l'étude des groupes réticulés: Extensions archimédiennes, Groupes à valeurs normales, Thèse Sci.Math.Paris (1970).
7. Groupes réticulés singuliers, Séminaire Dubreil (Algèbre), 25ème année (1973), 11 p.
8. Représentation d'une classe de groupes archimédiens, J.Algebra 42 (1976), 199-207.

WOLK, E.S.:
1. On the interval topology of an ℓ-group, Proc.Amer.Math.Soc. 12 (1961), 304-307.

WONG, Y.-Ch. et K.-F. NG:
1. Partially ordered topological vector spaces, Clarendon Press, Oxford (1973).

Y

YAKABE, I.:
1. Equivalence of the Krull-Müller-Jaffard theorem and Ribenboim's approximation theorem, Mem.Fac.Sci.Kyushu Univ.Ser.A, 17 (1963), 145-152.

YOSIDA, K.:
1. On the representation of a vector lattice, Proc.Imp.Acad.Tokyo 18 (1942), 339-343.

YOSIDA, K. et T. NAKAYAMA:
1. On the semi-ordered ring and its application to the spectral theorem, Proc.Imp.Akad.Tokyo, I. 18 (1942), 555-560, II. 19 (1943), 144-147.

Z

ZAANEN, A.C.:
1. Examples of orthomorphisms, J.Approximation Theory 13 (1975), 192-204.

ZAMANSKY, M.:
1. Groupes de Riesz, C.R.Acad.Sc.Paris 248 (1959), 2933-2934.

INDEX DES NOTATIONS

$A \subset B$	A inclus dans B
$A \setminus B$	Complémentaire de A dans B
$]a,b[$, $[a,b]$	intervalle ouvert, intervalle fermé
$\mathrm{Aut}(E)$	groupe des automorphismes de E
$A \leq x$	x majore A
$\sup_{x \in A} x = \sup A = \bigvee A = \bigvee_{x \in A} x$	borne supérieure de A
$\inf_{x \in A} x = \inf A = \bigwedge A = \bigwedge_{x \in A} x$	borne inférieure de A
$a \prec b$	b couvre a
$\mathcal{P}(E)$	ensemble des parties de E
$\prod_{i \in I} E_i$	produit direct des E_i
E^I	ensemble des applications de I dans E
$H \triangleleft G$	H sous-groupe distingué de G
$\mathcal{G}(H)$, $\mathcal{D}(H)$	ensemble des classes à gauche (resp. à droite) modulo
$\mathrm{Ker}\ u$	noyau de u
$\mathbb{N}, \mathbb{Z}, \mathbb{Q}, \mathbb{R}$	ensemble des nombres entiers, entiers relatifs, rationnels, et réels
G_+	cône positif de G
(G,P)	groupe G ordonné par le cône P
$a \perp b$	a orthogonal à b
x_+, x_-	partie positive (resp. négative) de G
$\lvert x \rvert$	valeur absolue de x
$\prod^*_{i \in I} G_i$	produit direct restreint des G_i
$\bigoplus_{i \in I} E_i$	somme directe des E_i
$S(x)$	support de x
$S_+(x)$, $S_-(x)$	ensemble des i tels que $x_i > e$ (resp. $x_i < e$)
$T(x)$	ensemble des éléments minimaux du support de x
$V(I, G_\lambda)$	produit lexicographique des G_λ , sur le système I
$C(X)$	ensemble des fonctions réelles continues sur X
$t(A)$	sous-treillis engendré par A

(A)	sous-groupe engendré par A
[A]	partie convexe engendrée par A
S(A)	partie solide engendrée par A
C(A)	sous-groupe solide engendré par A
$C_G(A)$	sous-groupe solide engendré par A dans G
C(a)	sous-groupe solide engendré par a
$\mathcal{C}(G)$	ensemble des sous-groupes solides de G
val(a)	ensemble des valeurs de a
M^*	sous-groupe solide qui couvre le sous-groupe régulier M
$A^{\perp}$	polaire de A
P(G)	ensemble des polaires de G
PP(G)	ensemble des polaires principales de G
G_t	stabilisateur de t dans G
$N_G(H)$	normalisateur de H dans G
$\mathcal{R}(G)$	ensemble des sous-groupes réguliers de G
a<<b	a infiniment petit par rapport à b
g_t	ensemble des s tels que, pour certains $m,n \in \mathbb{Z}$, $g^m(t) \leq s \leq g^n(t)$
V(I)	produit lexicographique de groupes identiques à , sur I
T_t	ensemble des $s \in T$ tels que $G_s = G_t$
G(t)	ensemble des $g \in G$ tels que, pour certains $x,y \in T_t$, $g(x) = y$
$\bar{C}$	sous-groupe fermé engendré par G
R(G)	radical de G
D(G)	radical distributif de G
$C_b(X)$	ensemble des fonctions réelles continues bornées sur X
$C_k(X)$	ensemble des fonctions réelles continues à support compact
$L(X,K)$	ensemble des fonctions de X dans K localement constantes
$L_b(X,K)$	ensemble des $f \in L(X,K)$ bornées
$L_k(X,K)$	ensemble des $f \in L(X,K)$ à support compact
$M_n(K)$	anneau des matrices carrées d'ordre n sur K
A[X]	anneau des polynômes sur X à coefficients dans A
A[D]	anneau du demi-groupe D sur A
$\mathcal{J}(A)$	ensemble des ℓ-idéaux de A
$\langle M \rangle$	ℓ-idéal engendré par M
$\langle M \rangle_A$	ℓ-idéal engendré par M dans A
$\ell(A)$	ℓ-radical de A
τ-rad(A)	τ-radical de A
$\ell_n(A)$	ensemble des x de A tels que $x^n = 0$

Spec A	Spectre de A
$S_X(M)$	ensemble des $y \in X$ avec $M \not\subset y$
πA	espace des ℓ-idéaux irréductibles minimaux de A
μA	espace des ℓ-idéaux maximaux de A
σA	espace des Stone de A
$Spec^* A$	Spec A $\cup$ {A}
$\langle E, \eta, X \rangle$	Faisceau d'ensembles
ΓF	ensemble des sections globales du faisceau
End(G)	ensemble des endomorphismes de G
Orth(G)	ensemble des orthomorphismes de G
$\mathcal{E}(X)$	ensemble des fonctions réelles continues définies sur un ouvert dense de X
$\mathcal{D}(X)$	ensemble des fonctions numériques continues presque finies sur X
supp(f)	support de f
s(f)	support strict de f
$\Gamma_k F$	ensemble des sections à support compact de F

INDEX TERMINOLOGIQUE